Processing Theory and Technology of Dietary Fiber

膳食纤维加工
理论与技术

罗登林　主编　　　张康逸　望运滔　副主编

化学工业出版社
·北京·

内容简介

《膳食纤维加工理论与技术》系统介绍了常见膳食纤维菊粉、抗性淀粉、魔芋葡甘聚糖、甲壳素与壳聚糖、β-葡聚糖、葡聚糖、小麦麸皮、稻谷米糠、大豆膳食纤维、果蔬类膳食纤维、树胶和其他胶类等的来源、结构、分类、理化性质、生理功能、生产方法和实际应用，力求兼顾理论基础、生产技术和实际应用。对膳食纤维的研究与应用有利于推动我国健康产业的消费升级，为实现我国“2017—2030年国民营养计划”贡献一份力量。

本书可供高等院校食品、轻工、化学与化工、生物学、医学与医药等专业教师和学生使用，也可为相关生产企业在新技术、新工艺和新产品的开发方面提供参考与借鉴。

图书在版编目（CIP）数据

膳食纤维加工理论与技术/罗登林主编. —北京：化学工业出版社，2020.11

ISBN 978-7-122-37778-4

Ⅰ. ①膳…　Ⅱ. ①罗…　Ⅲ. ①膳食-纤维-食品加工　Ⅳ. ①TS218

中国版本图书馆CIP数据核字（2020）第182361号

责任编辑：赵玉清　李建丽　　装帧设计：王晓宇

责任校对：宋　玮

出版发行：化学工业出版社（北京市东城区青年湖南街13号　邮政编码100011）

印　　装：三河市延风印装有限公司

710mm×1000mm　1/16　印张24½　字数461千字　2020年11月北京第1版第1次印刷

购书咨询：010-64518888　　售后服务：010-64518899

网　　址：http：//www.cip.com.cn

凡购买本书，如有缺损质量问题，本社销售中心负责调换。

定　　价：98.00元

编 者 名 单

主　编：罗登林　河南科技大学

副主编：张康逸　河南省农业科学院

　　　　望运滔　郑州轻工业大学

参　编：李佩艳　河南科技大学

　　　　李　璇　河南科技大学

　　　　伍家发　河南科技大学

　　　　金伟平　武汉轻工大学

　　　　安　颖　丰宁平安高科实业有限公司

　　　　钱晓国　丰宁平安高科实业有限公司

前言
PREFACE

近年来，快速增长的各种慢性疾病（肠道疾病、糖尿病、心血管疾病和肿瘤等）已给全世界医疗卫生系统造成了严重的经济负担，这已引起科学家和各国政府的极大关注。目前大量科学研究表明，这种现象产生的主要原因与人们的饮食结构变化密切相关，而膳食纤维摄入严重不足被认为是其中的根源之一。

根据发达国家食品发展路径和我国居民生活水平状况，在未来相当长的一段时间内，我国的食品发展方向将由关注安全向更加重视营养健康转变。近年来，膳食纤维的开发利用日益受到国际食品界的高度重视，它又被称作“益生元”，是健康饮食中不可缺少的重要组成成分，具有许多突出的生理功能，在维持人体肠道健康、加速人体中有毒有害物质的排除、预防癌症和糖尿病以及各类心血管疾病等方面发挥着重要的作用。同时，膳食纤维也作为一种食品品质改良剂，赋予食品特殊的流变性，增强其保水性和乳化稳定性，改善其质地、涂抹性和口感，被广泛应用于功能食品、乳制品、肉制品、面制品、糖果、饮料、调味料、冷饮和甜点等。

针对民众由于饮食结构不合理而引发的健康问题，本书编写组成员在结合自己多年教学与科研经验的基础上，参阅了大量国内外相关文献资料，编写了《膳食纤维加工理论与技术》一书。本书力求全面而详实地介绍关于膳食纤维研究方面的新研究理论和技术，注重研究成果的理论化、系统化和实用化，对从事食品营养与健康行业方面的人员具有指导作用，也有利于普及大众对膳食纤维作用与功能的认识，从而为提高国民健康水平和实现2017—2030年国民营养计划起到积极的促进作用。

全书共12章，第1章和第6章第6.1节至6.3节由罗登林编写，第2章由罗登林、安颖、钱晓国编写，第3章和第7章由李璇编写，第4章由金伟平编写，第5章和第12章第12.8节和12.9节由望运滔编写，第8章和第9章由张康逸编写，第10章和第11章由李佩艳编写，第6章第6.4节和第12章第12.1节至12.7节由伍家发编写，全书由罗登林、张康逸和望运滔负责修订、统稿。此外，本书编写过程中还得到了河南工业大学黄继红教授、华南理工大学丘泰球教授等专家的支持与帮助，特此向他们表示感谢。熊笑苇、娄雪琪、李烜、苏孟开等研究生为本书的资料收集、图表和文字编排付出了大量劳动，在此一并致谢。最后，还要感谢国家自然科学基金（31701665、31371832）和河南省自然科学基金（182300410068）对本书的资助。

由于作者水平有限，书中难免有许多不足甚至错误之处，敬请读者批评指正。

罗登林

luodenglin@163. com

目录
CONENTS

1

绪　论

1.1 膳食纤维的定义

膳食纤维（dietary fiber，DF），是指一种不能被人体胃肠道中消化酶所消化分解且不能被人体小肠吸收但能被大肠内某些微生物酵解和利用的一类非淀粉多糖和木质素。

根据中国营养学会2013年颁布的《中国居民膳食营养素参考摄入量》，成人每日膳食纤维适宜摄入量为25～30g。美国食品和药物管理局（FDA）每日膳食纤维摄入量推荐值也为20～35g。

膳食纤维主要来自植物细胞壁的复合碳水化合物，其主要存在于谷类、薯类、豆类、蔬菜及水果中。另外，一些菌类及藻类如木耳、冬菇、松蘑、紫菜等中也有较高含量的膳食纤维。一般情况下，谷类食品含膳食纤维最多，全麦粉含6%、精面粉含2%、糙米含1%、精米含0.5%、蔬菜含3%、水果含2%左右。一些常见食物中膳食纤维的含量如表1-1所示。

表1-1　常见食物中膳食纤维的含量

食物名称	含量/(g/100g)	食物名称	含量/(g/100g)
魔芋精粉	74.4	黑芝麻	14.0
红果(干)	49.7	豌豆	10.4
松蘑(干)	47.8	黑豆	10.2
辣椒(红,尖,干)	41.7	大麦	9.9
乌梅	33.9	麦片	8.6
冬菇(干)	32.3	红芸豆	8.3
香菇(干)	31.6	玉米	8.0
麸皮	31.3	红豆	7.7
薄荷(干)	31.1	山核桃(干)	7.4
银耳(干)	30.4	荞麦	6.5
木耳(干)	29.9	绿豆	6.4
桑葚(干)	29.3	甜菜根	5.9
桃仁	28.9	番石榴	5.9
紫菜	21.6	根芹	5.7
蘑菇(干)	21.0	石榴	4.8
姜(干)	17.7	椰子	4.7
枸杞子	16.9	小米	4.6
黄豆	15.5	秋葵	4.4
玉米糁	14.5	空心菜	4.0

续表

食物名称	含量/(g/100g)	食物名称	含量/(g/100g)
毛豆	4.0	红甘薯	1.6
黑米	3.9	柿子	1.4
西兰花	3.7	苦瓜	1.4
虎皮芸豆	3.5	柠檬	1.3
人参果	3.5	杏	1.3
胡萝卜	3.2	大蒜	1.2
梨	3.1	芫荽	1.2
蚕豆	3.1	苹果	1.2
无花果	3.0	香蕉	1.2
莲子(干)	3.0	大蒜	1.1
猕猴桃	2.6	桃	1.0
平菇(鲜)	2.3	白甘薯	1.0
扁豆	2.1	生菜	0.7
豆角	2.1	萝卜	0.6
鲜枣	1.9	大白菜	0.6
木薯	1.6	葡萄	0.4

1.2 膳食纤维的分类

1.2.1 根据溶解性分类

根据膳食纤维的溶解性可将其分为可溶性膳食纤维和不溶性膳食纤维。

1.2.1.1 可溶性膳食纤维

可溶性膳食纤维（soluble dietary fiber，SDF）是指能溶于水的膳食纤维部分，包括低聚糖和部分不能消化的多聚糖等。它是一类既可溶于水又可吸水膨胀，并可被大肠中微生物酵解利用的纤维，常存在于植物细胞液和细胞间质中，主要包括植物细胞壁内的储存物质和分泌物、可溶性半纤维素、部分微生物多糖及一些合成类多糖（如瓜尔胶、阿拉伯胶等）等。

（1）可溶性半纤维素

半纤维素（hemicellulose）是一类含有D-木糖的杂多聚糖，其结构单元包括葡萄糖、木糖、甘露糖、阿拉伯糖和半乳糖等，单糖聚合体间分别以共价键、氢键、醚键及酯键相连接。半纤维素是一类物质的名称，一种植物往往含有几种由两种或三种糖基构成的半纤维素，其化学结构各不相同。半纤维素主要分为三类，即聚木糖类、聚葡萄甘露糖类和聚半乳糖葡萄甘露糖类。与纤维素相比，半纤维素的分子量较小，易于被人体肠道内的微生物分解利用。

半纤维素包括可溶性半纤维素和不溶性半纤维素。可溶性及不溶性半纤维素在食品中均具有重要作用，如增加食物体积，某些半纤维素还可以在酸性溶液中结合阳离子。在谷类中，可溶性的半纤维素称为戊聚糖，还有（1→3）-β-D-葡萄糖苷键和（1→4）-β-D-葡萄糖苷键连接的葡聚糖，其水溶液具有黏稠性，可以降低血清中胆固醇的水平。

总的来说，半纤维素可以促进人体胃肠蠕动、降低血清胆固醇水平、减少心血管疾病发生以及预防结肠癌。在焙烤食品中，半纤维素可以提高面粉结合水的能力，增加面包的体积，延缓面包的老化。

（2）果胶

果胶（pectin）广泛存在于水果和蔬菜中，是植物细胞壁的成分之一，存在于相邻细胞壁间的胞间层中，起到黏聚的作用。果胶分子的主链是由150～500个α-D-吡喃半乳糖醛酸通过α-1,4-糖苷键连接而成的聚合物，侧链上是半乳糖和阿拉伯糖。酯化度是指酯化的半乳糖醛酸基与总半乳糖醛酸基的比值，通常将酯化度小于50%的果胶称为低甲氧基果胶，而酯化度大于50%的果胶称为高甲氧基果胶。一般来说，天然原料提取的果胶最高酯化度为75%，而果胶产品的酯化度为20%～70%。

根据果蔬的成熟过程，果胶物质一般可以分为3种形态。

① 原果胶。与纤维素和半纤维素结合在一起的甲酯化半乳糖醛酸链，只存在于细胞壁中，不溶于水，水解后生成果胶。在未成熟果蔬组织中与纤维素和半纤维素黏结在一起形成牢固的细胞壁，使整个组织比较坚固。

② 果胶。果胶是羧基不同程度甲酯化和阳离子中和的聚半乳糖醛酸链，存在于细胞汁液中，成熟果蔬的细胞液内含量较多。

③ 果胶酸。果胶酸是完全未甲酯化的聚半乳糖醛酸链，在细胞汁液中与Ca^{2+}、Mg^{2+}、K^{+}、Na^{+}等矿物质形成不溶于水或稍溶于水的果胶酸盐。当果蔬变成软疡状态时，果胶酸的含量较多。

果胶在酸性或碱性条件下能发生水解，使酯基或糖苷键发生裂解；在高温强酸条件下糖醛酸残基发生脱酸作用。另外，果胶及果胶酸在水中的溶解度随聚合度的增大而减小，在一定程度上还随酯化程度的增加而增大，但其衍生物如甲醇酯和乙醇酯溶解度较大。果胶酸的溶解度较小（1%），果胶分散所形成的溶液是高黏度溶液，其黏度与分子链长度成正比。

当果胶水溶液含糖量60%～65%，pH值在2.0～3.5，果胶含量为0.3%～0.7%（依果胶性能而异）时，在室温甚至接近沸腾的温度下，果胶也能形成凝胶。在相同条件下，果胶分子量越大，形成的凝胶越强。这是因为在果胶溶液转变成凝胶时，每6～8个半乳糖醛酸基形成一个结晶中心。此外，在相同条件下，果胶的酯化度越大，凝胶强度则越大，因为凝胶网络结构形成时的结晶中心位于酯基团之间，同时果胶的酯化度也直接影响凝胶速度。

（3）魔芋多糖

魔芋多糖又称魔芋葡甘露聚糖（konjac glucomannan，KGM），是从魔芋的块茎里提取出来的一种高分子量、非离子型水溶性杂多糖。它是由物质的量比为1∶1.6的D-吡喃甘露糖与D-吡喃葡萄糖通过β-1,4-糖苷键连接而成的多糖。

魔芋多糖能溶于水，形成高黏度的假塑性流体。经碱处理脱乙酸后，它能够形成一种热不可逆凝胶，在胶凝过程中，其胶凝速率主要由胶的浓度、分子量、乙酰度和碱浓度所决定，而较慢的胶凝速率可以得到较强的凝胶。魔芋葡甘露聚糖的凝胶特性可使其被用来制作各种仿生食品、可食膜及其他魔芋食品。当魔芋多糖与黄原胶混合时，能够形成一种热可逆凝胶，当黄原胶与魔芋多糖的比例为1∶1时，凝胶的强度最大，且强度随着二者浓度的增加而增加但随盐浓度的增加而减少。

魔芋多糖是一种优良的功能性食品和医药用品，具有亲水性、黏稠性、成膜性、低能量等多种特性。研究表明，魔芋多糖能够延缓葡萄糖的吸收，并且能够有效减轻因餐后血糖升高而导致的胰脏负担，使糖尿病患者的糖代谢处于良性循环。同时，魔芋多糖还具有降血脂、减肥、维持肠道正常状态等生理功能。

（4）阿拉伯胶

阿拉伯胶（acacia gum）也称为阿拉伯树胶，是一种产于非洲撒哈拉沙漠以南的半沙漠带的天然植物胶。它可以补充人体纤维素，与淀粉和麦芽糊精相比，其能量值还不到它们的一半。阿拉伯胶主要由两种成分组成，其中70%是由不含N或含少量N的多糖组成，另一成分是具有高分子量的蛋白质结构；多糖是以共价键与蛋白质肽链中的羟脯氨酸、丝氨酸相结合的，总蛋白质含量约为2%，特殊品种可高达25%；而与蛋白质相连接的多糖分子是高度分支的酸性多糖，它具有如下组成成分：D-半乳糖44%、L-阿拉伯糖24%、D-葡萄糖醛酸14.5%、L-鼠李糖13%、4-*O*-甲基-D-葡萄糖醛酸1.5%。在阿拉伯胶主链中β-D-吡喃半乳糖是通过1,3-糖苷键相连接，而侧链是通过1,6-糖苷键相连接。更具体地说，阿拉伯胶是阿拉伯半乳糖寡糖、多聚糖和蛋白糖的混合物。阿拉伯胶的溶解度较高，与水的混合比最高可达60%，但是溶液的黏度较低。

阿拉伯胶既是一种良好的乳化剂，也是一种良好的乳状液稳定剂，这是因为阿拉伯胶具有表面活性，能在油滴周围形成一层厚的、具有空间稳定性的大分子层，防止油滴聚集。在生活中，人们往往将香精油与阿拉伯胶制成乳状液，然后再进行喷雾干燥进而得到固体香精，而阿拉伯胶的加入可以避免香精的挥发与氧化。阿拉伯胶在使用时能快速分散与释放气味，并且不会影响最终产品的黏度，从而被广泛用于固体饮料、布丁粉、蛋糕粉以及汤粒粉等食品中。此外，因为阿拉伯胶与高浓度糖具有相容性，所以阿拉伯胶也被广泛应用于高糖含量和低水分含量糖果的生产中，如太妃糖、果胶软糖以及软果糕等，它在糖果中的功能是阻止蔗糖结晶和乳化与分散脂肪组分，能够有效防止脂肪从表面析出产生“白霜”。

1.2.1.2 不溶性膳食纤维

不溶性膳食纤维（insoluble dietary fiber，IDF）是指不能溶于水的膳食纤维部分。它是一类既不能溶解于水又不能被大肠中微生物酵解的一类纤维，常存在于植物的根、茎、干、叶、皮、果中，主要包括纤维素，不溶性半纤维素，木质素，抗性淀粉及抗性低聚糖，不消化的细胞壁蛋白，植物细胞壁的蜡质和角质，美拉德反应产物，一些不可消化的寡糖及虾、蟹等动物表皮中所含的甲壳素等。

（1）木质素

木质素（lignin）是三种苯基丙烷单元通过醚键和碳碳键相互连接形成的具有复杂三维网状结构的生物高分子，其广泛存在于植物体的木质部中，主要作用是通过形成交织网来硬化细胞壁，是次生壁的主要成分。木质素主要位于纤维素纤维之间，起到抗压的作用。在木本植物中，木质素占25%，是世界上仅次于纤维素的最丰富的有机物。

木质素是由三种醇单体（对香豆醇、松柏醇、芥子醇）形成的一种复杂酚类聚合物。因单体不同，可将木质素分为3种类型：由紫丁香基丙烷结构单体聚合而成的紫丁香基木质素（syringyl lignin，S-木质素）；由愈创木基丙烷结构单体聚合而成的愈创木基木质素（guaiacyl lignin，G-木质素）；由对羟基苯基丙烷结构单体聚合而成的对羟基苯基木质素（para-hydroxy-phenyl lignin，H-木质素）。裸子植物主要含愈创木基木质素，双子叶植物主要含愈创木基-紫丁香基木质素，单子叶植物则含愈创木基-紫丁香基-对羟基苯基木质素。从植物学角度，木质素就是包围于管胞、导管及木纤维等纤维束细胞及厚壁细胞外的物质，并使这些细胞具有特定显色反应（加间苯三酚溶液一滴，静置片刻，再加盐酸一滴，即显红色）的物质；从化学观点来看，木质素是由高度取代的苯基丙烷单元随机聚合而成的高分子，它与纤维素、半纤维素一起，形成植物骨架的主要成分，在数量上仅次于纤维素。木质素填充于纤维素构架中可以增强植物体的机械强度，利于输导组织的水分运输和抵抗不良外界环境的侵袭。

木质素在木材等硬组织中含量较多，蔬菜中则很少见，一般存在于豆类、麦麸、可可、草莓及山莓的种子部分之中，其最重要的作用就是吸附胆汁的主要成分胆汁酸，并将其排出体外。木质素的分子量较高，在酸作用下难以水解，故不能被人体消化利用。

（2）纤维素

纤维素（cellulose）是由β-D-吡喃葡萄糖基通过β-1,4-糖苷键连接起来的均一直链大分子多糖，是植物细胞壁的主要成分，其聚合度的大小取决于纤维素的来源，一般可达到1000～1400。纤维素是自然界中分布最广、含量最多的一种多糖，占植物界碳含量的50%以上，通常与半纤维素、果胶和木质素结合在一起，其结合方式和程度对植物源食品的质地影响很大。

纤维素的柔顺性很差，因为纤维素分子有极性，分子链之间相互作用力很强，且纤维素中的六元吡喃环结构会使内旋转困难。同时，纤维素分子内和分子间都能形成氢键特别是分子内氢键致使糖苷键不能旋转从而使其刚性大大增加。常温下纤维素既不溶于水，也不溶于稀碱溶液和一般的有机溶剂（如酒精、乙醚、丙酮、苯等)，但是纤维素能溶于铜氨溶液和铜乙二胺溶液等。纤维素加热到约150℃时不发生显著变化，超过该温度便会因脱水而逐渐焦化。另外，纤维素与较浓的无机酸水解作用生成葡萄糖等，与较浓的苛性碱溶液作用生成碱纤维素，与强氧化剂作用生成氧化纤维素。

因为人体消化道内不存在纤维素的消化酶，所以纤维素不能被人体消化吸收。但是纤维素具有亲水性且不溶于水的特性，在胃肠道内可以吸收水分，增加饱腹感，并且能促进肠道蠕动，加快粪便的排泄，使致癌物质在肠道内的停留时间缩短，对肠道的不良刺激减少，从而可以预防肠癌发生。

(3) 抗性淀粉

抗性淀粉（resistant starch)，又称抗酶解淀粉或抗消化淀粉，是指在正常健康人体小肠中不能被吸收的淀粉及其降解产物，包括改性淀粉和加热后又冷却的淀粉。这类淀粉在人的肠胃道结肠中可以被结肠的微生物群发酵生成多种气体和短链脂肪酸，并被结肠缓慢吸收。抗性淀粉存在于某些天然食品中，如马铃薯、香蕉、大米等都含有抗性淀粉，特别是高直链玉米淀粉含抗性淀粉高达60%。

根据抗性淀粉的形态及物理化学性质，可将其分为RS1、RS2、RS3及RS4这四类。

RS1：物理包埋淀粉，指因细胞壁的屏障作用或蛋白质的隔离作用而不能被淀粉酶接触的淀粉。如轻度研磨的谷物和豆类中，一些淀粉被裹在细胞壁里，在水中不能充分膨胀和分散，不能被淀粉酶接近，因此不能被消化。但是这类淀粉在经加工时粉碎、碾磨及被摄入时的咀嚼等物理作用时，含量会降低。

RS2：抗性淀粉颗粒，指那些具有一定粒度的抗消化性淀粉，通常存在于生的马铃薯、香蕉和高直链玉米淀粉中。因RS2具有致密的结构和部分结晶结构而对酶有高度抗性，其抗性随着糊化过程的结束而消失。根据X射线衍射图像的类型，RS2可分为A、B、C三类。

A类：这类淀粉即使未经加热处理也能消化，但在小肠中只能部分被消化，主要包括小麦、玉米等禾谷类淀粉。

B类：这类淀粉即使经加热处理也难以消化，包括未成熟的香蕉、芋类和高直链玉米淀粉。

C类：X射线衍射图像的类型介于A类和B类之间，主要是豆类淀粉。

RS3：回生淀粉，也称老化淀粉，指糊化后在冷却或储存过程中结晶而难以被淀粉酶分解的淀粉。它是抗性淀粉的重要成分，通过食品加工引起淀粉化学结构、聚合度和晶体构象等方面的变化形成，因而也是一类重要的抗性淀粉，常见于煮熟又放冷的米饭、面包、油炸土豆片等食品中。这类抗消化淀粉又分为RS3a和RS3b两部分，其中RS3a为凝沉的支链淀粉，RS3b为凝沉的直链淀粉，RS3b的抗酶解性最强。RS3一般采用湿热处理制备，如直链含量为70%的玉米淀粉，经过压热法处理，可获得21.2%的RS3的产品。

RS4：化学改性淀粉，主要指经基因改造或化学变性后，由于淀粉分子结构的改变以及一些化学官能团的引入而产生的抗酶解淀粉，如羧甲基淀粉、热变性淀粉、磷酸化淀粉及交联淀粉等。

因为RS1、RS2和RS3a经一定的加工或加热后仍可被消化吸收，所以RS3b和RS4是目前研究最多也是最热门的抗消化淀粉。

抗性淀粉由于消化吸收慢，食用后不致使血糖升高过快，也就是可以调节血糖水平，因此成为一种功能性淀粉，特别适宜糖尿病患者食用，食用抗性淀粉后不容易饥饿，有助于糖尿病患者维持正常的血糖，减少饥饿感。

(4) 几丁质

几丁质(chitin)，又称壳多糖、甲壳质或甲壳素，是一类由*N*-乙酰-氨基葡糖通过β-1,4-糖苷键连接聚合而成的不分支的链状高分子聚合物。其为白色或灰白色，略有珍珠光泽，无味，不溶于水、稀酸、碱液及有机溶剂，但能溶于浓盐酸，其理化性质主要取决于乙酰化率和聚合度。壳多糖用酸完全水解后会生产甲壳胺(2-氨基葡萄糖)，广泛存在于甲壳类(虾、蟹)等动物的外壳、昆虫的甲壳和真菌的细胞壁中，也存在于一些绿藻中。

几丁质在食品中可作为黏合剂、保湿剂、澄清剂、填充剂、乳化剂、增稠剂等。另外，它能降低胆固醇，提高机体免疫力，增强机体的抗病抗感染能力，尤其具有较强的抗肿瘤作用。目前，在食品中应用相对较多的是改性壳聚糖，最常见的是羧甲基化壳聚糖，其中，*N*,*O*-羧甲基壳聚糖在食品工业中作增稠剂和稳定剂，因其可与大部分有机离子及重金属离子络合沉淀而被用来纯化水，另外，因其溶于中性水后可形成胶体溶液且具有良好的成膜性而被用于水果保鲜。

(5) 美拉德反应产物

美拉德反应生成的蛋白黑素与其他不可溶性纤维一样，到达大肠的蛋白黑素钙离子复合物可以弥补小肠中钙离子利用率的下降。实验证明，小分子和可溶的蛋白黑素前体也可以结合钙离子来保持离子的可溶性，使它们可以被吸收。蛋白黑素除了能隔离钙离子，导致旁路吸收的溶解度降低，还能影响肠上皮细胞代谢。美拉德反应产物也可能是因褐变产物的发酵，提高了大肠中钙离子的吸收率。美拉德反应产物的作用与其他不可消化碳水化合物相似，例如，它可以刺激厌氧菌（如乳酸杆菌）的生长，使乳酸浓度增加并降低 pH。利用胃蛋白酶和胰蛋白酶模拟上消化道，未发现分子产物，说明蛋白黑素具有不可消化性。尽管体外试验证明蛋白黑素具有降低钙离子吸收的趋势，但是还没有活体试验表明蛋白黑素对钙离子吸收的净作用效果。评价蛋白黑素对钙离子吸收的影响应包括小肠和大肠两部分数据。此外，美拉德反应产物的消耗也与小便中钙离子含量有关，没有证据表明钙离子的保留减少。

1.2.2 根据来源分类

根据膳食纤维的来源，可将其分为谷物类膳食纤维、豆类膳食纤维、水果类膳食纤维、蔬菜类膳食纤维、生化合成或转化类膳食纤维及其他膳食纤维六类。

（1）谷物类膳食纤维

谷物类膳食纤维主要包括小麦、燕麦、玉米和米糠纤维等，它们胚乳细胞壁的主要成分是 β-D-葡聚糖。谷类葡聚糖是线性均多糖，主要是由 β-葡萄糖残基通过 β-(1→3)-糖苷键和 β-(1→4)-糖苷键连接组成。它的结构特点是由单个 β-(1→3)-糖苷键将连续相连的 β-(1→4)-糖苷键分割成许多单元。

（2）豆类膳食纤维

豆类膳食纤维比较常见的有大豆纤维、豌豆纤维、瓜尔胶和刺槐豆胶等。

（3）水果类膳食纤维

水果类膳食纤维一般存在于果皮和果渣中，主要用于高纤维果味饮料、果冻以及果味饮料的制作。

（4）蔬菜类膳食纤维

蔬菜类膳食纤维主要存在于笋干、辣椒、蕨菜、菜花及菠菜等蔬菜中。研究较多的有甜菜渣、胡萝卜渣、芋头及茭白纤维等，同时还有芹菜等各种蔬菜粉和蔬菜汁。

（5）生化合成和转化类膳食纤维

生化合成和转化类膳食纤维主要包括改性纤维素、抗性糊精、水解瓜尔胶、微晶纤维素和聚葡萄糖等。这类膳食纤维是食品领域中主要应用的纤维。

（6）其他膳食纤维

主要包括真菌类纤维、海藻类纤维及一些黏质和树胶。此外，还有一些纤维植物种子中含有的纤维，例如亚麻粕中的可食用纤维。

1.3 膳食纤维的理化性质和生理功能

1.3.1 理化性质

(1) 持水性

膳食纤维的化学结构中含有羧基、羟基、氨基及醛酮基等亲水基团，具有很强的吸水性、膨胀性和持水性。不同品种膳食纤维因其化学组成、结构及物理特性不同，持水力也不同，变化范围大致在自身质量的1.5～25.0倍。膳食纤维的持水性能增加人体排便的体积与速度，所以膳食纤维可用于预防便秘等肠道疾病，降低肠癌的发病率。

(2) 膨胀性和黏性

富含膳食纤维的食物在消化道与水结合而膨胀，形成高黏度的胶体并束缚大量水，增大体积，在减少进食量的同时几乎不产生能量，同时能够产生饱腹感。另外，某些膳食纤维可形成胶态，表现出相应的黏性。膳食纤维黏度的大小与其化学结构密切相关，不同品种的膳食纤维所表现出来的黏度也相应不同，例如果胶的黏性取决于其分子量和甲醛含量，两者中任何一种减少就会降低其黏度。膳食纤维中纤维素、木质素等几乎没有黏性，而果胶、树胶、琼脂等通常表现出较强的黏性，能够形成高黏度的溶液，这种特性也称为膳食纤维的梯度黏合作用。

(3) 可逆阳离子交换作用

膳食纤维的分子结构中包含羧基等侧链基团，可与阳离子，尤其是有机阳离子进行可逆交换。该特性使膳食纤维具有影响矿质元素的吸收，调节渗透压、pH、氧化还原电位等作用。同时，膳食纤维也可通过交换重金属离子降低其毒性。

(4) 吸附作用

膳食纤维的长度、强度和弹性非常大，因此它可以在肠道中形成很多具有一定厚度的网状物，其中的网孔可物理性地吸附某些物质，而膳食纤维分子中又含有丰富的活性因子，这些网状物分布在人体的肠道中，利用丰富的活性因子大量地吸附肠道中的毒素有机物，并促进其排出体外。其中，研究最多的是膳食纤维与胆汁酸的吸附作用，它被认为是膳食纤维降血脂功能的机制之一。在肠腔内，膳食纤维与胆汁酸的作用可能是静电力、氢键或者疏水键间的相互作用，其中氢键结合可能是主要的作用形式。

(5) 菌群调节作用

膳食纤维不能被小肠中的酶分解，但可以作为初级原料被寄生在大肠中的各种微生物进行不同程度的分解发酵，发酵的程度和速度受纤维的种类、物理形状和肠道内容物的影响。一般来说，可溶性膳食纤维可完全被酵解，而不溶性膳食纤维难被酵解。膳食纤维被酵解后会产生大量的脂肪酸，可以调节肠道的 pH 值，有利于益生菌的生长，改善肠道环境。

1.3.2 生理功能

① 防治便秘及痔疮

膳食纤维具有很强的持水性，吸水后肠内容物体积增大，大便变软，利于通便。可溶性膳食纤维可以被肠道细菌酵解，产生丁酸、丙酸、乙酸等大量短链脂肪酸，降低肠道内 pH 值，刺激肠黏膜；另外，可溶性膳食纤维被肠道菌群发酵后产生的终产物二氧化碳、氢气、甲烷等气体也会刺激肠黏膜，促进肠道蠕动，从而加快粪便的排出速度。不溶性膳食纤维不易被消化道内的酶消化，也不易被肠道内微生物酵解，但是它有助于增加粪便的质量和体积，机械性地刺激肠壁使肠道蠕动加快，防止便秘。痔疮的发生是因为便秘使血液长期阻滞而引起的。由于膳食纤维的通便作用，可降低肛门周围的压力，使血流通畅，从而达到防治痔疮的作用。

② 减肥

膳食纤维所含的能量较低，它可以产生饱腹感，在减少进餐量的同时，还能够减缓人体胃排空速度。另外，膳食纤维中的果胶可与胆固醇结合，木质素可与胆酸结合，使其直接从粪便中排出，减少机体对胆固醇的吸收；可溶性膳食纤维可在胃肠壁上形成薄膜，阻止葡萄糖的吸收，减少能量的产生。

③ 预防肠癌

膳食纤维可以抑制致癌酶的活性，促进肠细胞的增殖，有效地预防肠道癌的发生。同时，增加膳食纤维的摄入量有利于缩短肠内致癌物通过肠腔的时间，进而减少其对肠壁的作用时间或被微生物利用产生有害物。

④ 促进钙的吸收

可溶性膳食纤维具有提高肠道钙吸收、维持钙平衡和增加骨密度等作用，进而促进钙的吸收，提高钙的生物利用率。

⑤ 降低血脂，预防冠心病

膳食纤维具有吸附胆固醇的作用，使胆固醇不易透过肠黏膜被吸收；另外，膳食纤维可部分阻断胆汁酸与胆固醇的肠肝循环，加速胆盐、胆酸等从粪便排泄，从而降低血中胆酸与胆固醇水平，起到降低血脂、防治冠心病的作用。

⑥ 预防糖尿病

膳食纤维吸水膨胀后会增加食物的黏滞性，延缓葡萄糖的吸收速度。同时，可溶性膳食纤维吸收水分后在小肠黏膜表面形成一层薄膜，阻碍肠道对葡萄糖的吸收，而膳食纤维在结肠发酵时生成的短链脂肪酸对葡萄糖和脂类的代谢也有影响。此外，膳食纤维还可增加胰岛素的敏感性，通过与胰岛素互助起到降糖效果，减少机体对胰岛素的需求，因此膳食纤维还有控制血糖的作用。

⑦ 防治胆结石

胆结石的形成与胆汁胆固醇含量过高有关，而膳食纤维可结合胆固醇，促进胆汁的分泌、循环，因而可预防胆结石的形成。

⑧ 其他生理功能

除以上生理功能外，膳食纤维还具有改善口腔及牙齿功能、预防妇女乳腺癌、抗氧化、清除自由基以及减少重金属吸收等作用。

1.4 膳食纤维的分析方法及剂量要求

2015 年 9 月 21 日中华人民共和国国家卫生和计划生育委员会发布了《食品安全国家标准 食品中膳食纤维的测定》（GB 5009.88—2014）。该标准规定了食品中膳食纤维的测定方法（酶重量法），适用于所有植物性食品及其制品中总的可溶性和不溶性膳食纤维的测定，但不包括低聚果糖、低聚半乳糖、聚葡萄糖、抗性麦芽糊精、抗性淀粉等膳食纤维组分。该标准测定的总膳食纤维为不能被 α-淀粉酶、蛋白酶和葡萄糖苷酶酶解的碳水化合物聚合物，包括不溶性膳食纤维和能被乙醇沉淀的高分子量可溶性膳食纤维，如纤维素、半纤维素、木质素、果胶、部分回生淀粉，以及其他非淀粉多糖和美拉德反应产物等；不包括低分子量（聚合度 3～12）的可溶性膳食纤维，如低聚果糖、低聚半乳糖、聚葡萄糖、抗性麦芽糊精以及抗性淀粉等。

1997 年 AOAC 997.08 开始实施，该方法是用离子交换色谱法测定食品中的果聚糖含量，其原理是：用沸水从样品中提取果聚糖，用冷冻干燥的淀粉葡萄糖苷酶水解小份提取物，去除淀粉。其中一部分用果聚糖酶处理，然后测定释放的糖。采用高效阴离子交换色谱-脉冲安培检测法（HPAEC-PAD）分析初始试料及一级和二级氢氧化物。在第一次糖分析中，测定初始提取物中的游离果糖和蔗糖的含量 F1 和 S1。在第二次糖分析中，测定麦芽糊精和淀粉中的游离葡萄糖和葡萄糖的总和。在第三次糖分析中，测定葡萄糖的总量和果糖的总量。然后根据葡萄糖和果糖的浓度计算出果聚糖的含量。

1999 年 AOAC 999.03 开始实施，该方法是用酶法/分光光度法测定食品中总果聚糖，其原理是：产品用热水提取，溶解果聚糖。然后用一种特殊的蔗糖酶将蔗糖水解成葡萄糖和果糖，用一种纯淀粉降解酶的混合物将淀粉水解成葡萄糖。所有还原糖用碱性硼氢化钠还原成糖醇，果聚糖用纯化的果聚糖酶（外菊粉酶和内菊粉酶）水解成果糖和葡萄糖，这些糖用对羟基苯甲酸酰肼测定。

膳食纤维的参考声称用语及剂量要求各有所不同，具体见表 1-2。

表 1-2 膳食纤维的参考声称及剂量要求

声称用语	功 能	剂量要求
膳食纤维补充剂		5g/d
瓜尔胶	①有助于维持正常血胆固醇水平；②有助于维持正常餐后血糖水平；③有助于维持正常肠功能；④有助于维持正常肠道菌群	①～②15～27g/d 瓜尔胶或其水解产物；③5～12g/d；④7～21g/d
葡甘露聚糖	①有助于维持正常血胆固醇水平；②有助于维持正常肠功能	①4～17g/d；②4～6g/d
燕麦	①有助于维持正常血胆固醇水平；②有助于维持正常餐后血糖水平	①3g/d 燕麦纤维；②0.8～8g/d 燕麦纤维
麦芽糖糖精	①有助于维持正常餐后血糖水平；②有助于维持正常肠功能；③有助于维持正常甘油三酯水平	①14～29g/d；②3～2g/d；③15～30g/d
大豆纤维	①有助于维持正常血胆固醇水平；②有助于维持正常餐后血糖水平；③有助于维持正常肠功能	①20～25g/d；②10～25g/d；③20～60g/d
木耳	有助于维持正常肠功能	12g/d 木耳纤维
小麦纤维	①有助于维持正常餐后血糖水平；②有助于维持正常肠功能	①6～12g/d；②36g/d
大麦纤维	有助于维持正常肠功能	20～25g/d
阿拉伯胶	有助于维持正常肠功能	25g/d
玉米糠	①有助于维持正常血胆固醇水平；②有助于维持正常餐后血糖水平	①～②10g/d 玉米糠纤维
菊粉/菊苣提取物	①有助于维持正常血胆固醇水平；②有助于维持正常餐后血糖水平；③有助于维持正常肠功能	①～②9～10g/d 菊粉；③8～20g/d 菊粉
车前子壳	①有助于维持正常血胆固醇水平；②有助于维持正常肠功能	①7g/d；②5～25g/d
聚葡萄糖	有助于维持正常肠功能	7～12g/d
葫芦巴籽	有助于维持正常餐后血糖水平	12～50g/d

参 考 文 献

[1] 蔡松铃，刘琳，战倩，等．膳食纤维的黏度特性及其生理功能研究进展［J］．食品科学，2020，41（3）：224-231．

[2] 黄素雅，钱炳俊，邓云．膳食纤维功能的研究进展［J］．食品工业，2016，37（1）：273-277．

[3] 张倩倩，郑松柏．膳食纤维与肠道疾病研究进展［J］．中华消化杂志，2019，39（4）：283-285．

[4] 丁莎莎，黄立新，张彩虹，等．膳食纤维的制备、性能测定及改性的研究进展［J］．食品工业科技，2016，37（8）：381-386．

[5] 魏薇，李晓青，费贵军．膳食纤维对功能性便秘症状的影响 [J]. 中华内科杂志，2019，58 (11)：845-848.

[6] 胡杨，周梦舟．膳食纤维在食品中的研究进展 [J]. 粮油食品科技，2017，25 (4)：48-51.

[7] 叶秋萍，曾新萍，郑晓倩．膳食纤维的制备技术及理化性能的研究进展 [J]. 食品研究与开发，2019，40 (17)：212-217.

[8] 安艳霞，董艳梅，张剑，等．膳食纤维的功能特性及在食品行业中的应用与展望 [J]. 粮食与饲料工业，2019，(6)：30-33.

[9] 吴斯妍，贾鑫，杨栋，等．膳食纤维功能特性及构效关系的研究进展 [J]. 中国食物与营养，2019，25 (6)：47-50.

[10] 陈浩嘉，陈有仁，吴寿岭．膳食纤维和肠道菌群与肥胖关系的研究进展 [J]. 医学综述，2019，25 (5)：839-844.

[11] Farias D D P，de Araújo F F，Neri-Numa I A，et al. Prebiotics：trends in food，health and technological applications (Review) [J]. Trends in Food Science and Technology，2019，93：23-35.

[12] Debnath S，Jawaha S，Muntaj H，et al. A review on dietary fiber and its application [J]. Research Journal of Pharmacognosy and Phytochemistry，2019，11 (3)：109-113.

[13] Pyryeva E A，Safronova A I. The role of dietary fibers in the nutrition of the population [J]. Voprosy pitaniia，2019，88 (6)：5-11.

[14] Mongeau R，Brooks S P J. Dietary fiber：properties and sources [J]. Encyclopedia of Food and Health，2016，404-412.

[15] Johnson I T. Dietary fiber：physiological effects [J]. Encyclopedia of Food and Health，2016，400-403.

[16] Yesmin F，Ali M，Sardar M，et al. Effects of dietary fiber on postprandial glucose in healthy adults [J]. Mediscope，2019，6 (1)：25-29.

[17] Dai F J，Chau C F. Classification and regulatory perspectives of dietary fiber [J]. Journal of Food & Drug Analysis，2017，25 (1)：37-42.

[18] Holscher H D. Dietary fiber and prebiotics and the gastrointestinal microbiota [J]. Gut Microbes，2017，8 (2)：172-184.

[19] O'Shea N，Arendt E K，Gallagher E. Dietary fibre and phytochemical characteristics of fruit and vegetable by-products and their recent applications as novel ingredients in food products [J]. Innovative Food Science & Emerging Technologies，2012，16：1-10.

2

菊　　粉

菊粉（inulin），又名菊糖，是由D-呋喃果糖分子以β-(2→1)-糖苷键连接而成的线性直链多糖，末端常带一个葡萄糖残基，聚合度（degree of polymerization，DP）通常在2～60之间，依据植物的种类、收获时间、地区来源和加工方法而有所不同，天然植物中的菊粉平均聚合度在10～14之间。菊粉广泛存在于双子叶植物中的菊科、桔梗科、龙胆科等及单子叶植物中的百合科和禾本科中，其中以菊芋（*Jerusalem artichoke*，俗称洋姜，含量14%～19%）、菊苣（chicory，含量15%～20%）和龙舌兰（tequila，含量16%）中含量最高，也是目前最具商业开发价值的。

早在十九世纪初，人们就开始对菊粉进行了较深入的研究。德国科学家Rose于1804年首次采用热水浸提的方法从土木香（*Inula helenium*）中提取得到一种果聚糖（fructan），随后Thomson将其命名为菊粉。1864年，德国植物生理学家Julius采用乙醇沉淀的方法从大丽花、菊芋和土木香中分离出菊粉结晶，并利用显微镜获得了菊粉的球状晶体结构。1995年，Gibson和Roberfroid根据菊粉生理功能的实验结果首次提出了益生元的概念，并逐渐被大家所接受。近年来，关于益生元与肠道健康的关系更引起了人们的浓厚兴趣和广泛关注。

菊粉在人体小肠内不能被消化吸收，因此被归结为膳食纤维类。菊粉作为目前全球认知度最高、市场份额最大、应用领域最广的膳食纤维或益生元，其在膳食纤维市场的占有额（不包含低聚果糖）已达到42.6%，2018年其在全球市场销售量和销售额分别达到36.6万吨和18.7亿美元，年均复合增长率分别为8.7%和11.1%，而在亚太市场的增长最快，尤其是在中国、日本和印度。我国卫生部在2009年3月25日就发布了第5号公告，正式批准菊粉和多聚果糖为新资源食品，其中批准菊粉可应用于除婴幼儿食品外的所有食品，而多聚果糖只能在婴幼儿配方食品、儿童奶粉、孕妇及哺乳期奶粉中使用。该文件的发布对促进我国菊粉产业的发展起到了重要的推动作用。

菊粉作为一种优质的膳食纤维，正以其独特的应用性能和优势引领益生元市场的快速发展。菊粉已经被许多科学试验证实具有突出的生理功能，包括促进益生菌增殖、抑制肠道腐败菌的生长、改善肠道微环境、调节血糖水平、减肥、预防便秘、促进矿物质吸收、降血脂、减少癌症风险和提高免疫力等。同时，菊粉还表现出优异的食品加工性能：菊粉外表洁白，呈粉末状，无不良气味，不会影响食品的外观色泽和风味；菊粉能使食品内部结构更加均匀细腻、口感滑爽、色泽美观，可用于取代食品中的脂肪达到降低能量的目的，但又不会显著影响产品的口感；菊粉能形成质构柔滑、微粒均一而细腻的凝胶，该凝胶具有良好的黏弹体流变学特性，表观性状类似于脂肪；菊粉屈服应力低，具有剪切稀释和触变特性，在加工过程中，菊粉凝胶逐渐丧失凝胶固体特性，弹性系数降低，而流体特性和黏度系数逐渐增加，即操作性好，因此可应用于各类食品的生产过程中。

2.1 菊粉的来源、结构和分类

2.1.1 来源

在历史上，人们把富含菊粉的植物当作主要粮食来食用，如菊苣、菊芋和大丽花等植物。1605 年人们把菊芋引进到西欧，当地人把它作为一种糖源进行食用，直到 1750 年左右才被马铃薯所代替。菊粉作为一种植物中的储备性多糖，在自然界中分布十分广泛，以植物中含量最高，一些真菌和细菌类中含量次之。菊粉在菊科植物中含量最为丰富。不同种植物及同一种植物不同生长时期菊粉的聚合度存在明显的差异。一些常见植物（湿重）中菊粉含量如表 2-1 所示。

表 2-1 常见植物中的菊粉含量

植物来源	可食部分	固形物含量/%	菊粉含量/%
菊芋	块茎	19～25	14～17
菊苣	根	20～25	13～18
牛蒡	根	21～25	3.5～4.0
雪莲果	根	10～14	5～8.7
大蒜	球茎	40～45	9～16
朝鲜蓟	叶心	14～16	3～10
卡马夏	球茎	31～50	12～22
韭菜	球茎	15～20	3～10
香蕉	果实	24～26	0.3～0.7
蒲公英	花瓣	50～55	12～15
波罗门参	根茎	20～22	4～11
黑麦	谷粒	88～90	0.5～1
洋葱	球茎	—	2～6
天冬	块茎	—	10～15
大丽花	块茎	—	15～20
小麦	谷粒	—	1～4
芦笋	嫩芽	—	10～15
龙舌兰	茎或叶子基部	—	16

工业上生产菊粉最重要的原料是菊苣和菊芋，其菊粉含量占其块茎干重的 70%以上。菊芋是菊科多年生草本植物，分布广，适应性强，对土壤要求不严，耐贫瘠和干旱，繁殖能力强，抗风沙，无病虫害，是治理沙漠的优良作物。菊芋栽植一次，其块茎可连续收获多年利用，在我国被广泛种植，主要用于腌制。菊苣是一种两年生植物，适于生长在海洋气候条件下，在西欧国家是一种普遍种植的蔬菜品种。

2.1.2 结构

菊粉分子是由D-呋喃果糖分子以β-(2→1)-糖苷键连接而成的线性直链多糖，末端常带一个葡萄糖残基，属于一类天然果聚糖的混合物。菊粉的分子式表示为GF_n，即Glucose-$(Fructose)_n$，其中G为终端葡萄糖单位，F表示果糖单元，n则代表果糖单位数，一般为2～60，其分子结构如图2-1所示。

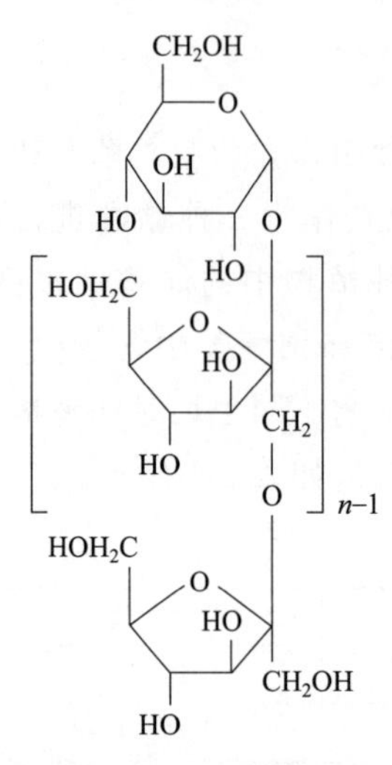

图2-1 菊粉化学结构

2.1.3 分类

根据菊粉的水溶性，通常可分为两类：一类是易溶于水的，另一类是较难溶于水的。通常把聚合度(DP)为10作为临界点，DP＜10的菊粉易溶于水，而且易发酵；DP＞10的菊粉难溶于水，且不易被细菌降解发酵，但在大肠中能被益生菌发酵利用。

根据菊粉分子量的平均聚合度，可分为短链菊粉、天然菊粉和长链菊粉。目前，通常把平均聚合度≤10的菊粉称为短链菊粉；平均聚合度≥23的菊粉称为长链菊粉；从天然植物（菊芋或菊苣）中提取的菊粉其聚合度分布较广泛，通常变化范围在2～60，称为天然菊粉。短链菊粉和天然菊粉均含有一定的单糖和双糖，因此略带甜味，其甜度大约相当于蔗糖的10%～30%；长链菊粉中由于不含单糖和双糖，几乎没有甜味。表2-2是比利时Beneo公司生产的菊粉系列产品及特性。

表2-2 比利时Beneo公司生产的菊粉系列产品

菊粉类型	产品名称	菊粉含量/%	甜味水平/%	产品描述
标准菊粉	Orafti® GR	约92	10	细小颗粒粉末菊粉，果聚糖平均聚合度≥10
	Orafti® ST-Gel	约92	10	高分散性菊粉末(速溶)，果聚糖平均聚合度≥10
	Orafti® HSI	约88	30	高溶解性菊粉粉末
长链菊粉	Orafti® FTX	约98	0	高加工温度可替代脂肪的增稠菊粉粉末
	Orafti® HP	约100	0	低加工温度可替代脂肪的高性能菊粉粉末，果聚糖平均聚合度≥23
	Orafti® HPX	约100	0	高加工温度可替代脂肪的高性能菊粉粉末，果聚糖平均聚合度≥23
富含低聚果糖的菊粉	Orafti® Synergy1	约92	—	长链菊粉和短链低聚果糖的专利配方，可以达到特定的生理效应

不同植物中所含菊粉的链长也有所差异，如小麦、洋葱、香蕉所含菊粉分子聚合度较小，其最大聚合度 $DP_{max}<10$；大理花块根、大蒜、菊芋所含的菊粉分子聚合度居中，$DP_{max}<40$；而球菊芋和菊苣所含的菊粉分子聚合度较长，$DP_{max}<100$。有些植物如百合、龙舌兰和某些细菌（如突变链球菌）含有更高聚合度的菊粉，其 $DP_{max}>100$。在实际生产过程中，根据需要可利用人工控制及合成的方法来调控菊粉的聚合度，利用内切酶（EC3.2.1.7）水解菊苣中的菊粉可获得 DP 范围在 2～7、平均 DP 为 4 的低聚果糖。如市场上常见的低聚果糖的产品（中国平安高科 VILOF® NanoFOS P95、荷兰 Sensus 公司 Frutafit® S20），它主要是以菊粉为原料通过酶解而获得的一类低聚合度的混合物，是指 1～4 个果糖基以 β-(2→1)-糖苷键连接在蔗糖的 D-果糖基上形成的蔗果三糖（GF_2）、蔗果四糖（GF_3）、蔗果五糖（GF_4）和蔗果六糖（GF_5）的混合物，一般还含有少量蔗糖、果糖和葡萄糖，其甜度约为蔗糖的 30%～60%，它既保持了蔗糖的纯正甜味性质，又比蔗糖甜味清爽，同时还具有益生元的功效。利用物理分离技术（结晶和过滤）可生产平均聚合度不小于 23 的长链菊粉，这类菊粉几乎没有甜度，在水中的溶解性也很差，但具有优良的质构特性，可用于为产品提供滑爽的口感、增加其稠度和稳定性、改变其触变性等，如比利时 Beneo 生产的 Orafti® HP 和 Orafti® HPX，荷兰 Sensus 公司生产的 Frutafit® TEX 等。

2.2 菊粉的生理功能

(1) 改善肠道健康

菊粉是一种不能在人体小肠内被消化吸收的膳食纤维类物质，但它可以在大肠中被益生菌如双歧杆菌和乳酸菌所吸收、利用和增殖。摄入菊粉前双歧杆菌只占肠道总菌群数量的 20%，当摄入菊粉后其显著增加到 71%。菊粉在大肠内被益生菌发酵产生短链脂肪酸（乙酸、丙酸和丁酸等），导致肠道内 pH 值下降，而低的 pH 环境能够抑制多种腐败菌的增殖，间接地减少在肠道内产生的毒素物质，维持健康的肠道环境，而健康的肠道有利于促进有益菌的生长和繁殖，增进肠道的蠕动，缓解便秘。

研究表明，每日摄入菊粉能够使结肠中的益生菌增加 10 倍，减少病原菌和腐败菌的数量，如金黄色葡萄球菌、李斯特菌、沙门氏菌、大肠杆菌等。这是由于菊粉不是直接被消化吸收，而是进入了大肠，在大肠中优先被双歧杆菌利用，产生醋酸盐和乳酸盐，使大肠的 pH 值降低，从而抑制了有害菌的生长，因此菊粉是双歧杆菌的有效增殖因子。

在高脂饮食情况下，肠道中的 S24-7 菌群丰度会下降。但补充短链菊粉后，

S24-7 丰度上升。S24-7 在未发展为糖尿病的非肥胖糖尿病小鼠（NOD 小鼠）中丰度较高，而在发展为糖尿病的 NOD 小鼠中丰度较低。此外，引起菊粉组小鼠粪便丰度下降的菌群包括厚壁菌门梭菌目中的毛螺菌科和瘤胃菌科、脱铁杆菌门下脱铁杆菌科中的 *Mucispirillum schaedle*（MS）。MS 是一种螺旋形细菌，分布在肠分泌黏液层，被认为具有降解黏液蛋白层的危害，可逃避 T 细胞非依赖反应渗入黏膜层和抗原呈递细胞及初级 T 细胞发生的作用。随着炎症反应丰度升高，MS 在小鼠结肠炎活跃期的粪便中丰度更高，而在结肠炎缓解期的小鼠粪便中丰度降低。将 MS 移植到无菌小鼠中引发肠道促炎反应。瘤胃菌科（Ruminococcaceae）在右旋糖酐硫酸酯钠诱导的结肠炎小鼠粪便中丰度上升，在结肠腺瘤患者中丰度高于健康群体。毛螺菌科（Lachnospiraceae）和瘤胃球菌属（*Ruminococcus*）在发展为糖尿病的 NOD 小鼠中丰度较高，而在未发展成糖尿病的小鼠中丰度较低。这些数据暗示短链菊粉的添加抑制了一些潜在有害菌的生长，改善了肠道微生物的健康。

（2）调节血糖水平

菊粉作为一种可溶性膳食纤维，进入胃肠后如同海绵一样，吸水膨胀呈凝胶状，增加食物的黏滞性，延缓食物中葡萄糖的吸收，同时增加饱腹感，使糖的摄入减少，防止了餐后血糖急剧上升；同时，可溶性纤维吸收水分后，还能在小肠黏膜表面形成一层“隔离层”，从而阻碍了肠道对葡萄糖的吸收，没被吸收的葡萄糖随大便排出体外；并且，菊粉还可增强对胰岛素的敏感度，菊粉中的果聚糖可降低人体对胰岛素的需求，增强受体对胰岛素的敏感性，提高机体耐糖程度，对远期血糖（空腹血糖）控制有显著的作用。研究表明，菊粉中的低聚果糖（益生元）在结肠发酵产生的短链脂肪酸导致空腹血糖降低的同时，对调节胃肠免疫系统、减少毒素的产生有显著作用，可降低胰岛功能再次受损的风险。研究还显示，菊粉中的多糖果糖能使Ⅰ型糖尿病患者的胰岛素需要量减少 30%～50%，Ⅱ型糖尿病患者的胰岛素需要量减少 35%～75%。体内外试验表明，菊苣菊粉很可能通过抑制 JNK 和 p38 MAPK 通路活性，活化 IRS 信号，调控血糖、血脂代谢和机体细胞对葡萄糖的摄取能力，从而发挥改善Ⅱ型糖尿病的作用。

菊粉在小肠内不会被水解成单糖，所以不会使体内血糖水平和胰岛素的含量升高。研究表明，若定义葡萄糖的血糖指数（GI）为 100，则蔗糖的 GI 值为 68，而来自菊苣根的菊粉的 GI 仅为 2。人体在空腹时，血糖的降低是由于低聚果糖在结肠中发酵，最终产生了短链脂肪酸。吸附的菊粉在肠道上部不会被机体酶水解成单糖，因而不会对血糖水平和胰岛素含量造成影响。研究发现 Mg^{2+} 的缺乏会增加患糖尿病的风险，菊粉可以促进机体对 Mg^{2+} 的吸收，从而起到稳定血糖的作用。菊粉已作为二十一世纪初糖尿病人专用食品之一。

2016 年的数据表明，低聚果糖与其摄入后血糖反应改善之间存在显著的关系。在已提交给欧洲食品安全局（EFSA）的材料中指出，低聚果糖对于血糖控制起着至关重要的作用。此次 EU Art 13.5 声明旨在认可低聚果糖对于餐后血糖的降低作用。EFSA 的肯定评估有助于该健康声明获得欧盟委员会、欧洲联盟成员国以及欧洲议会的批准。此份研究表明当食品部分糖分被来自于菊苣的益生元纤维低聚果糖替代时，血糖反应将被改善。新数据表明，仅 20%的替代便可显著降低血糖反应。评估中倡导的使用条件指的是“还原糖”，在（EC）No 1924/2006 的条款附件中发布，即 30%比例的替代。正当 EFSA 发布有关菊苣低聚糖的评价时，另一份关注于菊粉及其他前沿科学技术研究的科学声明已做好提交的准备。在评估关于低聚果糖声明时，EFSA 已将适用范围扩展到不易消化的碳水化合物类别，菊粉已包含其中。

（3）低能量和减肥

菊粉能提高胃内容物的黏度，减缓食物从胃进入小肠的速度，降低饥饿感，从而减少食物的摄入量。菊粉在消化系统内不被消化，在结肠中进行发酵时，产生的热能很低，其热能值约为 4.2～6.3kJ/g，相当于葡萄糖热值（16kJ/g）的 26%～39%，脂肪热值（38.7kJ/g）的 11%～16%。因此用菊粉部分或全部替代脂肪，可开发低能量保健产品。

（4）防便秘

菊粉能有效增加排便次数和质量。它能促进肠道蠕动，缩短粪便在结肠中的停留时间，增加粪便质量和排泄量。在膳食中每天按推荐剂量补充菊粉，可以显著增加便秘患者的排便频率，使大便变得松软连贯，由便秘引发的恶心和头痛也随之消失。菊粉之所以对便秘有如此好的疗效，主要原因是菊粉是一种益生元，它促进了肠道微生态菌群的生长，增加了大便中的含水量，由此导致大便质量的增加。含水量的增加会使大便变软，加之菊粉能增加肠道的蠕动，排便因而变得轻松。便秘患者每天食用菊粉 15g，两周之后经检验，大便通畅和便秘症状均明显缓解，而且臭味也明显减少。

最新在《营养学》杂志（British Journal of Nutrition）上的一项研究结果显示，给低膳食纤维摄入量的受试者补充低聚果糖菊苣根纤维成分有助于改善其肠道的规律性。该研究指出，纤维摄入量不足是导致便秘和肠道不正常等消化问题的主要因素。在研究开始时，受试者每天摄入 5g 的低聚果糖，然后逐渐增加到 15g/d。在整个试验过程中，对照组每天都摄入 15g 麦芽糖糊精。该项研究为期四周，其中三周为“洗涤期”，在此期间所有参与者每天都要摄入三袋麦芽糖糊精。研究发现，低聚果糖组受试者的大便频率显著提高。每天摄入 15g 低聚果糖的受试者，粪便的稳定性也同样得到提高。最后，与对照组相比，低聚果糖组的胃肠道响动感明显下降。

（5）促进矿物质的吸收

菊粉能促进结肠微生物的选择性发酵，导致短链脂肪酸浓度上升，肠道内pH值降低，使矿物质的溶解度增加。菊粉能够大幅提高Ca^{2+}、Mg^{2+}、Fe^{2+}、Zn^{2+}和Cu^{2+}等矿物质的吸收，尤其是Ca^{2+}的吸收。其原理是菊粉发酵生成了有机酸，有机酸能够使肠道的pH下降，矿物质元素复合物发生分解，释放出矿物质，使人体更容易吸收。菊粉与矿物质的复合物在发酵过程中均可被降解，使矿物质释放，从而使金属离子得到高效吸收。另外，由发酵产生的短链脂肪酸能够使结肠的pH值降低1～2个单位，使大多数矿物质的溶解度和生物有效性显著提高。

此外，菊粉还能使肠道隐窝高度及上皮细胞数量增加，矿物质运输通道增加，使钙结合蛋白D9k表达量增加，激活了钙扩散通道。研究表明，短链脂肪酸，尤其是丁酸盐，能够刺激结肠黏膜细胞的生长，从而提高肠黏膜的吸收能力。把10%菊粉添加到饲料中，每天喂养小鼠后发现，矿物质的表观消化率都有不同程度的提高。如果让青少年每天食用不同聚合度的菊粉后，检测结果发现菊粉都显著提高了Ca^{2+}的吸收，这对促进儿童生长发育、预防老年人的骨质疏松具有很重要的意义。

（6）降血脂

菊粉能抑制脂肪分解酶降解摄入的脂肪，使脂肪在体内消化受阻。健康人每天吃10g菊粉能有效降低血浆中甘油三酯的浓度和肝脏内脂肪的合成率。研究发现，菊粉可以降低血浆中胰岛素的含量和葡萄糖水平，而胰岛素在脂肪代谢过程中具有抑制脂肪分解，促进脂肪合成来增加脂肪在体内的贮存等作用。

菊粉作为可溶性膳食纤维可与脂肪形成复合物随着粪便排出体外，减少机体对脂肪的吸收，从而降低体内血脂水平。菊粉还可通过降低血液中胆固醇和甘油三酯的含量，调节血脂水平。大量的动物与人体试验表明，食用菊粉后，全身发热而且有力气，伤口恢复较快。菊粉改善血管功能主要通过调节血糖、血压，降低血清胆固醇，提高高密度脂蛋白（HDL）与低密度脂蛋白（LDL）的比值。菊粉在到达肠道末端前，被双歧杆菌发酵生成了短链脂肪酸和乳酸盐。短链脂肪酸是降低胆固醇的重要因素，而乳酸盐则可以抑制胆固醇的合成。若每天服用5～10g菊粉，可使人和动物的血清脂肪含量降低到20%以下；若50～90岁的老年病人连续两周每日摄入8g短链菊粉，即可显著降低血液中的总胆固醇和甘油三酯水平。每日给18名糖尿病人进食8g菊粉，两周后，虽然对高密度脂蛋白(HDL)-胆固醇含量无显著影响，但使总胆固醇含量降低了7.9%，而摄食食粮的糖尿病人的总胆固醇和HDL-胆固醇均无显著变化。如果每天给年轻健康的男子的早餐中加入9g菊粉，坚持4周，可分别使他们的总胆固醇和甘油三酯含量降低8.2%和26.5%。

(7) 减少癌症风险和提高免疫力

菊粉可与病原菌的外源凝集素发生特异性结合，使病原菌不能在肠道壁上黏附；菊粉可提高微生物菌群数量和产气量，增加渗透压，促进肠道蠕动，缩短粪便在结肠内的停留时间，有效预防便秘，同时稀释了致癌物质；菊粉发酵产生的短链脂肪酸作为结肠细胞的主要能源材料，可以提高黏膜细胞密度；菊粉产生的短链脂肪酸可供给肝和其他重要组织能量，可调节很多关键的代谢途径。

研究表明，菊粉等一些不被消化的碳水化合物可以减少患结肠癌的风险。通过促进双歧杆菌（长双歧、短双歧杆菌）的生长和增殖，减少有毒物质的产生，平衡肠道菌群。双歧杆菌具有很强的免疫刺激作用，它可以激活吞噬细胞，对腐败产物和细菌毒素进行吸附吞噬，而且能够产生抗生素。双歧杆菌还可以产生免疫球蛋白 IgA，增强免疫力。研究表明，菊粉在肠道中被发酵成短链脂肪酸，主要是乙酸、丙酸、丁酸等，这些物质支持和保护着大肠细胞，而且能够阻止细胞的增生分化，对预防结肠癌的发生具有一定的效果。

2.3 菊粉的理化性质

2.3.1 菊粉的溶解性

菊粉在水中的溶解度与其聚合度和温度有密切的关系。通常菊粉的平均聚合度越低越易溶于水，短链菊粉比天然菊粉和长链菊粉更易溶于水。菊粉的溶解度随着温度的升高而明显增大。天然菊粉的溶解度在室温下约为 4%～6%，而在 90℃时可达 33%。菊粉的分子构象也会影响到它的溶解度。菊粉的分子构象有 α、β 和 γ 三种形式，它们组成相同，但一些物理化学特性和生物学活性不同，其中最明显不同的是水溶性，即在不同条件溶解度不一样。在 40℃下 β-菊粉溶解度是 γ-菊粉的 9 倍，这种水溶性差异可能是由分子内和分子间氢键引起的，γ-菊粉溶解度低可能是由于含有较多分子内氢键。随着温度的升高，天然和长链菊粉在水中的溶解度均呈增大趋势。当温度较低时，天然菊粉（≤40℃）和长链菊粉（≤50℃）在水中的溶解度均较低（<5.6%）；随着温度的升高，两种菊粉的溶解度显著增加，当温度升到 80℃时，天然菊粉和长链菊粉的溶解度分别达到 31.16g 和 22.71g。

2.3.2 菊粉的旋光性

天然菊粉具有左旋特性。随着菊粉在水溶液中含量的增大，其比旋光度也逐渐增大。当菊粉含量分别为 0.2%、0.5%、1.0%时，菊粉水溶液的比旋光度分别为−69°、−38°和−31.2°。

2.3.3 菊粉溶液的pH值

菊粉属于一种中性多糖，理论上其水溶液显中性，但由于实际生产工艺的不同，会导致不同聚合度菊粉的水溶液呈现不同的pH值。天然菊粉溶液显弱酸性，随着质量分数的增大，其酸性增强，2%和20%的天然菊粉水溶液的pH值分别为6.97和6.35；长链菊粉水溶液则显弱碱性，并随着其质量分数的增大，其碱性增强，2%和20%的长链菊粉水溶液的pH值分别为7.04和8.32。因此，在食品加工中，特别是在饮料的生产过程中，添加不同聚合度的菊粉可能会对溶液的pH值产生影响，这点需要引起注意。

2.3.4 菊粉溶液的黏度

当菊粉质量分数低于25%时，其水溶液黏度很低，并且随着质量分数的增加变化不明显；但当质量分数高于25%时，随着质量分数的增加其溶液黏度增加显著。这主要是因为质量分数增加时，菊粉水溶液开始形成弱凝胶，分子间相互作用改变了溶液的物理状态。当质量分数达到35%时，天然菊粉黏度变化达最大值，这时菊粉分子相互缠绕并形成网状结构，网状之间填充着分散的液体形成黏度较高的固体态凝胶。短-长链混合菊粉对低脂羧甲基纤维素钠流变行为的影响结果表明，菊粉混合物与λ-卡拉胶具有相同的流变特性，这说明菊粉与卡拉胶功能相似，可作为质构改良剂应用于食品中。

2.3.5 菊粉的持水性和膨胀度

菊粉的持水性与温度和平均聚合度有关。随温度的升高，菊粉的持水力呈先增大后减小的趋势，但平均聚合度不同其变化有所差异。天然菊粉的持水力在40℃时达到最大值（2.85g/g），而长链菊粉在70℃时持水力才达到最大值（2.92g/g），这主要与菊粉分子的链长有关。

菊粉的膨胀度也表现出与温度和平均聚合度相关。天然菊粉在温度低于40℃时，随温度升高，其膨胀度增大；当温度达40℃时，膨胀度达到最大值（9.99mL/g）；而当温度高于40℃时，随着温度的升高，膨胀度随之降低。长链菊粉在温度低于60℃时，膨胀度随温度的变化不显著（$p>0.05$）；在60℃时，膨胀度达到最大值（7.32mL/g）；而高于60℃时，膨胀度随温度的升高迅速下降。这与菊粉分子在膨胀过程中经过的两个阶段有关，第一阶段是水分子渗入菊粉团粒，使其体积膨胀；第二阶段是菊粉分子逐渐扩散，均匀地分散在水相中，而温度升高导致溶解度迅速增大，引起膨胀度减小。在温度较低时（<40℃），天然菊粉的膨胀度大于长链菊粉的膨胀度。这是因为长链菊粉平均聚合度高于天然菊粉的平均聚合度，分子链内与链间氢键作用力比较强，分子链排列整齐

紧凑，形成结晶状的紧密结构，在低温时水分子易于浸入平均聚合度较低的天然菊粉分子中，使其更易吸水膨胀；随着温度的升高（>40℃），聚合度较高的菊粉分子间和分子内氢键发生断裂，分子链逐渐吸水伸展开来，膨胀度增大。

2.3.6 菊粉的吸附性

(1) 菊粉对油脂的吸附性

不同聚合度的菊粉对动植物油脂均有一定的吸附作用。对于植物油脂，天然菊粉的吸油量随温度的升高逐渐降低。在30℃时，吸油量最大（1.17g/g）；当温度在40～60℃时，随温度升高吸油量变化趋于平缓；当温度超过60℃时，随温度升高吸油量则呈显著下降趋势。长链菊粉的吸油量随温度的升高变化不显著（$p>0.05$），温度在30～90℃内时，吸油量变化范围仅为1.01～1.17g/g。对于动物油脂，天然菊粉的吸油量在较低温度下（<50℃）随温度升高而增大，但当温度高于50℃时，随温度升高吸油量显著下降，这可能与猪油具有较高的熔点（28～48℃）有关，低温下固态状的猪油阻碍了菊粉的吸收；而长链菊粉吸油量随温度的升高总体呈增加趋势，30℃的吸油量为0.74g/g，90℃的吸油量达1.21g/g。

总的来说，低温有利于菊粉对植物油脂的吸附，而高温有利于菊粉对动物油脂的吸附。长链菊粉的吸油能力要高于天然菊粉的吸油能力，且在高温下（>60℃）这种差异更明显，这主要归因于两个方面：一方面长链菊粉的疏水性（或亲油性）比天然菊粉强，而油脂为弱极性分子，所以吸附油脂能力强；另一方面，随着温度的升高，原本结构规则、堆积紧密的天然菊粉的分子结构遭到破坏，导致更多的亲水基团（—OH）暴露在外面，引起吸油能力的显著下降。研究表明，玉米磷酸酯淀粉在40℃时的吸油量在0.9g/g左右，豌豆面在60℃时的吸油量在0.9g/g左右，苦荞粉在37℃时吸附油量在1.0g/g左右。与这些物质相比，菊粉具有相对较高的吸油性。

(2) 菊粉对 NO_2^- 的吸附

在吸附亚硝酸盐方面，菊粉对亚硝酸根离子具有良好的吸附作用，且随着吸附时间的延长而增大。菊粉中含有的大量还原性醇羟基能与亚硝酸根离子结合，从而阻断胃液中亚硝酸根离子合成亚硝胺类物质。菊粉对胆固醇也有一定吸附作用，因为菊粉分子表面有很多活性基团，可以通过分子间的吸引力螯合吸附胆固醇等有机分子，但该过程属物理吸附，结合力较弱，是一种可逆过程。

天然菊粉对 NO_2^- 的吸附量变化范围在（10.55±0.027）μg/g，但吸附时间对其吸附量影响不显著。也有研究表明，菊粉在中性条件下对 NO_2^- 有较弱的吸附作用，而在pH=2.0（正常胃液的pH值）时有较强的吸附能力，吸附量为7.16mg/g。菊粉的吸附能力与其聚合度有关，聚合度越高，吸附能力越强。

2.3.7 菊粉的吸湿性

菊粉吸湿性强，具有结合自由水的能力，可以降低水分活度。这一点可充分应用到食品加工中延缓水分的蒸发，防止食品变味，延长食品货架期和保质期。

(1) 菊粉的吸湿率

采用静态吸附法分别测得不同聚合度的菊粉在不同温度（25℃、30℃、45℃）和不同相对湿度（RH）条件下的吸湿率，研究发现在温度和湿度相同的条件下，天然菊粉的吸湿能力比长链菊粉强。当温度为25℃和RH为12%条件下达到吸湿平衡时，天然菊粉的最大吸湿率为1.33%，而长链菊粉的最大吸湿率为0.29%。温度对菊粉的吸湿性也有一定的影响。例如，当RH为4.7%时，天然菊粉在30℃时的最大吸湿率为0.34%，45℃的最大吸湿率为0.5%。当湿度较低时（RH＜57%），天然菊粉在25℃、30℃和45℃三个温度下的吸湿速率变化不显著（$p>0.05$）；当湿度较高时（RH＞70%），随着温度的升高，吸湿速率增大，达到吸湿平衡的时间缩短；当RH达90%以上时，天然菊粉在25℃、30℃和45℃时达到吸湿平衡的时间分别为20h、20h和25h。这种变化趋势可能是由两方面的原因引起：一是由于温度引起菊粉内部的物化性质发生了变化，升高温度增加了聚合物链段的活性，使菊粉溶胀吸湿能力升高；二是因为升高温度，水分子活性增强，在菊粉中的扩散速度增加，吸湿速率也相应增加，达到吸湿平衡的时间减少。

RH对菊粉的吸湿性也有影响。RH越大，达到平衡时的吸湿率越大。当温度为45℃、RH为4.7%时，长链菊粉的最大吸湿率为0.82%，RH为98%时，长链菊粉最大吸湿率为19.07%。这主要是因为RH越大，在一定量空气中含有的水蒸气越多，菊粉接触和吸收水分子的概率就越大，水分子从表层菊粉分子向内部分子移动直到菊粉达到吸湿平衡。RH对达到平衡的时间也有一定的影响。RH较低时（＜90%），天然菊粉可以在20h内达到吸湿平衡。在温度为25℃时，当RH为12%～53%时，天然菊粉达到平衡仅需5～10h；当RH为69%～85%时，达到吸湿平衡需要10～15h；当RH为90%时，达到吸湿平衡需要15～20h。当温度为30℃、RH为98%时，天然菊粉达到平衡需要20h。菊粉在前5h吸湿速率较大，5h以后变化稍缓，这是因为在吸水初期，表面结合的水分子随吸附物质向内部转移较快，维持了表面较低的水蒸气分压，吸湿速率较快。随着吸湿率增加，内外压强相差减小，吸湿速率变慢。整体来看，长链菊粉达到吸湿平衡的时间都要比天然菊粉的时间短。这是由两种菊粉不同的晶体结构引起的，长链菊粉的聚合度高，晶体结构致密而高度有序，更加不容易吸湿。

天然菊粉和长链菊粉达到吸湿平衡时外观状态也发生了变化，天然菊粉随RH的增加，菊粉慢慢结块，RH达到80%时，菊粉开始慢慢溶化；当RH低于45%时，长链菊粉在25℃、30℃、45℃下达到吸湿平衡时，菊粉仍为粉末状，具有一定的流动性，随RH升高，长链菊粉开始结块，不具有流动性。

菊粉在不同吸湿条件下，其外观状态也发生了变化。菊粉原料处理前具有粉状物质特性，且具有一定的流动性。当天然菊粉吸收一定水分后，菊粉逐渐失去粉状外观而结块，这主要是因为菊粉在较高湿度条件下不稳定，通过热焓变化或晶体转变而形成更加稳定的物理状态，即形成凝胶状态。

(2) 菊粉吸附等温线和临界相对湿度（critical relative humidity，CRH）

菊粉的水分吸附等温线呈J形，属于Bruanuer划分的第Ⅲ型等温线。第Ⅲ型等温线的特征是在低水分活度区间内，水分吸附量较小，在高水分活度区间（RH>85%）内，水分吸附量急剧增加。

天然菊粉在25℃、30℃、45℃的CRH分别为78.2%、87.7%、87.0%，说明降低储藏温度可以有效降低菊粉的临界相对湿度，从而延长菊粉的储藏时间。长链菊粉的CRH在不同的温度下为84.6%、84.7%、84.5%，这说明温度低于45℃时，温度对长链菊粉的临界相对湿度影响不显著（$p>0.05$）。CRH值为菊粉在生产、运输、贮藏的环境提供参考，在这些过程中环境的相对湿度应控制在CRH值以下，这样防止菊粉吸潮。

(3) 吸湿多项式拟合

以水分活度a_w为自变量，吸湿率为因变量，进行三级多项式拟合，拟合结果如表2-3所示。由表2-3可知，对天然菊粉吸湿平衡曲线进行三级多项式拟合效果较好，温度为25℃和30℃时相关系数R^2分别达到0.97和0.92，只有45℃时，拟合效果较差（$R^2=0.87$）。

表2-3 菊粉吸湿多项式拟合

温度/℃	拟合多项式	R^2
25	$y=0.8671x^3-0.6699x^2+0.2474x+0.0393$	0.9747
30	$y=2.0121x^3-2.6919x^2+1.0889x-0.0011$	0.9156
45	$y=2.722x^3-3.5047x^2+1.3329x+0.0143$	0.8734

(4) 结晶

不同吸湿率的菊粉具有不同的结晶状态，这说明菊粉的水合作用是导致菊粉晶体转变的重要因素。当吸湿率不同时，菊粉分别呈现无定形态、半晶体态、晶体态等状态。菊粉无吸湿时为无定形态结构，吸湿率在6.5%～11.25%时，菊粉开始由无定形态结构向半晶体形态转变，并在吸湿后已存在部分晶体状态。Mazeau等采用斜方晶系空间群研究这两物态时，发现水合和半水合的菊粉分子状态没有任何差异，只是单位菊粉分子结合的水分子数目不同。水合状态的半晶体菊粉具有一个共同的衍射峰，即 $2\theta=9.1^\circ$，这是由于晶格中形成新的氢键而产生的。

不像晶体结构，无定形态具有非平衡的动力学结构。无定形态一般是物质熔化到一定温度后快速冷却，以致分子没有足够的时间重新排列并冷冻在原来的位置。这种物理状态也可以通过快速干燥溶液得到，比如冷冻干燥等，所形成的无定形态固体，可以认为是具有固体态状态的液体结构。天然菊粉的生产通常采用喷雾干燥方式进行工业生产，所以菊粉在未发生任何变化时为无定形态。菊粉在一定湿度下稳定性较差，根据湿度及贮藏温度的改变，无定形态可以改变物理状态达到更加稳定的形态，比如说结晶化、降低热焓值等。Ronkart 等发现菊粉在 75%相对湿度贮藏时就会转变成晶体态，并且导致晶种的形成。

采用 P_2O_5 控制菊粉的吸湿量来研究其结构变化也得出相似的变化规律，只是当菊粉在含水量为 15.7%（以干菊粉计）时还处于无定形态，只在吸湿率达到 15.7%～16.3%（以干菊粉计）时，菊粉才发生晶体转变现象。通过对两种长链菊粉 TEX 和 HPX 在水环境下晶体状态的变化和其水合动态进行显微观察的结果发现，TEX 粉末具有无定形的光谱特点；20℃条件下形成的菊粉凝胶具有半晶体衍射峰特征，这种差异是水分的存在导致的，它能够使菊粉从无定形态向半晶体态转变，这与菊粉在高湿度条件下状态转变的原理相同；72℃形成的凝胶晶体结构进一步减少；HPX 粉末状具有较好的结晶结构衍射峰，在 20℃和 72℃形成的菊粉凝胶具有半晶体衍射峰特征，但具有晶体状态的结构随着温度升高而减少。用显微镜观察菊粉分子水合过程，可以发现当菊粉颗粒刚接触到水的时候，HPX 菊粉颗粒开始膨胀并且解体成不规律的小颗粒，变成无定形态的结构；TEX 菊粉刚开始时颗粒很小，大小在 0.6～0.8μm，排列很规律，无定形态促使水基团进入菊粉分子内部并形成稳定的晶体结构。菊粉在水环境下形成晶体可能是菊粉凝胶成胶的根本原因，这与菊粉在不同湿度下晶体转变相似，但仍缺乏相关有力的证据。

2.3.8 菊粉的热稳定性

菊粉在中性条件下对热非常稳定。当温度低于 80℃时，菊粉的热稳定性非常好，可经受大多数食品加工过程。当温度达到 100℃时，菊粉会发生轻微降解，但降解不明显，长链菊粉的热稳定性比天然菊粉的热稳定性好。在食品的热处理过程中，菊粉这种良好的热加工稳定性，不会因高温而影响食品的加工性质和产品品质。菊粉可以应用到烘焙食品中，尤其是长链菊粉，在 200℃以下仍具有较好的稳定性。菊粉不仅能够缩短烘焙食品的发酵时间，为企业提高生产效率，而且使食品表皮更加金黄，内部组织更加均匀细腻，具有特有的焙烤香味，货架期更长。更重要的是，菊粉属于益生元，具有改善肠道微环境、促进益生菌增殖、调节血糖水平、促进矿物质吸收、降血脂和预防肥胖症等生理功能。短链菊粉的热稳定性虽然不如天然菊粉和长链菊粉，但在温度低于100℃的热处理中也能保持良好的稳定性。

2.3.9 菊粉的酸稳定性

(1) 温度和pH值对菊粉稳定性的影响

温度和pH值对菊粉的水解影响明显。在pH≤3时，即使在室温下菊粉也能发生水解。随着温度的升高，菊粉的水解程度增大。在pH=4时，只有温度达到80℃以上时菊粉才发生水解。在pH为5～7范围内，即使温度升高到100℃，菊粉也基本不发生水解。

深入了解菊粉的酸热稳定性有助于为菊粉在食品中的应用提供指导，以保证其益生元功效。在酸奶中加入菊粉，能提高酸奶的营养价值，不仅能使酸奶的脂肪含量和热量值降低，而且能充分发挥酸奶中益生菌的生理功能，具有促进双歧杆菌增殖、改善肠道内环境、控制血糖和血脂水平的作用，还能促进牛奶中钙离子的吸收，特别适用于肠道菌群失调、肥胖症、高血脂和糖尿病人的食用。在酸奶的制作过程中，热处理的温度低于100℃，酸奶的pH在4.2～4.5之间，因此加工条件对菊粉的水解影响有限。在三种菊粉中，长链菊粉更适合添加到酸奶中，这是因为长链菊粉在pH=4时较天然菊粉和短链菊粉具有更好的酸热稳定性，并且在较低添加水平时其质构改良作用更好。经研究表明，菊粉只有到达人体结肠时，结肠中的有益菌才能将菊粉降解，长链菊粉能够更有效地抑制结肠的损伤作用，这种效果可能使长链菊粉分子的酵解缓慢，促进了末梢结肠的细菌活性。

(2) 菊粉的酸降解动力学

有研究表明，水解速率常数与酸的种类无关，只取决溶液中氢离子含量。在工业的实际生产中，考虑到成本问题，一般都用硫酸。温度和pH值对菊粉溶液的水解速率常数影响显著，温度越高或pH值越低，菊粉的水解速率越大（表2-4和表2-5）。对于天然菊粉，当pH为2和3时，在90℃时的水解速率分别是50℃时的81.08倍和24.30倍；而当pH为4时，该值减小到4.59倍。在温度为50℃条件下，当pH=2时天然菊粉的水解速率是pH=4时的1.74倍，而在温度为90℃条件下，该值增加到93.55倍。由此可以看出，高温和低pH值均对菊粉的水解速率影响非常显著，尤其是当pH=2和温度为80℃时，菊粉的水解速率常数陡然增大。

表 2-4 天然菊粉溶液在不同温度和 pH 下的降解动力学

pH	温度/℃	动力学方程	R^2	速率常数/(mg/mL・h)	E_a/kJ
2	50	$y=-0.0075x+2.6933$	0.9690	0.0075	11.5190
	60	$y=-0.0198x+2.5509$	0.9905	0.0198	
	70	$y=-0.0228x+2.4721$	0.9824	0.0228	
	80	$y=-0.5115x+2.7920$	0.9767	0.5115	
	90	$y=-0.6081x+2.7800$	0.8217	0.6081	
3	50	$y=-0.0039x+2.0722$	0.9037	0.0039	74.7021
	60	$y=-0.0081x+2.2215$	0.9605	0.0081	
	70	$y=-0.0176x+2.2897$	0.9854	0.0176	
	80	$y=-0.0557x+2.3472$	0.8931	0.0557	
	90	$y=-0.0909x+3.3073$	0.9507	0.0909	
4	50	$y=-0.0043x+2.1671$	0.9197	0.0043	117.0029
	60	$y=-0.0037x+1.6554$	0.9678	0.0037	
	70	$y=-0.0043x+1.5916$	0.7726	0.0043	
	80	$y=-0.0046x+1.3095$	0.8825	0.0046	
	90	$y=-0.0065x+1.3995$	0.9094	0.0065	

表 2-5 长链菊粉溶液在不同温度及 pH 下降解动力学分析

pH	温度/℃	动力学方程	R^2	速率常数/(mg/mL・h)	E_a/kJ
2	50	$y=-0.0083x+2.4906$	0.9679	0.0083	43.8896
	60	$y=-0.0076x+2.3182$	0.8983	0.0076	
	70	$y=-0.0254x+2.9569$	0.9707	0.0254	
	80	$y=-0.3980x+2.7474$	0.9764	0.3980	
	90	$y=-0.5794x+2.3349$	0.9600	0.5794	
3	50	$y=-0.0046x+1.9847$	0.8688	0.0046	80.2234
	60	$y=-0.0053x+2.2568$	0.9327	0.0053	
	70	$y=-0.0058x+2.0233$	0.9390	0.0058	
	80	$y=-0.0530x+2.2498$	0.9675	0.0530	
	90	$y=-0.0695x+2.9315$	0.9671	0.0695	
4	50	$y=-0.0029x+1.8773$	0.9217	0.0029	120.6445
	60	$y=-0.0028x+1.6230$	0.9088	0.0028	
	70	$y=-0.0059x+1.7768$	0.8630	0.0059	
	80	$y=-0.0121x+1.7032$	0.9578	0.0121	
	90	$y=-0.0133x+1.8409$	0.9769	0.0133	

在不同的 pH 值条件下，菊粉含量的对数值与时间之间具有良好的线性关系，说明菊粉溶液的酸降解符合一级反应动力学规律。当 pH 相同时，温度升高，菊粉降解速率增大；当温度相同时，菊粉的降解速率随 pH 的降低而增大。

在 pH 分别为 2、3 和 4 时，天然菊粉水解的活化能依次为 11.5190kJ、74.7021kJ 和 117.0029kJ，长链菊粉水解的活化能为 43.8896kJ、80.2234kJ 和 120.6445kJ。两种菊粉活化能均随 pH 的下降而降低，长链菊粉的活化能比天然菊粉稍微大一些，这可能是因为长链的分子量较大，水解反应较天然菊粉更难进行。

2.3.10 菊粉凝胶的性质

（1）菊粉含量对凝胶的影响

菊粉的含量决定了其凝胶指数（VGI）及凝胶形成时间，且对凝胶 VGI 的影响显著（表 2-6）。当溶解的菊粉从水中析出并在溶液中相互缠绕形成半固态结构时，即形成凝胶。当天然菊粉含量低于 35％时，菊粉不能够形成坚固的网状结构，这时凝胶 VGI 低于 100％，具有流动性和液体特性；菊粉含量越高，菊粉越易析出，分子之间相互作用也就越强烈，液体黏度也越高；当天然菊粉含量超过 35％时，菊粉水溶液可以完全形成凝胶（VGI＝100％），此时形成的凝胶没有流动性，具有固体的特性，呈现乳白色的外观和特殊的乳脂般香味。菊粉 VGI 还与其平均聚合度密切相关。Kim 等发现长链菊粉在 25％时 VGI 达到 100％。

表 2-6　天然菊粉质量分数对凝胶形成的影响

菊粉质量分数/％	VGI/％	成胶时间/h
20	67.2	—
25	81.0	—
30	93.6	—
35	100	6.12
40	100	2.25
45	100	0.93
50	100	0.80
55	100	0.68
60	100	0.50

（2）菊粉平均聚合度对凝胶的影响

菊粉的平均聚合度对其形成凝胶的条件有明显的影响。通常菊粉的平均聚合度越高，其越易形成凝胶，且凝胶的硬度也越大（表 2-7）。长链菊粉在水中质量分数达到 13％时就能形成完全凝胶，而天然菊粉含量需要达到 35％时才能形成完全凝胶。

表 2-7　长链菊粉含量和温度对凝胶形成的影响

菊粉质量分数/%	VGI/%				
	50℃	60℃	70℃	80℃	90℃
10	95.1±0.14	95.6±0.14	89.25±2.19	84.4±1.41	0
13	100	100	95.85±0.35	90.4±1.27	0
16	100	100	100	99.59±0.02	0
19	100	100	100	100	19.65±2.05
22	100	100	100	100	58.5±5.66
25	100	100	100	100	98.3±0.52
28	100	100	100	100	100

注：凝胶制备条件为搅拌转速 600r/min、加热时间 15min，然后在 4℃下贮藏 48h。

(3) pH 值对菊粉凝胶的影响

pH 值高低对菊粉成胶影响显著（表 2-8）。低 pH 值能降低菊粉成胶能力，延长成胶时间。当 pH 为 3.0 时，菊粉含量为 40%、50%、60%时，成胶时间分别为 3.33h、1.92h、1.8h；当 pH 为 1.0 时，20%～60%菊粉含量都不能成胶。pH 值对菊粉成胶时间的影响是因为菊粉在不同酸度条件下发生不同程度的水解，使菊粉聚合度降低，成胶能力下降。当 pH 为 1.0 时，菊粉水解成聚合度较低的低聚糖，其水溶性增大，导致不能相互聚集形成网状结构，所以不能形成凝胶。

表 2-8　不同 pH 值条件下天然菊粉成胶时间　　单位：h

菊粉含量/%	pH=7.0	pH=5.0	pH=3.0	pH=1.0
20	—	—	—	—
30	—	—	—	—
40	2.25	2.98	3.33	—
50	0.80	1.08	1.92	—
60	0.50	0.58	1.38	—

注：—表示不能成胶。

(4) 菊粉凝胶的持水性

随菊粉含量的升高，其凝胶持水性增大。当菊粉含量由 35%上升至 60%时，所形成的凝胶持水性也相应增大了 1 倍。菊粉含量较低（<40%）时，所形成凝胶的持水性随贮藏时间延长增加；当菊粉含量高于 40%时，所形成凝胶的持水性在 3 天内变化不明显，但随贮藏时间进一步延长，凝胶的持水性增加显著。这是因为含量的升高和贮藏时间的延长使得凝胶网状结构更加致密，结构更加稳定。菊粉凝胶这种良好的持水力能够防止食品在生产和贮藏中水分的损失，可广

泛应用于面制品、火腿肠和鱼糜等食品中，从而提高产品的质量和延长产品的货架期。

（5）菊粉凝胶的质构特性

菊粉在一定条件下能形成颗粒状的弱凝胶，其凝胶强度、硬度、黏附性等与温度、菊粉的含量和聚合度等密切相关，随着菊粉含量的升高和贮藏时间的延长，凝胶质构特性增强（表 2-9）。另外溶液 pH 值和其他溶剂也会对菊粉凝胶产生明显的影响。研究显示随着 pH 值的下降，菊粉的成胶能力降低，当 pH 为 1.0 时，天然菊粉不能成胶。pH 对菊粉凝胶硬度、强度、黏着性、持水性等均起负相关作用。乙醇对菊粉凝胶的影响有双向作用，当乙醇含量低于 30%时，随着菊粉含量的增加，菊粉成胶能力有所提高；但当乙醇含量高于 30%时，成胶能力反而下降，对其持水性的影响也有相似的规律。

表 2-9 在 4℃贮藏条件下不同天然菊粉含量所形成凝胶的质构特性

质构特性		菊粉含量/%					
		35	40	45	50	55	60
硬度/N	1d	0.1290±0.0038	0.2004±0.0139[b]	0.2881±0.0285[b]	0.3870±0.0308[a]	0.3833±0.0294[b]	0.4701±0.0500[a]
	3d	0.1408±0.0113	0.3042±0.0591	0.3290±0.0148[a]	0.4200±0.0660[a]	0.4463±0.0434[a]	0.6474±0.0485[ad]
	7d	0.2048±0.0219[d]	0.3421±0.0642	0.3909±0.0255[a]	0.4400±0.0752[b]	0.4654±0.0498[a]	0.6667±0.1093[b]
强度/×10³Pa	1d	3.8217±0.7093	4.7558±0.8671	9.51889±0.9029[b]	16.1614±3.2297[b]	16.2131±1.2556[b]	21.6242±0.045
	3d	5.9178±0.6766[d]	13.2734±1.8904[bd]	15.0357±0.9554	18.8885±2.3420[b]	17.1826±0.7784[a]	31.1394±0.4903[a]
	7d	9.1139±1.6173[d]	15.5696±2.9746	19.3329±1.8173[ac]	25.4681±3.0246[b]	24.4204±2.7241[a]	31.6002±2.7684[a]
黏附力/N	1d	0.0827±0.0064	0.1094±0.0219	0.1792±0.0527	0.2184±0.0132[a]	0.2053±0.0177[b]	0.3063±0.0216[a]
	3d	0.0806±0.0123	0.1264±0.0271	0.2066±0.0258[a]	0.2223±0.0388[b]	0.2300±0.0262[b]	0.3363±0.0565[a]
	7d	0.1011±0.019	0.1244±0.0212	0.2067±0.0058[a]	0.2693±0.0384[b]	0.2418±0.0117[a]	0.3242±0.0534[b]
黏着性/N·s	1d	1.1417±0.0611	1.0833±0.0997	2.5404±0.6604	3.0659±0.2729[a]	3.1768±0.3917[b]	4.6541±0.1688[a]
	3d	0.9493±0.1267	1.2174±0.2172	2.9084±0.5760[b]	3.3465±0.4424[b]	3.6137±0.4083[b]	4.3398±0.1778[ac]
	7d	1.2451±0.2349	1.4002±0.2687	2.9657±0.1802[b]	3.7838±0.3693[b]	3.4076±0.3062[a]	4.5548±0.1057[a]

续表

质构特性		菊粉含量/%					
		35	40	45	50	55	60
凝聚性	1d	0.1709±0.0443	0.1066±0.0121	0.1871±0.0692	0.2316±0.0897	0.3182±0.0803	0.2804±0.0345
	3d	0.1518±0.0582	0.1099±0.0052	0.1927±0.0160[c]	0.2515±0.3214	0.2524±0.0696	0.3498±0.2766[b]
	7d	0.2036±0.0592	0.0896±0.0249	0.2602±0.05223[c]	0.2547±0.0523	0.3661±0.02	0.3719±0.0226
咀嚼性	1d	0.0222±0.0072	0.0214±0.0044	0.0550±0.0249	0.0909±0.0409	0.1304±0.0031	0.1322±0.0240[b]
	3d	0.0269±0.0058	0.0371±0.0037	0.0633±0.0027[b]	0.0987±0.0324[a]	0.1020±0.0295	0.2260±0.0167[ad]
	7d	0.0464±0.0024	0.0265±0.002	0.0957±0.0274[d]	0.1271±0.0521	0.1694±0.0188[b]	0.2517±0.0638[b]

注：a、b 和 c、d 分别代表菊粉含量和贮藏时间的影响显著性，a、c 显著水平 $p=0.01$，b、d 显著水平 $p=0.05$。

凝胶的硬度和强度是凝胶受到外界压迫时所表现出来的，反映了菊粉凝胶分子之间作用力情况及网状结构的稳定性，它们受菊粉含量和贮藏时间影响较显著（$p<0.01$，$p<0.05$）。菊粉凝胶硬度和强度随菊粉含量增加而增加，这主要因为增加菊粉含量，可以提高凝胶的坚固性和抗压能力。随菊粉含量增加，凝胶硬度增大的变化程度不同，当菊粉含量低于50%时，凝胶硬度变化明显；当菊粉含量在50%～55%时凝胶硬度的变化程度减小。与菊粉含量35%时相比，菊粉含量60%时所形成的凝胶硬度分别在第1天、第3天和第7天增加了0.34N、0.51N、0.46N。贮藏时间对凝胶硬度变化影响也与菊粉含量有关。当菊粉含量不超过35%时，第1天与第3天硬度值相近；当菊粉含量高于35%时，凝胶硬度增加速率不同，从第1天到第3天的贮藏阶段增加最快，且当菊粉含量为60%时，第3天凝胶硬度与第7天相近（仅相差0.019N），而与第1天相比，增加了约0.18N。凝胶强度也随着菊粉含量与贮藏时间的增加而增加，且增加的幅度受两者共同作用的影响。第1天凝胶强度在菊粉含量低于40%时基本不变，但在40%～60%时随着菊粉含量增加呈线性增加；第3天与第7天强度变化规律相似，在35%～45%时随菊粉含量增加速率较快，在45%～60%时硬度较稳定，变化较小，在60%时达到最大值且强度相近，分别为31.1×10^{3}Pa、31.6×10^{3}Pa。菊粉凝胶硬度和强度随贮藏时间的变化说明在4℃贮藏过程中水-固两相之间的相互作用一直在增强，这对菊粉在固体食品如冰淇淋等冷冻贮藏食品应用中非常有利。菊粉凝胶适中的强度和硬度特性，可广泛应用于各种固体食品中，赋予其良好的塑性。

菊粉凝胶具有黏着特性，并且在贮藏过程中均表现出黏着性的特点，黏附力和黏着性的变化规律代表凝胶阻止形变的能力。表 2-9 显示黏着性及黏着力随着菊粉含量的增加及贮藏时间的延长都有增加的趋势。这是因为增加菊粉含量及延长贮藏时间有利于菊粉分子结合更为致密，凝胶结构更加坚固，从而具有较强阻止形变的能力。从表 2-9 中可以看出，菊粉含量对凝胶黏着性和黏着力有着相似的变化规律，当菊粉含量低于 40％时，黏着性和黏着力变化不大；在菊粉含量为 40％～45％时，随含量增加黏着性和黏着力的增加速率明显加快；在菊粉含量为 45％～55％时随含量的增加黏着性和黏着力表现相对稳定，菊粉含量为 60％时均达到最高值，分别为 4.65N 和 0.336N。贮藏时间对凝胶黏着性和黏着力的影响规律为：当菊粉含量低于 45％时，第 1 天与第 3 天凝胶黏着性和黏着力相近，且均低于第 7 天的值；但当菊粉含量高于 55％时，第 3 天与第 7 天凝胶黏着性和黏着力相近，且都高于第 1 天的值。菊粉不同的黏着特性，适合应用于各种饮料，特别是牛奶饮料中，可以提供不同水平的黏性口感，以满足消费者需求。

凝聚性和咀嚼性也是评价凝胶的重要指标，它们均受菊粉含量和贮藏时间的影响。凝聚性的变化表示凝胶内部分子之间力的作用情况，随着菊粉含量和贮藏时间变化较复杂，但总体呈现增大趋势。与 35％菊粉凝胶相比，60％凝胶的凝聚性在第 1 天、第 3 天和第 7 天分别增加了 0.11、0.20 和 0.17。在相同菊粉含量时，贮藏时间对凝聚性的影响变化较小，且不同菊粉含量凝聚性增幅也不一样，最高可增加 0.092。当菊粉含量低于 50％时，第 1 天与第 3 天凝胶凝聚性变化较小。咀嚼性对菊粉的应用有重要的意义，当菊粉含量低于 40％时，咀嚼性基本不变，但高于 40％时，其值随着菊粉含量的增加迅速增加，与 35％菊粉凝胶相比，60％凝胶咀嚼性在第 1 天、第 3 天和第 7 天增加了 0.11、0.20、0.21。菊粉凝胶咀嚼性与贮藏时间成正比，相同菊粉含量的凝胶，贮藏时间越长，咀嚼性就会越高，这可能是凝胶在贮藏过程中网状结构趋于更加稳定的结构，使其具有更高的咀嚼性。当菊粉含量低于 50％时，凝胶前 3 天咀嚼性稳定性较好，随贮藏时间延长最高增加 0.005；菊粉含量 60％时，第 7 天和第 3 天比第 1 天凝胶咀嚼性分别高 0.094、0.12。良好的咀嚼性可以为食品提供良好的口感，而其优良的稳定性有利于食品在贮藏过程中品质的稳定性。

菊粉凝胶的质构特性受菊粉含量和贮藏时间影响较大，且变化范围较广，这使菊粉可以较好地应用到各种食品中。根据食品种类及感官需要，添加不同含量菊粉或替代不同含量的脂肪，可获得较好的食品品质。如在奶酪中使用 1％的菊粉作为脂肪替代，在牛奶饮料中加入 4％～10％不同链长菊粉均可达到较好效果。

2.4 菊粉的生产方法

早在二十世纪已有人尝试着提纯菊粉，利用醋酸铅沉淀菊粉提取液中的杂质并用乙醇沉淀菊粉，在小规模范围内取得了理想的效果。为了更为经济有效地提取菊粉，目前提取菊粉通常分三步：先热水浸提，再进一步纯化，最后喷雾干燥获得纯菊粉。主要工艺流程如图 2-2 所示。

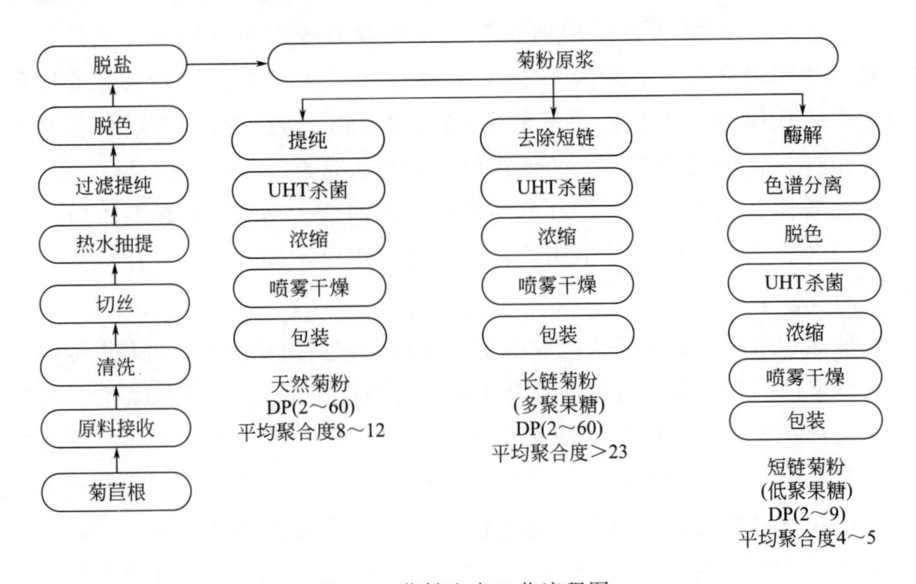

图 2-2 菊粉生产工艺流程图

热水抽提：近几十年来，随着新发明、新设备及新技术不断涌现，极大地推动了菊粉工业化生产的发展。菊粉生产第一阶段的浸提工艺对整个菊粉提取率及精制有着重要影响，有学者采用微波、超声、罐组式动态逆流提取等技术辅助提取，不但可以提高浸提效率还节省时间。有研究者利用超声辅助提取菊粉，当提取温度为 70℃，料液比 1∶20，时间 30min，超声功率 160W 时，超声波法比传统热水提取菊粉得率提高 20.97%。也有研究者利用微波辅助提取菊粉也得到理想的效果，当料液比 1∶18，功率 400W，作用时间 270s，95℃条件下提取 40min，菊粉提取率高达 99%。还有研究者结合中药罐式提取，采用三级逆流提取也取得了理想效果。虽然这些仅为实验室理论成果，但也为菊粉工业生产提供了理论依据和参考。

过滤提纯：在菊粉精制工艺中，过滤提纯是精制工艺的第一个环节，主要是去除一些大分子杂质，包括蛋白质、果胶、纤维和一些细胞碎片等。工业上应用较多的是石灰乳-磷酸法、加石灰乳充二氧化碳法（简称加灰充碳法）、有机溶剂沉淀法、酶解法等。根据所提取多糖的不同性质，可选取不同的方法。菊粉粗提液中含有蛋白质、果胶、色素及各种矿物质盐等杂质，需进行纯化。菊粉粗提液采用石灰乳-磷酸法除杂澄清效果较好，石灰乳-磷酸法对菊粉粗提液除杂的最佳工艺条件为pH=12.0，温度60℃，时间10min。在此最佳条件下体系的透光率从46.5%上升到87.3%，蛋白质含量从0.024mg/mL减少到0.003mg/mL，蛋白质几乎全部脱除，菊粉损失率为4.97%。

脱色：菊粉提取液的颜色呈现赤色或红褐色，说明提取液中含有色素等物质，包括酚类物质、焦糖化色素、美拉德反应产生的类黑色素以及糖降解色素等。在溶液中，色素分子呈电离状态，带负电荷，因此可以用活性炭吸附法，或者离子交换的方法将色素吸附、交换除去。菊粉的脱色方法主要是活性炭吸附法、树脂法和双氧水法等。其中活性炭吸附法不能将色素全部除去，而且菊粉损失率较高；双氧水法具有强氧化性，容易使菊粉降解，结构发生改变；树脂脱色是目前新发展的一种脱色方法，它的吸附量大，吸附速率高，而且可回收利用。

脱盐：菊粉提取液中的非糖分，大部分都以离子状态存在，无机物和有机酸绝大部分可离解，各种有机胶体和有色物质在一般情况下也带电荷（主要带负电），因此它们绝大部分可与离子交换树脂结合而分离除去。

酶解法：在处理液中加入蛋白酶、果胶酶或两者的混合物，在一定条件下，利用酶的专一性水解作用，把果胶和蛋白质水解成小分子。根据天然物提取液中杂质的种类和性质，有针对性地采用相应的酶，将这些杂质分解或除去，以改善液体产品的澄清度，提高产品的稳定性。由于酶反应具有高度专一性，决定了酶解法除杂的高效性。

喷雾干燥：菊粉易吸潮，对干燥温度要求较高，其干燥工艺的要求相对于一般物料而言更为严格。菊粉干燥工艺及设备的优劣将直接影响到设备能耗，产品的营养成分、色泽、口感及其生物活性等。菊芋菊粉喷雾干燥的优化工艺条件为进口温度190℃，出口温度105℃，进料浓度140g/L。但由于粘壁现象，导致这一阶段菊粉回收率为89.5%。通过喷雾干燥制得的菊芋菊粉粉末性状好，颜色浅，水分含量低仅为3.40%，易于保存。

2.5 菊粉的安全性和应用

2.5.1 安全性

菊粉作为一种功能性食品配料在全世界已得到广泛应用，其安全性问题也备受人们关注。一些研究表明，菊粉及低聚果糖不存在安全性方面的问题，相关毒理学试验并没有发现低聚果糖可以增加人们发病率、死亡率或导致靶器官中毒的证据，而且也不具有诱发突变、致癌或致畸方面的风险（见表2-10）。但至今没有对菊粉进行系统的安全性评估，国际上也没有标准可供参考。由于菊粉是天然存在的物质，已应用于多种食品中，至今没有发生任何安全问题，因此认为它对人体没有危害。临床研究表明，每日摄入 40～70g 菊粉对人体健康无不良影响。2000 年 FDA 确认低聚果糖为公认安全物质，2003 年 FDA 又确认菊粉为公认安全物质。

表 2-10 菊粉的安全性

毒性	结果	备注
急性毒性	GRAS 报告显示无毒性	GRAS NO:GRN000118
遗传毒性	GRAS 报告显示无毒性	GRAS NO:GRN000118
亚慢性毒性	仅出现稀便和腹泻	
慢性毒性与致癌性	未查见相关文献资料	
生殖与发育毒性	GRAS 报告显示无毒性	GRAS NO:GRN000118
其他	偶尔会出现肠胃不适	

2015 年 12 月欧盟发布法规（EU）2015/2314 批准菊苣菊粉有助维持正常肠道功能的健康声称。根据最新条例，菊苣菊粉的使用条件为：消费者每日摄入 12g 才能获得有效功能。该声明仅用于可以提供每日摄入 12g 菊苣菊粉、单糖（<10%）、双糖、菊粉型果聚糖、聚合度均值≥9。该条例认为，菊苣菊粉能增加大便频率、促进正常的肠胃功能，在食品饮料中添加菊粉有助于增强消费者的肠胃功能。

2009 年 3 月 25 日我国卫生部发布了 2009 年第 5 号公告，根据《中华人民共和国食品卫生法》和《新资源食品管理办法》的规定，批准菊粉为新资源食品，可以用于各类食品（不包括婴幼儿食品）中。该标准将菊粉与多聚果糖区分开来，对于菊粉，指的是以菊苣根为原料，去除蛋白质和矿物质后，经喷雾干燥等步骤获得的菊粉，它是聚合度范围在 2～60 的果糖聚合体的混合体，规定可应用于各类食品但不包括婴幼儿食品中，其食用量为≤15g/d；对于多聚果糖，指的是以菊苣根为原料，经提取过滤，去除蛋白质、矿物质及短链果聚糖，喷雾干燥等步骤制成多聚果糖，其平均聚合度 DP>23，规定可用于儿童奶粉、孕产妇奶粉，其食用量≤8.4g/d。在 2009 年第 11 号公告中，低聚果糖可作为一种益生元类营养强化剂，可用于婴儿配方食品、较大婴儿和幼儿配方食品，配方食品中总量不超过 64.5g/kg。按照国家标准 GB/T 23528—2009《低聚果糖》，菊苣低聚果糖也可以作为食品配料添加到各类食品中，没有添加量的限制（见表 2-11）。这些标准的制定标志着菊粉在我国食品中的应用正式具有了法定身份，这对推动我国菊粉产业及相关保健品市场的发展与壮大具有里程碑意义。目前我国菊粉新的修订标准正在制订过程中。

表 2-11 各国家和组织菊粉批准使用量及应用范围

国家和组织	批准使用量	应用范围	资料来源
中国	天然菊粉，≤15g/d	除婴幼儿以外各类食品	卫生部 2009 年第 5 号公告
	多聚果糖，≤8.4g/d	儿童奶粉、孕产妇奶粉	
	低聚、多聚果糖（菊苣来源），单独或混合使用，≤64.5g/kg	婴幼儿配方食品、婴幼儿谷类辅助食品	GB 14880—2012
美国	无特定用量限制	无特定限制	GRAS
加拿大	<8g/d	成人（>18 岁）	天然健康食品成分数据库
	11mg/100kJ	婴幼儿配方奶粉	
澳大利亚/新西兰	与低聚半乳糖的共同添加量≤0.8g/100g	婴儿食品	食品标准 2.9.1
	与低聚半乳糖的共同添加量≤1.6g/份	幼儿辅食	
欧盟	>12g/d 可增加大便频率、促进正常的肠胃功能		(EU)2015/2314

根据动物和人体试验，未发现菊粉副作用的报道。仅有的相关报道是其发酵后产生的气体会引起腹部不适，观察到的生理缺陷与它们的非消化性和发酵有关，导致自我限制性的胃肠道不适，最常见的表现为胀气，其次是腹鸣和气鼓，严重时会引起轻度腹泻。但这些胃肠道不适都是剂量依赖性的，即摄入的量越大，胃肠道不适越明显，一旦减少摄入量，这些症状就会立马减轻或消失。人体对果聚糖的最大耐受剂量约为 20g/d，当超过 30g/d 时就可能会导致严重腹泻。

对于健康人群，摄入过多的菊粉（超过 0.29g/kg）容易造成腹胀和腹部不适。而对于肠易激综合征（IBS）患者，少量菊粉（小于 5g）就可能造成以下问题：

（1）加重消化症状。由于种种原因，部分肠易激综合征患者有着高度敏感的肠道。对于这部分人群，发酵类纤维发酵产生的少量气体就可能引发腹胀、腹痛、腹泻和肠鸣的症状。菊粉属于发酵类，发酵性中等，会产生一定的气体，因而存在消化问题的人常常对菊粉无法耐受。因此，对于 IBS 患者，在严重发作期建议避免摄入菊粉。不过，从长期来看，益生元对于重建肠道菌群仍然是重要的。因而，待症状稳定后，可以从少量（0.5g/d）开始补充。在补充菊粉的同时，补充一些抗胀气的益生菌可能会有帮助，比如植物乳杆菌 299V（*Lactobacillus plantarum* 299V）。若实在无法耐受，可以选择低聚半乳糖、抗性淀粉、洋车前草籽壳等低发酵的膳食纤维。

（2）引起过敏。尽管菊粉的过敏报道很少见，但也有相关案例被报道。如果发现自己接触菊粉后出现急性的皮肤瘙痒、嘴唇红肿、呕吐或腹泻的症状，就需要考虑过敏的可能。

总的来说，菊粉的安全性较好，每日摄入 50g 菊粉对于大多数健康人来说都是安全的。对于健康人群，0.14g/kg 的菊粉补充量是不易引起不良反应的。缓解便秘一般需要更大剂量的菊粉，一般为 0.21～0.25g/kg，建议缓慢增加到适合的量。对于敏感人群或IBS患者，为了避免症状加重，需要谨慎补充菊粉，好的策略是从 0.5g/d 开始，若症状稳定，每 3 天增加一倍。对于IBS患者，菊粉的摄入上限在 5g/d 为宜。相比于菊粉，低聚半乳糖更适合 IBS 患者。在固体食物中加入菊粉能被更好地耐受，因而随餐补充菊粉效果会更好。

2.5.2 应用

菊粉作为一种有别于常见膳食纤维的食品新原料，具有突出的生理功能和食品加工性能，更加符合现代人对食品感官品质、营养与健康的追求。虽然菊粉应用于食品、功能食品和医药行业的时间不长，但因其独有的特性：良好的水溶性、优异的凝胶质构性，使其可作为一种良好的脂肪替代品，同时具有显著的双歧杆菌增殖效应，因此菊粉的应用范围和领域不断扩大，市场需求也迅速增长，特别是作为食品加工的配料和功能性食品添加剂，如作为可溶性营养膳食纤维、低热量甜味剂、脂肪替代物和增稠剂等。由于菊粉具有天然和低热量的特点，已被世界上 40 多个国家批准列为食品营养补充剂，在健康食品工业已经得到较广泛应用。又由于菊粉特有的膳食纤维特性，近年来它在面制品、乳制品、饮料、巧克力、涂抹食品、冰淇淋和人造奶油等食品加工中得到广泛应用。

乳制品是菊粉应用的理想食品体系，已用于配方奶粉、酸牛奶、乳饮料、奶片和液态奶中。在乳饮料、酸牛奶、液态奶中添加 2%～5%的菊粉，除了使产品具有膳食纤维和低聚糖的功能之外，还可以增加稠度，赋予产品更浓的奶油口感、更好的平衡结构和更饱满的风味，另外能有效提高人体对钙质的吸收率达20%以上。菊粉还能赋予不含脂肪的产品全脂滑爽和细腻的口感，改善饮用型酸奶的口感。在奶粉、鲜奶干吃片、奶酪、冷冻甜点中添加 8%～10%的菊粉，能使产品功能更强，风味更浓，质地更好。

在焙烤制品中加入菊粉，能获得各种新概念面包，如益生元面包、多纤维白面包甚至多纤维无面筋蛋白面包。菊粉能够增加面团的稳定性，调整面团的吸水率，提高酵母发酵活性，缩短面团的发酵周期、最大气体产生的时间和气体开始从面包逸出的时间，减少体积损失，增加面包体积，提高面包瓤的均匀性及成片能力。菊粉的加入有利于缩短经长时间冷冻贮藏后面团的发酵周期，有利于保持面团在冷冻过程中酵母的活性，能加速面包壳及其颜色和风味物质的形成。

在各种饮料中，如高纤维果汁饮料、功能性饮料、运动饮料、固体饮料、植物蛋白饮料和果冻类食品中，当添加 0.8%～3%的菊粉后，除了能增加制品膳食纤维和低聚糖功能之外，还可提高对钙、镁、铁等矿物质的吸收率，并可掩盖苦涩，使饮料风味更浓、质地更好。

当菊粉与水结合会形成一种奶油状结构，这使其容易在食品中取代脂肪，并能够提供光滑的口感、良好的营养及饱满的风味，增加产品紧密性和提高乳化分散性。在低脂低热量食品生产方面，菊粉是一种优良的脂肪替代物，能把脂肪替代成纤维，脂肪替代量可达20%～50%，如应用于低脂奶油、低脂涂抹类食品、低能量蛋黄酱、冷冻甜点、冰淇淋、巧克力、糖果等食品。

在保健食品应用方面，菊粉可作为辅助治疗便秘、糖尿病和肥胖等的健康食品的原辅料和载体。应用于改善肠道菌群、调节血糖和血脂水平、促进钙质或矿物质吸收、减肥等的保健食品中，菊粉是最佳的配料或者功能性成分之一。

菊粉的建议添加量为日有效摄入量5g，推荐最大日摄入量15～20g，因食品种类而异，一般添加量为2%～15%，个别保健片剂添加量可达70%。根据2015年12月欧盟发布的法规（EU）2015/2314，批准菊苣菊粉有助于维持正常肠道功能的健康声称，菊苣菊粉的使用条件为：消费者每日摄入12g才能获得有效功能，该声称仅用于可以提供每日摄入12g菊苣菊粉（聚合度均值≥9）。该条例认为，菊苣菊粉能增加大便频率、促进正常的肠胃功能，在食品饮料中添加菊苣菊粉有助于增强肠胃功能。

（1）面制品

① 面包

通常在面包中加入谷物类、果蔬类或豆类膳食纤维可以提高其营养价值，但这些膳食纤维大多数口感粗糙，食品加工性能差，对面包的口感、外观等方面造成严重影响，无法满足实际需求。菊粉作为近年来新开发的一种膳食纤维，与常见的膳食纤维相比，菊粉的分子量较小，决定了其具有良好的吸湿性，有利于其参与面筋蛋白网络结构的形成，从而对面包的含水率、瓤硬度、体积和贮存期等方面产生影响。

通常菊粉的加入会减小面包的体积，提高面包的含水量和硬度，延长面包的保存期，这也受到菊粉种类、添加量及面粉品质的影响。菊粉聚合度不高，特别是短链类菊粉，常含有较高比例的低聚果糖和少量的单糖及双糖，在面包的高温焙烤过程中，这些低聚果糖易发生水解，生成一定数量的还原糖，从而促进了还原糖与氨基酸或蛋白质之间的美拉德反应，引起面包在焙烤时间、外观颜色和风味物质等方面的变化，最终对产品的感官评价得分和可接受性产生明显影响。

研究发现，菊粉的添加能增大面包的体积和产品得率，口感和色泽也都有所提高，尤其以短链菊粉的改善效果最好，但对面团的吸水性影响不明显。当面粉中短链菊粉添加量为8%时，面包焙烤试验感官评价得分最高。而其他一些研究则显示，长链菊粉的添加不会明显影响由不同筋度面粉所制作的面包体积，在产品感官评价方面，菊粉的加入更有利于提高由高筋面粉制作的面包品质。但有些研究也表明，菊粉的添加能导致面包体积和比容减小，水分含量降低，瓤硬度增加，虽然感官评价得分略有下降，但仍明显高于添加其他膳食纤维的面包得分。

菊粉的添加还能缩短面包的焙烤时间，而不会影响到面包的品质。添加5%菊粉的面团焙烤只需17min，而未添加菊粉的则需20min，表明菊粉能加速面包壳及其颜色和风味物质的形成。认为这可能与菊粉在焙烤过程中果聚糖的降解有关，推测其主要原因有两个方面：一方面菊粉强的吸湿性阻碍了水分与面筋蛋白的水合作用，弱化了面筋蛋白的网络结构；另一方面菊粉的存在限制了淀粉酶与淀粉的接触，使能发酵的碳水化合物的数量降低。

速冻面食类由于其加工简单、方便，深受消费者喜爱。研究发现，菊粉也能显著改善由冷冻面团加工而成的面包品质，而普通膳食纤维作用不明显甚至具有负面作用。例如：添加甜菜膳食纤维的冷冻面团，焙烤出的面包体积变小，这种变化程度的大小取决于冷冻周期的长短，由于在冷冻过程中生成的冰晶能破坏面筋蛋白所形成的网络结构，从而引起面包体积的缩小，另外面包瓤芯也变硬。如果用天然菊粉取代甜菜膳食纤维，在30天的冷冻期内，焙烤出的面包体积明显增大；若改用纯度为100%的长链菊粉，面团即使经过60天的冷冻期后，焙烤出的面包体积仍会增大，且面包瓤的品质提高，这说明菊粉的加入有助于降低冷冻方式对面团的不良影响，只是不同类型的菊粉其作用程度大小有所差异。

② 面条

研究表明，菊粉的亲水性能够显著改变面团中水分的自旋-自旋弛豫时间，使面条在烹煮过程中持水性增强。菊粉加入面条中煮制后室温干燥，能够延长水分自由度的下降时间，且能够增加面条的持水性。在中筋面粉中加入一定量的短链菊粉能够在一定程度上增强面筋的强度，但会降低中筋粉面团的吸水率。

对于由硬质小麦做成的意大利面条，菊粉的添加能够缩短面条煮制所需的时间，短链菊粉这种作用较长链菊粉更突出，这可能与加入的菊粉削弱了面筋蛋白所形成的网络结构和短链菊粉具有较高的水溶性有关。在面条煮制损失率方面，只有当长链菊粉的添加量≥20%时，面条的煮制损失率才会明显上升；但对短链菊粉而言，当其添加量≥7.5%时这种损失率就表现得很明显。在面条的吸水性和膨胀度方面，长链菊粉不会影响面条的吸水性和膨胀度，而短链菊粉即使在添加量为2.5%条件下也会引起面条吸水性的下降，其原因可能是短链菊粉同淀粉之间存在与水分子的竞争，抑制了淀粉的膨胀和面条的吸水性。综合来看，长链菊粉的加入有利于提高面条的品质，而短链菊粉则起负作用。

还有研究分析了菊粉对硬质小麦面条形态和结构性质的影响，发现菊粉的加入虽然不会影响面条的水分和灰分含量，但能影响面条的结构状态和感官评价，认为这可能是由于菊粉的加入改变了面食中蛋白质与淀粉的连接。一方面，菊粉同淀粉之间存在与蛋白质相连的竞争关系，影响到淀粉与蛋白质的连接；另一方面，由于菊粉良好的亲水性能，与淀粉和蛋白质相比它能更快地与水发生水合作用，引起淀粉与蛋白质的分离，阻碍了它们之间的相互作用。研究发现菊粉对面条的硬度和黏附性影响显著（$P<0.05$），而对弹性和黏聚性等影响不显著（$P>0.05$）。随着菊粉添加量的增加，面条的硬度和黏附性先增加后下降。总的来看，菊粉添加并不会显著影响面条的质构。

③ 饼干

作为焙烤类的方便食品，饼干相对于面包来说对面粉筋力要求较低，所以便于较大比例地添加膳食纤维。研究表明，随着菊粉添加量的增加，饼干面团的吸水率和弱化度值显著下降，面团形成时间和稳定时间显著延长，面粉的粉质评价值显著上升，饼干面团拉伸曲线面积、延伸度和拉伸阻力均呈增加趋势。

菊粉能够增强饼干的持水性并且同时能够改善酥性饼干的质构特性与感官品质。在制作饼干时，随着菊粉的增加，饼干的硬度、酥脆性、咀嚼性和黏着力会出现下降的趋势。另外，无糖酥性饼干的水分含量会随时间的增加而逐渐增加，并且温度越高水分含量增加越快，而菊粉能够抑制无糖酥性饼干水分含量的增加，所以菊粉的加入能够在一定程度上延长无糖酥性饼干的保质期。

④ 蛋糕

菊粉在糕点中的适宜添加量为10%～15%，它可以取代糖，降低糕点的总热量。在烘焙加工过程中，糕点会由于加热失去水分导致硬度增加，影响其成品质量。菊粉具有较高的持水力，糕点内加入适量的菊粉后不仅有利于保持产品的体积和柔软度，而且可以降低糕点的制作成本。

在蛋糕中用菊粉取代部分油脂可以减少反式脂肪酸的危害风险，降低产品的热量并提高产品的营养价值。研究发现，用长链菊粉取代蛋糕中10%的油脂，可以对所制得的蛋糕瓤的物理性状产生积极的影响。在不含脂肪的蛋糕中添加菊粉62.5g/kg（以面粉计），所生产的蛋糕具有低的密度和高的多孔性。菊粉的添加能够增加蛋糕的水分含量，如当菊粉添加量为20g/kg（以面粉计）时，产品中的水分含量增加了27g/kg（以蛋糕计），并且提高了蛋糕的凝聚性、弹性和咀嚼性。另外，菊粉的添加也会对蛋糕的感官品质产生积极的影响。

（2）乳制品

菊粉最早被应用于低脂或脱脂奶制品中，它在口感和外观上与奶油非常相似，是一种优良的脂肪替代物，当与水完全混合后会形成一种奶油状结构，不仅使乳制品拥有质地丝滑、细腻、微粒均一的口感，良好平衡及饱满的风味，而且改变了黏稠度和硬度，使其容易在食品中替代脂肪。另外，菊粉能够改善食品的组织形态，增加产品紧密性，并能稳定和提高乳化分散性，提高奶油冻与泡沫的稳定性。菊粉可在奶油、涂抹食品加工中代替30%～60%的脂肪，国内很多厂商把它用于奶片的加工。

目前，菊粉已被广泛应用于低脂及脱脂牛奶、酸奶、奶酪和乳粉中。虽然乳制品的营养丰富全面，但是缺乏膳食纤维，菊粉的加入可以提升其营养价值。菊粉是可溶性纤维，与水混合后可产生类似脂肪口感，入口细腻滑爽，不但能降低乳制品脂肪含量，同时还增强乳制品口感。菊粉凝胶具有类似于脂肪的特性，用菊粉部分或全部取代乳制品中的脂肪，对乳制品的口感几乎无影响，还降低了乳制品的能量值，增加了乳制品中的益生元含量。在酸奶中添加菊粉能使酸奶中原有双歧因子功效增强，提高酸奶营养价值，延长保质期。在发酵酸奶中添加2%～4%的菊粉能增加酸奶的黏稠度、硬度和持水性。研究发现，酸奶中菊粉的合适添加量为2%左右，此时生产出的酸奶品质和口感均相对较好。在干酪中添加菊粉能使其口感更加绵软，硬度和咀嚼性降低。当用菊粉替代40%黄油时，干酪的物理性质变化不显著，不会影响感官评分。

利用菊粉的特殊营养功能可制成功能性乳制品，应用于一些特殊人群。在非发酵乳制品中添加低聚果糖，可解决婴幼儿和中老年人易上火和便秘等问题，具有降低血脂和血糖的作用。在中老年乳制品中，添加菊粉可有效增加乳制品中膳食纤维的含量，改善肠道健康和防治便秘。在一些低糖乳制品中，添加菊粉代替蔗糖，能有效调节血糖水平，适于糖尿病患者食用。乳和乳制品是钙的最好食物来源，不仅含量丰富而且吸收率较高，而菊粉的加入可以进一步提高人体对乳及乳制品中钙的吸收率。由于低聚果糖在酸性条件下的稳定性优于蔗糖，且能使双歧杆菌增殖，因此，菊粉可广泛地代替部分蔗糖应用于酸奶、乳酸菌饮料等酸性食品中。

(3) 肉制品

国内外一些研究表明，可以利用菊粉取代香肠中的部分油脂或淀粉，而不会对香肠的感官品质产生明显的不良影响。含有菊粉的香肠能量值明显降低，兼具低脂和益生元功效，其营养和食用价值得到提升。菊粉的加入能引起香肠质构特性的改变，主要体现在硬度、弹性和咀嚼性等方面，但菊粉在一定量的添加范围内，其对香肠感官品质和内部质构特性的影响有限。硬度和弹性是香肠质构特性的两个重要指标。多数研究认为，在香肠中加入菊粉会使香肠的硬度增加，弹性降低，这可能归因于三个方面：一是脂肪的减少，因为脂肪比菊粉晶体更软，脂肪含量的减少通常与发酵香肠的硬度和咀嚼性增加呈负相关；二是蛋白质：脂肪：水三者间比例的变化，香肠原料成分的不同导致蛋白质：脂肪：水比例的变化，而这一比例与肉制品的质构特性有密切的关联；三是香肠各组分间相互作用的改变。当菊粉添加到香肠后，在加工过程中菊粉所形成的凝胶会影响香肠各组分间的作用力。

菊粉的链长、类型以及菊粉的加入形式均会影响菊粉凝胶的形成及强度。当菊粉以粉末状加入肉制品中时会使产品的硬度增加，而当以凝胶状加入时会使产品质地更加柔软。当菊粉的加入量低于7.5%时，无论以何种形式加入都不会影响产品的整体可接受性。菊粉的溶解度越大对香肠的质构特性影响越小，短链菊粉要比长链菊粉更易溶于水，所以短链菊粉对香肠质构特性的影响更小。但是与普通膳食纤维相比，菊粉的加入对肉制品硬度的增加并不明显，这使得菊粉与能使香肠硬度显著增加的谷物膳食纤维相比更具优越性。

研究发现，短链菊粉取代乳化香肠中的脂肪使其硬度、黏着性和回复性增加，咀嚼性和凝聚性降低。当短链菊粉取代脂肪的比例大于50%时，香肠的口感变差。蒸煮损失随着菊粉含量的增加而降低。当取代比例为50%时，菊粉可显著降低香肠中的脂肪含量和能量值。总的来看，菊粉取代脂肪的合适比例为50%，此时生产出的香肠中菊粉含量可达4%。

若将菊粉部分取代乳化香肠中玉米磷酸酯双淀粉（MDP），则能明显改善香肠的口感，使香肠的硬度、咀嚼性、凝聚性和胶着性下降，提高了香肠的黏着性和回复性。研究发现菊粉取代MDP的合适比例为70%。此时，香肠的能量值下降6.75%，产品中菊粉含量可达3.5%。

用菊粉和牛血浆蛋白取代肉糜中的脂肪后，肉糜的色泽、风味和口味无明显变化，但肉糜中的脂肪含量降低20%～35%，而且富含蛋白质和益生元菊粉。当菊粉的添加量为2%（质量分数）和牛血浆蛋白的添加量为2.5%（质量分数）时，肉糜感官硬度的评分值最高，在肉糜稳定性分析中脂肪的流失更少。质构分析表明，含有菊粉和牛血浆蛋白的肉糜与普通肉糜的质构特性类似。

菊粉的加入可以降低牛肉丸中脂肪和反式脂肪酸含量。研究发现，含有20%菊粉的牛肉丸灰分含量、蛋白质含量、亮度值和黄度变量值增加，水分、盐含量、蒸煮损失和红度变量值降低。另外，当菊粉添加量在10%～20%时，牛肉丸硬度增加而汁液减少，香气变弱，产品感官评分下降。当菊粉添加量为5%时，牛肉丸香味最浓郁。

粉末状的菊粉可以增加香肚（一种西班牙熟肉制品）的硬度。其中，低脂香肚的硬度增加更加明显，即使菊粉添加量为2.5%，香肚的硬度增加也较为显著。当菊粉添加量为7.5%时，凝胶状的菊粉可以使香肚质地更加柔软，且不受脂肪含量的影响，实验中各组香肠的感官品质均可被评价员所接受。菊粉在香肚中的最大添加量为7.5%，并且菊粉以凝胶状加入效果更好。菊粉的加入可以降低香肚的脂肪含量和能量值，增加香肚的膳食纤维含量，使香肚的营养更加均衡。

（4）饮料

由于菊粉易溶于水，且当环境中pH值大于4时对热相当稳定，不存在像其他膳食纤维在水中或一定温度下产生沉淀的问题。因此，菊粉能容易地添加到各种饮料的生产过程中，并且通常添加量可达5%以上。相关研究指出，菊粉能促进钙的吸收，吸收率可达70%，因此含有菊粉的饮料不仅具有益生元功能，还可促进生长发育和防止骨质疏松。

作为一种天然活性成分，低聚果糖（短链菊粉）除了益生元的功效外，还可作为一种新型的天然甜味剂，其甜度为蔗糖的0.3～0.6倍，热量值低，具有抗龋齿的作用，在各种软饮料中具有明显的应用优势。在果汁的生产过程中，菊粉不仅可以替代甜味剂，提高果浆与水结合的能力，增加果汁的黏稠度，还使果汁具有了保健功能，提高矿物质的吸收率，并可掩盖异味，给人愉快的感觉，使饮料风味更好。

在植物蛋白饮料生产中，添加菊粉不仅可以增加风味，还赋予植物蛋白饮料膳食纤维功能。菊粉的添加能增加饮料稠度，解决植物蛋白饮料口感稀薄的问题，使乳脂感更强，可以掩盖苦涩并给人柔软的感觉，使饮料风味更浓，质地更好。当与高甜的甜味剂配伍时，菊粉可以降低苦涩度、豆腥味以及豆类和其他产品中不良的味道，改善口感，而甜味剂的使用量则可降低20%左右。研究发现，若在大豆分离蛋白制备的饮料中添加一定量的菊粉（2g/100g），则能显著降低人体内低密度脂蛋白的含量。

菊粉生产商Sensus公司也开发出了两款饮料，一种是含有4%果汁的低热量饮料Trendy Quench，该饮料的蔗糖含量比传统的碳酸饮料低50%，主要是针对那些希望保持体重的青年消费者；另一种是“学生果汁”，针对年龄4～12岁的儿童，该果汁以苹果汁为基料，加入菊粉、钙和其他矿物质，既能满足父母鼓励子女食用健康食品的需求，同时又满足了孩子们对口味的嗜好。

参 考 文 献

[1] 许威．菊粉物化特性的研究［D］. 河南科技大学，2012.

[2] 陈瑞红．短链菊粉对馒头品质的影响［D］. 河南科技大学，2014.

[3] 姚金格．不同聚合度菊粉的加工特性［D］. 河南科技大学，2016.

[4] 武延辉．短链菊粉在乳化型香肠中的应用研究［D］. 河南科技大学，2015.

[5] 仝瑛．菊芋菊糖的提取纯化、抗氧化活性及菊糖复合饮料工艺研究［D］. 西安：西北大学，2010.

[6] 陈书攀，何国庆，谢卫忠，等．菊粉对面团流变性及面条质构的影响［J］. 中国食品学报，2014，14（7）：170-175.

[7] 刘崇万，刘世娟，徐振秋，等．菊粉对面团流变学特性及无糖酥性饼干烘焙品质的影响［J］. 食品工业，2016，37（7）：11-15.

[8] Kim Y，Faqih M N，Wang S S. Factors affection gel formation of inulin［J］. Carbohydrate Polymers，2001，46：135-145.

[9] 刘宏．菊粉的功能特性与开发应用［J］. 中国食物与营养，2010（12）：25-27.

[10] Bojnanska T，Tokar M，Vollmannova A. Rheological parameters of dough with inulin addition and its effect on bread quality［J］. Journal of Physics，2015 602(1)：12-15.

[11] Aravind N，Sissons M J，Fellows C M，et al. Effect of inulin soluble dietary fibre addition on techno-

logical，sensory，and structural properties of durum wheat spaghetti [J]. Food Chemistry，2012，130 (2)：299-309.

[12] Serial M R，Blanco Canalis M S，Carpinella M，et al. Influence of the incorporation of fibers in biscuit dough on proton mobility characterized by time domain NMR [J]. Food Chemistry，2016，192 (14)：950-957.

[13] Kip P，Meyer D，Jellema R H. Inulins improve sensoric and textural properties of low-fat yoghurts [J]. International Dairy Journal，2006，16 (9)：1098-1103.

[14] Mensink M A，Frijlink H W，Maarschalk K V D V，et al. Inulin，a flexible oligosaccharide I：Review of its physicochemical characteristics [J]. Carbohydrate Polymers，2015，44 (10)：405-419.

[15] 孙艳波，颜敏茹，徐亚麦．菊粉的生理功能及其在乳制品中的应用 [J]. 中国乳品工业，2005，33 (8)：43-44.

[16] Meyer D，Bayarri S，Tárrega A，et al. Inulin as texture modifier in dairy products [J]. Food Hydrocolloids，2012，25 (8)：1881-1890.

[17] Gennaro S D，Birch G G，Parke S A，et al. Studies on the physicochemical properties of inulin and inulin oligomers [J]. Food Chemistry，2000，68 (2)：179-183.

[18] Morris C，Morris G A. The effect of inulin and fructo-oligosaccharide supplementation on the textural，rheological and sensory properties of bread and their role in weight management：A review [J]. Food Chemistry，2012，133 (2)：237-248.

[19] Gibson G R，Bear E R，Wang X，et al. Selective stimulation of Bifidobacteria in the human colon by oligofructose and inulin [J]. Gastroenterology，1995，108 (4)：975-982.

[20] Mendoza E，Garcia M L，Casas C，et al. Inulin as fat substitute in low fat，dry fermented sausages [J]. Meat science，2001，57 (4)：387-393.

[21] Pekic B，Slavica B，Lepojevic Z，et al. Effect of pH on the acid hydrolysis of Jerusalem Artichoke inulin [J]. Food Chemistry，1985，17：169-173.

[22] Courtin C M，Sweennen K，Verjans P，et al. Heat and pH stability of prebiotic arabinoxyooligosaccharides，xylooligosaccharides and fructooligosaccharides [J]. Food Chemistry，2009，112 (4)：461-480.

[23] Bohm A，Kaiser I，Trebstein A，et al. Heat-induced degradation of inulin. European Food Research and Technology，2005，220：466-471.

[24] Sébastien N R，Michel P，Christian F，et al. Effect of water uptake on amorphous inulin properties [J]. Food Hydrocolloids，2009，23：922-927.

[25] Chiavaro E，Vittadini E，Corradini C. Physicochemical characterization and stability of inulin gels [J]. European Food Research and Technology，2007，225：85-94.

[26] Kim Y，Faqih M N，Wang S S. Factors affection gel formation of inulin [J]. Carbohydrate Polymers，2001，46：135-145.

[27] Shoaib M，Shehzada A，Omarc M，Rakha A. Inulin：Properties，health benefits and food applications. Carbohydrate Polymers，2016，147，444-454.

3

抗 性 淀 粉

淀粉是生物合成的最丰富的可再生资源，是植物能量储存的主要形式。淀粉也是人类膳食摄入的重要碳水化合物之一，对维持人体正常生命活动有重要意义。淀粉以颗粒形式存在于植物组织和细胞中，通常可消化淀粉在小肠内被α-淀粉酶、葡糖淀粉酶和异麦芽糖酶消化分解成游离葡萄糖在人体小肠内被吸收。然而，并不是所有种类的淀粉都能在小肠内被消化吸收。根据淀粉能否在小肠内被完全消化分解生成葡萄糖以及在小肠内吸收的速率将淀粉分成三种类型：快消化淀粉（rapidly digestible starch，RDS）、慢消化淀粉（slowly digestible starch，SDS）和抗性淀粉（resistant starch，RS）。

快消化淀粉，指在小肠中20min内能够被消化吸收的淀粉；慢消化淀粉，指在小肠中20～120min内才能够被完全消化吸收的淀粉，如天然玉米淀粉；抗性淀粉，不能在小肠中被消化吸收，但120min后可到达结肠并被结肠中的微生物菌群发酵，继而发挥有益的生理作用，因此被看作膳食纤维的组成成分。抗性淀粉主要存在于种子、谷物和冷却的淀粉类食物中，生马铃薯的抗性淀粉含量最高，占总淀粉含量的75%，绿香蕉也是富含抗性淀粉的天然食品，抗性淀粉含量约17.5%。

长期以来，淀粉一直被认为可被人体完全消化和吸收，然而，1982年，英国生理学家Englyst等人对食品中膳食纤维进行定量分析时，将食物去除淀粉以测定非淀粉多糖的含量，结果发现试样经淀粉酶水解后仍然存在某些未水解淀粉，即一类可抵抗酶解的抗性淀粉。其后的体内试验发现类似现象，引起了营养学家、生理学家和医学工作者的广泛兴趣。目前被普遍接受的抗性淀粉的定义是1992年联合国粮食及农业组织（Food and Agriculture Organization of the United Nations，FAO）根据Englyst和欧洲抗性淀粉研究协会（European Research Project on Resistant Starch，EURESTA）的研究得出的，即不被健康人体小肠所吸收，可在结肠中发酵分解继而发挥有益生理作用的淀粉及其分解物。

近年的研究已经初步证明，抗性淀粉不能被小肠消化吸收也不能提供葡萄糖，但在大肠中能部分被肠道微生物菌群发酵，产生多种短链脂肪酸，改善肠道环境；抗性淀粉本身含热量极低，作为低热量添加剂添加到食物中，可起到与膳食纤维相似的生理功能，更为重要的是，抗性淀粉还具有调节血糖、预防心脑血管疾病、预防结肠直肠癌的作用，故抗性淀粉有着比膳食纤维更为广泛的保健意义。联合国粮食及农业组织和世界卫生组织（World Health Organization，WHO）在1998年出版的《人类营养中的碳水化合物》一书中专门指出："抗性淀粉的发现和研究进展，是碳水化合物与健康关系研究中极其重要的一部分，对于调节血糖、控制体重、维护心脑血管健康、促进肠道吸收等方面具有显著优势。"高度评价了抗性淀粉对人类健康的重要意义。抗性淀粉作为一种新型膳食纤维和功能性食品添加剂，其重要性不言而喻。目前，抗性淀粉已成为国内外营养专家和功能食品专家的研究热点。

3.1 抗性淀粉的来源、分类和结构

3.1.1 抗性淀粉的来源和分类

抗性淀粉的抗酶解性是由于其内部的双螺旋在较强的氢键及范德华力作用下形成晶体结构，该结构降低了抗性淀粉的易损性表面积，有效阻止酶靠近淀粉的D-葡萄糖苷键，从而减少淀粉酶活性基团与淀粉分子结合的机会。2009年国际官方分析化学家协会（Association of Official Analytical Chemists，AOAC）将抗性淀粉划归为膳食纤维。依据抗性淀粉的来源和特殊的酶抗机制可细分为物理包埋淀粉RS1、抗性淀粉颗粒RS2、回生淀粉RS3、化学改性淀粉RS4、直链淀粉-脂质复合物RS5。表3-1是常见食品中的RS含量。

表3-1　常见食品中抗性淀粉的含量

抗性淀粉含量	食品种类
≤1.0%	熟马铃薯、热米饭、高谷糠早餐麦片、小麦粉
1.0%～2.5%	普通早餐麦片、饼干、面包、冷米饭、冷稀饭
2.5%～5.0%	玉米片、大米碎片、油炸土豆片、爆豌豆
5.0%～15.0%	煮扁豆、煮蚕豆、生大米、玉米粉、豌豆
>15.0%	生马铃薯、生豆子、高直链玉米淀粉、青香蕉

RS1，即物理包埋淀粉（physically inaccessible starch），RS1淀粉在谷物和种子的胚乳中合成，淀粉颗粒被蛋白质和细胞壁包裹，这种物理结构阻碍了淀粉消化，从而降低了生糖反应。当淀粉以全谷物的形式进行蒸煮时，豆科植物种子的细胞壁和谷物的蛋白质阻碍水分渗入淀粉，淀粉无法得到充足的水分进行膨胀和糊化，因此不易与淀粉酶结合发生水解作用。此外，细胞壁和蛋白质作为一种物理屏障，也阻止消化酶的靠近和水解，使得部分淀粉不能在小肠内被消化吸收而进入结肠，这类淀粉被称作RS1。RS1主要存在于全部或部分碾磨的谷物、种子、根茎和豆类中。加工时的粉碎、碾磨及饮用时的咀嚼等物理动作可改变其含量。RS1具有酶抗作用是由于酶分子很难与淀粉颗粒接近，并不是由于淀粉本身具有酶抗性能。抵抗酶结能力弱，可在小肠中缓慢降解，仅部分可被消化吸收。在正常蒸煮条件下，RS1具有热稳定性，因此可以将其广泛应用到传统食品中。

RS2，即抗性淀粉颗粒（resistant granules）或生淀粉，主要存在于水分含量较低的天然淀粉颗粒中，如高直链玉米淀粉、生马铃薯和绿香蕉，它们都含有B型或C型结晶包埋结构，紧密排列的分子结构使消化酶无法接近淀粉从而使

RS2具有抗性，因此，蒸煮、粉碎等加工方式会提高消化酶的作用效能从而使抗性淀粉含量降低。经过蒸煮，大部分淀粉经糊化作用会失去B型和C型结晶结构，成为快消化淀粉，如烤马铃薯和熟香蕉。然而，高直链淀粉能够产生大量的直链淀粉和支链淀粉的长链，即使经过高温蒸煮其结晶结构也不易被破坏，这种淀粉的糊化温度高于水的沸点，因此在蒸煮的过程中，淀粉的晶体结构不发生改变，依然保持抗消化酶水解的特性。

RS3，即老化回生淀粉（retrograded starch），这一类淀粉是由食品加工过程中发生回生作用而形成的，如冷却的马铃薯和回生的高直链玉米淀粉等。淀粉类食物在冷冻条件下，淀粉会发生回生作用，在回生过程中直链淀粉分子和支链淀粉的长链缠绕在一起形成双螺旋结构，不易与淀粉酶结合，因此使淀粉具有抗消化特性。RS1和RS2是天然淀粉，一般情况下，食品的加工过程（如挤压、蒸煮等）都会破坏RS1和RS2的结构，但水分含量高时，直链淀粉分子内部氢键作用加强，更容易回生形成RS3，即RS3淀粉是在加热冷却过程中形成的。RS3包括RS3a和RS3b两种，其中RS3a为凝沉的支链淀粉，RS3b为凝沉的直链淀粉。RS3b的抗酶解性更强，而RS3a经过再加热可被淀粉酶降解。RS3溶解于氢氧化钾溶液或二甲基亚砜（DMSO）后，能被淀粉酶水解，是一种物理变性淀粉。由于回生淀粉熔点是155℃，因此RS3淀粉很稳定。RS3是一种可溶的膳食纤维，不仅具有热稳定性，还具有较高的持水能力，使其在传统食品的加工中具有更加广泛的应用价值。尤其当它被作为一种原料添加在熟食制品中时，能保留抗性淀粉原有的营养功能特性。RS3具有较高的商业价值，国内外对其研究最多。

在直链淀粉水溶液中形成RS3的机制有两种假说：胶束模式（micelle model）和层状模式（lamella model）。如图3-1所示，前者主要是直链淀粉在重新形成有序结构的过程中，通过彼此间相互作用使双螺旋在链的一个特定区域上排列成晶体结构（crystalline structure，C），其间散布着无定形的酶降解区域。后者主要是直链淀粉分子在聚集形成双螺旋结构时，发生了淀粉分子链的折叠，形成二维层状的紧密结构，其中褶皱带是无定形的（amorphous，A），而层状的中心是结晶的（crystalline，C）。

RS4，即化学改性淀粉（chemically modified starch），主要由植物基因改造或用化学方法改变淀粉分子结构所产生，主要的修饰手段有醚化、酯化和交联作用等，从而获得具有淀粉酶抗性的淀粉。其中酯化作用和醚化作用改变了淀粉的结构，阻碍了消化酶的水解，从而使淀粉具有抗消化特性；交联作用使淀粉失去了膨胀能力，在蒸煮过程中依然保持颗粒状态，不易被淀粉酶水解和微生物发酵，从而使淀粉具有抗消化特性。常见的RS4有辛烯基琥珀酸淀粉、羧甲基淀粉、乙酰基淀粉、羟丙基淀粉、热变性淀粉以及淀粉磷酸酯、淀粉柠檬酸酯等。

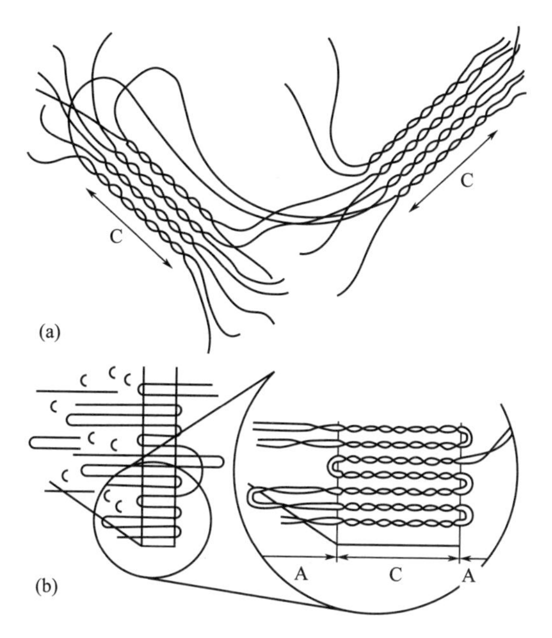

图 3-1 RS3 在直链淀粉溶液中形成过程示意图
(a) 束状抗性淀粉模型；(b) 层状抗性淀粉模型

RS4 常用于面包、曲奇饼干等糕点类食品的工业化生产。它也是抗性淀粉商品的另一重要来源，是抗性淀粉研究中新的生长点。

RS5，即直链淀粉-脂质复合物（amylose-lipid complexes），是指当淀粉与脂质之间发生相互作用时，直链淀粉和支链淀粉的长链部分与脂肪醇或脂肪酸结合形成的复合物。当线性的淀粉链与脂质复合物形成螺旋结构时，脂质存在于双螺旋的大沟和小沟中，使得直链淀粉的结构发生改变，由平面螺旋变成了三维螺旋，这种复合物不溶于水，且具有热稳定性特性，不易与淀粉酶结合。淀粉-脂质复合物具有消化酶抗性主要有两个原因：①淀粉-脂类复合物的结构与支链淀粉分子缠绕在一起，阻碍了淀粉颗粒的膨胀，淀粉酶不能进入淀粉颗粒内部，不易将其水解；②淀粉-脂质复合物比直链淀粉具有更强的消化酶抗性。其中直链淀粉-硬脂酸复合物是一种典型的 RS5，研究证实淀粉颗粒中直链淀粉-硬脂酸复合物的形成限制了淀粉的膨胀，并且硬脂酸包裹在淀粉颗粒表面进一步增强了 RS5 的酶抗性。这种抗性淀粉糊化温度更高，热稳定性更强，也更容易发生回生作用，而且在 95～100℃条件下酶解后依然保持半晶体结构。使用脱分支的高直链玉米淀粉和自由脂肪酸形成的单螺旋复合物来制备 RS5，抗性淀粉的含量最高可达 75%。有研究将 RS5 定义为由不溶于水的线性聚 α-1,4-D-葡萄糖形成的多糖，这种多糖不能被 α-淀粉酶降解，并且聚 α-1,4-D-葡萄糖可以促进结肠内短链脂肪酸的形成。因此，RS5 可以作为预防结肠癌的营养补充剂。

3.1.2 抗性淀粉的结构

3.1.2.1 抗性淀粉颗粒表面结构

植物体中淀粉常以颗粒形式存在，不同来源的淀粉形状各异，在显微镜下观察淀粉颗粒的形状一般为圆形、卵形或多边形。淀粉颗粒在糊化时受到破坏，直链淀粉溶出，并在低温老化过程中形成双螺旋结构，使颗粒结构发生巨大变化，导致原淀粉颗粒形状消失，形成不规则的粗糙颗粒结构。不同来源淀粉颗粒形状均有显著差异，但抗性淀粉颗粒均呈现为不规则形状，表面很粗糙，是一种近似蜂窝状的纤维网络结构。

研究发现，玉米淀粉颗粒表面光滑，呈不规则多边形，直径约 20μm，表面无明显缺陷或损坏迹象；但经淀粉酶处理后，颗粒黏合在一起，形成一种粗的、类似蜂窝状网络结构的抗性淀粉，这种网络结构系由直链淀粉和支链淀粉所构成。淀粉凝沉过程中，游离直链淀粉链成螺旋状，可使淀粉结构重组，形成致密结晶结构，增强对酶的抵抗性。

经酶脱支法制备的大米抗性淀粉颗粒失去了原淀粉的颗粒形态，表面粗糙，不规则的微粒相互黏附形成蜂窝状纤维网络结构。采用环境扫描电镜（environment scanning electron microscopy，ESEM）观察压热法制备的莲子抗性淀粉颗粒表面结构，结果显示经糊化和老化处理后，原淀粉规则的椭圆形状消失，形成致密的块状结构，抗性淀粉表面展现为鳞片和沟壑状，而不同制备工艺对抗性淀粉颗粒表面和晶体结构有不同的影响。研究也发现抗性淀粉颗粒表面形态不同主要与回生阶段参与重结晶的直链淀粉数量有关。

3.1.2.2 抗性淀粉分子和晶体结构

淀粉作为一类天然多晶聚合物，其颗粒由直链和支链淀粉两种主要组分组成。抗性淀粉是淀粉经改性制备而成的，其颗粒结构主要由结晶区和非结晶区交替构成。多晶体系中还存在着介于结晶和非晶之间的亚微晶结构，该结构被认为是由结晶、亚微晶和非晶中的一种或多种结构形成的。晶体性质和结晶结构等结构特性直接影响着抗性淀粉的功能特性。因此，明确抗性淀粉分子、晶体结构、物理化学性质以及淀粉生成的机制，对提高抗性淀粉品质和应用功效，进而推进淀粉工业的发展具有极其重要的意义。

目前国内外学者普遍采用红外光谱、核磁共振波谱、X 射线衍射等技术研究淀粉分子和晶体类型及结构变化。红外光谱（infrared spectra，IR）技术对物质分子的结构研究是通过检测分子转动和内部原子间相对振动来完成的。淀粉的红外特征峰对淀粉结晶、分子链构象以及螺旋结构的变化十分敏感，可用于检测淀粉分子的结晶结构和分析变化规律。通过偏最小二乘法（partial least square，PLS）和联合区间偏最小二乘法（synergy interval partial least square，SiPLS）

建立的莲藕淀粉含量的近红外光谱分析模型，实现了莲藕淀粉含量的无损检测。有研究采用二维相关红外光谱技术的指纹鉴定方法分析了6种不同植物来源的淀粉在外部微扰作用下的变化，实现不同种类、产地、品种淀粉谱图区分，为分析复杂高分子化合物提供了一种新的方法和手段。

核磁共振（nuclear magnetic resonance，NMR）是利用某些带有磁性的原子核在外加直流磁场作用下吸收能量，产生原子核能级间的跃迁，通过纵向弛豫、横向弛豫及自旋回波和自由感应衰减等参数研究高分子结构和性质。随着横向极化和磁角度旋转技术的发展，核磁共振固相波谱的灵敏度得到了很大提高，目前核磁共振技术兼具检测速度快、精度高、重现性好等一系列特点，已被广泛应用于淀粉及其衍生物的分子和晶体检测。有研究利用单脉冲-魔角旋转技术研究小麦淀粉颗粒的结构，显示小麦淀粉颗粒中直链淀粉-脂肪络合物的质子旋转弛豫时间明显短于结晶淀粉，小麦淀粉颗粒是由双螺旋淀粉链形成的高度结晶区域、直链淀粉-脂肪复合物构成的类似固态物质的区域和完全的无定形区域这三种不同的组分构成的。在比较直链淀粉含量为0～84%的玉米淀粉在不同水分含量下核磁共振的化学位移、相对共振强度、谱线宽度和波谱形状的差异时，发现当淀粉水合到30%左右时，直链淀粉的含量明显地影响核磁共振的相对信号强度和谱线宽度，推测水合作用后结晶度的增加和无定形组分信号的缺失是核磁共振谱线宽度变窄的原因。此外，用^{17}O NMR技术研究淀粉/水的比率、直链淀粉含量、磷酸化程度以及碘化钾对淀粉糊化的影响，发现淀粉糊化时自旋-自旋弛豫时间T2发生明显变化，说明在糊化时高含量的直链淀粉导致水分子的流动性降低，高度磷酸化导致水流动性降低，伴随糊化温度的下降，加入碘化钾可以有效地降低水的流动性和糊化温度。

晶体能对X射线产生衍射效应，利用这种衍射可以测定晶态物质在原子水平上的结构。淀粉结晶结构X射线衍射图样呈尖峰衍射特征，而非晶和亚结晶结构呈弥散峰衍射特征。研究发现，抗性淀粉颗粒是部分结晶体，有结晶区和无定型区。X射线衍射表明，抗性淀粉晶体在空间上形成双螺旋结构，主要有四种，A型、B型、C型和V型，回生温度对晶体结构会造成影响，低温会导致B型结构形成，而高温会导致A型结构形成。不同来源的淀粉X射线衍射图样存在一定的差别，大麦、小麦、燕麦、玉米等谷类淀粉产生A型X射线衍射图谱，马铃薯、木薯等块茎类淀粉产生B型衍射图谱，而绿豆、豌豆、扁豆、蚕豆等豆类和块根类产生C型衍射图谱。研究不同超高压条件处理对莲子淀粉晶型结构的影响，发现莲子淀粉经超高压处理后颗粒特性发生明显变化，X射线衍射图谱由C型向B型转变。

Eerlingen等分离的抗性淀粉的衍射图谱显示B型晶体结构；^{13}C NMR结果进一步证明抗性淀粉晶体是来源于直链淀粉的结晶。差示扫描量热法

(differential scanning calorimetry，DSC）研究也发现抗性淀粉晶体主要是由直链淀粉的结晶形成，因为在120～165℃之间有一吸热高峰，这一温度范围是直链淀粉晶体的熔解温度，而支链淀粉晶体在60～100℃即熔解。所以用耐热的α-淀粉酶所分离的抗性淀粉只是直链淀粉的结晶。而且还发现抗性淀粉的焓变值随其产量的提高而增大。有学者通过对高直链淀粉玉米淀粉、小麦淀粉、玉米粉按给定步骤形成的RS3的同质多晶型的研究发现，40℃时老化形成B型结晶，而在95℃老化则形成A型与V型结晶的混合物。差示扫描量热分析未显示多晶型间熔点有重要差异，T_m为140～170℃。有研究者水解玉米抗性淀粉时发现，玉米淀粉和RS4为A型结晶体，而RS3为B型结晶体。淀粉结晶度要小于RS3结晶度，且相同制备方法得到抗性淀粉结晶度与其晶体结构和含量有关。晶体类型仅基于不同粒度，与密度和硬度无关。新结晶结构的出现，也能限制淀粉酶水解。研究发现，经淀粉酶处理淀粉，抗性淀粉结晶度显著增加，且结晶度越大，抗性淀粉含量越高。另外，研究还发现，不仅直链淀粉可重结晶，且被脱支支链淀粉会利于抗性淀粉在加热冷却过程中晶体结构形成。抗性淀粉抗淀粉酶水解的能力来源于直链淀粉结晶，直链淀粉在加热、冷却和贮藏过程中部分分子相互靠近，通过氢键形成双螺旋，双螺旋再相互叠加形成直链淀粉结晶。抗性淀粉也含有少量的支链淀粉、脂类和蛋白质。

但聚合度为多少的直链淀粉易于结晶参与抗性淀粉的形成又是一个很重要的研究课题。国外主要用还原末端法、凝胶渗透色谱、高效离子交换色谱和高效排阻色谱法测定抗性淀粉的分子量分布，并且单一的测定方法存在较大的误差，人们逐渐倾向于采用多种方法相结合来测定。一般认为平均聚合度DP_n范围在30～200。杨光等用还原末端法测得抗性淀粉的平均聚合度为50，平均分子量为8100，然后以此为依据，在一个相对小的分子量范围内为高效排阻色谱选择分子量标样，最后得出抗性淀粉的分子量范围绝大多数在6300～35000之间，平均分子量为12681，并得到了分子量分布曲线。Gidley等认为聚合度必须在10～100之间才能形成双螺旋。Eerlingen等研究发现，用β-淀粉酶处理马铃薯直链淀粉，得平均聚合度在40～610之间的片段的溶液（8.3g/L），然后在4℃下老化，用X射线衍射观察发现所分离出来的抗性淀粉是由短链（平均聚合度在19～26）组成。因此可以认为RS3主要是由一些短结晶片段构成。

3.2 抗性淀粉的理化性质和生理功能

3.2.1 理化性质

抗性淀粉耐热性高，在高温蒸煮后，几乎没有损失；持水能力低，仅为1.4～2.8g，是所有膳食纤维中最低的。

（1）抗性淀粉热焓特性

物质发生物理和晶型变化时常伴随热量的变化，差示扫描量热法（DSC）通过程序控温测定高聚物的晶体熔点、结晶度、物态转变的热效应等，可应用于淀粉的糊化、老化、相转变的定量分析以及淀粉颗粒内部晶体结构的定性分析。

研究发现，玉米抗性淀粉样品的DSC曲线图仅存在一个相变吸热峰，与原淀粉相比，抗性淀粉的峰值温度更高，吸热焓更大，说明压热产生的晶体结构热稳定性高，抗性淀粉的非晶化相变所需的热量较高。Eerlingen等将糊化后的蜡质玉米淀粉分别在不同的温度和时间下贮藏一段时间，采用DSC研究其热力学特性，结果显示随着糊化淀粉在低温下放置条件不同，其回生程度亦不一样，且温度越低、时间越长，回生程度越大，不同处理组回生后淀粉的热力学特性差别越大。研究发现，蜡质玉米抗性淀粉DSC峰值温度和热焓随抗性淀粉含量增加而增大。还有研究表明，淀粉DSC吸热曲线不同于抗性淀粉，天然淀粉在糊化过程中仅能发生一次吸热转变，起始温度约为79.79℃；而RS3会出现两次吸热转变，第一次约在42～72℃范围内，可能是支链淀粉熔融；随糊化温度升高，在约120～170℃内会出现第二次吸热转变，这是由于直链淀粉熔融。有研究者在对玉米抗性淀粉结构和性质研究中发现，玉米抗性淀粉DSC曲线只有一个明显相变转折点，转变温度为105.18～135.09℃。可见，抗性淀粉熔融温度与淀粉链重组和新结构形成有关，经脱支酶处理会增加直链淀粉含量，使之在老化过程中重组形成结构紧密结晶体，从而提高抗性淀粉热稳定性，这将更有利于食品加工生产。

（2）抗性淀粉黏度特性

黏度特性可用于评估抗性淀粉潜在应用价值。在高温处理下，抗性淀粉不会像淀粉颗粒那样，发生吸水溶胀及崩解，使直链淀粉分子逸出，而能呈现不同于淀粉的黏度特性。研究发现，大米抗性淀粉黏度性质与大米淀粉有明显差异，抗性淀粉黏度基本消失。不同来源的抗性淀粉，黏度特性不同。有研究表明，与玉米抗性淀粉、小麦抗性淀粉相比，马铃薯抗性淀粉表现出较高黏度。抗性淀粉黏度会随其含量增加而降低，而含量与直链淀粉成正相关。直链淀粉含量对黏度特性影响，目前仍存在不同观点。有学者研究指出，直链淀粉含量与峰值黏度成正相关；但有研究者认为，最大黏度值和破损值与抗性淀粉含量呈负相关；同时也有研究者认为，峰值黏度与直链淀粉含量相关性并不很明显。因此，抗性淀粉黏性与直链淀粉关系还有待于深入研究。在烹饪处理过程中，抗性淀粉糊化和黏度不会发生改变，抗性淀粉不仅能抵抗酶水解，且在大多数食品高温加工处理时，仍可保持原有营养功能。

（3）抗性淀粉溶胀特性

淀粉的溶解度是指直链淀粉分子从有序态到扩散至溶液中转变为无序态的过

程，是结晶结构和无定形结构含量比率、直链分子间氢键结合程度的反映。淀粉的膨胀度反映了无定型区和结晶区淀粉链的结合程度，体现支链淀粉的糊化能力。淀粉溶解度和膨胀度可以直观反映淀粉颗粒化程度以及直链淀粉与支链淀粉的组成情况，进而分析淀粉结构的变化。有学者研究发现，淀粉的溶解度与其亲水性和直链淀粉含量密切相关，当温度到达临界点温度以上时，淀粉分子开始吸水发生膨胀。淀粉的颗粒紧密度和结晶结构决定其溶解度大小，当淀粉分子排列有序时其溶解度和膨胀度较低，而当淀粉颗粒结构松散，分子排列无序时其溶解度和膨胀度较高。

（4）抗性淀粉碘吸收特性

淀粉碘复合物吸光度法是利用直链淀粉分子与碘形成有色复合物的特性来探究并了解直链淀粉的链长或其分子的大小。直链淀粉与碘溶液形成深蓝色的直链淀粉-碘复合物，在600～640nm波长处会呈现最大吸收峰，而支链淀粉与碘溶液反应会形成紫红色复合物，并在520～560nm波长处出现最大吸收峰。通过分析淀粉的碘吸收曲线可以分析抗性淀粉中直链淀粉、支链淀粉、聚合度等情况。基于淀粉易于吸收游离碘的原理，采用碘吸收法测定淀粉损伤，发现在游离碘溶液中，被损伤淀粉所吸收的碘越多，残留的游离碘越少，以此分析淀粉损伤程度。

3.2.2 生理功能

大量研究表明，糖尿病、动脉粥样硬化、冠心病等慢性疾病与个人饮食习惯密切相关。抗性淀粉作为新型膳食纤维，不仅口感、色泽优于一般膳食纤维，在维护肠道健康、控制体重、稳定餐后血糖和胰岛素应答水平等方面同样发挥重要作用。

（1）抗性淀粉的能值

抗性淀粉在小肠中抗消化，但可在结肠中被细菌发酵，产生的短链脂肪酸（short-chain fatty acids，SCFA）经过结肠壁吸收进入血液后，可提供能量。有学者研究发现，每克抗性淀粉平均提供8.4kJ的能量。含高抗性淀粉的食物，大约能量的12%是由结肠发酵产生的短链脂肪酸提供的。有研究发现抗性淀粉还可降低食物的热效应。

（2）调节血糖水平

基于碳水化合物对餐后血糖影响的研究，血糖指数（glycemic index，GI）表示含有50g有价值的碳水化合物的食物与相当量的葡萄糖相比，在一定时间内（一般为餐后2h）引起体内血糖应答水平的百分比值。不同食物血糖指数差异主要是由碳水化合物的消化或吸收速率造成的。淀粉类食物的生糖指数与淀粉颗粒的来源、水分含量、糊化温度以及加工条件等因素密切相关，而这些因素与抗性淀粉的形成也有很大关系。富含抗性淀粉的食物作为典型的低 GI 食物，不易被消化，能够调节血糖水平、降低胰岛素反应和利用储存的脂肪，因此在糖尿病人的饮食中增加抗性淀粉的含量将有助于糖尿病的控制。抗性淀粉在摄入 5～7h 后发生代谢，既增加了饱腹感，也有效降低了餐后血糖和胰岛素浓度。抗性淀粉的种类和含量不同，对生糖指数和胰岛素反应的影响也不同。RS2（绿香蕉）能够有效降低Ⅱ型糖尿病人的体重、空腹胰岛素浓度和胰岛素抗性。RS3 淀粉制剂（RS3 占总淀粉含量的 14%及以上）可以有效降低血清葡萄糖和胰岛素水平，减少Ⅱ型糖尿病大鼠空肠和回肠中葡萄糖依赖性促胰岛素多肽的释放，进而改善Ⅱ型糖尿病的代谢调控。当人体分别摄入含 1%～2%乙酰化的马铃薯淀粉（RS4）和含 2%～3% β-环糊精的马铃薯淀粉之后，后者体内的血糖水平更低，这可能因为 β-环糊精更多地被小肠末端吸收，延长了胃排空的时间。在人体试验中，给体重指数为 21.0～42.8 的成人食用含 60% RS5（直链淀粉与棕榈酸复合物）的面包，对照组为含小麦面粉的白面包，餐后血浆葡萄糖浓度和胰岛素反应显著降低。因此，在食品中添加抗性淀粉可以降低食品中葡萄糖含量，能够满足糖尿病人的饮食需求，从而备受生产商的青睐。

（3）降低胆固醇含量

抗性淀粉能够有效降低脂蛋白胆固醇和血浆胆固醇的水平，增加结肠中短链脂肪酸尤其是丁酸的浓度，并提高排泄物中胆固醇的含量。正常情况下，人体肝脏中的胆固醇转换为小肠中的胆酸，胆酸完成脂类消化后再转化为胆固醇回归肝脏，完成脂类代谢循环。但小肠中未降解抗性淀粉与胆酸的结合，参与脂类代谢的胆汁酸减少，为维持循环，肝脏只能从血液中吸收胆固醇来保证胆酸-胆固醇循环。用含 9.9%燕麦纤维和 9.7%抗性淀粉的木薯淀粉喂养仓鼠，结果表明将两者添加到食品中都能够降低仓鼠血浆中胆固醇的含量，从而改善仓鼠的小血管健康。含抗性淀粉的食物（生马铃薯）能显著增加大鼠盲肠中短链脂肪酸的含量和吸收率，降低甘油三酯的含量和血浆胆固醇的水平，当具有代谢综合征的病人连续 12 周食用含抗性淀粉的食物（全谷物），病人体内血浆中甘油三酯的水平降低了 43%。研究表明抗性淀粉可通过增加 HMG-CoA（胆固醇合成的速率限制酶）的活性，减少 FAS（脂肪酸合成酶）和 GLUT4（葡萄糖转运蛋白 4）的表达，来降低血清胆固醇。这可能是由于膳食摄入的抗性淀粉改变了体内食物燃烧的次序，通常碳水化合物首先被使用，但抗消化的抗性淀粉代替了碳水化合物，使脂肪成为机体获得能量的主要来源，潜在增加机体对脂肪的消耗，间接证明抗性淀粉对体重与脂质代谢具有积极作用。

（4）控制体重

肥胖主要是由能量过度摄入引起的，因此通过减少能量的摄入可以达到减少体重的目的。研究表明增加饮食中膳食纤维的含量可以增加饱腹感，从而减少能量摄入和降低体重指数。抗性淀粉也能够增加饱腹感、降低食欲、减少热量的摄入，可以减少脂肪组织中CD11的表达从而降低脂肪组织的质量，并且可提高胰岛素抗性从而达到控制体重的目的。此外有研究发现含5.4%抗性淀粉的食物能够明显增加餐后脂肪的氧化，长期食用可以减少脂肪的积累。

对啮齿动物的大量研究表明抗性淀粉取代快消化淀粉可以减少脂肪和体重。对于饮食诱导的肥胖大鼠，膳食中富含抗性淀粉（23.4%）可减少40%的体重，但是抗性淀粉高达23.4%的食物在人类饮食中不可能达到。有研究将含4%、8%、16%的抗性淀粉喂养大鼠，结果发现抗性淀粉含量大于8%的饮食比不含抗性淀粉的饮食明显降低了大鼠的体重，而且抗性淀粉的含量每增加4%，能量的摄入就减少9.8kJ/d。

目前有关抗性淀粉对体重影响的相关研究主要以肥胖大鼠为研究对象，对人体体重的影响并没有得到证实，因此有待进一步研究。但是抗性淀粉能够帮助控制人体体重的可能原因包括以下几个方面。①用抗性淀粉取代快消化淀粉可以减少饮食能量密度，降低热量的摄入。②在啮齿动物的饮食中添加抗性淀粉可以增加饱腹感激素胰高血糖素样肽1（glucagon like peptide 1，GLP 1）和肽YY（peptide YY，PYY）的分泌，从而增加饱腹感，减少食物的摄入，达到减轻体重的目的。给被试者分别提供低纤维含量的饼干和添加了抗性淀粉的饼干作为早餐，结果发现，含有抗性淀粉的饼干可以增强饱腹感。在成年男性的饮食中添加48g抗性淀粉，1天之内能量的摄入减少了1300kJ，但对主观食欲却没有影响。最近，有研究表明在被试者的早餐中添加25g抗性淀粉，发现被试者1天中食物的摄入量和主观食欲并没有受到影响。③用抗性淀粉取代快消化淀粉会减少胰岛素分泌从而促进脂肪的分解利用。

（5）预防结肠癌

研究表明，人类或动物日常摄入的膳食纤维大多无法被机体直接吸收利用，只有小部分（如抗性淀粉、低聚果糖、非淀粉多糖）被结肠益生菌发酵分解后，可参与机体循环。产物主要是一些气体和短链脂肪酸。气体能使粪便变得疏松，增加其体积，这对于预防便秘、盲肠炎、痔疮、肠憩室病、肛门-直肠机能失调等肠道疾病具有重要意义。

人体大肠和盲肠中有大量的微生物，抗性淀粉在小肠中不能被发酵，进入大肠后被厌氧微生物发酵产生大量的丁酸和丁酸盐，主要有甲酸、乙酸和丁酸，丁酸是大肠上皮细胞的主要能量底物之一，通过抑制细胞周期阶段阻碍肿瘤细胞的生长和增殖，抑制其恶变从而预防结肠癌。

将抗性淀粉制剂喂养大鼠，结果发现大鼠排泄物体积增大，pH值降低，产生了更多的短链脂肪酸，降低了结肠癌的发病率；当大鼠结肠中间和末端发生促进期产生遗传毒性致癌物时，抗性淀粉可以抑制结肠隐窝异常病灶的形成，这表明抗性淀粉可以阻碍结肠肿瘤病变的形成和生长。目前有研究证实 RS5 能够有效抑制偶氮甲烷诱导的大鼠结肠的癌前病变，表明 RS5 能够抑制结肠癌。喂养大鼠含 RS5（直链淀粉-硬脂酸复合物）的食物，硬脂酸不能被大鼠吸收，而是通过粪便排出体外，这是由于 RS5 有助于增加大鼠粪便体积和疏水性，使得大量有毒化学物质从消化道排出体外，从而可以降低消化道中结肠病变细胞中有毒物质的含量。日常生活中，人体内膳食纤维的平均摄入量较低，若使饮食中膳食纤维的含量加倍，结肠癌的发病率最高可降低 40%。当饮食中同时添加抗性淀粉和可溶性膳食纤维时，两者结合使得抗性淀粉发酵位点能够到达结肠的末端，从而更加有效地预防癌症的发生，并且肠道内可以产生更多的短链脂肪酸。

（6）作为益生元

益生元是指食品中不易被消化的成分，它是能够选择性地刺激细菌的生长活性，从而改善寄主健康的物质。典型的益生元有低聚果糖和菊粉两种，主要存在于新鲜的蔬菜和水果中。抗性淀粉能促进肠道有益菌丛的生长、繁殖，是双歧杆菌、乳酸菌等益生菌的增殖因子。抗性淀粉在肠道发酵过程中涉及多个细菌群，有分解淀粉的肠道细菌（如厚壁菌、拟杆菌和放线菌）、丁酸生成菌、双歧杆菌等，菌群组成对分解产物类型有一定影响。抗性淀粉作为益生元在结肠内发酵可以产生对宿主有益的产物，如丁酸等短链脂肪酸。RS3 可以促进双歧杆菌在胃肠道中的生长和繁殖，此外高直链玉米淀粉可以提高双歧杆菌在酸性条件下的存活率。由于抗性淀粉可以完全通过小肠，因此可以将其作为益生菌的生长基质促进有益细菌（如双歧杆菌）的生长，由此可见抗性淀粉可作为益生元。

杨玥熹等通过模拟小鼠结肠环境，发现玉米抗性淀粉体外发酵产酸与外源肠道菌种有关，如嗜酸乳杆菌能够促进发酵产生乙酸，青春双歧杆菌和粪肠球菌则可促进发酵产生丙酸和丁酸，而大肠埃希氏菌会抑制产生丙酸和丁酸。在中国，抗性淀粉摄入量较高的地区其结肠癌发病率显著低于抗性淀粉摄入量较低的地区。抗性淀粉在结肠内发酵创造的酸性环境，不仅会加速胺类等毒素的排出，还可以改善因不良饮食引起的锌代谢紊乱。李敏等用大鼠实验验证了长期喂食富含抗性淀粉饲料大鼠的盲肠、结肠和粪便的 pH 值有明显下降。Schulz 等的研究发现 RS2 型淀粉在回肠中发酵分解，pH 值降低，肠道内溶解的镁、钙、锌等矿物质极易通过上皮细胞被人体吸收。而有研究者通过临床试验表明摄入富含膳食纤维的黑麦核面包可增加结肠发酵活性。大量研究表明，摄入适量抗性淀粉可改善肠道环境，促进肠道内有益菌生长，降低结肠癌的发病率。

抗性淀粉作为益生元被添加到功能食品中，主要有以下三种应用：①作为乳酸菌和双歧杆菌的发酵底物来提供能量；②作为膳食纤维的成分对寄主产生有益的生理作用；③作为微胶囊材料提高食品的稳定性。

(7) 降低胆结石的形成

快消化淀粉被人体消化吸收后能够促进胰岛素大量分泌，而胰岛素的分泌又会促进胆固醇的合成，从而诱导胆结石的发生。抗性淀粉可以通过降低胆结石的发生，从而减少胆结石的发病率。在中国和印度，膳食纤维中抗性淀粉的摄入量是美国、澳大利亚的 2～4 倍，研究表明这 4 个国家胆结石的发病率有明显差异。

(8) 促进矿物元素吸收

现代研究发现，膳食纤维对食品中的矿物质、维生素的吸收有阻碍作用，主要是因为膳食纤维含量高的饮食，其植酸含量也较高，而抗性淀粉不含植酸，避免了膳食纤维的上述弊端。抗性淀粉增强大鼠和人类多种矿物质在回肠的吸收水平，在用富含抗性淀粉的食物饲喂大鼠后，在结肠中的发酵产物短链脂肪酸，使肠道 pH 降低，促进上皮细胞增殖，促进了 Ca^{2+}、Mg^{2+} 等离子的吸收率，与普通食物比较，添加 16.4%抗性淀粉的饮食对人干预后，肠道吸收 Ca^{2+}、Fe^{2+} 水平提升。

总之糖、脂代谢紊乱和胰岛素抵抗是代谢综合征产生的主要诱因，抗性淀粉是最新公认的健康食品，抗性淀粉通过高比例直链淀粉含量发挥其潜在的生理学特性，能促进肠道微生物种群多样性提高，激发抗炎、抗糖尿病与抗肥胖相关细胞信号通路，有效地改善糖脂代谢，减轻体重，增强胰岛素的敏感性，达到预防代谢综合征和慢性病的目的。

3.3 抗性淀粉的形成机制及其影响因素

3.3.1 抗性淀粉的形成机制

抗性淀粉有类似于膳食纤维的生理功效，国内外越来越多的研究人员已经着手于抗性淀粉形成机制的研究。目前，普遍认可的抗性淀粉形成的机制是：淀粉加入一定量的水，在加热的过程中淀粉颗粒逐渐吸水膨胀，结晶区崩解遭到破坏，释放出直链淀粉分子，在冷却的过程中，一定聚合度的淀粉分子链相互靠近缠绕成双螺旋结构，然后通过分子间的氢键作用，双螺旋结构进一步发生折叠，逐渐定向排列成有序的紧密晶体结构。由于该淀粉晶体结构紧密，热稳定性相对较高，淀粉酶难以渗透酶解，从而对淀粉酶产生了抗性。

3.3.2 制备抗性淀粉的淀粉资源种类

不同淀粉资源种类由于其所含的还原糖、有机酸、维生素、矿物质等营养成分以及淀粉颗粒本身的特性（颗粒大小、聚合度、直链淀粉与支链淀粉的比例）不同，从而会影响抗性淀粉的含量及热稳定性。使用各种淀粉资源制备抗性淀粉，都存在一定的优势，如玉米淀粉直链淀粉含量相对较高，而高直链淀粉含量利于抗性淀粉形成，木薯淀粉资源丰富、价格低廉，非淀粉杂质含量低且无异味，用于抗性淀粉制备具有一定的优越性，马铃薯淀粉聚合度为左右支链含量相对较高，聚合度左右的侧链少，经普鲁兰酶或酸法脱支后适宜生产抗性淀粉。目前，常见报道用于制备抗性淀粉的淀粉资源种类如表 3-2 所示。

表 3-2 制备抗性淀粉的淀粉资源种类

淀粉类型	常见种类
禾谷类淀粉	玉米淀粉、小麦淀粉、大米淀粉、高粱淀粉及荞麦淀粉等
薯类淀粉	马铃薯淀粉、木薯淀粉、红薯淀粉和大薯淀粉
豆类淀粉	绿豆淀粉、蚕豆淀粉、豌豆淀粉和赤豆淀粉
果蔬类淀粉	香蕉淀粉与芒果淀粉
其他	魔芋淀粉、美人蕉淀粉和芋头淀粉等

3.3.3 抗性淀粉形成的影响因素

针对抗性淀粉的形成机理，在常见的抗性淀粉制备工艺中，可把影响抗性淀粉形成的因素分成两大类，一是淀粉本身的特性（内因），包括植物来源、产地及种植环境、基因类型、与食品中其他营养成分的作用、直链/支链淀粉比率、直链淀粉链长、支链淀粉的线形化、淀粉分子聚合度和淀粉颗粒的大小等；二是工艺的不同（外因），外因主要指对食品的处理方式、加工条件等因素。食品加工时应充分考虑诸因素以获得高效稳定的产品。

3.3.3.1 淀粉组成对抗性淀粉形成的影响

淀粉自身性质（如直链淀粉与支链淀粉的比例、直链淀粉含量和直链淀粉链长等）以及淀粉中其他物质成分（如蛋白质和脂肪等）都会影响到抗性淀粉的形成。

（1）直链/支链淀粉比例

淀粉中直链淀粉与支链淀粉的比例以及它们的链长都会影响淀粉的老化程度，进而影响抗性淀粉的形成。通常谷物基因控制着谷物淀粉中直链淀粉与支链淀粉的比例，进而导致谷物中抗性淀粉含量不同。如糯性高粱淀粉、异型糯性高粱淀粉和普通高粱淀粉的直链淀粉含量分别为 0%、14%和 23.7%，其抗性淀粉含量分别为 8.4%、23.7%和 17.9%。因此可以通过改变谷物的基因来提高谷物淀粉中直链淀粉含量，进而提高抗性淀粉的含量。如通过基因突变实验使小麦籽粒中直链淀粉和抗性淀粉含量分别增加了 22%和 115%。

淀粉中抗性淀粉的含量一般随直链淀粉含量的增加而增加。如马铃薯淀粉、小麦淀粉、豌豆淀粉和高直链玉米淀粉的直链淀粉含量分别为 20%、25%、33%和 70%，其抗性淀粉含量则分别为 4.4%、7.8%、10.5%和 21.3%。

表3-3可以看出，直链/支链淀粉比例对抗性淀粉的含量有显著的影响。研究发现直链淀粉含量为70%的谷类食品中100g干物质约含20g的抗性淀粉，而直链淀粉含量25%的普通食品，100g干物质只含有约3g抗性淀粉；通过人工配制不同直链淀粉与支链淀粉比例的淀粉，发现抗性淀粉含量会随着直链/支链淀粉比例的增加而升高；在大麦面包中也发现了类似的研究结果。

表3-3　直链/支链淀粉比例对抗性淀粉形成的影响

直链/支链淀粉比	抗性淀粉/%	直链/支链淀粉比	抗性淀粉/%
100/0	36.45±2.31	25/75	18.16±0.23
75/25	28.06±1.46	15/85	8.97±0.29
50/50	21.48±0.41	0/100	7.61±0.38
40/60	19.07±0.40		

目前国外市场上的抗性淀粉均是利用高直链玉米淀粉制备所得。已有一些报道通过提高作物直链淀粉含量来提高抗性淀粉含量。但也有研究认为抗性淀粉含量与直链淀粉含量并非正相关，除了与直链淀粉含量有关之外，直链淀粉分子量大小也是影响抗性淀粉含量的决定因素之一，但直链淀粉含量较低的样品，其抗性淀粉含量肯定较低。因此，直链淀粉含量并不是影响抗性淀粉含量的绝对因素。

（2）颗粒度大小、聚合度及直链淀粉和支链淀粉的链长

抗性淀粉的形成主要是因为淀粉糊化后，被打乱的分子链在冷却过程中重新聚合、卷曲、折叠，形成新的晶体。相对于支链淀粉，直链分子凝聚快，形成的晶体也更牢固。但由于在凝聚时，分子链处于不断运动之中，运动速度受分子量大小的影响，分子量大的直链分子运动速度相对较慢，链分子间的斥力增大，难以聚集；分子量小的直链分子则运动很快，速度太快导致碰撞在一起的概率及稳定的概率减小，所以淀粉中直链淀粉链长和支链淀粉侧链链长也会影响淀粉中抗性淀粉的含量。研究发现，直链淀粉含量相同的材料，当DP在100～610之间时，抗性淀粉得率会随着DP的增加而增加，当DP为260时抗性淀粉的得率最大，当DP小于100时，随DP的增加抗性淀粉的得率也相应地增加，只有中等长度（40＜DP＜610）的直链淀粉才最易聚集形成抗性淀粉，但形成的抗性淀粉的聚合度跟直链淀粉的聚合度不相关。直链淀粉的链长和结构显著影响抗性淀粉的含量，而大米中抗性淀粉含量主要由支链淀粉侧链聚合度决定，抗性淀粉含量高的大米中支链淀粉的短侧链较多。

（3）淀粉晶体结构

抗性淀粉的一个重要来源是包埋于植物细胞和组织中的天然B型晶体淀粉及高直链淀粉含量的淀粉。X射线晶体衍射和差量扫描分析证实B型晶体结构包埋的片段扩大了淀粉晶体结构，有利于抗性淀粉的形成。任何破坏淀粉晶体结

构（如凝胶）或细胞及组织完整性（粉碎）的加工方式都会提高淀粉酶的作用效能从而降低抗性淀粉含量，而利用重结晶和化学修饰法改变淀粉的晶体结构可增强淀粉的抗酶解性，提高抗性淀粉含量。

（4）温度和水分

水分和温度是影响抗性淀粉形成的重要因素。直链淀粉的凝成结晶主要包括3个阶段：成核、结晶增长和结晶的形成。而整个结晶的过程主要取决于核形成与晶体增长的速率，整个过程都会受到温度与水分的影响。研究表明，高温低水分含量时会促进A型晶体的形成，低温多水分含量可促进B型晶体的形成，而B型晶体的淀粉较一般抗性淀粉含量高。回生直链淀粉的链长受温度影响，回生温度高，回生淀粉链长短，熔晶温度较高。水是常用的增塑剂，它的玻璃态转化温度为－135℃。水的存在会大大降低淀粉的玻璃态转化温度，导致不同浓度的淀粉液具有不同的玻璃态转化温度，淀粉必须在玻璃态转化温度和晶体熔解温度之间保持一段时间，才能在溶液中形成结晶。

（5）蛋白质和脂肪对抗性淀粉形成的影响

蛋白质一方面可以对淀粉进行包埋、束缚，不利于酶以及酸等水解淀粉，另一方面蛋白质可以与直链淀粉分子形成氢键，阻碍淀粉分子间氢键的形成，从而降低抗性淀粉的形成。蛋白质对淀粉颗粒有着严格的保护，只有除去这些蛋白质，淀粉颗粒才能凝沉并形成抗性淀粉。蛋白质会抑制加热后冷却过程中淀粉的老化，降低抗性淀粉的含量。不仅淀粉自身蛋白质对其有阻碍作用，试验结果显示外源蛋白质对抗性淀粉的形成也有一定的抑制作用，研究发现外加蛋白质也能够与直链淀粉分子形成氢键而使淀粉分子被束缚，从而抑制了直链淀粉的凝沉，降低了食物中抗性淀粉的含量。

淀粉本身含的脂类物质或在抗性淀粉制备的过程中添加脂类都显著降低抗性淀粉含量。原因是淀粉和脂质在加热后会形成复合物，该复合物会影响抗性淀粉的形成，如进行脱脂处理可增加抗性淀粉的含量。有研究发现内源脂类对RS3的形成有显著影响，高脂含量会降低RS3产率，但少量脂类存在利于RS3形成，对淀粉适当脱脂利于抗性淀粉提高其含量；高直链淀粉玉米淀粉脱脂有利于提高抗性淀粉的产量。颗粒态淀粉抗性淀粉的形成与淀粉中直链淀粉有关，淀粉脱脂有利于湿热处理过程中颗粒态抗性淀粉的形成，分别添加单硬脂酸甘油酯和蔗糖脂肪酸酯都不利于抗性淀粉的形成。月桂酸、肉豆蔻酸、棕榈酸等游离脂肪酸能抑制直链淀粉的水解，摄食过程中食物中的少量游离脂肪酸与直链淀粉，以及肠道中脂类被酶解释放的脂肪酸与部分水解的直链淀粉，可能通过形成脂-直链淀粉复合物、延缓消化而起到抗性淀粉的作用，但对支链淀粉的水解无影响。

（6）其他组分对抗性淀粉形成的影响

糖类物质对抗性淀粉的影响尚不能得出一致的结论，有研究者研究发现淀粉的老化与糖类物质羟基的数目和糖浓度呈正相关，但Eerlingen等研究表明蔗糖的添加能增加玉米抗性淀粉含量，却显著降低了小麦抗性淀粉含量。

对食品中一些微量营养素，如钙离子、钾离子对抗性淀粉形成的影响进行了研究，试验结果发现，在糊化淀粉糊中添加金属离子可以使淀粉凝沉后抗性淀粉的含量减少，其原因可能是淀粉分子对金属离子的吸附抑制了淀粉分子间氢键的形成。添加不溶性纤维素（如木质素等）和可溶性纤维素（如果胶等）都会降低抗性淀粉的含量，但是降低幅度很小。多酚类物质对抗性淀粉形成影响的试验表明，几乎所有的添加物都能降低抗性淀粉的形成，但是不同物质的降低幅度也是不同的，如儿茶素对抗性淀粉含量降低的幅度远大于植酸。因此提炼前应将干扰物去除。

3.3.3.2 加工处理过程对抗性淀粉形成的影响

加工处理过程会影响淀粉的糊化和老化，进而影响抗性淀粉的形成。

热处理是食品加工中常用的加工方法，包括蒸煮、压热和焙烤等处理。焙烧、烘烤、水煮和浅层油炸处理会增加谷物或谷物制品中抗性淀粉的含量，而蒸煮和油煎处理则会降低谷物或谷物制品中抗性淀粉的含量。刚蒸熟的籼米饭、粳米饭和糯米饭中抗性淀粉的含量最低，分别为0.7%、6.6%和1.3%；各种蒸肉米饭中抗性淀粉含量居中，分别为12.1%、13.2%和3.4%；各种炒饭中抗性淀粉含量最高，分别为15.8%、16.6%和12.1%。研究发现较高的压热温度（145℃）和较长的贮藏时间（72h）有利于高直链玉米抗性淀粉的形成。而贮藏温度为635℃和压热冷却循环3次时最有利于大米抗性淀粉的形成。

通过常压蒸煮、压热法、烘烤、螺旋挤压、油炸和干燥等加工处理手段制备玉米淀粉，结果得到的抗性淀粉含量有显著性差异，常压处理和压热法制备抗性淀粉含量相对较高，而通过常压100℃和121℃的压热处理制备抗性淀粉，发现121℃的压热法产生的抗性淀粉含量远高于100℃的常压法。121℃条件下，不同的压热处理时间，压热处理后不同温度的贮藏条件以及不同的贮藏时间时，不同的凝胶化条件以及老化条件显著影响抗性淀粉的得率和热稳定性。

微波辐射会造成淀粉的降解而影响抗性淀粉的形成，适当降解有利于抗性淀粉的形成，但过度降解则不利于抗性淀粉的形成。对普通大麦、高直链大麦和糯大麦进行微波处理，发现微波处理会增加淀粉的消化性，提高快消化淀粉的含量，降低抗性淀粉和慢消化淀粉的含量。研究发现当微波功率低于400W时抗性淀粉含量随着微波功率的增加而增加，但当微波功率高于400W时则会减少抗性淀粉的生成。

研究发现挤压膨化、高压膨化和发酵等加工处理会降低“降糖稻1号”稻米中抗性淀粉的含量，且稻米中抗性淀粉的含量随加工压力和温度的增加而降低。青香蕉粉在较高进料水分含量和较低螺杆转速下进行挤压蒸煮会导致青香蕉粉中抗性淀粉含量增加；且青香蕉粉经挤压蒸煮后在4℃贮藏24h再进行烘干，青香蕉粉中抗性淀粉含量会进一步增加。

3.4 抗性淀粉的生产方法

谷物、豆类、水果等食物中存在的天然抗性淀粉的含量都比较少，通过普通提取的方法得到的含量难以满足市场需求。因此，越来越多的研究者致力于通过一些物理、化学方法来提高抗性淀粉的产率，实现抗性淀粉的工业化生产。

淀粉分子结晶区受到物理、化学或酶处理后可使大部分氢键断裂、原有结晶结构被破坏、双螺旋结构展开和解离，产生更高比例直链淀粉；在冷却老化过程中，游离直链淀粉重新形成新的结晶结构。根据这种变化，可采用不同方法制备抗性淀粉；目前，主要有以下几种制备方法。

3.4.1 热处理法

按照热处理温度和淀粉乳水分含量的不同，淀粉的热液处理可以分为以下5类：①湿热处理（heat-moisture treatment，HMT），是指淀粉在低水分含量下经热处理加工的过程，其含水量小于35%，温度较高，一般为80～160℃。②韧化处理又称退火处理（annealing，ANN），是指淀粉含水量大于40%，温度设定在淀粉糊化温度以下的热处理过程。③压热处理（autoclaving），是指淀粉含水量大于40%，溶液在一定温度和压力下进行处理的过程。④减压处理是指在短时间内能够进行大批量的处理，没有糊化的淀粉颗粒，热稳定性高，工业生产非常有潜力。⑤超高压处理是指通过高压处理使A型结晶在压力的作用下，双螺旋结构重新聚集，部分转为B型结晶，但是此处理不能导致分子量的降低。此处理淀粉颗粒糊化，但保持其颗粒结构，不发生溶出现象。不同的处理条件对抗性淀粉的形成和得率具有不同的影响。在温度、压力或过量水分含量的条件下，淀粉颗粒充分糊化，不同淀粉分子之间的直链淀粉通过氢键相互缔合，从而有利于抗性淀粉的产生。

研究压热法、湿热法、韧化法对大米粉及其抗性淀粉成分微观结构、结晶学和热力学性质的影响时，结果表明经压热处理的大米粉及其抗性淀粉晶型由A型转变为B型，晶体和热稳定性均提高；湿热处理对大米粉结晶学和热力学性质有一定影响，但对抗性淀粉的结晶学和热力学性质影响不大；韧化处理对大米粉及抗性淀粉结晶和热力学性质影响不大。

（1）压热处理法。压热处理法是目前制备抗性淀粉最常用的方法之一，将淀粉和水混合，经高温、高压处理、冷却烘干等方法将淀粉充分糊化、老化，使淀粉由A型晶体转变为B型晶体，得到抗性淀粉。淀粉经高压蒸汽处理后变成糊状，颗粒淀粉全部分解，再对淀粉进行回生处理，直链淀粉分子间通过氢键形成稳定的双螺旋结构。根据淀粉乳浓度、处理温度及时间不同，抗性淀粉的得率有较大的差异。而且不同原料其影响抗性淀粉得率的因素重要性不同。

用小麦淀粉压热制备抗性淀粉时，影响因素主次为：压热温度＞淀粉乳浓度＞放置时间＞压热时间；利用紫山药淀粉为原料时，影响抗性淀粉得率最重要的因素是淀粉乳浓度。研究还发现，淀粉回生循环可显著提高抗性淀粉的含量，香蕉淀粉在121℃高压热蒸汽条件下处理1h，在4℃的条件下储存24h，进行三次循环之后，抗性淀粉的含量从1.5%增加到16%。研究热蒸汽对抗性淀粉形成影响时，发现压热处理可导致淀粉颗粒完全破裂，使直链淀粉更易形成氢键，明显提高抗性淀粉含量。用压热-冷却循环法提取高直链玉米淀粉中的抗性淀粉，抗性淀粉得率可达39%。

(2) 湿热处理法。湿热处理作为物理制备抗性淀粉的一种方法，由于在处理过程中仅涉及水和热，既不会污染环境，又使得产品有较好的安全性，因此湿热处理淀粉是一种环保绿色的制备手段。湿热处理通过破坏晶体结构及解离非晶区的双螺旋结构，来促进聚合物链的相互作用，有利于淀粉在老化过程中的重排。这一过程受到淀粉来源、温度、水分含量及时间等处理条件的影响。已经发现淀粉结构和湿热处理性质的变化随着淀粉来源而变化，例如块茎淀粉已被证明比豆类或谷类淀粉对湿热处理更敏感。

湿热处理制备大米抗性淀粉时，在100℃条件下处理16h，大米淀粉起始糊化温度与水分含量呈现正相关关系，而糊化焓与水分含量呈现负相关关系。有研究表明在处理前有选择地进行水解有利于提高RS3得率，一般采用酸解法或热解法对原淀粉进行处理。采用酸解-湿热处理法制备甘薯及山药RS3时，分析实验结果发现，酸解-湿热处理较湿热处理可得到更高的抗性淀粉得率，且两者结构之间存在显著性差异。

3.4.2 脱支法

脱支法是将淀粉水解、切割产生长度均一的脱支分子片段，再通过分子间的相互缔合作用形成稳定的结构。

(1) 酶处理法

酶处理法是指淀粉经糊化后，加入脱支酶处理，在酶解产物中产生更多游离直链淀粉，直链淀粉分子在冷却老化过程中重新缠绕成新的结晶体，增加抗性淀粉含量。

常用的脱支酶有耐高温α-淀粉酶和普鲁兰酶，α-淀粉酶主要水解淀粉的α-1,4-糖苷键，普鲁兰酶是异淀粉酶的一种，它可以水解直链和支链淀粉分子中的α-1,6-糖苷键，且所切α-1,6-糖苷键的两头至少含有2个以上的α-1,4-糖苷键，从而使淀粉的水解产物中含有更多游离的直链分子，在淀粉老化过程中，更多的直链淀粉双螺旋相互缔合，形成高抗性的晶体结构。

在酶法处理过程中，酶用量、温度、酶解时间以及 pH 对脱支效果具有显著的影响。此外，更多的研究者采用复合酶对淀粉进行处理。Huanxin Zhang 等研究酶法制备玉米抗性淀粉，先添加一定量 α-淀粉酶，快速降低淀粉黏度，再添加 12U/g 普鲁兰酶水解玉米淀粉 24h，可得 58.87%抗性淀粉。赵凯等研究表明，添加 α-淀粉酶和普鲁兰酶制备小麦抗性淀粉时，其含量要比压热法和酸法高。采用普鲁兰酶和纤维素酶共同处理玉米淀粉，抗性淀粉的得率高达 28.1%。α-淀粉酶、糖化酶和纤维素酶两两联合处理、三种酶共同处理均使马铃薯回生抗性淀粉产率降低；而纤维素酶处理可大大提高马铃薯回生抗性淀粉产率。因此，复合酶中酶的配比以及酶解顺序对抗性淀粉制备也有一定的影响。

（2）酸水解法

酸法脱支也常被用于抗性淀粉的制备，酸解法是指利用盐酸酸解作用处理淀粉使其充分糊化后，冷却至室温，再冷藏回生，脱水干燥后即可制得抗性淀粉。其中盐酸的催化率高达 100%，该方法处理后，非晶型部分被水解掉，留下的晶型部分很难被分解，从而提高抗消化率，使抗性淀粉含量增加。

丰凡等研究酸解-水热处理制备荞麦抗性淀粉，可明显提高荞麦抗性淀粉含量。苑会功等采用压热法和酸水解法，分别制备小麦抗性淀粉，发现酸解法制备抗性淀粉较压热法得率高。

（3）挤压法

挤压法是指利用螺旋挤压机挤压作用使淀粉料与螺旋摩擦产生大量热量和剪切作用，造成淀粉分子断裂，其中直链淀粉分子易发生相互作用形成氢键，从而增加抗性淀粉含量。挤压膨化法在制备抗性淀粉的过程中具有成本低、效率高的优点，因此在国外有许多关于挤压膨化法的研究与应用。Jing Wang 等利用双螺旋挤压机挤压瓜尔胶淀粉制备抗性淀粉，其含量从 6.23%增至 14.21%。July 等在研究单螺杆挤压芒果淀粉时发现，其抗性淀粉得率明显高于未挤压原料。目前国外采用挤压膨化法工业化生产的产品有美国 Novelose 系、Fiberstar 系、Hi-Maize 和英国 Crystalean。而在国内，采用挤压膨化法制备抗性淀粉还处于研究阶段，目前还无法进行工业化的生产。

（4）氧化处理

淀粉经化学方法进行氧化处理（次氯酸钠、过氧化氢、高碘酸盐、氧气、臭氧、高锰酸盐等）过程中，淀粉葡萄糖单元中的羟基首先被氧化成羰基，然后继续氧化成羧基，增加的羰基和羧酸对消化酶产生位阻效应，从而提高抗性淀粉含量。研究发现，黑豆淀粉经过臭氧处理后，抗性淀粉含量从 36.2%增至 44.7%，黑白斑豆 RS 含量从 41%增至 44.6%。以玉米淀粉为原料，加入 6%的 NaClO，在 pH9.5，35℃的条件下反应 30min，抗性淀粉的含量从 11.7%增至 35.1%。此外，通过电离辐射产生的自由基对淀粉不断地进行氧化，增加淀粉中羰基的含量，能够提高抗性淀粉的含量。对马铃薯和白豆进行辐照处理，马铃薯抗性淀粉含量从 84.1%提高到 86.0%，白豆抗性淀粉含量从 56.3%增至 65.9%。辐照剂量及辐照剂量率对抗性淀粉得率的影响较大，利用^{60}Co 对样品进行辐照，辐照剂量一般为每小时 0.4～10kGy。与其他化学制备方法相比，辐照处理具有无残留物污染、耗时短的优点，近年来受到越来越多的关注。

（5）微波膨胀法

微波膨胀法是利用微波辐射打断淀粉中的分子间氢键，淀粉在糊化的同时产生膨化效应，多孔网状结构明显，增加酶与淀粉的接触面积，有利于酶解作用，形成更多的小直链。冷却老化过程中，分子间氢键重新形成，直链淀粉通过缔结作用形成抗性淀粉结晶。微波法处理淀粉在相对较低的温度下所需的时间比湿热处理短。微波处理受淀粉的加热温度以及水分含量的影响，尤其是水分与升温速度显著相关。当水分含量较低时，升温速度非常快；当水分含量较高时，升温却不显著。

近几年，微波法和微波酶法联用技术制备抗性淀粉得到广泛应用。郝征红等用超微粉碎-微波联用技术制备绿豆抗性淀粉，抗性淀粉得率 32.80%。朱木林等用微波-酶法制备甘薯抗性淀粉，淀粉质量分数 11%，微波时间 300s，微波功率 800W，普鲁兰酶添加量为 78 ASPU/g（淀粉干基），脱支处理时间 24h。在该试验条件下，抗性淀粉得率最高值 31.25%。Aparicio-Saguilán 等通过高压灭菌从香蕉淀粉中制得抗性淀粉。微波法制备抗性淀粉是常用的方法，大大提高了抗性淀粉的得率，值得推广应用。随着新技术的不断发展，抗性淀粉的制备方法将朝着方便、高效和低能耗的方向发展。

（6）超声波法

超声波可引发聚合物的降解，一方面是由于超声波加速了溶剂分子与聚合物分子之间的摩擦，从而引起 C—C 键裂解；另一方面是由超声波的空化效应所产生的高温高压环境导致了链的断裂。与其他降解法相比，超声波降解所得的降解物的分子量分布窄小、纯度高。

3.5 抗性淀粉的测定方法与研究手段

3.5.1 抗性淀粉的测定方法

抗性淀粉的测定方法可分为体内测定方法和体外测定方法。抗性淀粉体外测定方法的原理是基于抗性淀粉的理化性质：①抗酶解性；②抗性淀粉溶解于 KOH 或二甲基亚砜（DMSO）溶液后，可重新被淀粉酶作用水解。

抗性淀粉含量的检测方法有差量法和直接测定法等。差量法即 Englyst 法，是指通过测定样品中总淀粉和可消化淀粉的含量，然后以二者含量之差表示抗性淀粉的含量。直接测定法即 Berry 法，是首先将可消化淀粉用 α-淀粉酶酶解除去，再将抗酶解淀粉经 KOH 处理后又经酶解作用，通过测还原糖的含量来衡量抗性淀粉含量。

随着对抗性淀粉研究的深入，抗性淀粉的检测方法也不断得到改善。在模拟胃肠的生理条件，对抗性淀粉含量进行检测时，首先将样品用胃蛋白酶 40℃酶解 60min，达到去除蛋白质的目的，然后用 α-淀粉酶 37℃酶解 16h，可消化淀粉，离心沉淀后用 2mol/L 的 KOH 处理，再经淀粉葡萄糖苷酶 60℃条件下酶解 45min，最后用葡萄糖氧化酶-过氧化物酶（GOD-POD）比色法测定抗性淀粉的葡萄糖含量，即得到抗性淀粉含量。

除此之外，还有一些其他检测方法，如 PPA 法，使用 α-胰腺淀粉酶来测定抗性淀粉含量；TSA 法，该法是在 Berry 法的基础上采用耐高温型 α-淀粉酶在 100℃酶解可消化淀粉，再测定沉淀中的抗性淀粉。

目前，国内外常用的检测方法是 AOAC 法，该法是先用 α-胰淀粉酶和淀粉葡糖苷酶（AMG）于 37℃下酶解 16h，将非抗性淀粉水解为 D-葡萄糖，然后加入乙醇终止反应，未水解的抗性淀粉部分经 2mol/L 的 KOH 溶解后，用淀粉葡糖苷酶（AMG）定量水解为葡萄糖，D-葡萄糖用葡萄氧化酶-过氧化物酶（GOD-POD）测定，即可得抗性淀粉的含量。体内测定抗性淀粉的方法比较复杂，有研究通过动物试验探索了淀粉在小鼠体内消化的规律。

3.5.2 抗性淀粉的研究手段

随着科研人员对抗性淀粉研究的深入，传统的分析手段已经无法满足淀粉科学发展的需要，因而高分子物理研究中的一些现代分析技术逐渐应用于淀粉的分析研究中。例如微观结构分析技术（扫描电镜、透射电镜、原子力显微镜）可以用来观察淀粉及抗性淀粉的组成及结构；光谱分析技术（红外光谱、紫外-可见光谱）可以判断淀粉的官能团及结构的变化；色谱分析技术（高效液相色谱、凝胶渗透色谱、离子交换色谱）测定淀粉的平均分子量及链长分布；核磁共振技术可用于淀粉老化、水分含量及动力学特性、取代反应方式和淀粉糖的研究；X 射线衍射技术在淀粉研究中用于判定淀粉的结晶类型和品种以及淀粉在物理化学处理过程中晶型变化特性；热分析技术（差示扫描量热分析）主要用于分析淀粉在物理化学过程中的热力学特性。

（1）扫描电子显微镜

扫描电子显微镜（scanning electron microscope，SEM）因其立体感的优点，非常利于淀粉颗粒外观结构、表面微观结构的研究。使用扫描电子显微镜观测原淀粉颗粒不仅结构完整，而且表面光滑，呈圆球形或椭圆形。但是经糊化老化后，原淀粉颗粒结构发生很大变化，其中颗粒状结构消失，伴随着多孔网格结构或海绵结构出现。此外，酶解作用使无定型的淀粉和支链淀粉水解，相应的多孔网格结构或海绵结构遭到极大破坏，最后只留下结构致密的直链淀粉结晶区及掺杂在其中的无定型淀粉分子。

（2）X 射线衍射仪

观察淀粉颗粒结晶性最普遍的方法首选 X 射线衍射仪（X-ray diffractometer，X-RD）。因 X 射线衍射图谱的不同，可以直接、客观地反映出淀粉晶体结构的差异。根据得到的 X 衍射图谱能判断出淀粉颗粒的结晶类型，间接地反映了在处理过程中，淀粉晶体特征的变化。抗性淀粉颗粒的晶体类型有 A、B 和 C 三种，其中抗性最强的是 B 型。抗性淀粉的 X 射线衍射说明抗性淀粉中存在晶体结构，结晶程度随着抗性淀粉含量的增加而相应增加。

（3）差示扫描量热分析仪

差示扫描量热分析仪（differential scanning calorimeter，DSC）使样品与参比物处同一控温条件下，保持温度差异为零时所需热量变化。使用 DSC 可以准确地测定出淀粉的熔融温度。DSC 对玉米抗性淀粉的研究发现，在 120℃时有吸热最高峰值。这说明了抗性淀粉具有很高的热稳定性，能够经得起高温加工处理。DSC 图谱分析认为，抗性淀粉晶体主要是由熔解温度在 120℃以上的直链淀粉结晶形成的，而支链淀粉晶体在 70℃左右就会立刻熔解。此外，这种吸热反应与直链淀粉晶体的熔融有一定关系。

3.6 抗性淀粉的安全性和应用

3.6.1 抗性淀粉的安全性

第一个抗性淀粉商品于 1993 年问世，该产品来源于高直链玉米淀粉原料，属 RS2 类型抗性淀粉，主要作为食品配料使用。1994 年抗性淀粉配料开始应用于食品。此后，各种 RS2 和 RS3 抗性淀粉配料相继出现，Hi-Maize 和 Novelose 品牌抗性淀粉系列产品已遍布世界。不仅是 RS2 和 RS3，连经过化学变性的 RS4 也作为低能量保健营养配料应用于面包、谷物早餐、面条和乳制品等多种食品。多年来的实践在一定程度上表明了抗性淀粉产品的安全性。

天然存在于土豆、稻米和豆类等食物内的抗性淀粉应不存在安全性问题，但对于经过加工浓缩的抗性淀粉产品的安全性，目前各国的认识和处理方法仍然有所不同，美国将非化学变性得到的抗性淀粉产品当作“通常认为安全”（generally recognized as safe，GRAS）的一类，归入已有食品而不是新资源食品管理。欧洲和世界多数地区和国家认为，非化学变性类抗性淀粉产品是传统植物栽培方法得到的人类膳食的天然组分，不是新资源食物，因而法规容许不加限制销售。对于RS4，各国都将其归入变性淀粉管理。与上述做法显著不同的国家是加拿大，该国将非化学变性类抗性淀粉产品当作“新纤维”处理，在批准用作食品配料前必须经过安全性和功效审查，包括提供对矿物质代谢或肠胃黏膜的结构和功能无不利影响等安全性证据。

抗性淀粉产品的安全性和生理功能需要通过广泛的临床研究进行评价，下列是对高直链玉米淀粉制取的Hi-Maize产品进行的动物和人体安全性研究的一些结果。

（1）抗性淀粉产品安全性的动物研究

研究表明当Hi-Maize产品食用量不超过16.5g/(kg体重·d)，不存在安全性问题；当用量达16.94g/(kg体重·d)，出现食量减小和体重减轻现象。另一些研究表明，当白鼠食用Hi-Maize不超过24.3g/(kg体重·d)，食用4周后并无健康影响；增加食用量可减慢生长速度，减轻体重，但不影响食量和其他健康状况。此外，随Hi-Maize食用量增加，动物结肠的长度和质量也会相应增加。

（2）抗性淀粉产品安全性的人体研究

考虑到抗性淀粉对人体健康的影响可能类似于非淀粉多糖，过量食用富含天然非淀粉多糖的食物会减少矿物质的生物利用率，引起肠胃不适，因此有学者对食用Hi-Maize人群的矿物质吸收和肠胃感觉进行了研究。结果表明，食用抗性淀粉不影响矿物质吸收。该试验中健康人群和超高胰岛素血症人群每天食用含普通淀粉食品和含30g抗性淀粉的食品，经过14周试验，两群人对钙、镁的吸收无明显不同，也不受食用不同淀粉的影响。

目前对人体抗性淀粉摄入量的估计存在一个较大的范围，从4g/d到20～30g/d，后者是按每人每日淀粉摄入量200～300g估计的。有调查表明，欧洲人抗性淀粉的摄入量为2～3g/d，而有的研究发现由于无法排除残留物中5%～42%的未知杂质，推测目前的数据可能低估了欧洲人群的实际摄入量。测得的意大利人抗性淀粉摄入量为7.2～9.2g/d，平均为8.5g/d。因此准确测定食物中实际发生作用的抗性淀粉，从而估计人体抗性淀粉摄入水平仍然是进一步研究的重点。

至于抗性淀粉对肠胃的影响，一些报道认为食用高含量抗性淀粉食品可引起肠胃气涨或轻微腹泻，另一些报道认为食用高直链玉米淀粉制取的抗性淀粉不会产生肠胃不适，即使每日抗性淀粉食用量达60g也无影响。肠胃反应可能与食用者肠胃的消化功能有关。

3.6.2 抗性淀粉的应用

3.6.2.1 抗性淀粉商品

食品中存在的抗性淀粉主要是RS2和RS3。商品抗性淀粉中RS3和RS4更多。

市场上已有多种抗性淀粉商品出售，如 Amylomaize（Cerestar 公司），CrystaLean（Opta Food Ingredients 公司）和 Novelose（National Starch and Chemical Company），均为玉米抗性淀粉产品。Amylomaize Ⅴ、Amylomaize Ⅶ、Amylomaize Ⅸ是玉米杂交种 amylose-extender（ae）的天然颗粒，分别含直链淀粉 50%～60%、70%～80%和 90%。CrystaLean 是高度老化的 RS3，由 ae-Ⅶ糊化、脱支、老化制得，溶解温度 105～145℃。含 41%抗性淀粉的 CrystaLean 消化很慢，消化率是麦芽糊精的一半，早在 20 世纪 90 年代就进入市场，现在用于糖尿病食品中。Novelose 已推出三代，主要是以玉米作为原料生产的抗性淀粉，含抗性淀粉 40%～60%。Novelose 240（RS2），Novelose 260（RS2）和 Novelose 330（RS3），熔解温度分别为 99.7℃、114.4℃和 121.5℃，能够耐受中等强度的加工，并且持水力低，能够很好地应用于食品加工领域。

Cerestar 公司通过酶解木薯淀粉，脱支后回生、重结晶制备并推出的 C * ActiStar，含抗性淀粉 58%，主要是 RS3，主要由 α-1,4-葡聚糖直线多聚物组成，其中超过 50%的多聚物其 DP 值在 10～35。它是白而细腻、味淡粉末，可应用于对风味要求很高的食品。

2003 年 10 月 23 日，美国 MGPI 公司（MGP Ingredients，Inc.）推出了非转基因小麦抗性淀粉 FiberSym™ 70，其总膳食纤维含量超过 70%。这种抗性淀粉被应用到了各种低碳水化合物高蛋白的食品中，如添加于面包、意大利面食、饼干、玉米圆饼、早餐谷物等。持水力低，风味清爽、色白，细腻。用它做的玉米圆饼口味和质地俱佳，而且可以延长货架期，比普通的产品更柔软疏松。

2004 年 4 月 28 日，MGPI 公司宣布开始销售一种新的土豆抗性淀粉 FiberSym™ 80 ST。MGPI 和澳大利亚 Penford 公司签定协议由 Penford 公司用其专利技术进行生产。MGPI 公司还与 Cargill 公司合作开发又一新的玉米抗性淀粉 FiberSym™ HA。

澳大利亚联邦科学与工业研究组织 CSIRO 和 Ascentia Pty 公司一起开发了一个裸大麦新品种 Himalaya 292。这个品种是通过化学突变改变基因序列中一个编译淀粉合成酶Ⅱa（EC2.4.1.21）的单核苷，从而使该淀粉合成酶Ⅱa 失活，支链淀粉合成受阻，总淀粉量降低但胚乳中直链淀粉比例比母代高许多（大约 70%），同时发现其他有益成分如 NSP 也增加。

德国 Protos-Biotech 公司（Celanese 合资企业）与美国和欧洲的研究机构和企业合作开发生产一种新的生物高聚物产品。用特有的微生物产生的酶（AmSu；Sucrose-glucan Glycosyltransferase/EC 2.4.1.4）来催化蔗糖制备 Neo-amylose。该产品主要是 α-1,4-葡聚糖直线多聚物，属于 RS3，含量高于 90%，粒度约 10～40μm，^{13}C NMR 分析显示其聚合度为 35～100，平均聚合度约为 50。X 射线衍射显示晶体结构为 B 型，湿热处理时转变为 A 型，晶体熔点

140℃以上，可用于高温加工。与传统方法制备的抗性淀粉产品相比，Neo-amylose具有很大的优点，即生产不依赖于原料来源，无臭、无味，不膨胀，不显白垩。Neo-amylose独特的特性，使其作为一种添加剂和有益于健康的活性成分用于食品和化妆品工业。

Roquette公司最近开发了一种新的糊精Nutriose FB，它具有抗性淀粉的所有益处；另外，还是可溶性纤维。它在小肠中仅轻微消化然后在大肠中缓慢发酵，血糖响应低。Fibersol-2是ADM公司与Matsutani公司风险结合的产物，它是抗消化的麦芽糊精。Nutriose FB06的总膳食纤维含量为85%，Fibersol-2的总膳食纤维含量为90%。两者均有利于丰富食品中的纤维含量，使之达到最适宜水平并满足标签标识的需要。

3.6.2.2 抗性淀粉在食品工业中的应用

通常富含膳食纤维的食物都比较粗糙，而含抗性淀粉的食物不仅没有改变食物本身的口味，还改变了食物的品质特性，比如增加了食物的脆性，减少了油炸食物的含油量。抗性淀粉与传统意义的膳食纤维相比，具有独特的品质特性，如天然来源、颗粒大小、颜色、口味、低持水能力和高结合水能力、高糊化温度，挤压性能好等，使其被广泛添加到功能性食品中。抗性淀粉应用于食品工业中主要基于两方面优势：一是其特殊的物理性质，抗性淀粉具有持水性低、不溶于水、粒径小、赋形性能强，口感舒适、颜色浅等性质；二是其具有改善人体肠道功能、调节血糖和预防结肠癌等生理功能。这些性质赋予了抗性淀粉广泛的食品应用价值。抗性淀粉可以作为汤料的增稠剂，添加了交联度为1%的木薯淀粉的汤具有最佳凝胶和抗剪切力特性，有效改善了汤的感官品质。研磨、蒸煮以及膨化等加工过程会使RS1和RS2失去抗性，尤其是挤压膨化使抗性淀粉的含量降低最为显著，但RS3的含量并不会降低，甚至会随着加工过程而增加。RS3具有热稳定性，能够增加油炸食物的膳食纤维含量，同时RS3在油炸过程中能够阻止脂肪的吸收和水分流失。RS4能够阻碍凝胶网络的形成从而使硬度减小，也能够降低淀粉的膨胀特性和水溶指数，可以作为功能性成分添加到烘焙食品和零食中。在抗性淀粉中，低持水能力和高结合水能力能够降低食品的水活度从而延长货架期。与传统富含不溶性膳食纤维食品相比，抗性淀粉改善了某些产品的脆性、延展性和口感，这种特性使得产品更容易被消费者接受。

（1）在面类食品中的应用

目前，国外已将抗性淀粉作为食品原配料或膳食纤维的强化剂应用到面类食品中，如面包、馒头、包子、通心面和饼干等。其中，最引人注目的是抗性淀粉在面包中的应用。添加抗性淀粉的面包不仅使膳食纤维成分得到了强化，而且在气孔结构、均匀性、体积和颜色等感官品质方面均比添加其他传统膳食纤维的营养强化面包好。抗性淀粉添加到通心粉和面条中可增加其耐煮性，有利于维持韧性结构，避免煮后出现粘连现象。

① 面条

面食是日常饮食中的基本食品，具有很高的营养价值。与其他淀粉类的食物相比，意大利面的生糖指数较低，这可能是因为在挤压过程导致蛋白质网络结构被压缩，限制了α-淀粉酶的接近，从而降低了淀粉的消化性。高品质的面条不仅对营养价值有较高的要求，对面条的最佳蒸煮时间、适宜的质构、低吸水能力等特性也有较高的要求。然而，市售富含小麦麸皮的面条因其质构和感官特性（如颜色、硬度、蒸煮损失）不佳而不受消费者青睐，其含有的小麦麸皮减弱了面条中蛋白质网络结构从而使得蒸煮损失增加。另外，某些膳食纤维，如菊粉，也对面条的性质产生了不利影响。

在面粉中添加 RS2 可以明显改善面条的质量。添加 50% RS2 的面条亮度最大，添加 20% RS2 的面团变得更软，同时面条消化性降低，这可能与抗性淀粉具有高的持水能力有关，但没有改变硬度、韧度、咀嚼性、顺滑度和口感等感官特性。当添加 10% RS3 时，面团的硬度增加而蒸煮损失没有明显变化。功能性面条的出现将有广阔的市场。

② 面包

长期以来，人们一直试图将非淀粉多糖类膳食纤维添加到面包中，以生产膳食纤维强化面包，来改善人类饮食中膳食纤维摄入量低于营养要求的状况。面包中常添加小麦麸皮和大麦粉等传统的膳食纤维来改善面包功能性，但膳食纤维含量过高会造成面包颜色较深、体积小、口感差、风味不明显等品质缺陷，使得消费者的满意度下降，使用抗性淀粉有望解决这一问题。

在面包中添加 20%玉米淀粉（含 RS2）时，不会改变面团的醒发时间、体积以及面包皮的颜色参数。将质量分数为 10%、20%和 30%的 RS2 与质量分数为 10%、20%、30%的 RS3 分别添加到面包中，结果发现添加了抗性淀粉的面包能够吸收更多水分，更加松软。在 RS3 的含量大于 10%以及 RS2 的含量大于 20%时，面包的体积减小，硬度增大；当添加 30%的 RS2 和 RS3 时，面包的颜色值降低。在面粉中添加不同含量的改性豌豆淀粉（含大量 RS1）来制作面包时，面粉的吸水量以及面包皮的硬度和咀嚼性都随着豌豆淀粉含量的增加而增加，这可能与抗性淀粉具有高水结合能力和适宜的质构特性有关。当面团中添加 20%和 30%的改性豌豆淀粉时，面包的黏合性、胶黏度和硬度都随之增加，但面团中添加 30%的改性豌豆淀粉时，由于硬度太大而不利于面团的处理。总体来说，添加 20%豌豆淀粉的面包更容易被消费者接受。所以，合理调配抗性淀粉的添加量，能够使面包性能风味更佳，更能满足消费者的需要。

（2）在油炸食品中的应用

RS3 的热稳定性高于其他种类的抗性淀粉，用 20% RS3（Novelose 330）替代小麦粉可以使油炸食品中总膳食纤维的质量分数提高 5.0%～13.2%。颜色是油炸食品主要性质变化，油炸食品的最佳颜色是淡黄色，代表了油炸的最佳时间。随着 RS3 含量的增加，油炸食品的颜色也逐渐变深，硬度和脆性也随之增加。尽管在油炸食品中添加 RS2 更容易被消费者接受，但添加 RS3 比添加 RS2 更能改善食品的颜色和营养价值。

（3）在焙烤食品中的应用

抗性淀粉已应用于许多面筋蛋白食品如蛋糕、饼干等。抗性淀粉不仅可作为膳食纤维的强化剂，也是一种良好的结构改良剂，赋予食品令人喜爱的柔软性。含抗性淀粉的蛋糕在焙烤后，其水分损失量、体积、密度与加入膳食纤维、燕麦纤维的蛋糕相似。饼干类食品加工对面筋质量要求较低，可较大比例添加抗性淀粉。这样稀释的面粉面筋在焙烤时可减少褐变机会，使含抗性淀粉的饼干柔软、疏松、色泽光亮，有利于制作以抗性淀粉功能为主的保健饼干。

（4）在膨化食品及其他脆性食品中的应用

抗性淀粉作为膨化和脆性食品的改良剂，除了可改善食品的结构特性外，还可提高挤压谷物食品和休闲食品的膨化系数，使其具有独特的质地。将添加抗性淀粉的膨化食品浸泡到牛奶等饮料中，其质地虽变软但不会因吸水而崩溃，使谷物在浸泡中保持松脆。抗性淀粉还可以改善食品的脆性，尤其是冷冻后需要重新加热的食品，其表面脆性是至关重要的品质。添加了抗性淀粉的食品，气孔均匀，中心组织柔软，体积、颜色等感官品质良好，且具有最佳脆性。

（5）在奶制品及乳饮料中的应用

抗性淀粉应用于奶制品与乳饮料中可有效改善酸奶存放中的乳清析出、风味、口感及品质。其产品营养价值丰富，且抗性淀粉保留率较高。添加玉米抗性淀粉等制作的酸牛奶具有其本身的香气，组织结构均匀细腻，口感清新；其次，玉米抗性淀粉可促进发酵过程中嗜热链球菌的增长，而保加利亚乳杆菌的数量没有显著变化。添加马铃薯抗性淀粉与适量的果胶、琼脂制得的酸奶，呈现出良好的滋味及气味，组织均匀细腻，富有弹性等，且酸奶的总体品质较佳。

在 20 世纪 90 年代，奶酪业引进了新的低脂肪产品。马苏里拉奶酪一般包括 20%～27%的脂肪，在比萨饼中广泛应用，所以，抗性淀粉是替代脂肪最好的选择。研究显示，在酸奶中添加 RS2 或 RS3 能够减少 50%的脂肪，而且抗性淀粉的加入使奶酪光滑且质构均匀又不影响含水量。所以，奶酪中添加抗性淀粉符合健康要求，值得推广。

以苦荞米为原料，添加脱脂奶粉等辅料，经烘焙、浸泡等工艺制备的高抗性淀粉含量的苦荞乳饮料，其口感细腻，具有适宜的烤米香味以及奶香味。而以宜糖米为原料，添加奶粉等辅料，经烘焙、糊化等工艺制备的抗性淀粉米乳饮料，其口感柔和，外观均匀无沉淀，在保证风味和营养的同时，相应地提高了宜糖米中的抗性淀粉含量。

(6) 在保健食品中的应用

抗性淀粉在小肠中不被消化，在大肠中被部分细菌发酵利用而产生一系列短链脂肪酸，如丁酸等。丁酸可降低肠内及排泄物的 pH 值，并可增加粪便体积、促进肠道蠕动，对于便秘、炎症、痔疮等疾病有良好的预防作用。

抗性淀粉可增加脂质排泄，将食物中脂质部分排除，且抗性淀粉本身几乎不含热量，作为热量添加剂加到食品中去，可减少对热量的摄取，从而有效控制体重。此外，它还有降低血液中血糖含量、防治糖尿病的作用。以上优点及特殊生理功能使抗性淀粉在食品营养学研究领域中的地位显得十分重要。

(7) 在微型胶囊技术中的应用

微胶囊技术是一种将细小颗粒（固体、液体或气体）封存在半透膜内来保存封闭生物结构的技术。在食品工业中，微胶囊技术用来保护敏感物质，如颜色和生物大分子（包括抗氧化剂、矿物质、维生素），对提高益生菌活性的作用尤为明显。微胶囊技术在食品科学中三个主要的目标是延缓活性剂在人体内的释放、提高益生菌的活性和延长乳制品的货架期。抗性淀粉是众多微胶囊材料中的一种，抗性淀粉的 B 型结晶结构存在大量水通道，能够包埋这些敏感的化学物质，降低其消化率，从而作为一种稳定的运输工具有利于食品工业中控制生物活性分子的释放，延长敏感化合物的货架期等。

藻酸钙被广泛应用于固定乳酸菌，可以降低成本，而且不影响人体健康。抗性淀粉与藻酸盐在胶凝过程中具有协同作用，可以强化固定细菌细胞。在 4℃条件下贮存 8 周后，添加 2% RS2 与藻酸盐混合时可以显著提高乳酸菌的数量，而 4% RS2 与藻酸盐混合时乳酸菌数量没有显著影响。贮存 8 周之后，游离培养基中乳酸菌和双歧杆菌的数量比添加了 RS2 后微囊化培养基中下降得更加明显。

微胶囊在食品运输以及贮存过程中为益生菌创造一个抵抗恶劣条件的微环境，从而提高益生菌的存活率，使其在消化道内合适的位点释放从而发挥有益的生理作用。如微胶囊技术可以保护乳制品中的益生菌抵抗胃肠道内较低的酸性环境。通常将高直链玉米淀粉与益生菌相结合封存到微胶囊材料里实现益生元-益生菌的共生，在微胶囊化之前将 1%～2%可溶性淀粉颗粒加入到益生菌-胶体的前体里，可以更好地维持益生菌的活性。将干燥的益生菌微胶囊添加到干燥食品中，如谷物制品、饮料粉，对食品的贮存也有重要的作用。将抗性淀粉用于微胶囊技术，具有巨大的应用价值。

3.6.2.3 抗性淀粉在其他工业中的应用

抗性淀粉除了在食品工业中应用外，还有其他应用，如在医药学中，调节血糖水平、预防结肠癌、降低胆固醇含量、控制体重、作为益生元降低胆结石的形成、增加矿物质的吸收等作用，为医药学领域的发展提供基础和参考。

（1）抗性淀粉在医药行业中的应用

抗性淀粉具有抗消化的特性，并且无毒、性质稳定，不会对人体造成副作用，所以在医药行业可以用作药物缓释的载体，起到减少药物降解及损失、降低副作用、提高生物利用度的作用。

抗性淀粉作为药物、益生菌缓释载体。益生菌需要在人体大肠中定植才能发挥其益生作用，这就要求益生菌在通过人体消化道的过程中不能被胃酸及肠道酶类所杀灭，当前肠道菌研究火热，如何将活菌投送到大肠特定位置还存在很多困难，抗性淀粉因其不能被小肠内的消化酶降解而直接到达大肠，因此，可用它作为载体包埋药物或活菌而达到在特定位点释放的目的。有学者研究发现糊化和交联处理之后的玉米淀粉抗性淀粉含量增加，可作为靶向结肠的药物载体，从而使药物定点释放。此外，用抗性淀粉与海藻酸钙搭配制成微胶囊壁材，可以更好地强化固定细菌，提高细菌的存活率，利用这种壁材将奶酪和酸奶进行包埋后，奶酪和酸奶中乳酸杆菌和双歧杆菌存活率均明显高于未包埋的。这种方法一旦成熟可用于人体肠道菌群移植，把健康人群的肠道菌群制成胶囊，口服即可达到菌群移植的目的，能减轻灌肠给病患带来的痛苦，降低医疗成本，同时也是安全和有效的。

（2）在宠物食品、动物保健品中的应用

宠物食品是专门为宠物、小动物提供的食品，介于人类食品与传统畜禽饲料之间的高档动物食品。其作用主要是为各种宠物提供最基础的生命保证、生长发育和健康所需的营养物质。抗性淀粉作为一种保健食品原料添加到动物保健食品中可有效刺激胃肠蠕动，改善动物肠道环境。

抗性淀粉作为一种新兴的膳食纤维资源，其本身具有极低的热量，有调节血糖、防止心脑血管疾病、预防结肠直肠癌的作用，具有广泛的保健意义，符合现代人们饮食结构要求，具有广阔的市场前景。但是关于抗性淀粉的研究仍待进一步深入，包括：①进一步完善其理化性质及结构组成，并对其抗酶解特性及稳定性作进一步的探讨；②抗性淀粉作为一种食品，存在营养缺乏的问题，随着RS5（淀粉-脂类复合物）的发现，可深入研究淀粉与其他营养物的复合物，如淀粉-蛋白复合物等；③改善制备提纯工艺，改进实验条件，完善工艺路线，缩短制备周期；④强化其药理性研究，并进行系统的功能评价，提出抗性淀粉对各种疾病的预防和治疗方案；⑤目前，抗性淀粉主要应用于食品行业，可进一步开发其在其他领域的应用，实现多领域的应用研究。

参 考 文 献

[1] Zia U D D，Xiong H，Fei P. Physical and chemical modification of starches：A review [J]. Critical Reviews in Food Science and Nutrition，2017，57 (12)：2691-2705.

[2] 李辰，李坚斌，聂卉．抗性淀粉及其在食品工业中的应用［J］．中国粮油学报，2017，32（1）：141-146.

[3] Fuentes-Zaragoza E，Sánchez-Zapata E，Sendra E，et al. Resistant starch as prebiotic：A review［J］. Starch-Stärke，2011，63（7）：406-415.

[4] 高俊鹏．抗性淀粉的制备工艺及理化性质的研究［D］．吉林农业大学，2005.

[5] Eerlingen R C，Delcour J A. Formation，analysis，structure and properties of type Ⅲ enzyme resistant starch［J］. Journal of Cereal Science，1995，22（2）：129-138.

[6] 付蕾，田纪春，汪浩．抗性淀粉理化特性研究［J］．中国粮油学报，2009，24（5）：58-62.

[7] Shamai K，Bianco-Peled H，Shimoni E. Polymorphism of resistant starch type Ⅲ［J］. Carbohydrate Polymers，2003，54（3）：363-369.

[8] Yu L，Christie G. Measurement of starch thermal transitions using differential scanning calorimetry［J］. Carbohydrate Polymers，2001，46（2）：179-184.

[9] 杨光，丁霄霖．抗性淀粉分子量分布的研究［J］．中国粮油学报，2000，（5）：37-40.

[10] Gidley M J，Cooke D，Darke A H，et al. Molecular order and structure in enzyme-resistant retrograded starch［J］. Carbohydrate Polymers，1995，28（1）：23-31.

[11] 刘晓媛，李光磊，曾洁，等．抗性淀粉生物学功效研究进展及在现代食品加工业中的应用［J］．河南科技学院学报（自然科学版），2019，47（2）：30-36.

[12] Behall K M，Howe J C. Resistant starch as energy［J］. Journal of the American College of Nutrition，1996，15（3）：248-254.

[13] Bharath Kumar S，Prabhasankar P. Low glycemic index ingredients and modified starches in wheat based food processing：A review［J］. Trends in Food Science & Technology，2014，35（1）：32-41.

[14] 尚晓娅，高群玉，杨连生．抗性淀粉对糖、脂以及肠道代谢影响的研究进展［J］．食品工业科技，2005，（4）：179-182.

[15] Yang X，Darko K O，Huang Y，et al. Resistant Starch Regulates Gut Microbiota：Structure，Biochemistry and Cell Signalling［J］. Cellular Physiology and Biochemistry，2017，42（1）：306-318.

[16] 申瑞玲，刘晓芸，董吉林，等．抗性淀粉制备及性质和结构研究进展［J］．粮食与油脂，2013，26（1）：5-8.

[17] 吴亨．抗性淀粉的制备工艺比较及其形成影响因素研究［D］．广西大学，2014.

[18] 赵凯．抗性淀粉形成机理及对面团流变学特性影响研究［D］．东北林业大学，2004.

[19] 王怡，陈祖琴，李萍，等．抗性淀粉的制备、生理功能及应用［J］．食品工业科技，2017，38（2）：396-400.

[20] 郑云云，周红玲，张帅，等．抗性淀粉的研究现状及展望［J］．农产品加工，2016，（20）：61-62+66.

[21] Aparicio-Saguilán A，Flores-Huicochea E，Tovar J，et al. Resistant starch-rich powders prepared by autoclaving of native and lintnerized banana starch：partial characterization［J］. Starch-Stärke，2005，57（9）：405-412.

[22] Sanz T，Salvador A，Fiszman S M. Resistant starch（RS）in battered fried products：Functionality and high-fibre benefit［J］. Food Hydrocolloids，2008，22（4）：543-549.

4

魔芋葡甘聚糖

魔芋（*Amorphophallus konjac*）又名蒟蒻，是天南星科魔芋属草本植物，魔芋植株形态见图 4-1，魔芋在中国、印度、日本等东南亚国家有悠久的栽培历史。关于其最早的记载，可追溯到公元前 206 年的《神农本草经》。我国魔芋的主产区集中于四川、云南、贵州等西南山区及重庆、陕西、湖北、湖南、广西、江苏、浙江、甘肃、宁夏、福建等地，产量以长江流域为多，质量以金沙江两岸为优。

图 4-1　魔芋植株形态

魔芋葡甘聚糖（Konjac glucomannan，KGM）是魔芋块茎干物质的主要成分，属于可溶性膳食纤维。魔芋块茎经过切片、晒干、粉碎、风选、乙醇洗涤等系列简单加工即可得到魔芋精粉。魔芋在中国、日本等东亚国家有着悠久的食用历史，是一种传统的健康食品。从 19 世纪 60 年代开始，魔芋加工产业得到快速发展。美国食品和药品管理局（Food and Drug Administration，FDA）于 1994 年批准魔芋胶可用于肉制品加工；欧盟在 1998 年也批准魔芋胶作为 E425 号食品添加剂。近二十年来，我国在魔芋以及 KGM 的研究方面非常活跃，主要涉及 KGM 提取工艺与设备、KGM 理化性质和生理功能等方面。

从化学材料角度看，KGM 具有很多高分子合成材料不具备的优点，如高水溶性、良好的生物相容性、生物可降解性等；从生物生理角度看，KGM 是一种高度黏稠的不可消化的可溶性纤维，不含热量，易给人造成饱腹感，能减少和延缓葡萄糖吸收，抑制脂肪酸合成，具有极佳的减脂瘦身作用；此外，KGM 来源广泛、易提取、产量高。这些优良的性质使其广泛应用于食品、保健品、生物医用材料、包装材料等领域。我国具有丰富的魔芋种植和加工资源，KGM 已成为食品领域一个不可或缺的角色。本章将从 KGM 的分子结构、理化性质、生理功能、KGM 分子改性及其在食品工业中的应用等方面进行介绍。

4.1 魔芋葡甘聚糖的分子结构

4.1.1 魔芋葡甘聚糖分子的链结构

高分子的结构层次分为链结构、聚集态结构和织态结构。链结构包含分子的近程结构（如化学组成、糖苷键、支链等）和远程结构（如分子量、分子量分布、链构象等）。而聚集态结构主要是指高分子溶液的有序结构。KGM 属于天然高分子，其结构信息如下。

4.1.2　魔芋葡甘聚糖分子的近程结构

魔芋品种较多，不同魔芋品种块茎中KGM的含量与种类也有所不同，但魔芋葡甘聚糖分子具有相似的结构。从整体上看多数KGM是由分子比为1∶1.6（花魔芋，*A. konjac*）或1∶1.69（白魔芋，*A. albus*）的D-葡萄糖和D-甘露糖残基通过β-1,4-糖苷键聚合而成。如图4-2所示，在KGM分子主链上，约32个糖残基存在一个支链，支链以β-1,3-糖苷键连接在甘露糖的C3上，长度约为3～4个糖残基。此外，每间隔10～19个糖残基，就会在D-甘露糖的C2、C3或者C6位上连有一个乙酰基。

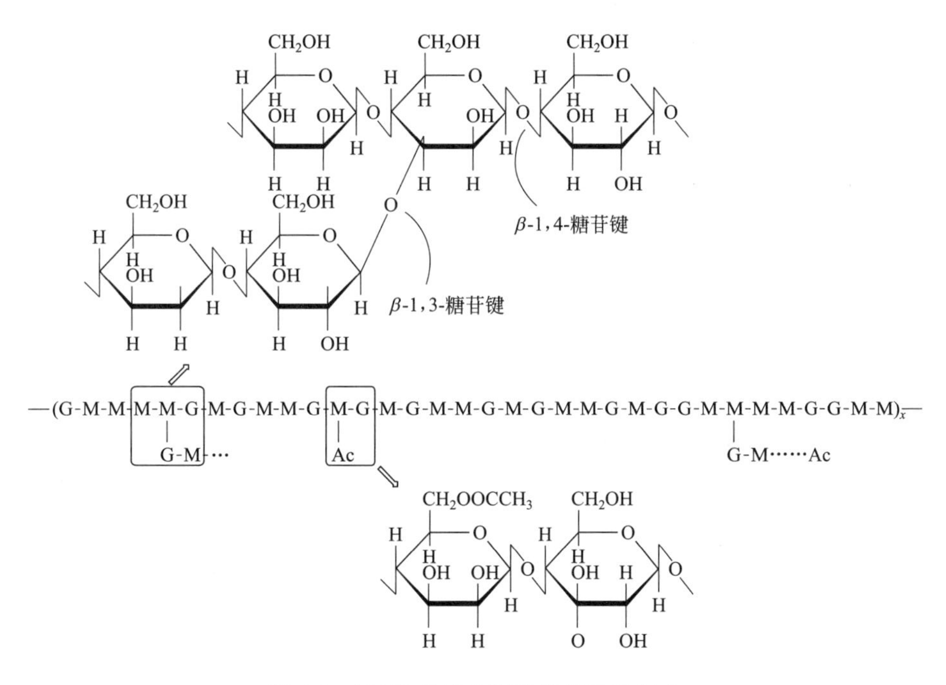

图4-2　KGM分子中糖残基的链接方式

4.1.3　魔芋葡甘聚糖分子的远程结构

（1）分子量

KGM分子整体骨架链结构具有相似性，但是其分子量和聚合度却因种类、品种、加工方法及原料的贮藏时间不同而存在差异。目前国内外学者测量KGM分子质量的数值一般在1.0×10^5～2.0×10^6Da，即10万～200万。例如，Kishida等人利用光散射法测得的重均分子质量M_w为1.12×10^6Da，李光吉测得KGM的重均分子质量M_w为9.8×10^5Da。

(2) 链构象

多糖分子在溶剂中并非以单一直链方式存在，由于分子与溶剂分子存在氢键、疏水相互作用等作用力而呈现出一些构象，如卷曲、半柔性链、刚性链、单双及三重螺旋链构象等。在构象的形成过程中，氢键起着关键作用。氢键可使多糖形成螺旋结构，或通过分子间的相互作用使多糖分子聚集。目前关于KGM在水溶液中的链构象主要存在三种假说。

假说1：双螺旋结构

根据X射线衍射得到的相关数据认为KGM分子骨架或主链主要形成双螺旋构象，即随着O6位置的旋转，在O3～O5′位置形成分子间氢键，从而形成稳定的双螺旋构象。在单位晶胞中包含四条反平行的极性链和8个水分子。通过测定KGM在0.2mol/L的NaCl溶液中的回转半径$R_g=(105\pm0.9)$nm，认为此结果与黑真菌葡聚糖（单螺旋构象）、裂褶多糖（三重螺旋构象）、黄原胶（双螺旋构象）以及香菇多糖（双螺旋构象）等结构具有很强的相似性，因此推测KGM在水溶液中可能具有同样的螺旋构象。

假说2：半柔性卷曲线团构象

经测定KGM在水相体系中的特性黏度[η]、沉降系数以及黏均分子M_η，计算获得马克·霍温克方程（Mark-Houwink）幂律关系式：

$$[\eta]=5.96\times10^{-2}M_\eta^\alpha$$

式中，粒子极化率$\alpha=0.74\pm0.01$。极化率数值可直接反映出高分子链的刚性程度和溶剂化能力，因此可判断KGM分子为半柔性卷曲线团结构。Prawitwong等发现在0.1mol/L磷酸盐缓冲液（pH=6.8）中，KGM分子也主要为半柔性卷曲线团构象。此外，通过原子力显微镜观察到KGM分子的三维结构形貌为伸展的链状结构，且单链长度为950～1100nm，平均分子链长约1020nm，高度约0.7～1.0nm。

假说3：非典型螺旋结构

随着计算机模拟技术在食品大分子领域中应用的拓展，采用分子动力学模拟的方法可探究KGM分子链在不同溶剂体系中的可能构象及其稳定性。研究发现在模拟水溶液中，维持KGM分子的氢键作用是最强的。此外，KGM结构中的乙酰基对氢键作用大小起很大的作用。在去除乙酰基之前，氢键主要存在于分子的主链之间，在去除乙酰基之后，只有5个氢键存在，3个存在于侧链与主链之间，1个在侧链间，1个在主链间。因此，乙酰基可以改变分子间氢键的位置，从而影响KGM的结构构象。通过对比不同温度下分子动态模拟结果和旋光特性，发现在低温条件下，KGM表现出螺旋构象的旋光性；随着温度的升高，旋光性降低，当温度达到341K时，螺旋构象被破坏，分子链表现出无规则排列，旋光性消失。

（3）特性黏度和有效摩擦半径

特性黏度［η］（intrinsic viscosity）在计算电中性高分子的分子量及判断其分子链柔顺性方面具有非常重要的作用。不同来源的KGM在水溶液中的特性黏度大致为12.7～23.6dL/g。而改变溶剂则对KGM特性黏度影响较大，如KGM在20mmol/L NaCl溶液中的特性黏度为5.5dL/g，KGM在氢氧化镉/乙二胺溶液中特性黏度为3.91dL/g。而KGM在4mol/L尿素中的特性黏度要比在水溶液中高。

结合［η］和M_η的数值，可以根据如下公式来计算KGM的有效摩擦半径（effective frictional radius，R_E）：

$$[\eta]=\frac{5}{2}\frac{4\pi}{3}\frac{N_A}{100}\frac{R_E^3}{M_\eta}$$

式中，［η］为特性黏度；M_η为黏均分子量；N_A为阿伏伽德罗常量；R_E为有效摩擦半径。

常见市售KGM样品的有效摩擦半径范围在60～72nm。

4.1.4 魔芋葡甘聚糖的聚集态结构

天然的KGM有α型（非晶型）和β型（结晶型）两种结构。KGM聚集态不含高度有序的结构，X射线衍射结果显示KGM主要呈无定形结构，由分子链聚集形成松散形态，仅有少数结晶，结晶度约为18.87%。通过偏振光学显微镜和圆二色谱测试，发现KGM在水溶液中当浓度超过7%时表现出液晶态，温度达80℃时液晶态也没有改变。差示热量扫描分析该体系没有发现液晶相的溶胶和凝胶转变。

KGM之所以形成甘露聚糖的晶型结构，是因为同晶置换现象。几乎所有的葡甘聚糖重结晶后可形成两种晶型：甘露糖Ⅰ和甘露糖Ⅱ。结晶温度、介质极性、分子量对结晶形态均会产生影响。总结如下：

（1）高温有利于形成甘露糖Ⅰ，低温有利于形成甘露糖Ⅱ；

（2）介质极性越大，越有利于甘露糖Ⅱ形成，如水、乙酸、氨。弱极性或非极性介质则易产生甘露糖Ⅰ结构，如酒精或丙酮。当用乙酸作为反应介质，红木葡甘聚糖重结晶后形成甘露糖Ⅱ；

（3）低分子量有利于甘露糖Ⅰ形成，低分子量的葡甘聚糖能避免分子链的折叠，在高温下形成Ⅰ型结构。高分子量有利于形成甘露糖Ⅱ。

4.2 魔芋葡甘聚糖的理化性质和生理功能

4.2.1 理化性质

（1）水溶性

KGM是一种不带电荷的多糖，不溶于甲醇、乙醇、丙酮等有机溶剂，易溶于水，可吸收自身体积 80～100 倍的水形成一种水溶性胶体。在溶解过程中，水分子的扩散迁移速度远远超过 KGM 大分子的扩散迁移速度，使 KGM 的颗粒发生溶胀或肿胀，颗粒表面产生一层薄的高聚糖黏稠溶液。因此当溶液中 KGM 质量分数达到 7%以上时，其流体行为仍为假塑性流体。

在水体系中，KGM 分子可以与水分子通过氢键、分子偶极、诱导偶极、瞬间偶极等作用力聚集成庞大而难以自由运动的巨大分子。使 KGM 水溶液变为黏稠的非牛顿流体，并促使 KGM 大分子在凝胶食品中建立网络结构，其持水量可达 KGM 本身质量的 30～150 倍。

（2）流变性

KGM 水溶液为假塑性流体，具有剪切稀化的性质。其水溶液的表观黏度（η）与应变速度（γ）的关系符合非牛顿流体的幂律方程：$\eta = k \cdot \gamma^{n-1}$，其中 n 和 k 为常数。魔芋胶水溶液的流动速度一般用黏度来表示。黏度越大，则流动速度越小，而溶液的黏度又与多种因素有关。KGM 水溶胶的表观黏度与剪切速率成反比，并随温度的上升而逐渐降低，但不完全是线性关系；冷却后又重新升高，但不能回升到加热前的水平。KGM 水溶液在 80℃以上较不稳定，将其水溶液置于 121℃下保温 0.5h 时，黏度约下降 50%。常温下，KGM 水溶液黏度受 pH 影响，但在 pH3.0～9.0 范围内，则能保持相对稳定。总结起来，KGM 水溶液的黏度主要与以下几类因素有关：

① 魔芋的品种、储存条件、产地。即使以上条件相同，同浓度下，不同加工目数的魔芋精粉溶于水后的黏度也不同；

② KGM 的分子量越大，其水溶液的表观黏度也越大。基于这一特点，测定 KGM 水溶液的黏度即可测得 KGM 的平均分子量；

③ 在一定的温度下，魔芋胶水溶液的黏度随着魔芋胶浓度的升高而升高，但数量关系不成正比。具体的关系曲线见图 4-3。

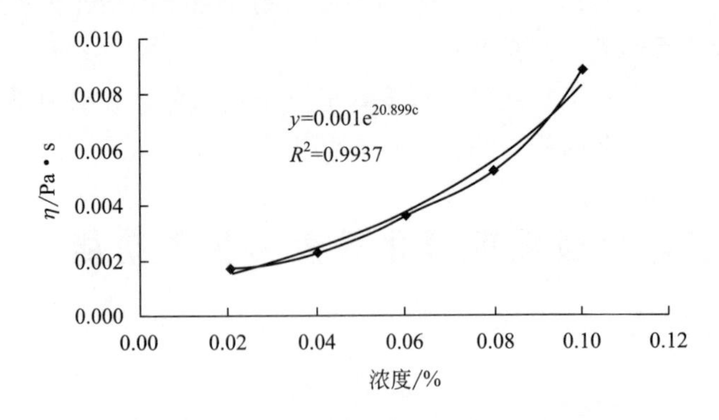

图 4-3 KGM 水溶液的黏度与浓度的关系

KGM 水溶液的流变学性能在一定程度上会影响食品加工的工艺条件，如影响 KGM 的使用量、损耗率及生产效率。此外，KGM 溶胶的流变学性能还会影响乳制品、焙烤制品、冷饮制品等在生产过程中稳定剂、增稠剂的用量以及加工的便利性或产品的贮藏稳定性等。

（3）增稠性

由于 KGM 分子具有分子量大、水合能力强和不带电荷等特性，使其成为优良的增稠剂。具体来说，1%魔芋精粉水溶液的黏度在 10～200Pa・s 范围，是自然界中黏度较大的多糖之一。KGM 为非离子型增稠剂，与同浓度的卡拉胶、黄原胶、阿拉伯胶等增稠剂相比，其受体系中盐离子的影响相对较小，因此在食品工业中具有重要的应用价值。此外，KGM 与其他多糖（如黄原胶、淀粉等）混合使用时，具有优良的协同增稠效应。因此，将 KGM 应用于食品中，可减少增稠剂的用量。例如 1%的黄原胶与 0.02%～0.03%的 KGM 共混后，其混合体系黏度可增加 2～3 倍。

（4）成膜性

KGM 具有很好的成膜性，其在碱性条件下（pH＞10）脱水后可以制成透明度高、致密性好、可食用并能自然降解的硬膜。该 KGM 膜在冷、热水及酸液中可以稳定存在。通过添加保湿剂甘油可以改变膜的机械性能和膜的柔软性和透气性。增加保湿剂（如甘油）用量，KGM 膜的机械强度降低，柔软性提高，透明性增加。膜的透水性则受添加物质的影响，添加亲水性物质，则膜的透水性提高；添加疏水性物质，膜的透水性降低。

基于 KGM 膜材料已广泛应用于食品领域，如可食用果蔬涂膜保鲜方面。一方面，KGM 膜能够有效阻止新鲜果蔬对 O_2 的吸入以及 CO_2 的扩散，从而有效地抑制了果蔬的呼吸作用，降低了内源性乙烯的生成以及营养物质的损耗。另一方面，形成的表面膜还能一定程度上阻止外源性微生物的侵入及机械损伤，从而减少果蔬的腐烂。

然而 KGM 制成单一膜还存在一些缺陷，例如成膜时间长、吸湿度大、强度低、抗菌能力差等。通过对 KGM 进行改性，如脱乙酰化改性或将其与其他高分子（如凝结多糖、壳聚糖、淀粉等）进行物理共混改性，都能起到提升膜能力的作用。

（5）凝胶性

KGM 在一定条件下可以形成热不可逆凝胶和热可逆凝胶。热不可逆凝胶对热稳定，即使在 100℃下重复加热，其凝胶强度变化不大，甚至加热到 200℃以上时，仍能保持稳定。热可逆凝胶是指在形成凝胶后，常温条件下保持凝胶状态，当在加热时又转变为液态，冷却后又恢复凝胶状态，呈现热不稳定性。

凝胶结构对凝胶的性能、用途等均具有重要影响。KGM 凝胶结构的稳定性受到多种因素的影响。将这些因素进行分类，可分为结构因素（多糖的分子量、分子组成、化学基团等）、环境因素（如pH、温度、压力、机械力、超声波等）和化学因素（如多糖、蛋白质、离子及其络合物、溶剂等）。例如，KGM凝胶性质与体系的pH值密切相关，即当pH＞12.0时，在加热条件下形成热不可逆凝胶。KGM与黄原胶混合，则可在任意pH下形成凝胶，而当pH为5.0时，其凝胶强度达到最大；KGM与卡拉胶配比在接近1∶1时（4∶6或4.5∶5.5），其凝胶强度达到最大。

① 物理共混凝胶

KGM与卡拉胶、黄原胶等多糖类物质进行共混时，发生协同凝胶增强现象。在食品混合胶体系中，如果溶液中含有两种或两种以上的不同聚合物时，根据不同的聚合物性质，会形成四种不同的状态：

非亲合性：形成两种以上聚合物相；

亲合性：聚合完全的混合并形成均一的单相；

聚合物交联：以固相凝聚形式共沉淀或形成凝胶；

互穿网络体系：一种多聚物胶的网系中包含另一多聚合物、穿插网系结构、相分离网系和耦合网系。

KGM与κ-卡拉胶的共混凝胶：

κ-卡拉胶是从石花菜、麒麟菜、鹿角菜等红藻类海草中提取出来的一种天然多糖，它的化学结构由硫酸基化的或非硫酸基化的半乳糖和3,6-脱水半乳糖通过α-1,3-糖苷键和β-1,4-糖苷键交替连接而成，其在α-1,3-糖苷键连接的D-半乳糖单位C4上带有1个硫酸基。κ-卡拉胶与KGM通过分子间的协同作用形成凝胶，其中κ-卡拉胶分子中半乳聚糖的硫酸基含量对两者分子间的协同作用有很大的影响。该基团可与KGM分子中羟基形成分子间的氢键，从而使得共混后制备的凝胶强度较之前增大。用电子扫描显微镜对两者共混凝胶的微观结构进行观察，发现共混后胶束紧密缠绕连接，其凝胶呈网络结构且致密有序。

KGM与黄原胶的共混凝胶：

黄原胶是黄单胞杆菌发酵产生的胞外微生物多糖。由吡喃型葡萄糖通过β-1,4-糖苷键连接接成主链，在每两个葡萄糖残基上含有一个三糖支链。每个侧链含有两个甘露糖单元，两个糖单元之间还含有一个葡萄糖醛酸单元。连在主链上的甘露糖单元有的含有乙酰基，末端的甘露糖上含有一个丙酮酸基。

KGM与黄原胶均为非凝胶多糖，在高于黄原胶构象转变温度条件下将两者混合，待体系降至室温则可以形成凝胶。室温下共混物虽不能形成凝胶，但黏度远高于两种单一溶胶黏度之和；若加入盐使黄原胶的构象转变温度增高，则混合物加热也无法形成凝胶。可见黄原胶的分子构象对共混物的凝胶性有重要影响，黄原胶处于无规则线团状态时共混物分子间的相互作用更强。其凝胶机制如图 4-4 所示，KGM 与黄原胶的分子主链具有相似的结构，共混时部分链段发生嵌合，形成三维凝胶网络。当黄原胶处于双螺旋结构时，暴露出主链的链段较少，相互作用有限；在黄原胶构象转变温度以上进行处理，无规则线团结构更为松散，有利于两种高分子主链的簇集，形成三维网状结构，温度降低后形成热可逆凝胶。

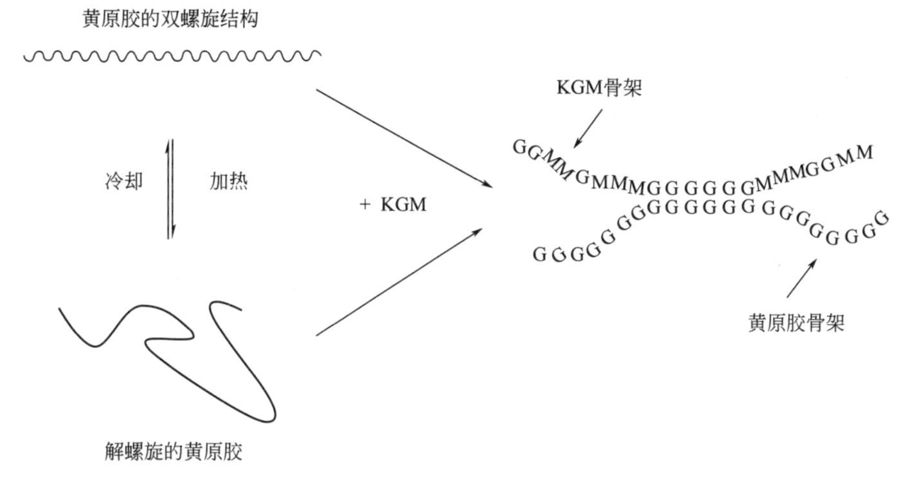

图 4-4　KGM 与 XG 形成热可逆凝胶机理示意图

KGM 和黄原胶形成的共混凝胶受混合比例、温度、盐离子等因素的影响。当 KGM 与黄原胶的质量比接近 1∶2 时，表现出最好的协同效应，凝胶强度达到最大值；如果改变两者的共混比例，增多 KGM 或黄原胶均可导致凝胶强度下降，即两者多糖共混在一个合适的比例下才能达到不同分子间相互作用力最大，凝胶化能力最强，表现为凝胶强度最大。有研究表明当反应温度为 75℃时共混凝胶强度达到最大值，主要是因为黄原胶在 42℃时会从有序态螺旋结构转变到无序态无规则线团。只有当温度大于 42℃时，无序分子才会增多。这种无序黄原胶分子可与 KGM 分子绞合在一起，当温度升高达到 75℃时，多糖分子间的相互作用力达到最大。在 KGM 与黄原胶复配胶体系中加入一定浓度的盐离子，有利于提高溶胶的黏度、凝胶强度和热稳定性。此外，复配胶体系也受小分子甜味剂与柠檬酸等的影响。

② 脱乙酰热不可逆凝胶

乙酰基与 KGM 的凝胶性能关系十分密切。早在 1700 多年前便有人类利用脱乙酰反应制备 KGM 凝胶的记载。KGM 因其大分子结构中每 19 个单糖残基就有一个乙酰基，加入常用的皂化剂如 NaOH、KOH 等，使 KGM 链上由乙酸与糖残基上羟基形成酯而发生水解，即脱去乙酰基（如图 4-5 所示）。这样一来 KGM 分子变为裸状，分子间则形成强烈氢键而产生部分区域结晶作用，以这种结晶为缠结点形成了网状结构体，即形成凝胶。

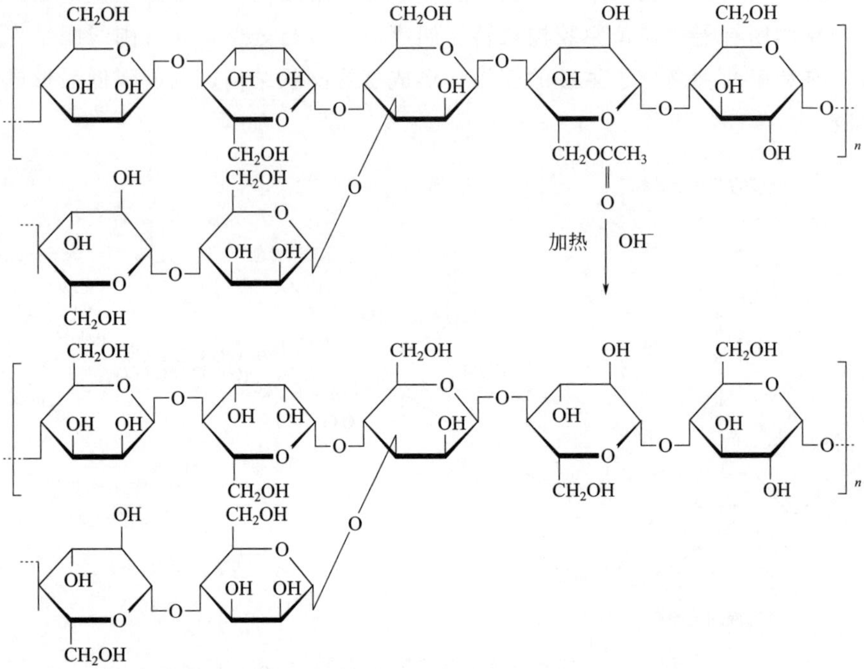

图 4-5 魔芋葡甘聚糖脱乙酰反应示意图

热不可逆凝胶性是指在高温条件下形成具有弹性的半固体或固体状凝胶，具有良好的赋形性及保水性能，降温后不能再恢复到流体状态的一类性质。KGM 在一定的碱性条件（pH9～12）下加热，可形成热不可逆凝胶。这种凝胶即使在高温条件下反复加热，凝胶结构与凝胶强度也不会发生很大的变化。有关 KGM 脱乙酰凝胶的形成机理已有大量报道，研究者们运用红外光谱、流变仪、固态核磁、荧光探针、原子力显微镜以及圆二色谱等诸多手段研究了 KGM 脱乙酰凝胶机制。

通过比较 KGM 与几种已知凝胶机制的高聚物的流变学特性，KGM 热不可逆凝胶比其他类型的热可逆凝胶如卡拉胶、琼脂等分子堆叠更紧密。并且认为其凝胶化是氢键和疏水作用共同驱动的结果。在有碱存在的体系中，加入十二烷基硫酸钠（SDS）可促进 KGM 的凝胶化进程，由此推论尽管 KGM 分子中缺乏显著的疏水侧基，但却显示出一定的疏水特性。研究了几种典型的离子序列盐对 KGM 凝胶行为影响，发现氢键和疏水相互作用在脱乙酰魔芋葡甘聚糖凝胶的形成中均发挥了作用，其中疏水相互作用不可忽视；脱乙酰度的提高有助于凝胶形成中疏水相互作用的加强。

KGM 凝胶化作用及热不可逆凝胶强度与 KGM 浓度、分子量、温度、乙酰化度、碱浓度等因素有密切关系。凝胶化作用时间越短，所得凝胶强度越大；聚合物的长度越长，其在溶液中会堆叠得更紧；KGM 的分子量越大，所含的亲水基团也就越多，其结合水的能力就越强，所形成的螺旋结构也就越稳定，进而其凝胶性能就越好。

虽然加碱形成的不可逆凝胶具有热稳定性好等诸多优点，但它也存在不足之处。比如这种方法形成的凝胶碱味较重，并且难以去除，工业生产中一般是通过反复用清水或酸水漂洗凝胶。但是在漂洗过程中，产品的风味及凝胶性质也会随之减弱，从而影响产品品质。

③ 加硼砂热不可逆凝胶

KGM 可以与一些在溶液中水解成多羟基水合物的盐类形成凝胶，这方面研究最多的就是 KGM 与硼砂形成的凝胶。硼砂是一种良好的缓冲剂，低浓度的硼砂在水中完全解离成硼酸根［$B(OH)_4^-$］，是一个四面体构型。因此在溶液中易与 KGM 分子链发生配位作用，通过复合物螺旋链的并排聚集沉淀而形成凝胶。

KGM 与硼砂形成一种特定的复合凝胶结构，在不同的频率振动（frequency osillation）模式下呈现不同的流变状态。在高振动频率下，其复合物为一个有弹性松弛反应的凝胶态，而在低频率振动下凝胶则解离为流动状态。KGM 多糖链上的顺式二醇基与硼砂中的硼离子通过配位的形式形成了凝胶网络，形成过程如图 4-6 所示。

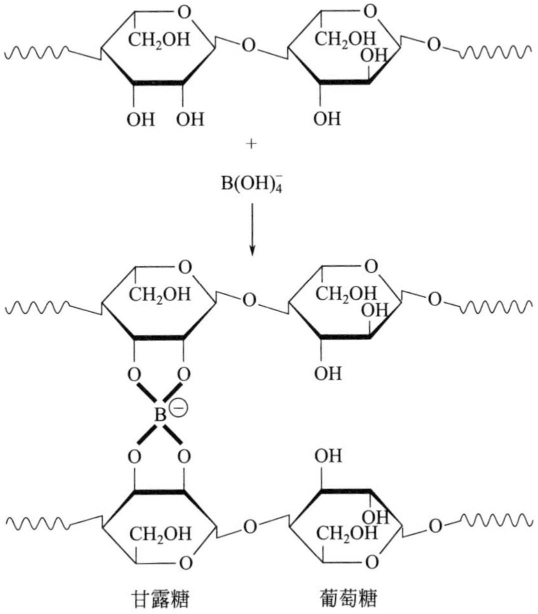

图 4-6　KGM 与硼砂形成凝胶的机制

通过分子模拟技术分析 KGM 与硼砂形成凝胶的机制可发现在凝胶体系中，硼酸根的羟基与 KGM 分子葡萄糖上的 C6 位的羟基及甘露糖上的 O5 形成氢键。但此时 KGM 分子链仍然保持螺旋构象，而硼酸根离子嵌入 KGM 分子链之间，分布于 KGM 螺旋腔内。添加硼砂可使得 KGM 链间的分子间作用力加强，对于凝胶的形成起到了促进作用，但是硼砂是一种有毒物质，限制了制备的凝胶的使用范围。于是寻找一种可与 KGM 分子内基团形成配合物的取代物也成为了研究热点。

4.2.2 生理功能

（1）降血脂功能

魔芋葡甘聚糖（KGM）热量极低、分子量高，被人体食入后吸水膨胀，易形成黏性极高的物质，减缓食物在体内的消化吸收速度，导致体内脂肪酸的合成下降，从而达到控制体重的效果。此外，KGM 能降低血清胆固醇，推测其作用机制一是 KGM 可与消化道内的胆固醇结合，阻碍了中性脂肪酸和胆固醇的吸收，有效地抑制了胆汁酸回肠黏膜的主动运转；其二是增加胆酸排量。KGM 能吸附胆酸，部分阻断了胆酸在肝肠的循环，从而降低肝脂，使类固醇的排出量增加，最终消耗体脂。此外，部分医学研究显示 KGM 与缓解冠心病、动脉粥样硬化及心血管疾病等有密切的关系。

（2）改善糖代谢

KGM 是一种可溶性膳食纤维，当其被糖尿病人摄入体内后，由于其具有胃排空延迟和减慢葡萄糖在肠腔内扩散的作用，因此可以起到降低血糖指数，从而改善人体糖代谢的功效。当对糖尿病和高胆固醇人群按照 0.7g KGM/100kcal❶摄入量摄入富含 KGM 的饮食，KGM 即可通过调节胰岛素敏感性，增加小肠吸收速度来延缓胃排空。因此，通过给予糖尿病患者富含 KGM 的饮食可以改善糖尿病患者的整体病情控制，有效地降低了餐后血糖，减轻了胰岛的负担，使糖尿病患者处于良性循环，避免出现血糖骤降引起低血糖的现象，可以提高常规治疗Ⅱ型糖尿病的疗效。

（3）排毒通便

KGM 及其制品对预防和治疗便秘有良好的效果。它可以改善肠道菌相，刺激胃肠蠕动，吸收水分，增加粪便容积等，这些都有利于排毒通便。研究结果显示魔芋和水苏糖都有润肠通便的作用，将二者按照一定比例复合能够更明显地促进小鼠小肠运动，明显缩短排便时间，增加排便量。KGM 作为一种优质膳食纤维，对许多胃肠道疾病如结肠癌都具有防治作用，并且还可以通过胃肠道的调节来提高机体免疫力防治其他疾病。人体内没有能水解 KGM 酶，所以人体不能吸

---

❶ 1cal＝4.1840J。

收利用 KGM，但 KGM 可以促进肠道酶类分泌，增强酶活，消除肠道内长期黏附的废物，防治便秘，担任“胃肠清道夫”的角色。KGM 可以在结肠被微生物利用，并生成短链脂肪酸，刺激肠道蠕动，促进双歧杆菌等有益厌氧微生物繁殖，抑制肠道致病菌生长。

（4）减肥功能

KGM 被认为是低热量的食品成分，其重要优点之一是不可消化性，所含热量极低。美国用双盲法肯定了 KGM 的减肥作用，而且这一作用得到国内相关研究成果的进一步证实。此外，KGM 膨胀系数大，在胃内有充盈作用，增加饱腹感，同时可以减少产热营养素的吸收，从而达到预防肥胖和轻松减肥的目的。

（5）延缓细胞老化

一些研究结果显示摄入 KGM 后能显著降低脂质过氧化物（lipid peroxide，LPO）含量，并且可以提升超氧化歧化酶（superoxide dismutase，SOD）和谷胱甘肽过氧化物酶（glutathione peroxidase，GSH）活性。因此说明 KGM 具有较强的抗脂质过氧化损伤和抗自由基损伤的作用。长期食用魔芋食品可以延缓脑神经质细胞、大中动脉内膜皮细胞和心肌细胞的老化进程。经分析，其可能的机制为葡甘聚糖能减少肠肝循环中的胆酸，降低胆固醇的含量，这样就可以防止高血脂症对内皮细胞的损伤，减少了构成脂褐素细胞老化的重要标志的主要成分，从而起到延缓细胞老化的作用。

（6）增强免疫及抗癌作用

KGM 增强机体免疫功能主要体现在两个方面。其一，KGM 作为一种多糖可以直接活化 T 淋巴细胞、B 淋巴细胞、巨噬细胞等免疫细胞，从而增强机体的免疫力；其二，KGM 促进双歧杆菌等肠厌氧菌的繁殖，这些益生菌有明显增强免疫功能的作用。KGM 既可以通过增强免疫力来达到抑制肿瘤的目的，也可以通过吸水增加黏度来吸附肠道内致癌物和前致癌物，并将它们更快地带出体外。

抗癌临床研究发现，KGM 制品对甲状腺癌、鼻咽癌、肺癌、食道癌等均有一定的疗效。此外，KGM 可以让机体产生杀灭癌细胞的物质，帮助抗癌；如魔芋精粉含有硒（selenium，Se），硒是一种常见的抗癌微量元素。因此，KGM 既可以帮助肿瘤细胞向正常细胞转化，还对恶性肿瘤引起的甲状腺癌、食道癌、肺癌、乳腺癌、结肠癌等癌症有一定的防治作用。

（7）补钙

魔芋本身的含钙量不高，但是氢氧化钙［$Ca(OH)_2$］在食品加工过程中大量被用作凝固剂和保鲜剂，使得魔芋食品中有一定量的钙。试验还证明了留在魔芋食品中的钙较易被洗脱出来，在酸性溶液中其洗脱率尤其高。人们在食用魔芋食品时，嚼烂的魔芋与酸性胃液接触，使得钙溶化，再由肠胃吸收，从而达到补钙的效果。

4.3 魔芋葡甘聚糖的改性

由于KGM本身还存在某些性质的局限性，如溶胶稳定性差、流动性不好、易被微生物降解等，使其在一些工业生产和食品加工中受到限制。为提高KGM某些方面的性能，可采用物理手段、化学手段及生物方法对其进行改性。图4-7显示了KGM分子中易发生修饰的位点。生物学和物理学方法具有局限性，仅能从精粉的纯化和除杂两方面提高KGM的质量及其水溶液的黏度，而化学改性方法则可以从糖环结构层面进行改变。表4-1对比了魔芋葡甘聚糖三种不同改性方法的优缺点。

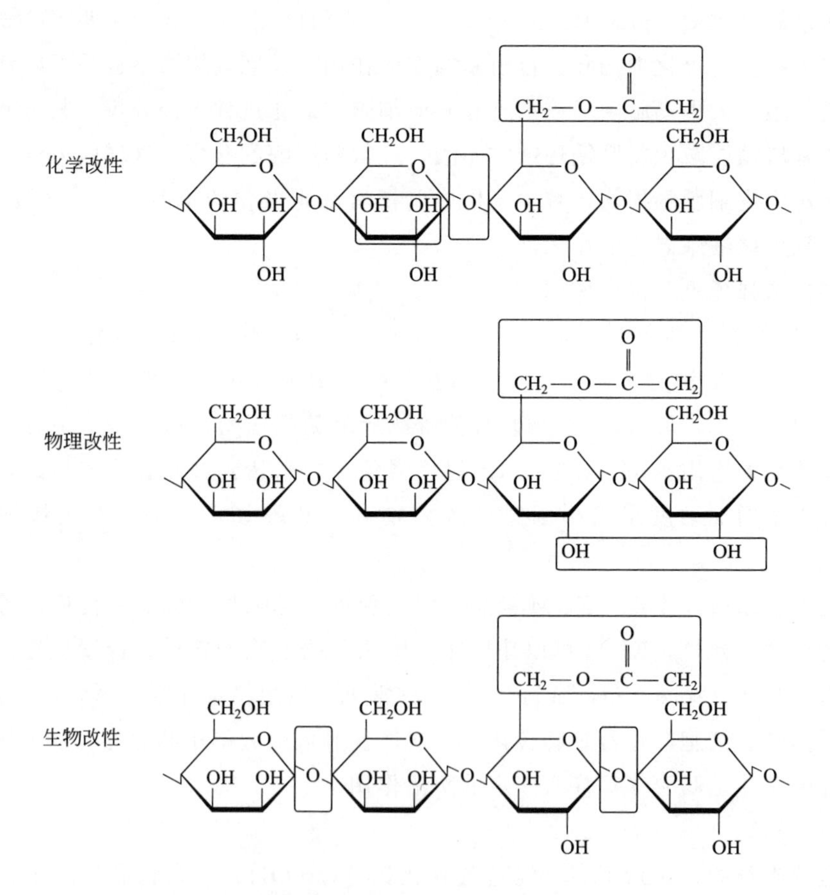

图4-7 魔芋葡甘聚糖三种改性方法可供修饰的位点

表 4-1 魔芋葡甘聚糖三种不同改性方法的优缺点比较

方法	原理	优缺点	产物应用实例
化学改性	通过一些化学处理手段使乙酰基、羟基等基团发生改变，从而改变 KGM 的性质	优点：改性方法最多，改性产物应用最广； 缺点：副产物多，存在溶剂潜在危害	印染化工材料、日用化妆品、低温燃烧合成材料
物理改性	用机械的方法使 KGM 分子链断裂或交联聚合	优点：操作程序简单，有机溶剂用量少，对环境的危害小等； 缺点：得率低，生产成本过高，很难实现工业化	风味释放膜、温敏溶胀膜、速溶热封性膜、抗菌膜、药物缓释剂、凝胶食品
生物改性	通过多糖酶等作用，使长链 KGM 水解成短链 KGM，或使 KGM 的空间结构发生变化	优点：高效、专一、条件温和，产物较纯，对环境影响较小； 缺点：产量较低，成本偏高	低聚糖、动物饲料

4.3.1 物理改性

（1）等离子体改性

等离子体是不同于固体、液体和气体的物质第四态。单一原子的气体在增加能量的情况下，原子中的价电子会脱离原有轨道而变成自由电子，原子则变成正离子。这一电离的过程中包含电子、正离子和中性电子的混合体系转变，因为体系中正负电荷总量相等，近似电中性，所以就叫等离子体。Pang 等人用 N_2 等离子体对 KGM 膜进行表面改性，改性后发现，多糖中的—OH 被初级—NH_2 取代，然后和酰基反应形成酰胺键，同时 KGM 经处理后发生了降解和部分乙酰基被去除。

（2）挤出改性

挤出改性在食品、聚合物、药物等方面有着广泛应用，它是指将预先制备的胚料放入挤压筒，施加压力，使材料在容器的开口处被挤出成形。对于多糖来说，挤出改性是一种很实用且有效的改性方法。Tatirat 等人在特定的温度下，通过研磨的方法对 KGM 的吸水性和溶胀能力进行改性。KGM 本身强吸水性作为食品时有导致窒息的危险，改性可降低直接吞食 KGM 粉末后引起的窒息危险。通过对挤压前后 KGM 粉末的微观结构进行对比，发现在挤压过程中，KGM 粉末的白色椭圆形囊结构遭到破坏，表面变得粗糙，粒径也变得更大。此外，KGM 粉末的吸水能力大幅下降，从能吸收自身质量 150 倍降低至仅能吸收自身质量 50 倍。

（3）超微粉碎改性

超微粉碎改性是指用特定的物理方法，克服颗粒的内聚力，使物料破碎后颗粒粒度达到 10μm 以下，从而引起物料性质的巨大变化，达到改性的效果。对魔芋粉进行超微粉碎处理后，发现随着魔芋粉粒度不断下降，粉体的比表面积不断增大，色度有所改善。但是魔芋粉的表观密度、流动性、溶胀时间及溶胶表观黏度呈下降的趋势。超微粉碎会使KGM发生部分降解，而且随着粒度的细化和粉碎程度的增强，KGM分子量会不断下降，产生魔芋葡甘低聚糖。与未处理的魔芋粉相比，超微粉碎处理后的魔芋粉黏度下降了约93.06%，分子量下降68.45%，葡甘聚糖含量下降9.02%，魔芋低聚糖的含量为7.56%。此外，KGM还会发生明显的机械降解，产生大量自由基，且在一定范围内随粉碎时间的延长，自由基浓度不断上升，但产生的自由基并不稳定，在粉碎后呈减速淬灭趋势。

（4）微波降解

微波是指频率在300～300GHz范围的电磁波，已被广泛应用于化学领域。微波降解KGM的机制可能为：KGM中带有羟基等极性基团，由于分子内电荷分布不均匀，在微波场中能迅速吸收电磁波的能量，通过分子偶极作用和分子的高速振动产生热效应，使得KGM分子中的糖苷键迅速获得能量，发生水解或降解。微波辐射降解具有操作简便、反应时间短、能源使用率高等优点，但是由于微波使KGM升温过快，导致单体容易挥发，反应不充分等。

（5）超声波降解

超声波是物质介质中的一种弹性机械波，其频率范围为$2\times10^4\sim10^9$Hz。超声波在化学领域中发挥着越来越大的作用，并逐渐形成了一门新的边缘交叉学科。超声波法被认为是高聚物降解中比较理想的一种物理方法，借助超声波的空化作用、机械效应和热效应，使大分子链发生断裂，分子量分布变窄，降低其分子量。研究表明超声波对KGM有明显的降解作用，处理超过30min后KGM黏度开始急剧下降，90min后又趋于缓和。此外，超声波能使KGM的旋光度变小并改变分子构象。与其他方法相比，超声法降解多糖具有简单、无污染、后处理过程大为简化等优点。

（6）辐照改性

辐照技术是一种安全、操作简单易控的冷加工方法。多糖辐照降解技术是利用γ射线以及电子束等电离辐射射线与多糖类物质作用，通过产生的物理、化学效应使被作用物中的糖苷键断裂，从而得到低分子量的产物。KGM作为一种高分子量、高黏度的多糖，利用辐照降低黏度，增加工业应用方便性也是研究的热点之一。用紫外光谱、红外光谱和乌氏黏度计初步探讨了辐照对KGM干粉结构的影响，结果显示在100kGy剂量下处理，KGM干粉基本结构未发生重大变化，仅引起羰基的基团增多，特性黏度随剂量增加而下降。利用不同浓度乙醇浸泡溶胀KGM颗粒，通过辐照可实现对KGM的可控降解。辐照后的KGM对其本身的物理化学性质，如成膜性、凝胶性等影响较大。

4.3.2 化学改性

(1) 酯化反应

酯化反应是指酸与醇发生反应形成酯和水，而 KGM 的酯化反应是利用 KGM 环上 2 位、3 位、6 位的羟基在适宜条件下与酸、酸酐反应生成相应的酯，从而改善其性质。以下为几种常见的改性产物。

① KGM 乙酸酯：KGM 分子链上有大量可被取代的羟基，所以分子与分子之间存在很强的氢键作用，使其丧失热塑性。利用乙酸与 KGM 进行酯化改性，用硫酸做催化剂制备了 KGM 乙酸酯，具有良好的热塑性。

② KGM 磷酸酯：磷酸易与 KGM 发生酯化反应，根据磷酸盐的不同，最后得到酯的种类也不同，分为 KGM 磷酸单酯和 KGM 磷酸二酯，后者属于交联 KGM 反应。Xie 等人将 KGM 磷酸酯化，发现絮凝性能与酯化程度成正比，且生物降解性能得到了明显的提升。

③ KGM 硝酸酯：KGM 分子中含有大量羟基，因此可以进行硝基酯化。以 KGM 为底物，浓 H_2SO_4 为催化剂，发烟 HNO_3 为改性剂，制备 KGM 硝酸酯。具体的制备原理如下：

$$HNO_3 + 2H_2SO_4 = NO_2^+ + H_3O^+ + 2HSO_4^-$$

$$KGM—OH + NO_2^+ = KGM—O—NO_2 + H^+$$

KGM 硝酸酯的热稳定性比 KGM 明显下降，其有望作为一种新型环保含能材料。

(2) 醚化反应

经醚化改性的多糖往往具有较好的稳定性、黏接性和较高的黏度，在食品加工的增稠、絮凝、保鲜等方面有着广泛的应用，如羧甲基纤维素钠、羧甲基淀粉等。对 KGM 进行醚化改性时，选择不同的醚化剂会形成不同的物质结构，从而具有独特的性质。

KGM 分子中的醇羟基对醚化改性十分有利，制备 KGM 醚类化合物主要包括以下两种有机化学反应：

Williamso 合成反应

$$KGM—OH + NaOH + RX \rightarrow KGM—OR + NaX + H_2O$$

式中，R 为烷基；X 为卤素 Cl 或者 Br。

Michael 加成反应

$$KGM—OH + H_2C=CH—Y \rightarrow (NaOH) KGM—OCH_2—CH_2—Y$$

用活化的乙烯基化合物与 KGM 羟基发生 Michael 加成反应。其中，最典型的就是丙烯腈与其反应生成氰乙基 KGM 醚。

① 羧甲基 KGM：羧甲基化是一种简单且高效的改性方法，羧甲基 KGM 的

改性在食品、污水处理、化工等方面均有较多的应用。通常羧甲基 KGM 的制备是以有机醇体系为分散介质，在碱性条件下由一氯乙酸（MCA）和 KGM 反应而获得。KGM 经羧甲基化改性后，其溶解性、抗潮性、成膜性能等明显改善，可用作空心胶囊的囊材。Ha 等人将 KGM 羧甲基化后与胆固醇共混，让其自聚集形成两亲共轭体系，初步研究表明该体系有望用作肾上腺素的载体。此外，羧甲基 KGM 也表现出对细菌的抑制作用，抑菌效果在一定范围内与取代度呈正相关，酸性条件更有益于抑菌作用的发挥。

② 氰乙基 KGM 醚：与纤维素及甲壳素相比，KGM 的刚性较弱，比较难以观察到其液晶特性。让 KGM 与丙烯腈在碱性条件下发生氰乙基化作用，制备氰乙基 KGM 醚，该方法可以提高分子链的刚性，进而探究其液晶特性。

（3）接枝共聚

KGM 中含有功能基团—OH 和—CH_2CO—，借助引发剂可将不饱和烯烃单体接枝到 KGM 聚合物的主链功能基团上，形成接枝共聚物。不同的接枝单体和接枝率可制得具有独特性能的产品。KGM 接枝共聚是 KGM 改性研究中很活跃的一个领域，在单体的选择、引发剂的筛选、聚合机理的研究及工艺条件的探索较多。接枝共聚的优势在于接枝共聚物既有 KGM 固有的特性，又具有合成聚合物支链赋予的新性能，如亲水性、吸附性等。

① KGM 接枝聚丙烯酸：丙烯酸是一种乙烯类单体，具有聚合速度快等特点，在有机合成和合成树脂方面有着广泛的应用。丙烯酸分子结构由一个乙烯基和一个羧基构成。邓霄利用^{60}Co-γ 射线辐照对 KGM 和丙烯酸进行辐照接枝共聚改性的方法，发现，魔芋葡甘聚糖和丙烯酸辐照改性材料具有较高的吸水性能和保水性能。KGM 接枝丙烯酸共聚物具有扩散吸湿的特点，即其吸湿率和平均吸湿速率强烈依赖环境湿度和吸湿接触面积，表现正相关性。由于其富含亲水性离子基团，以及不规则的多网格微观结构，与通用吸湿剂相比，KGM 接枝丙烯酸共聚物表现出长效吸湿和强保水能力。

② KGM 接枝聚丙烯酰胺：丙烯酰胺是一种白色晶体化学物质，是一种不饱和的酰胺，能溶于水、乙醇、乙醚等，不溶于苯和庚烷，它的结构式为：$CH_2=CHCONH_2$。将聚丙烯酰胺接枝到一些天然或者合成的高分子的主链上，可以赋予产物独特的性能。KGM 与 *N*,*N*-二亚乙基双丙烯酰接枝共聚，其产物水溶性及溶液黏度增强，可用作工业增稠剂和上浆剂。

（4）生物改性

魔芋葡甘聚糖的生物改性主要是酶法改性，通过酶的作用使 KGM 的空间结构发生相应的改变，即将长 KGM 分子链水解为短 KGM 分子链，使多糖部分地转化为低聚糖或寡糖。KGM 酶解过程中，底物浓度、酶用量、反应条件等参数的不同导致水解度不同，KGM 能表现出不同的功能理化特性。KGM 低聚糖是一种促进双歧杆菌增殖的有效物质，称为“双歧杆菌增殖因子”；作为载体可大量地应用于食品、医药、生物制品、农药等方面。

4.4 魔芋葡甘聚糖及其衍生物在食品工业中的应用

KGM分子中的乙酰基及大量活泼的羟基对其性质与衍生化反应都具有很大的影响。KGM分子可以进行脱乙酰化改性，羟基能通过酯化、硝化、醚化、接枝等化学改性法制备新型的KGM衍生物，而经过改性的KGM稳定性和溶解度都得到了提高，凝胶性和成膜性都有所改善，能够更好地在食品加工当中发挥作用。

如前所述，KGM具有多种优良的功能特性，例如疏水性、凝胶性、增稠性、黏结性、可逆性、成膜性和可生物降解性等，使其在食品、医药、化工、造纸、石油等生产领域有着广泛的用途。同时，KGM具有保健功能，能够预防心血管疾病，降低血糖水平，具有减肥等功效。近年来，关于魔芋和魔芋葡甘露聚糖在食品领域的应用研究日益引人注目。

（1）KGM的凝胶性在食品工业中的应用

KGM具有特殊凝胶性，可以开发一系列以魔芋凝胶为主料的食品，如魔芋面条、魔芋粉丝、魔芋豆腐等，还可以制作以KGM为辅料的食品，如魔芋果脯、魔芋软糖和魔芋饮料等。在食品添加剂方面，KGM可以加入到冰淇淋、面包、蛋糕、啤酒和肉制品中。在面制品生产中加入KGM，能使其与面粉中的淀粉和蛋白质相互作用，使面筋的筋力增强，富有弹性，进而提高面制品的质量。Jiménez-Colmenero等人将KGM代替脂肪添加到肉制品中，结果表明KGM的添加不仅降低了肉制品的脂肪含量，而且提高了肉制品的持水性和嫩度，增强了肉糜在加工过程中的热稳定性。KGM在肉制品中不仅发挥了它本身的凝胶作用，而且改善了肉制品品质。在水产品加工方面，KGM能较好地提升低值鱼蛋白的凝胶性。Iglesias-Otero等人研究了KGM对低值鱿鱼凝胶黏弹性的影响，结果发现KGM的添加能改善低值鱿鱼蛋白的不良特性，使其凝胶的黏弹性更好。

（2）KGM的增稠性在食品工业中的应用

增稠剂是食品添加剂的重要组成部分，它是用来提高食品黏度或形成凝胶的一类添加剂。KGM本身易溶于水，吸水后发生膨胀，黏度很高，是优良的食品增稠剂。其次，KGM与黄原胶等食品亲水胶体共同使用有着很好的协同增稠作用，可显著减少增稠剂的用量，提升效率的同时更能降低生产成本。在饮料的工业生产中，KGM可以作为悬浮剂和稳定剂，保持果肉的稳定，提高汁液的黏度，调节风味和外观质量。κ-卡拉胶与KGM通过分子间的协同作用形成的复配体系加入到冰淇淋中，与使用单一的食用胶相比，这种复合胶的添加使得冰淇淋的硬度得到了提高，并且不容易融化，口感也更加细腻。KGM 的膨胀系数较大，形成的凝胶透明度较高，可作为食品添加剂使果冻能更好地成型，使口感顺滑细腻。

(3) KGM 的成膜性在食品工业中的应用

KGM 溶液脱水后，形成有黏着力的薄膜，该膜在冷、热及酸、碱中均稳定，能有效地阻隔空气，阻止 O_2 进入果实内部，减缓由果蔬呼吸作用产生的 CO_2 向外扩散；有效地减少果蔬之间由摩擦产生的机械损伤，减少外源微生物的侵染；同时也能减少贮藏期间果蔬内部的水分蒸发，从而保持果蔬的硬度和色泽。另外，可食性 KGM 薄膜具有良好的耐热性、耐水性和可分解性，也具有较好的拉伸强度、耐折度和透明度，无毒无臭无味，成本低，易操作等优点，具有广阔的开发前景。

有研究对采用 KGM 膜前后产品的状态进行对比，结果表明 KGM 与卡拉胶的共混膜可以在草莓表面形成较好的半透膜气调环境，降低其呼吸作用，抑制蒸腾作用，减少致病菌侵染，防止其软化和腐烂变质，从而减少有机成分的损耗，延长草莓货架期，且对人体无害，是未来果蔬保鲜技术的发展方向之一。

(4) 魔芋葡甘聚糖的衍生物及其在食品工业中的应用

① 脱乙酰改性

KGM 在碱性环境中加热可脱去乙酰基。脱乙酰基后的 KGM 分子间相互作用增加，有利于分子间羟基的氢键相互交联，KGM 分子链也从半柔性直链分子转化成为弹性微球状，特征黏度大大降低，使其溶胀吸水性和结晶性都得到了提升。经过脱乙酰作用，KGM 凝胶临界时间变短，凝胶强度增加，弹性变好，这在食品领域的应用具有非常重要的意义，使得生产更加方便快捷，产品质量更优。将脱乙酰魔芋凝胶加入肉糜中，当添加质量分数为 50％时，可提高肉丸的弹性，降低失水率。

② 交联改性

KGM 分子大量可反应羟基能与多种交联剂发生交联反应，使不同分子的羟基联结在一起。交联的形式有酰化交联、酯化交联和醚化交联等。目前应用较多的就是利用硼砂和六偏磷酸钠这两种交联剂与 KGM 发生交联反应，改性后的 KGM 透明度、黏度、冻融稳定性均比对照组明显提高，其水溶胶具有一定的耐酸、耐高温能力，且具有一定的抑菌效果，其成膜性在樱桃保鲜上能发挥更好的作用。

③ 氧化改性

氧化魔芋葡甘露聚糖（OKGM）与 KGM 相比，颜色更加洁白，糊液黏度低且稳定性、透明性和成膜性好。KGM 经氧化作用而引起解聚，产生低黏度分散体并引进羰基和羧基，使其糊液黏度稳定性增加。OKGM 水溶胶的非牛顿行为显著降低，溶胶黏度稳定性及酸碱稳定性大幅度提高，其凝胶特性得到改善。董红兵等人对 OKGM 制备杂化膜进行研究，结果表明，经过氧化的 KGM 杂化膜耐洗刷性能更好，水溶胶的稳定性和膜的断裂伸长率也更强，在果蔬保鲜上，改性膜能发挥更稳定持久的作用。

④ 接枝共聚改性

KGM 形成接枝共聚物过程中不同的接枝单体和接枝率的控制可制得多种具有独特性能的产品。KGM 与丙烯腈、丙烯酰胺、丙烯酸、甲基丙烯酸甲酯等单体进行接枝共聚反应，向分子结构中引入亲水性基团，形成水溶性的 KGM 衍生物。Yu 等人利用 KGM 与 3-氯-2-羟丙基-三甲基氯化铵的反应来制备 KGM 季铵盐衍生物，通过调整 KGM 与 3-氯-2-羟丙基-三甲基氯化铵的比例来调节季铵化作用。改性后的衍生物具有更好的抑制细菌和真菌的作用，KGM 膜的功能特性得到了改善。陈思力研究了 KGM 丙烯酰胺改性膜在芦柑保鲜中的应用，结果发现改性后的膜能有效降低芦柑在贮藏期间的生理活性，降低烂果率，显著提高芦柑的外观品质，具有很好的保鲜效果。

参 考 文 献

[1] 陈思力．魔芋葡甘聚糖/丙烯酰胺改性膜的研究及其在芦柑保鲜中的应用 [D]. 福建农林大学，2010.

[2] 董红兵，李斌，谢笔钧．氧化魔芋葡甘聚糖/Ca（OH）$_2$ 杂化膜的制备与性能 [J]. 化学与生物工程（9）：44-46.

[3] 邓霄．辐照法魔芋葡甘聚糖丙烯酸改性及改性产物性能研究 [D]. 华中农业大学，2006.

[4] 金伟平．魔芋葡甘聚糖/明胶/多酚互作行为及微纳组装机制的研究 [D]. 华中农业大学，2016.

[5] 李斌，谢笔钧．脱乙酰基对天然魔芋葡甘聚糖分子形貌的影响 [J]. 功能高分子学报，2002，15（4）：447-450.

[6] 祁黎，李光吉，宗敏华．酶催化魔芋葡甘聚糖的可控降解 [J]. 高分子学报，2003（05）：42-46.

[7] 李万芬，汪超，陈国锋，等．魔芋葡甘聚糖接枝丙烯酸共聚物超强吸湿剂的扩散吸湿特性研究 [J]. 材料科学与工程学报，2007，25（2）：276-279.

[8] 田大听．基于魔芋葡甘聚糖的功能材料的研究 [D]. 华中科技大学，2012.

[9] 汪超，陈玫，等．环境因素对魔芋葡甘聚糖分子尺度的影响 [J]. 湖北工业大学学报，2007（2）.

[10] 姚闽娜，陈缘缘，邓荣华，等．魔芋葡甘聚糖涂膜对草莓的保鲜研究 [J]. 西南大学学报（自然科学版），2008，30（8）：72-75.

[11] Case S，Knopp J，Hamann D，et al. Characterisation of gelation of konjac mannan using lyotropic salts and rheological measurements [J]. Gums and Stabilizers for the Food Industry，1992，6，489-500.

[12] Ha W，Wu H，Wang X，et al. Self-aggregates of cholesterol-modified carboxymethyl konjac glucomannan conjugate：Preparation，characterization，and preliminary assessment as a carrier of etoposide [J]. Carbohydrate Polymers，2011，86（2），513-519.

[13] Yu H Q, Huang Y H, Ying H, et al. Preparation and characterization of a quaternary ammonium derivative of konjac glucomannan [J]. Carbohydrate Polymers, 69 (1): 29-40.

[14] Jin W, Xu W, Li Z, et al. Degraded konjac glucomannan by γ-ray irradiation assisted with ethanol: Preparation and characterization [J]. Food hydrocolloids, 2014, 36: 85-92.

[15] Kishida N, Okimasu S, Kamata T. Molecular weight and intrinsic viscosity of konjac glucomannan [J]. Agricultural and Biological Chemistry, 1978, 42 (9): 1645-1650.

[16] Pang J, Jian W, Wang L, et al. X-ray photoelectron spectroscopy analysis on surface modification of Konjac glucomannan membrane by nitrogen plasma treatment [J]. Carbohydrate Polymers, 2012, 88 (1), 369-372.

[17] Pang J, Chen S J, Li B, et al. Studies on the structure of oxidized konjac glucomannan [J]. Chinese Journal of Structural Chemistry, 2004, 23 (8): 912-917.

[18] Tatirat O, Charoenrein S, Kerr W L. Physicochemical properties of extrusion-modified konjac glucomannan [J]. Carbohydrate Polymers, 2012, 87 (2), 1545-1551.

[19] Toshifumi Yui, Kozo Ogawa, Anatole Sarko. Molecular and crystal structure of konjac glucomannan in the mannan II polymorphic form [J]. Carbohydrate Research, 229 (1): 41-55.

[20] Wang Y, Liu J, Li Q, et al. Two natural glucomannan polymers, from Konjac and Bletilla, as bioactive materials for pharmaceutical applications [J]. Biotechnol Letter, 2015, 37 (1), 1-8.

[21] Xu D Y, Liao Z F, Wang H. Preparation and Characterization of Konjac Glucomannan Gel [J]. Applied Mechanics and Materials, 2011, 117-119: 1374-1376.

[22] Xie C, Feng Y, Cao W, et al. Novel biodegradable flocculating agents prepared by phosphate modification of Konjac [J]. Carbohydrate Polymers, 2007, 67 (4), 566-571.

[23] Yin W, Zhang H, Long H, et al. Effects of SDS on the sol-gel transition of konjac glucomannan in SDS aqueous solutions [J]. Colloid & Polymer Science, 2008, 286 (6-7): 663-672.

[24] Zhang Y, Xie B, Gan X. Advance in the applications of konjac glucomannan and its derivatives [J]. Carbohydrate Polymers, 2005, 60 (1), 27-31.

5

甲壳素与壳聚糖

甲壳素（Chitin）是1811年由法国学者布拉克诺（Braconno）首先发现的，当时是从蕈类（即蘑菇）中发现并提取的，取名为蕈素（fungine）。后来在1823年法国人奥吉尔（Odier）从甲壳动物外壳中提取并命名为Chintin，又名几丁质，外观呈淡米黄色至白色，不溶于水、碱、一般酸和有机溶剂，只溶于部分浓酸，是依靠人体胃肠道中的甲壳素酶、溶菌酶等的作用少部分分解，因此其吸收率较低。

壳聚糖（chitosan），化学名称为β-(1→4)-2-乙酰氨基-2-脱氧-D-葡萄糖，是由甲壳素经过脱乙酰作用得到的，通常将N-乙酰基脱去55%以上的甲壳素称为壳聚糖，或者说能在1%乙酸或1%盐酸中溶解1%的脱乙酰甲壳素。甲壳素在C2脱乙酰后，形成2-氨基-2-脱氧-D-葡糖聚合物，脱乙酰程度越高，功能性越好，但由于脱乙酰不能完全，通常所指壳聚糖实质上是甲壳质和壳聚糖的混合物。作为工业品的壳聚糖，N-脱乙酰度在70%以上。N-脱乙酰度在55%～70%的是低脱乙酰度壳聚糖；70%～85%的是中脱乙酰度壳聚糖；85%～95%的是高脱乙酰度壳聚糖；95%～100%的是超高脱乙酰度壳聚糖。N-脱乙酰度100%的壳聚糖极难制备。壳聚糖不溶于水，但可溶于稀酸。壳聚糖具有良好的化学物理性能，能和多种物质结合，其物化性能可通过化学方法得到进一步改良。通过拉丝、成膜、制粒等方法可做成各种壳聚糖材料，可广泛应用于食品包装、医用材料水处理、纺织工业、农业、环境保护、化妆品和其他日用化学工业等领域。

甲壳素和壳聚糖及其衍生物具有抑菌、增强免疫力、减肥、调节血脂、促进伤口愈合和抑制肿瘤等功能，另外壳聚糖还具有良好的吸附性、成膜性和通透性、成纤性、吸湿和保湿性、生物相容性及可降解性。由于它们独特的分子结构和理化性质以及良好的生物相容性、降解性，已在医药、食品、化妆品、农业、环保以及酶的固化载体等方面显示出广泛的应用用途。

5.1 甲壳素的来源、结构和性质

5.1.1 甲壳素的来源

甲壳素作为一种天然多糖，是自然界中储量仅次于纤维素的第二大可再生资源，年产量达10亿吨以上，广泛存在于自然界中的低等藻类、菌类细胞，虾、蟹和昆虫外壳，植物的细胞壁等，通常与钙质、蛋白质等紧密组织在一起。甲壳素分子结构如图5-1所示。其来源主要分布在①节肢动物：虾、蟹等，甲壳素含量高达60%；昆虫纲：蝗、蚊、蝇、蝶、蚕、蛹壳等，含量20%～60%；多足纲：马陆、蜈蚣等；蛛形纲：蜘蛛、蝎等，含有甲壳素5%～20%；②软体动物：石鳖、鲍、蜗牛、角贝、牡蛎、乌贼等，甲壳素含量为4%～25%；③环节动物：角窝虫、沙蚕、蚯蚓、蚂蟥，含量为10%～40%；④原生动物，如锥体虫、变形虫、疟原虫、草履虫等，含量较少；⑤腔肠动物：中水螅、筒螅、海月水母、海蜇、霞水母等，含量在3%～30%范围内；⑥海藻：主要是绿藻，含量较少；⑦真菌：子囊菌、担子菌、藻菌等，含量从微量到45%；⑧多数动物的足、蹄、关节以及骨骼与肌肉接合处均存在甲壳素。此外，在某些特定的情况下，植物中也会存在少量甲壳素或壳聚糖，当病原体侵袭植物细胞壁时，一些细胞壁中的多糖降解为有生物活性的寡糖，如甲壳六糖。当树木受伤后，其伤口愈合处就会产生一定量的甲壳六糖；脂寡糖由根瘤菌产生，也属于甲壳素。

5.1.2 甲壳素的分子结构

如图5-1，甲壳素是由2-乙酰氨基-2-脱氧-D-吡喃葡萄聚糖和2-氨基-2-脱氧-D-吡喃葡萄聚糖以β-1,4-糖苷键连接而成的二元线型聚合物，分子式为（$C_8H_{13}NO_5$）$_n$。甲壳素的化学结构与纤维素非常相似，如果把组成纤维素葡萄糖单元第二个碳原子上的羟基（—OH）换成乙酰氨基（—$NHCOCH_3$）或氨基（—NH_2），就变成甲壳素。

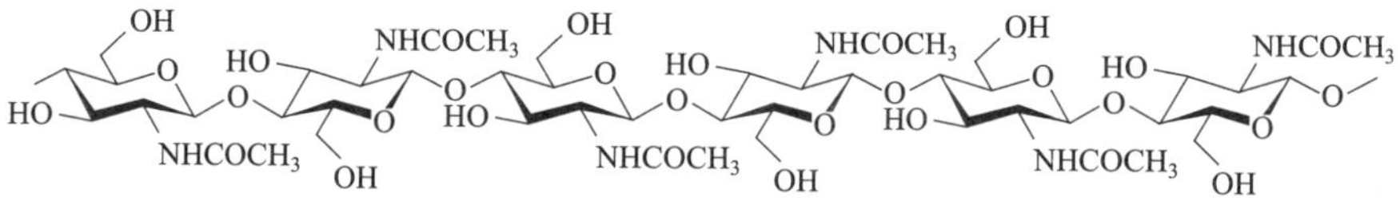

图5-1 甲壳素分子结构式

甲壳素这类结晶高分子主要可以分为三种同质异型体：α型、β型和γ型，其中γ型在自然界中比较少见，被认为是α型的一种变异体。α型甲壳素是最稳定，储量最丰富的甲壳素，广泛存在于真菌、酵母细胞壁，在各种虾、蟹壳中与矿物质沉积在一起后，形成坚硬的外壳。相比之下，β型甲壳素储量就少很多，仅仅存在鱿鱼、乌贼和管虫等体内，与胶原蛋白相联结，表现出较好的流动性和柔韧性，还具有多种生理功能。在α型、β型两种晶体结构中，甲壳素分子链通过大量的氢键紧密连接在一起，形成片状的板块，这种紧密的网络结构主要是由较强的C—O…NH氢键来决定。而α型甲壳素晶体结构比β型甲壳素晶体结构含有更多种类及数量氢键。因此，很多极性的小分子例如水、乙醇等就很容易渗透到β型甲壳素中，而通常这些小分子是难以进入α型甲壳素内。另外，β型甲壳素的晶内膨胀行为在水、乙醇中是可逆的，但在强酸溶液中是不可逆的，这是因为片层间的氢键被破坏，结晶消失，但结晶度依然存在，在去除酸液后，就会发生再结晶，α型甲壳素晶体形成。从β型到α型甲壳素的转变说明α型甲壳素在热力学上比β型甲壳素更稳定。α型甲壳素常用来制备甲壳素晶须，主要是因为它储量丰富，尽管β型甲壳素储量少，但由于其晶须有着更高的长径比，而且

β型甲壳素的反应活性相对于α型甲壳素更高，因此也有不少人使用β型甲壳素制备甲壳素晶须。

天然甲壳素的乙酰化程度（DA）通常为0.90以上，这代表了氨基基团的含量（即使在提取过程中发生了脱乙酰作用，甲壳素仍含有5～15%的氨基基团），因此，*N*-乙酰化程度，即结构单元2-乙酰氨基-2-脱氧-D-葡萄糖与2-氨基-2-脱氧-D-葡萄糖的比率对甲壳素的溶解度及溶液的性质有非常大的影响。甲壳素*N*-脱乙酰基产物称为壳聚糖，是葡糖胺与*N*-乙酰氨基葡萄糖的共聚物。当*N*-乙酰氨基脱去55%以上时就可称为壳聚糖，或能在1%乙酸或1%盐酸中溶解1%的脱乙酰甲壳素，也被称为壳聚糖，其别名“壳多糖”“脱乙酰甲壳素”“脱乙酰甲壳质”“甲壳糖”“氨基多糖”“几丁聚糖”等，化学名为β-(1→4)-2-氨基-2-脱氧-D-葡萄糖，结构式如图5-1所示。由图可知，尽管壳聚糖也有很多羟基但是其却含有很多氨基容易被氢离子质子化因而可以溶于酸或酸的水溶液中。壳聚糖的物理性质主要与其分子质量（约1000～100万Da），脱乙酰度DD（范围50%～95%），氨基、乙酰氨基的排列顺序及产品纯度有关。甲壳素和壳聚糖残基上都含有两种羟基（—OH），分别与6位碳和3位碳相连，因此在一定条件下能够进行与—OH相关的反应，常见的有*O*-酰化（酯化）、*O*-烷基化（醚化）、羟烷基化、羧烷基氰烷基化、羧酯化等。甲壳素乙酰氨基N上的H很稳定，但在一些剧烈条件下，也能发生取代反应。壳聚糖的氨基具有一对孤对电子，亲核性很强，N上的H很活泼，可以进行多种化学反应如*N*-酰化、*N*-烷基化和希夫碱化等。

5.1.3 甲壳素的性质

5.1.3.1 物理性质

甲壳素呈白色或灰白色、半透明、有珍珠色泽的无定形固体，因原料和制备方法的差异导致分子质量从数十万到数百万道尔顿不等。由于大分子间强的氢键作用，自然界存在的甲壳素结晶构造坚固，不溶于水、稀酸、稀碱，可溶于浓盐酸、硫酸等无机酸和许多有机酸。β型甲壳素主要来源于某些软体动物，在自然界中的产量相对较少，分子间氢键作用力较弱，可通过超声等低能机械力处理得到甲壳素纳米纤维。而α型甲壳素主要来源于虾蟹等硬壳动物壳，来源广泛，产量大，因此更具备研究价值，多数研究都聚焦于α型甲壳素，然而α型甲壳素分子间氢键作用力强，难溶于普通溶剂，低能量机械力作用也很难打开其分子链，因此需要借助新的手段来研究α型甲壳素。近年来，一系列新技术如碱尿素低温溶解体系、超声及高压均质等高能量物理处理手段的诞生为α型甲壳素的研究提供了一些方便。

壳聚糖是葡糖胺和*N*-乙酰葡糖胺的复合物，聚合程度的差异使其分子质量在50～1000kDa之间。壳聚糖的外观呈半晶体状态，结晶度与去乙酰度有关。去乙酰化达50%时，其结晶度最低。甲壳素和壳聚糖均具有非常复杂的螺旋结构，且甲壳素及壳聚糖的结构单元不是单胺，而是二胺。

5.1.3.2 化学性质

碱尿素低温溶解体系为最近高分子科学家发明的一种新型溶解体系，利用该体系在低温下能破坏甲壳素分子间强烈氢键的作用原理，通过反复冻融循环，甲壳素被成功溶解，得到透明的甲壳素溶液。该体系所溶解的甲壳素对酸、温度均很敏感，加酸、升高温度均会导致溶解的甲壳素析出，根据甲壳素的溶胶凝胶性质，一系列甲壳素新材料如甲壳素微球，甲壳素膜被成功制备。且经该体系溶解再生得到的再生甲壳素，分子间氢键作用力大大削弱，在弱的机械力如超声作用下，α型甲壳素能被分散形成甲壳素纳米纤维、微米甲壳素颗粒及纳米甲壳素颗粒。

甲壳素及壳聚糖分子链上含有—OH、$—NH_2$、氧桥、吡喃环等功能基团，因此一定条件下能够水解、生物降解、酰基化、烷基化、缩合等。壳聚糖溶解性和pH值有关，酸性条件下，氨基质子化后易溶于水。$pH<5$时，壳聚糖溶于水后形成黏稠的液体，碱化处理后，可形成凝胶而沉淀。壳聚糖本身带正电荷，在酸性水溶液中可与肝素、海藻酸钠、羧甲基甲壳素等聚阴离子化合物相互作用，形成聚电解质配合物。由于其分子链C2上有氨基，C6上有羟基，因此在较温和的条件下易发生化学反应，制备出多种功能特性的衍生物。并且通过修饰其侧链基团可以得到具有不同生物活性的衍生物。如壳聚糖易溶于酸性环境，限制其在体内的应用。通过分子修饰得到水溶性壳聚糖衍生物，使其易溶于生理盐水，从而能扩大其应用范围。

5.1.3.3 医学性质

甲壳素医学名：几丁聚糖

（1）甲壳素属于不易消化吸收的膳食纤维。将甲壳素与蔬菜、植物性食品、牛奶及鸡蛋一起食用有助于人体对甲壳素的吸收。植物体内和动物肠内细菌中含有的乙酰酶、壳糖胺酶、溶菌酶以及牛奶、鸡蛋中含有的卵磷脂共同作用可将甲壳素降解成寡聚糖，降解产物六分子葡糖胺的生理活性最强。

（2）壳聚糖分子中含有氨基（$—NH_2$），具有碱性，在胃酸的作用下下可生成铵盐，可使肠内pH值偏向碱性，从而改善酸性体质，且壳聚糖是自然界中唯一存在的带正电荷膳食纤维。

（3）进入人体的甲壳素被分解成基本单元葡糖胺，而葡糖胺是人体内固有成分，乙酰葡糖胺是甲壳素的基本单元，同时也是体内透明质酸的基本组成单位。甲壳素对人体细胞有很强的亲和性，不会发生排斥反应。

（4）溶解后的壳聚糖呈胶状态，具有较强的吸附能力。因壳聚糖分子中含有羟基、氨基等极性基团，吸水性较强。

(5) 甲壳素是动物性食物纤维，无毒副作用，其安全性近似于砂糖（甲壳素半致死量为8g/kg，砂糖为9g/kg）。

(6) 能够与重金属离子发生螯合，能够作为排泄剂，去除体内重金属离子。

5.1.3.4 在食品工业领域的应用

(1) 功能食品。甲壳素及其衍生物在功能食品工业中的应用，主要利用其降血糖、降血脂和降胆固醇性能。

(2) 保鲜剂。甲壳素可使鸡蛋的保鲜时间达到3周，同时还能增加蛋黄指数；壳聚糖膜涂膜具有良好的阻气性和抑菌性，可抑制果蔬的代谢和减少果蔬内水分蒸发，延长果蔬保鲜时间、抑制微生物污染、减轻果蔬腐败。

(3) 作为抗氧化剂。甲壳素通过和肉中铁离子发生螯合抑制铁离子的催化活性，延长肉类保藏保鲜时间。

(4) 作为食品新型包装材料。甲壳素及其衍生物材料与传统的包装材料相比，具有可食性、抗菌性、保鲜性和生物可降解性，且对环境无污染，同时能抑制食品腐败，维持食品品质，延长食品储藏时间。甲壳素可与淀粉、果胶、明胶、乳清蛋白、聚乙烯醇等共混制备具有抑菌性的可食包装膜，还可制备可降解饭盒。

(5) 絮凝剂、增稠剂。甲壳素作为絮凝剂在食品工业中已得到广泛应用，把它加入饮料和果汁等液体中可起到澄清的作用；壳聚糖可与糖汁中一些物质结合发生絮凝作用，净化糖汁；还可去除水中杂质和吸附重金属，净化水资源，减轻对人体健康的危害。

(6) 作为抑菌剂。甲壳素和壳聚糖具有抗菌性，可有效抑制一些革兰氏阳性菌和革兰氏阴性菌的生长繁殖，防止食品腐败变质。

(7) 用作乳化剂。甲壳素及其衍生物具有较好的乳化、增稠及螯合金属离子的作用，可制备成甲壳素微晶或其分散体，提高其在食品加工中所起的作用；在冰淇淋加工中，微晶甲壳素可使其冰晶颗粒分布均匀、口感柔滑、外形美观稳定，还可用于面包、果酱、花生酱、奶油替代品等的加工生产中，以改善食品口感、外观等性能。

5.2 甲壳素在食品领域中的应用

5.2.1 甲壳素膜

甲壳素作为一种高分子多糖，具有溶胶凝胶及成膜特性，可利用甲壳素此特性制备甲壳素膜材料，从而用于食品包装材料，有研究利用碱尿素溶解体系在低温条件下溶解甲壳素，并通过溶剂交换絮凝、去除碱尿素、干燥等步骤制备得到了高强度及高阻气性甲壳素薄膜，且通过在不同凝固浴中絮凝，可得到机械性能、阻气性能及微观结构不同的甲壳素膜，这是因为不同的絮凝条件会调节甲壳素分子之间的排列，从而得到不同性能的膜材料。另有研究根据以上描述方法制备得到了高强度甲壳素薄膜，并在此基础上利用甲壳素与多酚分子间强烈的氢键及疏水相互作用，通过一种简单的界面组装方法一步得到具有高强抗氧化性及抗菌性的甲壳素多酚复合膜，该膜具有机械强度高、水蒸气透过率低、阻气性强、抗氧化抗菌能力强等特点，有望作为新型包装材料在食品保鲜等领域应用。

5.2.2 甲壳素微球

高分子微球因其多孔结构，比表面积大、且相比合成高分子具有可生物降解等优点而广泛应用于吸附分离载体，大分子固定载体，受到研究者青睐。已有研究利用甲壳素在碱尿素体系中的溶胶凝胶特性通过乳液模板法制备了粒径范围在90μm～1mm的甲壳素微球，该方法绿色环保，不需要使用任何交联剂，且可通过调节油相水相比例、乳化剂浓度、搅拌转速来调节所制备微球的粒径。同时微球制备过程中相分离导致的多孔结构适合于作为大分子固定载体、吸附剂等。且可在制备过程中添加磁性四氧化三铁得到磁性甲壳素微球方便使用过程中微球回收。望运滔等人采用浓碱低温脱乙酰方法制备了脱乙酰甲壳素，后采用戊二醛交联方法固定食品用α-淀粉酶，所固定α-淀粉酶具有较好的重复使用性能，从而可以提高淀粉酶的使用效率。同时利用甲壳素分子在碱性条件下能与活性染料发生亲核加成反应，在磁性甲壳素微球中引入了带负电荷的磺酸基团，从而改性甲壳素微球能对水中带正电荷的染料具有较好的吸附性能，因此该磁性甲壳素微球可以对食品中带正电荷的食品色素具有吸附性能。因磁性甲壳素微球中含有乙酰氨基基团，在pH值6.5以下磁性甲壳素均带正电荷，因而可以对带负电荷的食品色素具有一定吸附能力。同时研究还发现甲壳素与多酚之间具有强烈相互作用，即氢键及疏水相互作用，因而能吸附大量多酚，且甲壳素的多孔结构及亲疏水性结构能够吸附大量花青素，可作为花青素的递送载体，保护花青素在加工过程中免遭光、热等环境因素破坏，同时负载花青素的甲壳素微球在胃中及肠道中释放量均较少，可在结肠中被微生物降解从而发挥其健康功效。

5.2.3 纳米甲壳素

5.2.3.1 纳米甲壳素的制备方法

(1) 酸水解及TEMPO氧化制备甲壳素纳米晶

酸水解法主要是利用强酸如盐酸、硫酸等在高温作用下去除甲壳素的无定形区且使甲壳素分子质子化带上正电荷，从而使分子间排斥力增加，更易在机械力作用下被分散等特点得到如图 5-2(a) 所示高度结晶的针状甲壳素纳米晶。该方法是制备甲壳素纳米晶最经典的方法，然而该方法需要在强酸高温条件下剧烈反应，在酸水解去除无定型区的同时也破坏了部分结晶区，导致甲壳素纳米晶的产率较低（55%）。另有科学家采用 4-乙酰氨基-2，2，6，6-四甲基-1-哌啶氧（TEMPO）在 pH10 条件下氧化甲壳素制备了如图 5-2(b) 所示长度与宽度分别为 340nm 与 8nm 的甲壳素纳米晶，TEMPO 将甲壳素 6 位碳上醇羟基氧化为羧基，从而使得甲壳素分子带上负电荷，因此分子间排斥力的增加使得甲壳素后期在超声作用下能被分散。因该反应条件没有酸水解条件下制备的甲壳素纳米晶剧烈，该体系下所得甲壳素纳米晶产率比酸水解法高。该方法需要使用昂贵的化学试剂且需要仔细控制反应进程。

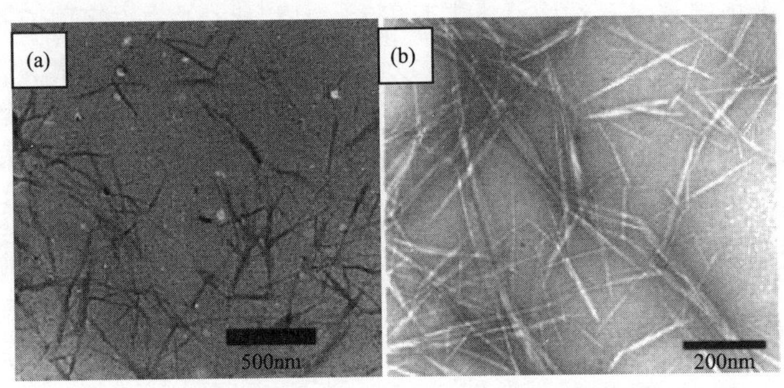

（a）酸水解生成甲壳素纳米晶　（b）TEMPO 氧化制备甲壳素纳米晶

图 5-2　酸水解及 TEMPO 氧化制备甲壳素纳米晶

（2）超声作用方法制备甲壳素纳米纤维

有研究通过在酸性条件下超声处理鱿鱼骨中提取的 β 型甲壳素 2min 得到分散状态的甲壳素纳米纤维，这是因为 β 型甲壳素中甲壳素分子间氢键作用力较弱，在酸性条件下甲壳素乙酰氨基质子化而带正电，因而在弱的机械力作用下能被分散成平均宽度为 3～4nm 的甲壳素纳米纤维。而对于自然界中储量最丰富的 α 型甲壳素而言，分子间强烈的氢键作用力使得超声等弱的机械力作用并不能分散甲壳素分子链从而得到甲壳素纳米纤维。为此，研究者通过一些前处理手段辅助超声作用得到甲壳素纳米纤维。有研究者通过在 33% NaOH 90℃条件下处理 α 型甲壳素 2～4h 后得到乙酰度为 70%～74%的甲壳素，后将浓度为 0.1%的此部分脱乙酰 α 型甲壳素超声处理 1min 得到如图 5-3(a) 所示平均宽度和长度分别为 6.2nm、250nm 的棒状甲壳素纳米纤维，且所得分散液透明度高，稳定性强。这是因为甲壳素分子脱去部分乙酰基后，甲壳素碳 2 位上自由氨基从 0.48mmol/g 增加到 1.56mmol/g，从而导致甲壳素分子在酸性条件下的正电荷量增加，分子间排斥力增大，使其在机械力作用下能更容易被分散成甲壳素纳米纤维。研究者通过对虾壳在强碱条件脱色脱蛋白，强酸脱钙处理后，得到湿态状态下的甲壳素后在中性条件下超声处理 30min 得到如图 5-3(b) 所示高透明、高结晶度的甲壳素纳米纤维。这是因为化学手段前处理虾壳所得溶胀状态下甲壳素在高强度超声处理下被分散成甲壳素纳米纤维，而此干燥状态甲壳素在同等条件下处理却得不到甲壳素纳米纤维，因干燥过程甲壳素分子间又形成了强烈的氢键使得甲壳素难以再次用低能方法分散。也有研究者通过碱尿素体系溶解甲壳素后采用溶剂交换方法得到再生甲壳素，此种甲壳素分子间氢键作用力减弱，在酸性条件下超声能得到微米及纳米级别甲壳素。通过延长超声时间，可以得到粒径更小的甲壳素粒子。

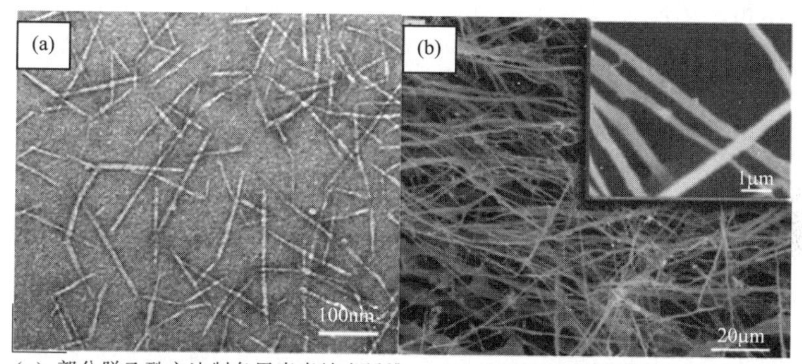

(a) 部分脱乙酰方法制备甲壳素纳米纤维　(b) 虾壳前处理后超声处理所得甲壳素纳米纤维

图 5-3　脱乙酰方法及超声处理制备甲壳素纳米纤维

(3) 高压均质或碾压方法制备甲壳素纳米纤维

因低能方法无法直接获得甲壳素纳米纤维，因此有研究者尝试在酸性条件下采用高能方法处理原始状态为干态的甲壳素得到甲壳素纳米纤维。有研究者将甲壳素分散在水中，然后用醋酸调节溶液 pH 为 3，并用高能挤压方法得到平均宽度为 20nm 左右，高比表面积的甲壳素纳米纤维。且在酸性条件挤压所得甲壳素纳米纤维直径更细，比表面积更大。此方法为从干态状态下原始甲壳素得到甲壳素纳米纤维提供了一种可能，且此方法获得纳米甲壳素保留了虾蟹壳中甲壳素纳米纤维的原始状态，其乙酰基含量以及结晶度均没有发生明显变化。同理，也有研究者通过高压均质方法在弱酸性条件下处理经过前处理除去蛋白质、矿物质后的虾壳，得到平均粒径在 20nm 左右，长度在 100～1mm 之间的甲壳素纳米纤维，高压均质的高能量投入以及酸性条件下甲壳素分子间的电荷排斥共同作用确保了甲壳素纳米纤维的制备。另有研究者通过高压均质处理甲壳素得到甲壳素纳米纤维，然后此甲壳纳米纤维溶液在空气中缓慢干燥成膜，且此膜具有较好的氧气及二氧化碳阻隔率，是所有研究中气体透过率最低的膜材料，甚至超过商用包装阻气材料如 PET、PE 等。甲壳素纳米纤维的高结晶度导致所制备甲壳素膜孔隙率较低，阻气性较强，该膜有望在包装材料领域发挥其用途。

5.2.3.2 纳米甲壳素的应用

(1) 纳米甲壳素作为液体界面稳定剂

由于甲壳素分子特殊的糖环结构尤其是分子中C—H键的排列使其具有疏水性区域，而甲壳素分子结构中的多羟基结构赋予其较好的亲水性，使得甲壳素分子天然具有两亲性结构，进而导致甲壳素纳米晶不经过任何化学改性就能吸附在油水界面上，稳定水包油乳液。研究发现甲壳素纳米晶具有稳定水包油乳液的性质，且甲壳素纳米晶所稳定乳液能抵抗一定环境因素如pH、温度、离子强度而保持较好稳定性。研究还发现一定量的甲壳素纳米晶能稳定高内相乳液，最高能稳定96%油相。从而使得甲壳素纳米晶能在食品营养递送、多孔材料制备等领域发挥作用。甲壳素作为多糖，与蛋白质，磷脂等分子相比具有更好抵抗极端环境如pH、温度、离子强度能力，因而其稳定乳液也具有较高的稳定性。另有研究者通过浓磷酸在低温条件下溶解甲壳素并再生所得甲壳素纳米纤维，发现此甲壳素纳米纤维也与上述甲壳素纳米晶一样具有稳定水包油乳液的性质，但该过程需要消耗大量浓磷酸且制备时间较长。因甲壳素耐高温、耐酸碱、耐盐离子，研究发现超声处理所得纳米甲壳素乳液能耐90℃以下热处理，热处理后乳液不破乳，粒径也不发生明显变化。且能在更宽pH范围内稳定乳液，但pH会影响所得乳液的粒径大小及稳定性，这是因为甲壳素在不同pH条件下所带电荷不同，分子间斥力不同，因而会影响所得乳液的网络结构，且研究发现可通过超声时间调节纳米甲壳素的乳化性能。另有研究发现甲壳素纳米纤维玉米醇溶蛋白复合物稳定乳液比单独玉米醇溶蛋白稳定乳液具有更好的离心稳定性、更小的粒径，这是因为甲壳素纳米晶须与玉米醇溶蛋白之间存在强烈的氢键及疏水相互作用，分子组装后赋予复合物更好的乳化性，且蛋白质多糖复合物所稳定乳液比单独玉米醇溶蛋白颗粒所形成乳液具有更紧密的网络结构。相比传统乳化剂如乳清蛋白，再生甲壳素所稳定乳液在胃肠内消化慢，脂肪酸释放速率慢，因而所提供的能量小，这是因为：甲壳素纳米颗粒强烈不可逆吸附于油水界面，胆盐及脂肪酶不能进入油水界面；纳米甲壳素在连续相中所形成的网络结构减慢了脂肪的消化速率，甲壳素纳米晶损坏了进入乳液中胰脂肪酶的活力。研究还发现通过控制甲壳素所稳定乳液乳化剂的类型与乳液的结构能控制乳液的消化速率及脂肪吸收，进而控制能量摄入及体重。

另有研究通过溴代十六烷对甲壳素纳米晶须进行疏水改性，改性后甲壳素纳米晶须的疏水性得到较大提高，可以在葵花籽油中形成稳定的分散液，且改性纳米晶须的添加显著增强了葵花籽油的黏度，表明可以通过向不饱和油脂中添加一定改性甲壳素纳米晶而得到油胶，得到具有类似饱和脂肪基本性质的不饱和脂肪。

(2) 纳米甲壳素作为材料增强剂

甲壳素纳米晶或纳米纤维因其纳米结构、高结晶度、高机械性能，且与无机填充剂相比具有可降解性、可再生性、可持续性等优势常被用作材料增强剂来增强材料的机械性能。有研究者研究了甲壳素纳米纤维对 11 种丙烯酸树脂性质的影响，结果发现纳米甲壳素纤维作为填充剂极大地增强了丙烯酸树脂膜的机械强度，甲壳素纳米纤维的添加并未对丙烯酸树脂膜的透光率产生明显影响，这主要是由甲壳素纳米晶的尺寸效应（小尺寸）导致。有研究者研究了甲壳素纳米晶体的脱乙酰处理，乙酰化处理以及 TEMPO 氧化处理对甲壳素纳米晶体抑菌性能的影响，发现部分脱乙酰（乙酰化度为 79%）处理增加了甲壳素纳米晶中自由氨基的含量，从而增强了其抑菌性能。后将其用于制备脱乙酰甲壳素纳米晶细菌纤维素复合膜，发现脱乙酰甲壳素纳米晶的添加增强了细菌纤维素膜的机械性能，并且增强了其抗菌性能。该研究选取完全天然材料，不使用任何有毒试剂而制备抗菌材料，绿色环保。另有研究者通过高压均质制备得到甲壳素纳米纤维，结果发现甲壳素纳米纤维的添加能够增强转谷氨酰酶交联大豆 7s 分离蛋白所形成凝胶的机械强度，进而能调控所得凝胶的质地口感。研究还发现在明胶中加入甲壳素纳米晶，可以增强明胶的凝胶强度及凝胶能力，添加甲壳素纳米晶后，明胶的凝胶温度提高了 11.7℃，凝胶强度提高，且因甲壳素纳米晶须与明胶之间强烈的氢键及静电相互作用导致更加致密的凝胶网络的形成，且添加甲壳素纳米晶后明胶的耐盐性能及耐酸碱性能均提高。这与上述纳米甲壳素作为材料增强剂原理类似，归结于纳米甲壳素的高机械强度，这也为调控食品织构提供了一种新的方法。

（3）抗菌作用

纳米甲壳素具有一定的抗菌作用，研究发现纳米甲壳素脱乙酰处理后，更多氨基的暴露将导致甲壳素抗菌作用更强，因此脱乙酰纳米甲壳素在作为材料增强剂时还可以赋予材料一定的抗菌性能。有研究发现在制备玉米淀粉膜过程中加入一定甲壳素纳米晶须，除了玉米淀粉膜的机械性能得到大幅度增强外，复合膜还具有一定的抑菌性能，对革兰氏阳性菌单增李斯特菌的抑制作用强于革兰氏阴性菌大肠杆菌，这主要是由于这两种细菌的细胞壁结构不同，抑菌机制主要是带正电荷的甲壳纳米晶须与细菌的细胞壁之间发生作用。

（4）甲壳素的营养作用（保健作用）

甲壳素在食品体系中的作用与其作为一种膳食纤维的功能相关，在美国与日本甲壳素衍生物被批准在众多食品如面条，薯条，醋中添加，因其具有降胆固醇功效。甲壳素作为一种饲料添加剂，可以调节动物的肠道菌群，降低动物血清胆固醇及三酰甘油水平，增加高密度脂蛋白含量。研究发现脱乙酰甲壳素纳米纤维纳米晶须具有一定的降血脂效果，对高脂肪膳食小鼠，甲壳素纳米纤维的摄入能抑制小鼠血脂的升高，并减少脂肪在肝脏中积累，从而避免脂肪肝，同时还发现甲壳素纳米纤维的摄入能导致老鼠体重降低及储存脂肪组织的减少。研究发现在淀粉制品中加入甲壳素纳米晶须，能延缓淀粉的短期及长期老化行为，这是因为甲壳素纳米晶须与淀粉分子之间氢键及疏水相互作用，从而阻止了淀粉分子的重排，阻止了淀粉的老化。且甲壳素作为一种膳食纤维，不能在胃肠道内直接被消化酶消化提供能量，能在肠道内被微生物降解从而发挥健康功效。

（5）甲壳低聚糖

基于甲壳素的寡糖研究一直是食品以及药品领域研究的热点，这是因为甲壳素寡糖具有抗肿瘤、增强免疫力，调节肠道菌群等有益于人体健康的功效。通常用酶水解以及酸水解的方法水解甲壳素得到不同聚合度的寡糖，且寡糖的健康功效与其聚合度息息相关。甲壳低聚糖是经过一定处理将壳聚糖分子间或分子内的氢键、糖苷键断裂获得的低聚物，聚合度一般在 2～20 之间。甲壳低聚糖与壳聚糖相比，具有很多独特的生物活性，如抑制肿瘤生长、增强机体免疫力、降低胆固醇等。

寡糖是一类有利于改善肠道微生物结构的益生元，现有甲壳素寡糖的研究主要聚焦于寻找高效方法制备优质寡糖。通常可通过酸水解、酶水解得到寡糖，酸水解具有效率高的优点，但产率较低、产品品质低、环境污染大。酶水解是比较温和、环境友好的生产寡糖方式，通常采用甲壳素酶水解得到高品质、高质量、产率高、生物活性高的甲壳素寡糖。然而由于甲壳素分子间强烈的氢键作用阻碍了酶分子水解甲壳素，通常使用预处理如球磨、碾压、超声、高压均质、溶解再生等手段改变甲壳素分子结构从而有利于酶解。

最近研究发现球磨甲壳素可以得到甲壳素寡糖，他们发现球磨后甲壳素糖苷键断裂，但仍保留了乙酰氨基，所得产物为聚合度在 1～5 之间的甲壳素寡糖。研究还发现球磨中添加高岭土时甲壳素寡糖的溶解度为 75.8%，而未添加高岭土时甲壳素寡糖的溶解度为 35%，这是因为高岭土可以作为一种催化剂加速球磨过程中甲壳素糖苷键的断裂，从而得到聚合度更低的甲壳素寡糖。结构表征表明球磨 2h 后，甲壳素的结晶度减少了 50%，同时红外结果也表明球磨过程导致甲壳素分子间氢键作用力减弱。该研究为甲壳素寡糖的制备提供了一种不需要液体参与的新方法。

但是以上这些方法均有能耗及成本高、不能大规模化工业生产的缺点，最近，有研究者通过对甲壳素进行发酵预处理，然后酶解，发现经预处理后甲壳素的酶解效率提高了 3～5 倍，6h 内甲壳素几乎 100%转化为寡糖，这是因为预处理降低了甲壳素的结晶度，从而有利于酶解。这种方法易于大规模化生产，且具有能耗低，环境污染低，成本低等优点。

5.3 壳聚糖的性质

5.3.1 壳聚糖的成膜性

壳聚糖是一种高分子多糖，具有很好的成膜特性，且所成膜具有一定机械强度，有研究将壳聚糖在四种有机酸溶剂中流涎成膜，发现在乙酸溶液中成膜时，材料拉伸强度最大。

5.3.2 壳聚糖的增稠流变性质

壳聚糖在水溶液中溶解的原理是氨基的质子化，酸中的氢离子与壳聚糖分子链上的氨基形成阳离子而溶于水。壳聚糖溶液溶于水后表现为聚电解质的溶液性质。研究者以甲酸水溶液为溶剂对壳聚糖溶液的流变性质进行了一系列系统研究，发现壳聚糖溶液的流动行为不服从牛顿定律而呈非牛顿体的假塑性流动，随着浓度增加，溶液的黏度增大，当浓度较高时，浓溶液的黏度表现出触变性随着温度的升高，黏度减小，其规律和一般高聚物浓溶液的流动规律一致。黏度随pH减小而变小，且外加盐降低了壳聚糖浓溶液的黏度。此外还研究了分子量对壳聚糖溶液黏度的影响，发现分子量是确定壳聚糖流变性质最重要的结构参数。国内自二十世纪中后期至今，对于壳聚糖溶液流变学性质的研究工作则更着重于研究各种体系因素的影响，包括溶剂、电解质、浓度、温度等；国外对壳聚糖溶液的研究侧重于分子机制方面。壳聚糖能溶解在大部分酸溶液中，在pH2附近，能与草酸、磷酸和硫酸等形成凝胶；壳聚糖与酸之间的相互作用与酸的类型、结构、链长、酸的pK_a值、pH、离子强度有关；溶液的黏度随着壳聚糖的浓度和电离程度的增加而增加。随着壳聚糖浓度的改变，壳聚糖在乙酸溶液中的质子化程度也在变化，发现当质子化程度大约为0.5时，壳聚糖溶解，这与原来研究的壳聚糖在盐酸溶液中的结果一致。壳聚糖溶液的非牛顿流体特性、弹性和剪切变稀性随着壳聚糖浓度的增加及离子强度的降低而增加。研究还发现，随着pH的增大，壳聚糖溶液黏度先减小后增大。

5.3.3 壳聚糖的凝胶性质

胶凝性是多糖另一重要功能性质。一些多糖具有胶凝的特性，它们通过分子长链的相互交联形成坚固致密的三维网络结构，能将水或其他分子量较小的溶质固定在其中，并且可以抵御外界压力而阻止体系流动。参与三维网络结构形成的作用力主要有氢键、疏水相互作用、范德华引力、离子桥联、缠结或共价键。不同种类的亲水胶体所形成凝胶的质构、稳定性和感官特性等各不相同，因此在食品中具有不同的应用，还有许多多糖自身不能形成凝胶，但与其他多糖复合在一起时能形成凝胶，即多糖间呈现增稠和胶凝的协同作用，如卡拉胶和刺槐豆胶，黄原胶和刺槐豆胶等。带相反电荷的两种多糖混合后很可能形成沉淀。

壳聚糖本身不具有凝胶性，但壳聚糖分子与其他大分子化合物相似，本身具有疏水基团和亲水基团。在特定的条件下，分子化合物的网络结构形成，经过液态向固态转变过程，凝胶形成，因而能开发以壳聚糖为主的复配凝胶体系。壳聚糖可以通过化学交联剂戊二醛、甲醛等形成凝胶，也可以与聚乙烯醇、甘油磷酸盐等形成化学凝胶。国外研究发现壳聚糖和乙酸、丙烯酸、草酸等可以形成物理凝胶。研究者在醇、醋酸水溶液中将壳聚糖与各种不同酐反应，乙酰化过程得到第一个真正的不通过交联剂而是通过分子网络结构得到的凝胶。在等量水和1,2-丙二醇溶液中，壳聚糖与醋酸酐能形成凝胶。在壳聚糖酸性水溶液中加入丙二醇能形成物理凝胶，壳聚糖的表观电荷密度、溶剂的介电常数、脱乙酰度、温度和分子迁移率等均对凝胶有重要影响。

壳聚糖溶于酸性水溶液中时，其氨基在酸性溶液中带正电荷，可以与带负电的阴离子多糖通过聚电解质络合作用形成共混凝胶。研究者研究了壳聚糖与卡拉胶和海藻酸钠的共混凝胶，发现制备温度、盐离子浓度、恒温时间、壳聚糖的分子量和脱乙酰度对凝胶形成有一定影响，分子量越大，脱乙酰度越大，共混凝胶的强度越大。研究还发现在黄原胶壳聚糖体系中，黄原胶的浓度和壳聚糖 pH 对凝胶的形成有较大影响，当黄原胶浓度为 1.5％时，能形成铰链胶囊，pH6.2 壳聚糖的链构造对形成不同铰链密度的胶囊网络结构有主要影响。另有研究发现 0.65％的壳聚糖、氯化钠溶液（pH5.6）和 0.65％的黄原胶溶液等量混合能形成凝胶。而在壳聚糖果胶混合体系中，壳聚糖作为果胶形成网络结构的有效交联剂，凝胶化由果胶的酯化度决定，当酯化度大约为 36％时能形成凝胶，且随着壳聚糖浓度的增加，凝胶的硬度增加。

当低甲氧基果胶与壳聚糖的质量比为 3∶1 时，降低温度能形成凝胶。研究发现 pH6.5 的海藻酸溶液和 pH4 的壳聚糖溶液混合或在高速剪切条件下壳聚糖溶液加入到海藻酸溶液中能形成凝胶。

在豆腐中添加 2％的壳聚糖，发现豆腐的凝胶强度显著提高，货架期也得到延长。为改善藕夹熟制肉馅的黏结性，研究者在肉馅中添加了壳聚糖，发现熟制肉馅的黏结性明显增加，当添加 1％壳聚糖时肉馅黏结性大于 0.45，满足实际操作要求。另有研究将壳寡糖添加到猪肉肠中，发现产品的风味、色泽、口感和整体满意程度与空白样品变化不大，因此认为在猪肉肠中添加壳寡糖是可行的。将壳聚糖添加到鱼糜制品中可以改善产品的品质。

另有研究发现壳聚糖对鳕鱼鱼糜的质构有改善作用，壳聚糖添加量为 1.5％时，经 20℃条件凝胶一段时间后，鱼糜凝胶强度可提高近两倍，同时研究发现添加 15mg/g、脱乙酰度为 65.6％的壳聚糖后鱼糜破断力和凹陷度达到最大。有研究者将壳聚糖添加到草鱼鱼糜中，研究其对草鱼鱼糜的凝胶性能影响和对脂肪氧化的抑制作用，结果显示壳聚糖添加量为1%时产品的白度值、硬度、弹性、咀嚼性等质构指标都显著提高，失水率也大大降低。研究发现壳聚糖的脱乙酰度、分子量及添加量对鲢鱼糜的凝胶特性有影响，结果表明添加1%、脱乙酰度为64%的壳聚糖能显著改善鱼糜的凝胶特性，可达添加4%淀粉的效果，此时鱼糜形成了致密的网络结构。此外，还通过进一步研究证实了壳聚糖与鲢鱼盐溶性蛋白之间发生了相互作用，离子键和氢键是壳聚糖与蛋白质之间相互作用的主要作用力。

5.3.4 壳聚糖的乳化性质

许多多糖具有乳化稳定性质，但是大多数多糖不具有乳化作用，只有部分多糖具有乳化作用，这是因为后者需要含有疏水基团。在食品中能起乳化作用的多糖并不是真正的乳化剂，作用方式也不是按照一般乳化剂的亲水-亲油平衡机制来完成的，而是以多种其他方式来发挥乳化稳定功能，经常是通过增稠和增加水相黏度以阻碍或降低分散相中油滴的迁移或聚结的倾向，起到乳化稳定的作用。有些多糖的结构中含有疏水基团如甲基、乙基、乙酰基等，或与蛋白质结合如阿拉伯胶、亚麻籽胶等，在油水界面上能表现出与小分子乳化剂相似的表面活性，而具有较好的乳化性质。

壳聚糖分子上含有大量的亲水基团氨基和疏水基团乙酰基，在酸性体系中，亲水基团—NH_2 质子化成为—NH_3^+，壳聚糖溶于水，变成了两性分子，可以吸附在油水界面，因此可以作为乳化剂使用。研究报道壳聚糖能形成稳定的水包油包水多层乳液，其 HLB 值大约在 36.7。研究还发现脱乙酰度对壳聚糖的乳化性质有影响，所有壳聚糖均能形成稳定的乳化液，能经受住温度变化和老化，其中脱乙酰度为81%和88%的壳聚糖具有最好的乳化性质。

pH 和离子强度是影响乳化剂乳化性质的重要因素。研究者研究了不同脱乙酰度壳聚糖在不同浓度、不同 pH 值下的乳化能力，并用壳聚糖代替蛋黄制备法式沙拉酱，对沙拉酱的感官、黏度、稳定性及微生物指标进行了研究，结果表明，脱乙酰度越高，乳化能力越强，温度越高，壳聚糖的乳化能力越差，且壳聚糖在 pH6 附近有较高的乳化能力。添加壳聚糖的沙拉酱口感、风味、颜色高于传统制品，稍有涩味，但不影响其接受性。此外，添加壳聚糖的沙拉酱稳定性很好，杂菌不会生长。

目前关于壳聚糖乳化剂的研究大多是壳聚糖和其他一些乳化剂的复配研究，例如壳聚糖与乳清蛋白、壳聚糖与大豆蛋白等。研究者探究了阳离子多糖壳聚糖浓度对在 pH3 条件下含有乳清分离蛋白及40%的油菜籽油的水包油乳状液的分散滴尺寸、乳状液稳定性、表观黏度、微观结构的影响。结果表明，壳聚糖乳清蛋白混合物的乳化能力强于单独的乳清蛋白，壳聚糖浓度的增加导致分散滴尺寸降低、黏度升高，稳定性增加，微观结构结果表明壳聚糖浓度的增加形成了絮凝的小滴网络结构。

5.3.5 壳聚糖对糖尿病的治疗作用

壳聚糖的降血糖作用在1型和2型糖尿病模型中均有报道。研究者早期发现低分子量壳聚糖能防止雄性小鼠模型中由低剂量链脲佐菌素（streptozotocin，STZ）诱导的糖尿病；另有研究表明低分子量壳聚糖添加在饮用水中给药后能预防低剂量STZ诱导的2型糖尿病小鼠病情的进一步发展。近年来，有研究表明壳聚糖可以降低甘油三酯（TG）和低密度脂蛋白胆固醇（low-density lipoprotein cholesterol，LDL-C）水平、抑制脂质堆积、降低机体胰岛素抵抗（IR）。壳聚糖在酸性溶液中带正电，在胃酸环境下，壳聚糖可与未酯化的胆固醇膳食脂质、脂肪以及表面带负电荷的磷脂等发生相互作用，在肠道碱性条件下，转化为不溶性凝胶复合物，从而阻断胆固醇的肝肠循环，改善脂类代谢，进而改善血糖情况。研究表明高分子量壳聚糖可改善高脂膳食诱导的糖尿病大鼠高血糖和高胆固醇血症。

5.3.6 壳聚糖调节脂质代谢

壳聚糖调节脂质代谢的相关研究结果如下：①高脂膳食对雄性小鼠日常摄食量无显著影响，但会造成体重显著增加，壳聚糖可有效降低体重，且高分子量壳聚糖效果略好。②高脂膳食饲喂会造成小鼠肝脏脂质合成相关酶表达水平显著上升，导致小鼠血清中的甘油三酯、低密度脂蛋白胆固醇含量显著增加，肝脏中甘油三酯含量显著增加，壳聚糖可改善由高脂膳食造成的脂质异常现象，高分子量壳聚糖效果优于低分子量壳聚糖。③高脂膳食对小鼠肝脏和胰腺组织结构有一定破坏，导致组织出现脂肪泡、脂肪变性，壳聚糖可保护肝脏和胰腺组织结构。④高脂膳食会使小鼠氧化还原环境发生改变，氧化酶含量降低，丙二醛含量上升，氧化还原稳态环境被破坏，抗氧化酶表达水平显著下降。壳聚糖可改善体内氧化应激水平，缓解由高脂膳食造成的损伤。⑤高脂膳食导致空腹血糖升高，葡萄糖耐受降低，进而糖代谢紊乱，肝脏和肌肉糖代谢紊乱，壳聚糖可改善体内糖代谢水平。

5.3.7 壳聚糖的减肥功能

壳聚糖作为一种膳食纤维，不能被人体的消化酶消化吸收，虽然目前对其明确的减肥机制仍未达成共识，但是已经有大量研究表明，壳聚糖能够有效减轻体重，并且，相关减肥产品在欧美、日本、韩国等国家十分盛行。例如，甲壳素

（20%）和壳聚糖（80%）复合物被证明能够通过增加粪便排泄和抑制脂类吸收达到减肥目的；临床试验证实壳聚糖能够有效控制体重增加。关于壳聚糖减肥降脂机制的观点，主要集中在以下几方面：①静电作用。壳聚糖随日常饮食进入人体，在胃酸性环境下，壳聚糖分子中的氨基基团（$—NH_2$）能够结合一个氢离子（H^+）而形成带正电荷的氨基集团（$—NH_3^+$），带正电荷的壳聚糖与带负电荷（—COO—）的胆汁酸、脂肪和脂肪酸相遇，就会通过静电作用而强烈地结合在一起，同时，通过氢键作用，壳聚糖能够与不带电荷的中性脂类（如胆固醇）结合，进而影响它们在消化道内的乳化作用。这些因氢键作用及静电作用而形成的壳聚糖-脂类大分子聚合物无法在胃肠道消化吸收，随粪便排出体外。②吸附作用。在肠道碱性环境中，壳聚糖会发生溶胀吸附凝聚物，这种壳聚糖凝聚物能够吸附脂类，使之无法被胃肠壁吸收，从而阻断了肝肠内的胆酸循环，进而达到了降脂、降胆固醇功效。③包封作用。作为一种高分子聚合物，壳聚糖具有很强的黏性，在胃部的酸性环境中，壳聚糖能够形成一种胶体，这种黏性的壳聚糖胶体在胃部能够将饮食中的脂类包封起来，当进入中性的小肠环境时，pH增大，壳聚糖沉淀，被其包封住的脂类就无法被吸收，从而达到减肥降脂目的。④其他作用。有研究人员认为，壳聚糖与粗纤维具有相似的结构，因而可能与粗纤维具有相同的延迟胃排空进而抑制食欲的作用。也有学者通过研究表明，壳聚糖能够通过抑制胰脂肪酶活性达到抑制膳食脂肪吸收的效果，进而减少能量摄入。此外，也有研究表明壳聚糖能够抑制脂肪细胞分化，进而减少成熟脂肪细胞数量。平均分子量（M_w）是评价壳聚糖的一项重要指标，M_w 对壳聚糖的物理性质、化学性质、生理活性具有重要影响，并且，不同分子量壳聚糖减肥降脂的效果不同。研究表明，直接服用高分子量不溶壳聚糖会引起恶心、便秘等副作用而低分子量水溶性壳寡糖具有更高的减肥活性，以及更少的副作用。研究证实分子量为1～3kDa的低分子量壳寡糖比高分子量壳聚糖能更有效抑制脂肪细胞分化，抑制脂肪形成，从而达到减肥目的。另有研究表明分子质量为46000Da的壳聚糖比分子质量为21kDa和130kDa的壳聚糖能更有效抑制胰脂肪酶活性。

5.3.8 壳聚糖的抑菌作用

对壳聚糖抗菌活性研究已经长达几十年。1979年，科学家首次发现壳聚糖具有广谱抗菌活性，之后人们对其抗菌活性进行了广泛研究，发现在液体培养中，壳聚糖对大肠杆菌和金黄色葡萄球菌的最小抑菌浓度（MIC）为20mg/kg，对霉菌的MIC为100mg/kg。后有科学家对壳聚糖的抗菌机制进行了阐述，指出壳聚糖C2位带正电的质子化铵$—NH_3^+$是其抗菌的主要活性部位。另一方面，研究者也对其抗菌活性的影响因素进行了研究。研究发现壳聚糖的抗菌活性随脱乙酰度的提高而提高。另有研究指出，壳聚糖对微生物的抑菌机制不同，对于革兰氏阳性菌（金黄色葡萄球菌），壳聚糖分子量越大，抗菌活性越大；而对于革兰氏阴性菌（大肠杆菌），其抗菌活性随着壳聚糖分子量的增大而减弱。研究表明分子量在10000到100000之间的壳聚糖能够抑制大肠杆菌的生长繁殖，而分子量为2200的壳寡糖会促进其生长繁殖。

由于壳聚糖具有广谱抗菌活性和良好的成膜性，以其为抗菌剂或基材的抗菌包装，是近年的一个研究热点。有研究将壳聚糖经羧甲基化改性后，与纤维素共混制膜，发现羧甲基后壳聚糖的水溶性增加，在液体培养基中检验其抗菌活性，发现材料中含有2%羧甲基壳聚糖时能显著抑制大肠杆菌生长。另有研究将壳聚糖与羟丙基甲基纤维素共混制膜，发现混合膜能够显著抑制李斯特菌的生长，但是将两者交联后，抗菌活性消失。有研究利用壳聚糖做基材，向其中加入香精油、山梨酸钾和细菌素来加强其抗菌活性，发现壳聚糖基材的抗菌活性不高，而加入其他抗菌剂后，可以显著提高其抗菌活性，且对壳聚糖薄膜的其他性能影响不大。有研究将葡甘露聚糖和细菌素加入到壳聚糖基材中，利用琼脂培养基法研究其抗菌活性，发现材料对常见的食品微生物具有良好的抗菌活性，抑菌圈非常明显。将壳聚糖与葡萄糖共混制膜，用于包装羊肉制品，发现其对微生物的抑菌活性很高，可以将羊肉保质期提高到28天。而将壳聚糖涂膜在表面改性的乙烯基共聚材料上，用于包装火鸡肉，在4℃环境中储藏12天后，发现大肠杆菌的数量降低5 log CFU/mL，李斯特菌的数量降低2～3 log CFU/mL。有研究利用壳聚糖/聚乙烯醇/果胶共混制备三层复合材料，并研究了抗菌活性，发现其对食品中的致病菌，如大肠杆菌、金黄色葡萄球菌、枯草芽孢杆菌等均有良好的抗菌活性。

5.3.9 壳聚糖及其衍生物的抗菌活性及应用

近年来，壳聚糖纳米粒子受到越来越多关注。壳聚糖纳米粒子可以提高壳聚糖抗菌活性，有研究探索了壳聚糖纳米粒子对三种不同植物致病真菌的抑制作用，发现在浓度为1mg/mL时，对菌丝生长抑制率可分别达到82.2%，87.6%和34.4%，而壳聚糖本身对这三种真菌的抑制率只能达到20%。此外，壳聚糖纳米粒子对真菌孢子的萌发抑制率可以达到87.1%，而壳聚糖本身只有21.1%。壳聚糖纳米颗粒的使用导致壳聚糖在抑制这种真菌时抗真菌活性显著增强。在壳聚糖纳米粒子对金黄色葡萄球菌和大肠杆菌的抑制作用研究中发现壳聚糖纳米粒子比壳聚糖（最小杀菌浓度为32～64μg/mL）本身显示出更低的杀菌浓度（最小杀菌浓度为1～4μg/mL）。壳聚糖纳米粒子接枝丁香酚或香芹酚也可以有效抑制金黄色葡萄球菌生长，与未接枝的壳聚糖纳米颗粒相比，这些接枝样品具有增强的抑菌效果。此外，研究表明壳聚糖纳米颗粒在食品包装上具有潜在应用价值。

壳聚糖薄膜可以应用于食品保鲜领域，在织物行业中也是一种良好的抗菌剂。对于食品领域，几项研究报告指出，使用壳聚糖涂膜可以延长鱼类的储存时间，提高新鲜西兰花的新鲜程度，保护冷冻猪肉产品表层免遭腐败。还有很多其他例子也可以证实，可食用壳聚糖涂膜延长了食物的保质期，并提高了新鲜水果和蔬菜的质量。在纺织行业，涂有壳聚糖的丝绸显示出良好抗菌活性。壳聚糖接枝丙烯酸可以用于增强织物的抗菌活性和耐久性。

壳聚糖是一种无毒生物高分子，具有很强的抗菌活性和成膜特性，且产量丰富，价格低廉，被广泛应用于抗菌活性包装材料中。但由于壳聚糖膜的力学性能不强，一般仅用于包覆膜，应用范围有限。而天然壳聚糖只能溶解在稀酸溶液中，在水中溶解性有限，无法形成足够的质子化铵—NH_3^+，抗菌活性不强，因此需对其进行改性处理，增加水溶性及抗菌活性，再加入到其他力学性能良好的基材中，这是其在抗菌活性包装中应用的主要方向。

5.3.9.1 壳聚糖涂膜保鲜

壳聚糖在食品中发挥抑菌作用主要通过涂膜形式实现，涂膜保鲜技术是指通过在食品表面涂液态膜，将食品与空气隔离，有效改善食品的新鲜度，减少微生物污染导致的腐败变质。同时可向可食用膜中加入活性物质，例如抗氧化剂载体，调味剂、着色剂、营养物、调味物质和抗菌剂等，以提高涂膜的防腐保鲜效果，此方法成本低，无污染，容易操作，因此具有很好的应用前景。

5.3.9.2 单一壳聚糖涂膜保鲜

近年来国内外对壳聚糖在食品中的涂膜保鲜效果进行了大量研究，保鲜范围涉及水果、蔬菜、海产品、肉制品。研究均表明壳聚糖可以有效地延长食品的货架期，延长储藏时间。有研究采用1.0%的壳聚糖对鲜切马铃薯进行涂膜并置于0℃下冷藏，发现涂膜对马铃薯保鲜效果良好，货架期可以达到6天。研究者评估了食用壳聚糖（脱乙酰度83%）涂膜（1%和2%）对冰冻状态下印度油沙丁鱼（sardinella longiceps）的质量变化，发现壳聚糖可食用涂层有效抑制了细菌生长并显著减少了挥发性碱和氧化产物的形成。对于1%壳聚糖处理的沙丁鱼，总挥发性碱性氮和三甲胺氮分别减少14.9%和26.1%；而对于2%壳聚糖处理的样品总挥发性碱和三甲胺氮分别减少32.7%和49%。与未处理的样品相比，壳聚糖涂层显著改善了鱼的持水能力，滴水损失和织构性质。对于1%和2%壳聚糖处理的沙丁鱼，货架期分别维持在8天和10天，而未处理的样品仅为5天。另有研究者采用不同浓度壳聚糖对红鱼片进行涂膜保鲜研究，在4℃冷藏条件下，每隔4天取样，分析微生物、理化、感官特性等指标，结果表明：壳聚糖涂膜处理组保鲜效果明显优于对照组，能够将美国红鱼片的货架期延长4～6天。

5.3.9.3 复合壳聚糖涂膜保鲜

复合壳聚糖是指在壳聚糖涂膜溶液中添加抗菌剂、增塑剂、表面活性剂等物质形成复合膜，或者在壳聚糖涂膜的基础上利用物理手段改善膜的机械性能、增强贮藏保鲜效果。有研究者在室温下利用壳聚糖、纳米 SiO_2 和单甘酯对金秋梨、鲫鱼和分割肉进行了保鲜研究。实验表明，复合溶液（CTS-复合）可使金秋梨的保鲜期延长 20 天，且效果良好。壳聚糖纳米溶液（CTS-SiO_2）对鲫鱼和分割肉的涂膜保鲜效果最佳。另有研究者采用葡甘聚糖与壳聚糖共混膜对桃涂膜保鲜，结果表明，涂保鲜液处理桃常温贮藏有良好的保鲜效果，明显优于其他对照组。研究表明含有佛手柑香油的壳聚糖涂层在抑制呼吸速率方面比纯壳聚糖涂层更有效，同时在储存期间能更好控制水分流失。有研究者在壳聚糖涂膜液中，加入防腐剂乳酸链球菌素（Nisin）和抗氧化剂维生素 C 对虾进行涂膜处理，并与无添加剂的和未经涂膜组对比，发现壳聚糖涂膜组保鲜效果更好。

5.3.9.4 壳聚糖涂膜保鲜溶液的制备

基于壳聚糖的众多优点，通过壳聚糖涂膜解决水产品易腐败的问题已成为当前水产品保鲜研究的热点。壳聚糖涂膜保鲜溶液可分为单一成分和复合成分两种。研究表明单一成分壳聚糖涂膜对鱼片的保鲜效果与溶液浓度、壳聚糖粒径有关。体外实验（壳聚糖溶液浓度：0.5g/L、1.0g/L、5.0g/L 和 10.0g/L）和样品实验（壳聚糖溶液浓度：1%、1.5%、2%和 3%）均表明壳聚糖溶液的抗菌效果在一定范围内与其浓度相关，但考虑到其溶解性，常用的壳聚糖涂膜溶液浓度一般不超过 3%。另外，研究者指出减小壳聚糖粒径有助于其在样品中的渗透，从而增加壳聚糖与食品内部微生物接触，降低微生物数量。以三聚磷酸钠为交联剂的离子凝胶法是目前常用的纳米壳聚糖涂膜溶液的制备方法。除此之外，通过联合生物保鲜剂制备复合溶液可进一步提高壳聚糖涂膜保鲜效果。用于复配的生物保鲜剂根据溶解性可以分为水溶性物质（如茶多酚、迷迭香提取物）和油溶性物质（主要是植物精油）。水溶性成分复合时较为简单，将其溶解在酸性水溶液中再溶解壳聚糖即可。油溶性成分复合时较为复杂，需要添加乳化剂并通过搅拌形成水包油型粗乳液，再通过高速剪切或微射流等方法减少乳液颗粒粒径，使其均匀分布在溶液中。

5.3.9.5 壳聚糖涂膜方式

（1）直接涂膜

直接涂膜是指在需要保护的食品表面直接成膜。因此，可食性涂膜也可视为最终产品的一部分。目前，食品中直接涂膜常用的方法有浸渍、喷涂、刷涂、静电涂布、电喷等，每种方法都有各自优缺点，在实际应用时涂膜方法的选择取决于食品特征，涂膜溶液性质以及成本等因素。在水产品保鲜研究中，浸渍涂膜是目前最为常用的方法，研究者采用浸渍方法研究了壳聚糖涂膜对冷藏沙丁鱼和三文鱼品质的影响。浸渍涂膜相比于其他方法具有操作简单、设备要求低等优点，但其主要的缺点是污染和稀释涂膜溶液，而喷涂、刷涂等方法能避免样品与涂膜溶液直接接触，控制涂膜层的均匀性和厚度并实现多层涂膜，但其设备要求更高。

(2) 间接涂膜（活性包装）

间接涂膜是指将涂膜溶液应用于食品包装材料表面形成活性涂层，从而达到对食品的保鲜效果。间接涂膜的优点在于这类包装材料可以根据食品要求进行商业化定制，并作为常规包装材料使用，提高生产效率。研究表明间接涂膜能大幅改善包装材料的气体阻隔特性，并提供良好的抗菌、抗氧化功能。体外实验证实经壳聚糖-蜂胶溶液涂膜处理的聚丙烯膜能有效抑制葡萄球菌、单核李斯特菌、沙门氏菌等多种食源性致病菌生长。另外，有研究者也指出壳聚糖-聚乳酸抗菌活性膜能够显著抑制即食肉表面微生物生长，延长产品货架期。虽然壳聚糖抗菌膜在水产品保鲜应用中的研究案例较少，但通过对其他食品应用的研究结果可以推测出间接涂膜也能提高水产品货架期。然而，间接涂膜在食品工业中的应用仍有诸多挑战，如抗菌膜贮藏条件要求高，活性涂层易从包装材料层脱落等问题。

5.3.9.6 壳聚糖活性膜在鸡蛋保鲜中的应用

将壳聚糖涂膜后的鸡蛋在温度为 (30±1)℃的条件下贮藏，结果显示未处理组在第 25 天时出现散黄，而壳聚糖涂膜组未出现散黄。有研究者采用不同分子量的壳聚糖对鸡蛋进行涂膜处理，结果显示低分子量壳聚糖涂膜处理对鸡蛋的保鲜效果最好，可使鸡蛋货架期达到 5 周。另有研究者研究了常温下不同类型、不同分子量的壳聚糖以及不同 pH 值的壳聚糖涂膜液对鸡蛋涂膜保鲜效果的影响，结果显示采用分子质量为 280kDa 的 α-壳聚糖涂膜处理的鸡蛋保鲜效果最好，货架期比对照组延长了至少 3 周，而涂膜液 pH 对鸡蛋保鲜效果的影响不大。有研究表明壳聚糖涂膜后鸡蛋的不同放置方式也会对鸡蛋的保鲜效果产生影响。试验结果表明在常温下贮藏 3～4 周后，大头向上放置的鸡蛋品质明显高于小头朝上放置的鸡蛋，并且比对照组货架期延长了至少 3 周。

另外，将壳聚糖与其他物质复合涂膜或者向壳聚糖中添加纳米材料均可使鸡蛋的货架期得到延长。有研究者采用壳聚糖与乳酸配制成复合涂膜液对鸡蛋进行涂膜，并在 25℃条件下贮藏 4 周，结果表明壳聚糖-乳酸复合涂膜组鸡蛋具有最高的蛋清黏度，鸡蛋品质最好。有研究者利用具有抑菌性的竹汁与壳聚糖联合使用对鸡蛋进行涂膜。结果表明，1.5%的壳聚糖溶液联合 100%原竹汁的复合涂膜液处理的鸡蛋在室温下货架期可达 35 天。另有研究者用茶多酚和壳聚糖制成的复合涂膜液对鸡蛋进行涂膜处理。结果表明，向 1.5%的壳聚糖中添加 200mg/kg 的茶多酚制得的涂膜液保鲜效果最好，常温下鸡蛋货架期达到 35 天。

5.3.9.7 壳聚糖活性膜在鲜切果蔬保鲜中的应用

鲜切果蔬因其加工需要，必须经过挑选、清洗、杀菌、切分、包装等过程，鲜切果蔬由于加工过程中经过切分造成机械损伤，从而引起呼吸作用和代谢反应急剧活化，导致果实营养物质流失，品质迅速下降。同时由于切割导致细胞破裂，容易使细胞发生质壁分离与酚类物质氧化，表面发生褐变现象，且果蔬容易受到机械损伤使其呼吸作用增强，释放出大量乙烯，加速果实氧化褐变，失去新鲜产品的特征，大大降低鲜切果蔬的商品价值。果蔬切割，使得部分果实自身的防御系统破坏，不仅为微生物侵染组织创造了途径，同时为微生物生长提供了良好的营养物质。

壳聚糖在果蔬表面形成薄膜，能显著抑制以上生理生化过程，推迟生理衰老，延长贮藏期，起到保鲜作用。同时壳聚糖还能够抑制果蔬内部病原微生物的生长。有研究表明，壳聚糖涂膜能抑制鲜切芒果、苹果、杨桃、波罗蜜等果实在贮藏期内病原微生物的生长，抑制果蔬腐烂，有效维持果蔬品质。

壳聚糖膜被广泛用于鲜切果蔬保鲜。研究者用0.5%、1.0%和1.5%壳聚糖溶液处理鲜切菠萝，结果表明其微生物生长、多酚氧化酶（PPO）活性被有效抑制，并能有效减少维生素C和总糖的损耗，鲜切菠萝的感官品质得到了改善，延长了贮藏期。另有研究者用含有壳聚糖的保鲜配方不同程度地改善了果蔗鲜切后出现的失水情况，抑制了呼吸强度上升，较好的保持了pH值、可溶性总糖和维生素C的含量，延缓鲜切果蔗中过氧化物酶（POD）、多酚氧化酶（PPO）活性的上升，使超氧化物歧化酶（SOD）、过氧化氢酶（CAT）保持较高的活性，减少了果蔬的褐变和霉变，延长了果蔬的贮藏保鲜期限，提高了其商品率。另有研究者研究了不用浓度壳聚糖涂膜对鲜切马铃薯色泽、褐变和PPO活力的影响，结果表明，壳聚糖能有效抑制马铃薯褐变程度。另有研究者用浓度为0.05%、0.1%和0.2%的壳聚糖处理鲜切洋蒲桃，减缓了其褐变程度，延缓了可溶性固形物和可滴定酸下降幅度，但对总酚含量和PPO活性影响不大。另有研究者用浓度为0.05%、0.1%和0.2%的壳聚糖处理鲜切番石榴，结果发现壳聚糖涂膜处理延缓了番石榴失重、可溶性固形物的下降速度，但是对硬度、可滴定酸和维生素C含量没有明显影响。另有研究者在鲜切红地球葡萄粒中使用壳聚糖可食性涂膜保鲜，结果表明壳聚糖涂膜可明显抑制其呼吸作用，延缓可溶性固形物和可滴定酸的降解，降低了水分损失，大大减少了腐烂，其中选用2%壳聚糖、1.5%柠檬酸、0.5%甘油和0.1%苯甲酸钠制成的可食性膜处理组保鲜效果最显著。另有研究者用壳聚糖复合膜处理鲜切芒果，结果发现芒果有较低的呼吸速率和良好的感官性状，也没有褐变现象发生。

5.3.9.8 壳聚糖对鲜切果蔬保鲜的机制

壳聚糖涂膜处理在果蔬表面形成一层无色透明薄膜，具有阻氧性，使果蔬内部形成低O_2、高CO_2环境，抑制果蔬的呼吸作用和乙烯的释放量，进而调节果蔬的采后生理代谢过程。除其成膜性外，还具有广谱抑菌性，对某些病原菌的生长有直接抑制作用。壳聚糖能保持果蔬品质和减少果蔬腐烂。

(1) 壳聚糖与果实生理品质

壳聚糖及其衍生物的分子链段上均带有羧基，由于羧基上负电荷的排斥作用，使高分子链空间伸展特别大，即使在较低的浓度下，分子间也有强烈的相互作用；由于羧基的亲水性和分子链较大的伸展性，对水分子的作用力加强，使其具有较好的保湿吸湿性能，可以延缓果实的蒸腾作用，从而减少了果实在贮藏过程中的水分丧失及果实失重。壳聚糖分子内含有羟基和氨基具有良好的成膜性。将壳聚糖溶液喷涂到果蔬表面，或者将果蔬放在壳聚糖溶液里浸蘸晾干后即在果蔬表面形成一层无色透明膜。其保鲜作用机制为：①羟基与氨基作用。壳聚糖中氨基可与助氧化的金属离子如 Fe^{3+}、Ni^{2+} 等相互络合，生成较稳定的化合物，从而防止果蔬营养成分氧化变色，延缓营养物质下降。壳聚糖分子中的氨基及羟基具有还原性，在一定程度上对果蔬体内的活性自由基起到清除作用，从而减少细胞膜脂过氧化，降低细胞透性，减少细胞内容物向外渗漏，延缓果蔬组织衰老。②调节果蔬呼吸强度和水分蒸发。壳聚糖涂膜能阻止果蔬呼吸产生的 CO_2 散失和大气中 O_2 渗入，降低内源 O_2/CO_2 比值，从而抑制果蔬呼吸强度，减少果蔬内物质转化与呼吸基质的消耗。还能减少活性氧的形成和自由基的产生，直接影响组织有氧代谢，一方面减缓膜脂过氧化作用和细胞膜的损伤，另一方面抑制叶绿素的降解与花青素的合成，使果蔬在较长时间内保持原有色泽。③激发和抑制有益酶和有害酶作用。在贮藏期间壳聚糖能使果蔬超氧化物歧化酶（SOD）活性保持较高水平，有利于清除超氧阴离子自由基，并使脂肪氧合酶（LOX）活性显著降低，从而降低膜脂过氧化作用，抑制乙烯生成。果蔬在壳聚糖诱导下能产生一系列防御反应，活化细胞膜上的蛋白激酶，使细胞内的酶产生磷酸化反应，提高酶活性，抑制多酚氧化酶（PPO）及过氧化物酶（POD）活性。

(2) 壳聚糖与果实后熟

膜脂过氧化作用与果实成熟衰老密切相关。细胞膜透性和丙二醛（MDA）含量是表示细胞膜完整性和功能的两个重要指标，它们随细胞膜的损伤而增加。壳聚糖涂膜处理在果实表面形成一层透明的薄膜，调节了气体交换，抑制了呼吸作用，并改变呼吸作用途径，使果实贮藏过程中糖酵解-三羧酸循环在总呼吸中所占的比例降低，磷酸戊糖途径所占比例升高，次生代谢产物积累。次生代谢产物以及渗入果实体内的壳聚糖分子上的氨基和羟基与细胞膜结合，既改善了膜结构的稳定性，同时又能去除果实衰老过程中产生的自由基和催熟的中间体对细胞膜的伤害。因而使壳聚糖处理后的果实膜脂过氧化作用减弱，细胞膜透性下降和MDA 含量显著减少，从而使果实贮藏中细胞膜的衰老延缓。

呼吸作用和乙烯释放是采后果实维持自身正常生命活动所必须进行的。脂氧合酶（LOX）参与果实成熟衰老过程中膜脂过氧化作用和乙烯的生物合成。采后果实组织的超氧化物歧化酶（SOD）活性下降，自由基积累，活化了LOX。LOX的活化启动了细胞膜脂过氧化作用，导致膜脂质的过氧化及膜磷脂的水解，产生更多的游离脂肪酸，这些脂肪酸又可成为LOX的反应底物，诱发LOX的进一步活化，进而加剧了膜脂过氧化作用，其过氧化产物参与了ACC（氨基环丙烷羧酸）向乙烯的转化，故而加速了乙烯的合成。壳聚糖处理的果实其SOD活性保持在较高水平，有利于清除果实贮藏衰老过程中产生的自由基，使果实LOX活性显著降低，从而降低了果实的膜脂过氧化作用，抑制了乙烯的生成。因而使果实贮藏中乙烯释放量低且无明显跃变峰，延缓了果实衰老，增长了贮藏寿命。

（3）壳聚糖与果实采后腐烂

壳聚糖有很强的杀菌能力，尤其对金黄色葡萄球菌、大肠杆菌、小肠结炎耶尔森菌、鼠伤寒沙门菌和单核细胞性李斯特菌等5种常见食物毒菌有较强的抑制作用。有关研究表明，壳聚糖抑菌机制主要有以下几个方面：①对于革兰氏阴性菌，主要是由于小分子壳聚糖渗透进入微生物细胞内，吸附细胞内带负电荷的细胞质，并发生絮凝作用扰乱细胞正常的生理活动；而对于革兰氏阳性菌，主要是由于大分子壳聚糖吸附在微生物细胞表面，形成一层高分子膜阻止营养物质向细胞内运输。②壳聚糖以小囊状结构将细胞外膜包裹起来，与细胞外膜结合导致细胞外膜阻隔性能降低，代谢受到干扰。③壳聚糖溶液在酸性溶液中，单体分子上带正电荷的游离氨基就可与细菌细胞壁中带负电荷的磷壁酸结合扰乱其生理功能。④壳聚糖的氨基影响细菌细胞壁表面羧基的存在形式，对细胞壁功能和完整性产生影响，对细菌的细胞壁有不可逆的破坏作用而导致细胞内物质外泄。⑤壳聚糖选择性地螯合对微生物生长起关键作用的金属离子，抑制微生物的生长。

5.3.9.9 壳聚糖涂膜对水产品品质的影响

（1）抑制微生物生长

微生物活动是引起水产品腐败变质的主要原因之一，研究发现鱼肉中挥发性盐基氮（TVB-N）、生物胺、挥发性产物等积累与腐败菌群（如假单胞菌、气单胞菌、希瓦氏菌等）密切相关。研究表明壳聚糖涂膜对抑制冷藏鱼肉微生物生长效果明显，且复合涂膜效果通常好于单一成分的壳聚糖涂膜。有研究发现经2%壳聚糖涂膜处理的沙丁鱼细菌总数（TVC）在冷藏9天后比对照组降低了1.9 lg CFU/g。研究者还研究了壳聚糖-麦角硫因复合涂膜对冷藏日本海鲈鱼微生物的影响。结果表明，贮藏期间涂膜鱼片菌落总数、嗜冷菌数、假单胞菌和乳酸菌数量较对照组降低了1.5～2.5 lg CFU/g。另有研究采用壳聚糖-虾蛋白脂质浓缩物复合涂膜对虾仁保鲜，发现涂膜样品的微生物生长有3～7天的滞后期。

(2) 抑制脂质氧化

脂质氧化是导致水产品色泽、气味品质劣化的主要原因之一。研究表明壳聚糖复合涂膜对水产品脂质氧化有显著抑制作用。有研究者研究了壳聚糖复配柠檬酸或甘草提取物涂膜处理对冷冻鲳鱼脂质氧化的影响，发现壳聚糖-甘草提取物复合涂膜能显著抑制鱼肉脂质氧化，冻藏 6 个月后涂膜鱼肉 TBARS 值和 POV 值分别比对照组降低了 64%和 50%。另有研究者指出经壳聚糖结合茶多酚或葡萄籽提取物涂膜的红鼓鱼在冷藏 20 天后 TBARS 值较对照组降低 45%以上。另有研究者采用壳聚糖（CH）结合茶多酚（TP）或迷迭香提取物（R）对大黄鱼进行保鲜，发现 CH+TP 和 CH+R 处理能有效抑制鱼肉脂质氧化。类似结果在太平洋鲭鱼、日本海鲈鱼等水产品中均有报道。涂膜处理能发挥气体阻隔效应，同时复配的保鲜剂具备抗氧化能力，从而减少鱼片脂质氧化。

(3) 抑制核苷酸降解

核苷酸降解是水产品鲜度和风味品质劣化的另一重要原因。研究证实壳聚糖涂膜处理对减缓核苷酸降解有一定作用。研究者将不同浓度的 Nisin 添加到壳聚糖溶液中，并将其应用于大黄鱼保鲜。结果表明，经壳聚糖、壳聚糖+0.2% Nisin 和壳聚糖+0.6% Nisin 涂膜处理的样品冷藏 8 天后 K 值比对照组分别降低了 18%、29%和 39%。另外，壳聚糖涂膜处理也能抑制低温贮藏三文鱼、鲑鱼等水产品 K 值的上升。研究表明，鱼肉中磷酸酶和核苷酸酶在 ATP 到 IMP 的降解过程中起主导作用，而 IMP 到 Hx 的转化过程很大程度上受到腐败微生物的影响。结果发现经精油溶液（牛至精油、百里香精油和茴香精油）浸渍处理的鱼肉在冷藏期间核苷酸降解明显减缓。因此，涂膜处理对核苷酸降解的抑制可能是由于溶液中的活性成分渗透后钝化了参与 ATP 降解的微生物和核苷酸酶活性。

(4) 抑制碱性含氮物积累

碱性含氮物质积累会严重影响水产品风味、感官、营养、安全性等品质，如 TMA 会加重产品腥味程度，HIS、PUT 等生物胺对人体健康具有潜在毒性等。研究发现壳聚糖涂膜对抑制水产品中 TVB-N、TMA 和生物胺等物质积累效果显著。研究者研究了壳聚糖和纳米壳聚糖涂膜对冷藏鲑鱼品质的影响，结果表明，贮藏 12 天后涂膜鱼片的 TVB-N 值比对照组降低 30%以上。另有研究者将壳聚糖结合百里香精油复合涂膜应用于熏制鳗鱼片的保鲜，结果表明，涂膜组样品 TVB-N 值和 TMA 值相比于对照组显著下降，其中 TMA 值减少量超过 80%。另外，研究者评价了壳聚糖-没食子酸复合涂膜处理对鲭鱼生物胺的影响。冷藏 12 天后，对照组 HIS、PUT 和 CAD 含量分别为 529.0mg/kg、13.9mg/kg 和 37.8mg/kg，而涂膜样品的含量分别仅为 43.0mg/kg、2.2mg/kg 和 14.11mg/kg。碱性含氮物产生与生物活动密切相关，而壳聚糖涂膜具有良好的抗菌作用，从而减少其含量的积累。

（5）提高物理品质

物理品质（如硬度、汁液流失、色泽等）的劣化会严重影响水产品的风味、外观以及质构特性。另外，汁液流失会加速产品微生物腐败，同时降低产品质量，造成经济损失。研究者评价了壳聚糖-明胶涂膜对虾仁品质的影响。冷藏14天后，涂膜组样品汁液流失率比对照组降低了58%，同时涂膜样品的质构和色泽特性显著优于对照组。一些学者在研究基于壳聚糖涂膜对其他种类水产品（如南美白对虾、太平洋白虾、日本海鲈鱼等）保鲜效果时也得出积极结论。涂膜水产品色泽的改善与脂质氧化抑制密切相关，而质构软化、汁液流失减少可能与内源酶、微生物活性抑制、水分蒸发降低等因素有关。

（6）提升感官品质

水产品感官品质劣化是由微生物、内源酶、化学反应等综合作用引起的反馈结果，通常表现为质构松软、失色、不愉快气味加重等。研究表明壳聚糖涂膜处理有利于保持水产品感官品质。研究报道了壳聚糖-肉桂精油复合涂膜对冻藏虹鳟鱼品质的影响。冻藏三个月后，涂膜处理的鱼肉在腥臭味特征、外观、可接受性等偏好性评分均高于对照组。另有研究研究了壳聚糖-石榴皮提取物涂膜对冻藏虹鳟鱼微生物、化学、质构和感官品质影响，结果表明，涂膜处理虽然影响鱼肉起始的色泽评分，但冻藏6个月后，涂膜鱼片的综合感官评分显著高于对照组。此外，类似的研究结果在冷藏红鼓鱼、虹鳟鱼、鲤鱼等水产品中均有报道。

5.4 壳聚糖纳米粒

壳聚糖纳米粒拥有比壳聚糖及甲壳素更强的抑菌活性。壳聚糖纳米化后具有更小的粒径和更高的表面能。在显微镜下观察，壳聚糖纳米粒通常具有球形的微观结构，这使得壳聚糖纳米粒表面带有更强的正电，与细菌表明的电荷相互作用也更强；同时更大的表面积也使壳聚糖被紧紧地吸收到细菌表面，破坏细胞膜结构完整性，导致细胞内渗漏，随后细胞死亡。

5.4.1 壳聚糖纳米粒的制备

壳聚糖纳米粒现在已经成为一种极具应用前景的药物控释载体。制备壳聚糖纳米粒的主要方法包括共价交联、离子交联、沉淀析出、自组装构建和大分子复合等。共价交联法是利用戊二醛、甘油醛、环氧氯丙烷等化学交联剂与壳聚糖分子链上的氨基、羟基反应，制备球形微粒。然而共价交联法采用的交联剂往往毒性较大，会对细胞及大分子药物的活性产生不利影响，因此，这种制备方式在生产应用上有一定的局限性。离子交联法是利用三聚磷酸钠对壳聚糖进行离子诱导凝胶化形成纳米粒。该方法操作简单，不需使用有机溶剂，避免了交联剂可能造成的毒副作用，是目前壳聚糖载体研究中最常使用的方法。但是，离子交联法制备的粒子不稳定，容易受到环境变化而发生变形或分解。其所载药物的释放速率和缓释效果受壳聚糖分子量、脱乙酰度、浓度等多个条件的影响。

沉淀析出法是借助乳化剂或硫酸钠、硫酸铵、氯化钠等沉淀剂使壳聚糖分子从溶液中沉降析出。由于沉淀析出法制备纳米粒的过程中需要添加较多的有机试剂等，且壳聚糖微粒大小不易调控，因此，该方法也受到一定程度的限制。

自组装构建法是通过分子修饰构建改性壳聚糖载体，通常引入疏水基团使其成为两亲性物质，在溶液中自发形成纳米结构。通过接枝不同的基团，科研人员已成功搭载牛血清蛋白、胰岛素、紫杉醇等多种医用药物。由于这种方法有许多有点，有关改性壳聚糖纳米粒载体的研究越来越受人们的重视。大分子复合法是依靠壳聚糖与另一种电荷相反的大分子药物的相互作用，使壳聚糖溶解度下降而凝聚，在一定条件下形成纳米颗粒。近年来有研究者成功将壳聚糖同大分子DNA进行复合形成纳米微粒，并以此作为基因或者蛋白药物的载体。

5.4.2 壳聚糖纳米粒的研究与应用进展

壳聚糖因其独特的物理、化学及生物学特性，已经成为制备药物载体的理想材料。目前，搭载其他药物成分的壳聚糖纳米粒作为抑菌剂和抗氧化剂，被广泛应用于食品行业。研究者制备了搭载脂溶性维生素 α-生育酚的壳聚糖纳米粒，有效延长了药物的抗氧化作用。同时还发现将肉桂精油壳聚糖纳米粒应用于猪肉的冷藏保鲜当中，效果显著。

5.4.3 壳聚糖纳米粒复合可食用包装膜的研究现状

壳聚糖纳米粒具有小尺寸、表面效应等特性，能够使得膜结构变得更致密，不仅可提高膜的机械强度而且可改善阻隔性能。研究者将壳聚糖纳米粒添加到羟丙基甲基纤维素（HPMC）膜中，研究表明，壳聚糖纳米粒占据了 HPMC 膜基质的孔洞，抑制了分子链的移动，从而提高了膜的机械性能、阻隔性能及热稳定性。壳聚糖纳米粒粒径越小，对 HPMC 膜机械性能和阻隔性能的增强改善作用越强。随后，研究发现壳聚糖纳米粒［0%～8%（质量分数）］对淀粉膜的机械、阻隔性能和热稳定性具有增强作用，且增强作用随壳聚糖纳米粒的增加而增强，到 6%（质量分数）时增强作用达到最佳；超过 6%（质量分数）的添加量时，纳米粒在膜基质中发生聚集，增强作用被削弱。在壳聚糖纳米粒卡拉胶复合膜的研究中，研究者也得到了类似结论，抗拉强度和水蒸气透过系数随添加量的提高［0%～10%（质量分数）］分别上升和下降，但当壳聚糖纳米粒进一步增加后

[15%（质量分数）]，抗拉强度和水蒸气透过系数分别出现了下降和上升。同样，向明胶膜中添加壳聚糖纳米粒，研究者也得出机械、阻隔性能与添加量之间具有量效关系，只有当纳米粒在膜基质中均匀分散时，纳米粒才能发挥显著的增强作用。

5.5 壳聚糖低聚糖

5.5.1 壳聚糖低聚糖的性质

（1）水溶性

壳聚糖是一种天然的大分子物质，分子链很长，而且分子链上有很多—OH、—NH_2 基团。壳聚糖被降解后，其晶体状态被破坏，分子链变短，分子链上游离的—NH_2 和—OH 增多，分子间和分子内氢键作用减弱，分子排列更加无序，分子构象也发生了一定程度的改变，各种因素的共同作用使壳聚糖的亲水性增强，大大增加了壳聚糖低聚糖在水中的溶解度。

（2）吸湿保湿性

吸湿保湿性指的是某种物质可以在空气中吸收水分和保持水分的性质。壳聚糖低聚糖具有吸湿保湿性的原因是分子中含有大量的—NH_2 和—OH 基团，这些基团使壳聚糖低聚糖分子与水的亲和性增加，并且这些基团可与水分子之间形成氢键，氢键交错在一起，形成网状分布，使壳聚糖低聚糖可以紧紧地锁住水分子，防止水分从中脱离。壳聚糖低聚糖的吸湿保湿性与分子量有关，分子量越低，吸湿保湿性越好；反之，则会下降。目前，食品行业和化妆品行业常用的吸湿保湿剂是透明质酸，与其相比，壳聚糖低聚糖来源广泛，廉价易得，并且制备简单，拥有更加广阔的应用前景。

（3）抗菌抑菌性

近年来，人们对于壳聚糖低聚糖的抗菌抑菌性的关注及研究越来越多。研究表明，与壳聚糖相比，壳聚糖低聚糖的抗菌抑菌性能有了明显的提高，且对身体无毒无害。现在人们对食品安全、医药安全越来越重视，以壳聚糖低聚糖作为防腐抗菌剂代替化学药品，已成为广大学者的研究方向。

壳聚糖低聚糖的抗菌抑菌机制目前还没有定论，大致有两种不同的说法。第一种说法认为，壳聚糖低聚糖通过渗透作用穿过多孔细胞壁，进入细菌内部，干扰 DNA 和 RNA 的复制，抑制细菌繁殖；或者是破坏细胞质中内含物的胶体状态，使其絮凝变性不能进行正常的生理活动，最终使菌体死亡。第二种说法认为，壳聚糖低聚糖与微生物的细胞膜作用，吸附在细胞表面，阻断菌体从外界吸收营养物质，使菌体被“饿死”。

（4）免疫活性

壳聚糖低聚糖具有免疫调节、免疫增强和抗肿瘤的作用。壳聚糖低聚糖之所以可以进行免疫调节，一方面是因为壳聚糖低聚糖是细菌多糖的类似物，巨噬细胞表面有细菌多糖的受体，壳聚糖低聚糖可以活化巨噬细胞，增强其抗原呈递能力和吞噬能力；另一方面壳聚糖低聚糖可以激活 T 细胞、B 细胞，增强它们在免疫应答过程中的协同作用；同时壳聚糖也可以激活补体系统，促进补体的生物学过程。

（5）抗氧化性

食品腐败的原因之一是食品中脂类物质遭到空气氧化，壳聚糖低聚糖分子链中含有较多的游离的—NH_2 和—OH 基团，可以清除自由基对于食品的影响，故对食品具有防腐、抗氧化的功能。研究表明，分子量越小的壳聚糖低聚糖抗氧化作用越强，因为低分子量的壳聚糖低聚糖含有的—NH_2 和—OH 基团越多，增大了其与自由基的接触，故抗氧化作用增强。作为新的抗氧化剂，壳聚糖低聚糖无毒、可溶、易被人体吸收，又具有降低胆固醇、降低甘油三酯、调节体内菌群、排出身体毒素等保健作用，所以备受人们青睐。

（6）生理活性

在生物医药及保健品开发方面，壳寡糖以其良好的降血糖、降血脂、降胆固醇功能、抗氧化、促进肠道有益菌生长、调节肠道微生态环境等优点，受到人们广泛关注。研究表明壳寡糖对于脂肪具有明显的吸附作用，它可以吸附胆汁酸、脂肪和胆固醇等形成絮凝物，使之不被消化而随粪便排出体外，并且，将壳寡糖与其他具有控制体重增长作用的物质（如大黄、左旋肉碱、魔芋等）共同使用或通过对壳聚糖进行改性，均可提高其对油脂的吸附能力和减肥效果。研究表明壳聚糖及壳寡糖对四氯化碳（CCl_4）引发的急性肝损伤有良好的保护作用，并且高剂量的壳寡糖能够增强体内抗氧化酶（如 SOD）的活性，减少肝组织中过氧化物丙二醛的产生。另有研究表明壳寡糖能提高小鼠肠道内的双歧杆菌的数目，并且能够明显降低高血脂症小鼠血清总胆固醇（TC）值及糖尿病小鼠的血糖。

5.5.2 在食品方面的应用

壳聚糖低聚糖可以作为各种添加剂加入到食品中，如组织形成剂、增稠剂、豆制品凝固剂等。壳聚糖低聚糖具有吸湿保湿、乳化、增稠和吸附脂肪的特性，在鲜肉制作过程中加入壳聚糖低聚糖可使肉类中脂肪流失 60%以上，使口感均匀不油腻，肉制品品质得到改善。在成品中添加少量壳聚糖低聚糖可以增加其持水力，也可增加食品的稳定性。壳聚糖低聚糖有很多保健功能，例如清洁口腔保护牙齿、降胆固醇、降甘油三酯、强化肝脏功能、补充微量元素、排出身体毒素、调节肠内微生物群、减肥等。壳聚糖低聚糖是天然、无毒、高效的食品保鲜防腐剂，甚至可以抑制一些有害酶，所以对果蔬具有明显的保鲜及防腐作用。

5.5.3 壳聚糖低聚糖的制备方法

(1) 物理降解法

壳聚糖经物理降解可制备壳聚糖低聚糖，常用的降解方法包括超声波降解法、微波降解法、光降解法和γ射线降解法。超声波降解是靠机械力的作用使壳聚糖分子中的糖苷键断裂，形成小分子的壳聚糖低聚糖。微波降解原理是被降解物质中的粒子被微波辐射后，粒子的位置发生改变或者是其本身发生旋转，使得极性分子间相互摩擦，并产生一定的热量，分子在此过程中变成自由基，从而生成壳聚糖低聚糖。在微波辐射降解过程中，可以同时进行脱乙酰化反应和β-(1,4)-糖苷键的断裂，这样就可以大大降低脱乙酰化过程中碱的使用量。光降解是通过红外线、紫外线和可见光等对壳聚糖进行照射使其降解。γ射线辐射降解是通过H原子吸引，使溶液中的自由基和壳聚糖发生反应，壳聚糖中的β-(1,4)-糖苷键发生断裂和重排，从而得到壳聚糖低聚糖。

(2) 化学降解法

化学降解是利用化学反应断裂壳聚糖分子链中的β-(1,4)-糖苷键以减小分子量的方法，包括酸降解和氧化降解两种方法。酸降解，当壳聚糖存在于酸性溶液中时，分子链上的一部分β-(1,4)-糖苷键会发生断裂，也就是说大分子链会发生水解，形成很多分子链长度不同的片段。之所以会发生这种现象，主要是因为壳聚糖不能在酸性溶液中稳定存在。分子链在发生断裂的同时，壳聚糖分子链上的乙酰基也会发生脱落，甚至当水解比较严重的时候，还可能会形成单糖。很多酸性溶液都可以用来降解壳聚糖，如盐酸、硫酸、乙酸、氢氟酸等。近年来，由于氧化降解法具有成本低、环保等优点，引起了研究者的广泛关注。文献报道中的氧化剂有过氧化氢、过硼酸钠、臭氧、过硫酸钾等。其中过氧化氢氧化法具有成本低、无污染等优点，所以很多的实际生产都使用此方法。双氧水降解的原理是H_2O_2在水溶液中电离形成羟自由基HO·和超氧自由基O_{2-}·，二者都具有强氧化性，它们会对壳聚糖大分子链上的β-(1,4)-糖苷键进行攻击，从而使壳聚糖分子链发生断裂生成小分子。

(3) 生物降解法

生物降解多用具有专一特性或非专一特性的生物酶对壳聚糖进行降解，近年来研究发现多种生物酶可以降解壳聚糖。一些真菌和细菌的细胞中存在专一特性的壳聚糖酶，在自然界中，很多壳聚糖均是被壳聚糖酶催化生成的。在降解过程中，如果能很好控制pH值、温度、时间等反应条件，可以得到聚合度介于2～7之间溶解性较好的壳聚糖低聚糖，甚至单糖。非专一特性生物酶可以使壳聚糖发生降解，可是它没有专一性。研究发现，多种酶如溶菌酶、纤维素酶、葡萄糖酶等都可以降解壳聚糖，其中溶菌酶仅仅降解带有乙酰氨基的糖苷键，所以通过控制壳聚糖的脱乙酰度就可以控制溶菌酶对壳聚糖的降解速度，也可以使壳聚糖低聚糖的分子量得到一定控制。

(4) 不同降解方法的优缺点

物理降解中超声波降解的方法虽然在反应过程中不使用化学试剂，反应过程被简化，反应后处理也较为简单，但收率较低，反应成本过高；微波辐射降解过程可以同时进行脱乙酰反应和β-(1,4)-糖苷键的断裂，这样不仅可以降低脱乙酰化过程中碱的使用量，还可以大大缩短反应时间。并且，微波辐射升温快，反应速度快，生产成本低；虽然光降解可以有效降解壳聚糖，但是在降解壳聚糖的同时也会生成羰基；γ射线辐射降解虽然易于操作，反应易控，但要想得到低分子量壳聚糖低聚糖却不易。化学降解中的酸降解反应选择性差，降解过程难以控制，副反应多，得到的产物分子量分布宽度广，实验后处理复杂，并且污染环境；氧化降解法尽管成本低、环保，但 H_2O_2 氧化性较强，所得产物颜色一般较深，且反应过程不能很好控制。生物降解过程可以很容易被控制，反应所需条件也比较温和，不会破坏壳聚糖的结构，但是酶容易失去活性，并且专一特性的酶价格昂贵。

5.6 两亲性壳聚糖

5.6.1 两亲性壳聚糖的制备

壳聚糖分子上具有大量的氨基和羟基，壳聚糖主链本身具有亲水性，所以通过向壳聚糖分子链上引入疏水性侧链，即可得到两亲性壳聚糖。当一定数量的疏水链段被引入壳聚糖分子之后，接枝链段会破坏壳聚糖分子间和分子内的氢键，使得壳聚糖的结晶度降低，且氨基和羟基裸露，释放出分子本身的亲水性，更容易溶解于水。对壳聚糖的疏水化改性一般通过酰胺反应或酯化反应进行，可以通过控制疏水链段的取代度控制亲/疏水链段的比例。

两亲性改性：壳聚糖的两亲性改性即在壳聚糖的主链上同时接枝亲水和疏水链段，并可通过调节亲疏水链的相对比例满足各种不同的应用需求。常见的亲水侧链有羧甲基、聚乙二醇（PEG）、羟乙基、硫酸根等，而疏水侧链通常为烷基、脂肪酰基、胆固醇等。两亲性改性后的壳聚糖通常具有水溶性，可以在水溶液中自组装形成纳米尺度的胶束。已有研究采用 EDC/NHS 作为活化体系，成功将脱氧胆酸通过酰胺键接枝到羟乙基壳聚糖分子链上。与市场上的产品相比，该产物具有更好的生物相容性和生物可及度，有望作为口服液应用于保健食品和医药领域。聚己内酯（PCL）接枝壳聚糖共聚物既能实现壳聚糖特定位置的接枝改性，也能完整保留壳聚糖分子链上氨基的活性。该反应首先采用邻苯二甲酰保护壳聚糖的氨基基团，然后将聚己内酯接枝到壳聚糖的 C6—OH 上，再将邻苯二甲酰基脱保护释放出游离的氨基。

两亲性壳聚糖改性还包括一系列壳聚糖改性共聚物如壳聚糖接枝聚乳酸（CS-g-PLA）、壳聚糖接枝聚己内酯（CS-g-PCL）、壳聚糖接枝脂肪酸、烷基化壳聚糖等。此外，为满足日渐多样的应用需要，近年来还有具有刺激响应性的壳聚糖接枝聚合物，如利用酶特异性底物多肽（GRRGG）共价连接亲水性的壳聚糖季铵盐和疏水性的聚乳酸（PLA），该类聚合物可作为抗癌药物的纳米载体，通过良好的酶响应性行为达到控制药物释放的目的。

5.6.2 两亲性壳聚糖的自组装

与其他两亲性嵌段聚合物相似，两亲性壳聚糖分子中同时含有亲水基团和疏水基团，其疏水基团在水溶液中疏水作用力作用下自聚集形成胶束的内核，亲水基团则在非共价键作用力如氢键、范德华力等作用，于疏水内核周围形成胶束的外壳。疏水内核可作为疏水性功能分子的纳米容器，将其包裹于内，可增加其在水溶液中的溶解性能，亲水外壳将疏水分子与外界环境介质隔离开来，可增加疏水分子在水溶液中的稳定性。当两亲性壳聚糖的浓度高于其临界胶束浓度值时才可自组装形成纳米胶束，胶束的制备方法取决于两亲性聚合物的特性，常见的用于聚合物胶束制备的方法如下。

溶剂诱导方式是目前最常用的两亲性聚合物纳米胶束的制备方法，该方法是基于两亲性聚合物中亲/疏水链段基团在不同溶剂中的选择性溶解行为。根据溶剂的不同，溶解诱导制备聚合物胶束又分为两种方法：①溶剂为非选择性溶剂，即溶剂为亲水和疏水链段的共溶剂，胶束可通过超声、加热、搅拌等辅助作用形成。或者将共聚物溶解在共溶剂后加入选择性溶剂，然后通过透析除去共溶剂得到胶束。②选择性溶剂法，将共聚物溶解在选择性溶剂中。选择用哪种方法取决于共聚物的性质。

温度诱导方式是一种针对聚合物分子链中含有热敏性链段的胶束制备方法。常见的热敏性链段有*N*-异丙基丙烯酰胺（PNIPAM）、聚乙烯基甲基醚等。对于壳聚糖接枝*N*-异丙基丙烯酰胺（CS-g-PNIPAAm），当聚合物水溶液加热到40℃时可自组装形成以壳聚糖主链为外壳，*N*-异丙基丙烯酰胺为内核的纳米胶束。通过TEM观察到所制备的胶束为多孔结构，胶束载药后在体外的释放效果可长达10天，有望作为理想的药物载体。

5.6.3 pH诱导壳聚糖胶束形成

当壳聚糖分子的链段上含有可质子化或能够提供质子的功能基团时，如聚己内酯和聚乙二醇，可以通过调节体系的pH值诱导其自组装成纳米胶束。研究者将聚己内酯和聚乙二醇同时接枝到壳聚糖主链上，该聚合物在酸性环境下可自组装形成胶束，且pH值越大，胶束的粒径越小，稳定性越弱。接枝度较高时，聚合物能在酸性和中性条件下稳定保存30天以上。

5.6.4 两亲性壳聚糖胶束在食品中的应用

两亲性壳聚糖胶束以壳聚糖作为基底，具有独特的优势如制备工艺简单、生物降解性、生物相容性和安全无毒性等。壳聚糖胶束核壳结构的疏水空腔可以作为难溶性分子如药物、活性成分和探针等的容器。因此，壳聚糖基胶束能够提高难溶性分子在水相介质中的溶解度。一般而言，壳聚糖胶束粒径在纳米级，尺寸小，比表面积大，并具有较高的分子量。此外，壳聚糖作为唯一的天然碱性多糖，分子上大量的氨基和羟基使其具有活泼的化学反应性能，因此易于使用环境响应性、特异性分子或基团对壳聚糖进行修饰，继而更易于实现功能化。因此，壳聚糖胶束在食品、医药化妆品等领域有广泛应用。

（1）营养素载体

营养素是维持人体物质组成和生理机能不可缺少的要素，也是生命活动的物质基础。然而，部分营养物质是不溶于水的，比如维生素和脂类等，因此这类营养物质的生物可及度较低，从而限制了其应用。壳聚糖胶束核壳结构的疏水空腔可以作为这类营养物质的容器，增加其水溶解度，同时还能保护其免受外界环境的影响，达到更稳定的效果。研究表明新型两亲性壳聚糖衍生物 N,N-二甲基十六烷基羧甲基壳聚糖（DCMCs）能自组装形成带正电荷的胶束（Zeta 电位+50.7mV），该胶束对维生素 D3（VD3）的包载效率高达53.2%。DCMCs 胶束高效的包载能力有望作为其他疏水性生物活性物质的载体。

（2）抗氧化剂载体

抗氧化剂（antioxidants）是一类能帮助捕获并中和自由基，从而去除自由基对人体损害的一类物质，已被广泛应用于化妆品和功能食品的生产中。其中，天然抗氧化剂主要是指水果和蔬菜中所含的抗氧化剂，已经成为保健品和化妆品的研究热点。常见的天然抗氧化剂可分为黄酮类、多酚类、类胡萝卜素类。生物碱类等大部分天然抗氧化活性成分如姜黄素、槲皮素、胡萝卜素等存在溶解度小、对外部刺激（光、温度等）敏感等缺点。因此，提高抗氧化物质的水溶性和稳定性是它们推广应用的首要问题。研究表明，使用纳米胶束作为天然抗氧化物质的载体是提高其水溶性和稳定性的有效途径。由于壳聚糖本身具有一定的抗氧化性，且材料生物相容性良好、安全无毒，因此，壳聚糖胶束作为天然抗氧化物质的载体广受关注。有研究通过开环聚合反应把聚乳酸支链接枝到壳聚糖上，形成两亲性壳聚糖。该壳聚糖胶束可作为 β-胡萝卜素的载体，载药率高达50%，且具有良好的物理稳定性，保存15天后降解率只有4%～8%。

（3）食品安全检测

荧光传感法检测微量化学物质具有快速、可见、灵敏等优点，因此引起了人们广泛兴趣。共轭聚合物是荧光法最常用的探针之一，但是共轭聚合物大部分是疏水性的，不溶于水，在水相体系中会聚集导致其荧光淬灭，因而限制了其在水相体系中的传感应用。然而，制备能溶于水的发光共轭聚合物材料的过程十分复杂，因而用水溶性发光共轭聚合物材料进行检测的成本将大大增加。因此，利用纳米胶束提高共轭聚合物的水溶性具有重要意义。

已有研究利用物理包埋法成功将疏水性荧光共轭聚合物包载于羧甲基壳聚糖接枝对二氧环已酮纳米胶束中，并将该聚合物基荧光纳米胶束用于水相体系中苏丹红Ⅰ号的检测，具有比其在有机相中更高的传感灵敏度。此外，将该聚合物荧光纳米胶束溶液涂布于试纸表面，简单方便地制备了一种功能荧光试纸，对苏丹红Ⅰ号有较好的选择性识别作用。该荧光试纸携带方便，在食品安全领域的现场、实时检测中具有潜在的应用价值。

（4）抗菌保鲜

壳聚糖具有一定抗菌性能，壳聚糖胶束作为抗菌剂的载体具有巨大潜力。壳聚糖胶束应用于抗菌剂领域主要有两种方法：①对壳聚糖进行功能化改性，把抗菌的支链、功能团、大分子等接枝到壳聚糖主链上，兼具了壳聚糖和接枝分子的抗菌性，能得到具有优异抗菌性能的纳米胶束；②把抗菌剂包载在纳米胶束中，由于纳米胶束尺寸小，能增加抗菌剂如纳米银的稳定性。壳聚糖胶束基抗菌剂具有制备工艺简单、成本相对较低、生物相容性较好等优点，因此具有广阔的应用前景。接枝抗菌多肽的壳聚糖所形成的纳米胶束对革兰氏阴性和革兰氏阳性细菌都有很强的抗菌性，同时还具有低毒性和良好的血液相容性。已有报道通过均相偶联方法合成两亲性壳聚糖接枝聚 ε-己内酯（CS-g-PCL），接枝物通过自组装形成胶束，胶束的粒度随着接枝度的增加而降低。在紫外线照射下于壳聚糖胶束中制备了银纳米颗粒。该银纳米颗粒表现出对革兰氏阴性和阳性细菌（大肠杆菌和金黄色葡萄球菌为模型）较强的抗菌活性。

由于壳聚糖及其衍生物既具有良好的抗氧化性，又具有良好的抗菌性，同时壳聚糖的酸性溶液黏度较大，涂于生物体表面能形成一层无色透明的薄膜而发挥保护作用，因此壳聚糖及其两亲性衍生物用于水果、蔬菜、鲜花等食品保鲜领域已引起人们广泛关注。

参 考 文 献

[1] 魏新林．甲壳素低聚糖性质、分级及免疫活性研究［D］．江南大学，2004.

[2] 李星科．壳聚糖的增稠、乳化性质及机制研究［D］．江南大学，2011.

[3] 汤虎．基于低温溶解制备的甲壳素新材料［D］．武汉大学，2012.

[4] 曾海燕．壳聚糖纳米粒子的制备及其稳定皮克林乳液的研究［D］．江南大学，2015.

[5] 望运滔．甲壳素微纳载体的构建及性能研究［D］．华中农业大学，2016.

[6] 金秋．不同分子量和构型（α、β）壳聚糖减肥降脂功能研究［D］．中国科学院大学，2017.

[7] 刘飞．茶多酚-壳聚糖纳米粒明胶复合膜的制备及抗氧化应用特性研究 [D]. 江南大学，2017.

[8] 徐同林．可得然多糖/壳聚糖复合膜的制备及其在冷鲜肉保鲜中的应用 [D]. 南京农业大学，2017.

[9] 钟浩权．新型壳聚糖胶束的制备及其在食品中的应用 [D]. 华南理工大学，2017.

[10] 史建如．壳聚糖基褐藻多酚可食膜的制备及其在大菱鲆冷藏保鲜中的应用 [D]. 上海海洋大学，2018.

[11] 潘思明．壳聚糖及拮抗酵母菌对猕猴桃采后病害的防治机制研究 [D]. 辽宁大学，2018.

[12] 张玮圳．白藜芦醇-壳聚糖可食性复合膜的制备及其在蓝靛果保鲜中的应用 [D]. 哈尔滨商业大学，2018.

[13] 王振雨．基于甲壳素的食品包装材料的制备及其抑菌性能的研究 [D]. 暨南大学，2018.

[14] 邵颖．壳聚糖——丁香酚乳液的制备表征及其对冷藏期间带鱼的保鲜作用研究 [D]. 浙江大学，2019.

[15] Xin S J, Li Y J, Li W, et al. Carboxymethyl chitin/organic rectorite composites based nanofibrous mats and their cell compatibility [J]. Carbohydrate Polymers, 2012, 90 (2): 1069-1074.

[16] Xiong W F, Ren C, Tian M, et al. Emulsion stability and dilatational viscoelasticity of ovalbumin/chitosan complexes at the oil-in-water interface [J], Food Chemistry, 2018, 252 (30): 181-188.

[17] Bonillaf, Chouljenkoa, Lina, et al. Chitosan and water-soluble chitosan effects on refrigerated catfish fillet quality [J]. Food Bioscience, 2019, 31: 100426.

[18] Kumars, Mukherjeea, Duttaj. Chitosan based nanocomposite films and coatings: Emerging antimicrobial food packaging alternatives [J], Trends in Food Science & Technology, 2020, 97: 196-209.

[19] Wu J, Zhang K, Girouard N, et al. Facile route to produce chitin nanofibers as precursors for flexible and transparent gas barrier materials [J], Biomacromolecules, 2014, 15 (12): 4614-4620.

[20] Fan Y M, S, I. Preparation of chitin nanofibers from squid pen β-chitin by simple mechanical treatment under acid conditions [J]. Biomacromolecules, 2008, 9 (7): 1919-1923.

[21] Chang C Y, Chen S, Zhang L. Novel hydrogels prepared via direct dissolution of chitin at low temperature: structure and biocompatibility [J]. Journal of materials chemistry, 2011, 21 (11): 3865-3871.

[22] Duan B, Liu F, He M, et al. Ag-Fe_3O_4 nanocomposites@ chitin microspheres constructed by in situ one-pot synthesis for rapid hydrogenation catalysis [J]. Green Chemistry, 2014, 16 (5): 2835-2845.

[23] Duan B, Chang C Y, Ding B B, et al. High strength films with gas-barrier fabricated from chitin solution dissolved at low temperature [J]. Journal of Materials Chemistry A, 2013, 1 (5): 1867-1874.

[24] Li Z H, Cao M, Zhang W G, et al. Affinity adsorption of lysozyme with Reactive Red 120 modified magnetic chitosan microspheres [J]. Food chemistry, 2014, 145 (15): 749-755.

[25] Salaberria A, Ferandes S C M, Diaz R H, et al. Processing of α-chitin nanofibers by dynamic high pressure homogenization: Characterization and antifungal activity against A. niger [J]. Carbohydrate polymers, 2015, 116 (13): 286-291.

[26] Tzoumaki M V, Moschakis T, Kiosseoglou V, et al. Oil-in-water emulsions stabilized by chitin nanocrystal particles [J]. Food hydrocolloids, 2011, 25 (6): 1521-1529.

[27] Fan Y M, Saito T, Isogai A. Chitin nanocrystals prepared by TEMPO-mediated oxidation of α-chitin

[J]. Biomacromolecules, 2008, 9 (1): 192-198.

[28] Zhang Y, Chen Z G, Bian W Y, et al. Stabilizing oil-in-water emulsions with regenerated chitin nanofibers [J]. Food chemistry, 2015, 183 (15): 115-121.

[29] Perrin E, Bizot H, Cathala B, et al. Chitin nanocrystals for Pickering high internal phase emulsions [J]. Biomacromolecules, 2014, 15 (10): 3766-3771.

[30] Zhu Y, Huan S Q, Bai L, et al. High internal phase oil-in-water Pickering emulsions stabilized by chitin nanofibrils: 3D structuring and solid foams [J]. ACS Applied Materials & Interfaces, 2020.

[31] Sun G, Zhao Q F, Liu S L, et al. Complex of raw chitin nanofibers and zein colloid particles as stabilizer for producing stable pickering emulsions [J]. Food Hydrocolloids, 2019, 97: 105178.

[32] Ge S J, Liu Q, Li M, et al. Enhanced mechanical properties and gelling ability of gelatin hydrogels reinforced with chitin whiskers [J]. Food Hydrocolloids, 2018, 75: 1-12.

[33] Yuan Y, Sun Y G, Wan Z L, et al. Chitin microfibers reinforce soy protein gels crosslinked by transglutaminase [J]. Journal of agricultural and food chemistry, 2014, 62 (19): 4434-4442.

[34] Butchosa N, Brown C, Larsson P T, et al. Nanocomposites of bacterial cellulose nanofibers and chitin nanocrystals: fabrication, characterization and bactericidal activity [J]. Green chemistry, 2013, 15 (12): 3404-3413.

[35] Qin Y, Zhang S L, Yu J, et al. Effects of chitin nano-whiskers on the antibacterial and physicochemical properties of maize starch films [J]. Carbohydrate polymers, 2016, 147 (20): 372-378.

[36] Shankar S, Reddy J P, Rhim J W, et al. Preparation, characterization, and antimicrobial activity of chitin nanofibrils reinforced carrageenan nanocomposite films [J]. Carbohydrate polymers, 2015, 117 (6): 468-475.

[37] Ye W B, Liu L, Yu J, et al. Hypolipidemic activities of partially deacetylated α-chitin nanofibers/nanowhiskers in mice [J]. Food & nutrition research, 2018, 62.

[38] Tzoumaki M, Moschakis T, Scholten E, et al. In vitro lipid digestion of chitin nanocrystal stabilized o/w emulsions [J]. Food & function, 2013, 4 (1): 121-129.

[39] Xiao Y M, Chen C, Wang B J, et al. In vitro digestion of oil-in-water emulsions stabilized by regenerated chitin [J]. Journal of agricultural and food chemistry, 2018, 66 (46): 12344-12352.

[40] Ji N, Liu C Z, Zhang S L, et al. Effects of chitin nano-whiskers on the gelatinization and retrogradation of maize and potato starches [J]. Food chemistry, 2017, 214 (1): 543-549.

[41] Ahmed A B A, Taha R M, Mohajer S, et al. Preparation, properties and biological applications of water soluble chitin oligosaccharides from marine organisms [J]. Russian Journal of Marine Biology, 2012, 38 (4): 351-358.

[42] Husson E, Hadad C, Huet G, et al. The effect of room temperature ionic liquids on the selective biocatalytic hydrolysis of chitin via sequential or simultaneous strategies [J]. Green Chemistry, 2017, 19 (17): 4122-4131.

[43] Villa-lerma G, González-Márquez H, Gimeno M, et al. Ultrasonication and steam-explosion as chitin pretreatments for chitin oligosaccharide production by chitinases of Lecanicillium lecanii [J]. Bioresource technology, 2013, 146: 794-798.

[44] Margoutidis G, Parsons V H, Bottaro C S, et al. Mechanochemical amorphization of α-chitin and conversion into oligomers of N-acetyl-D-glucosamine [J]. ACS Sustainable Chemistry & Engineering, 2018, 6 (2): 1662-1669.

6

β-葡 聚 糖

随着现代人们生活水平的提高以及饮食结构的变化，出现了由于饮食结构不合理而引发的健康问题，因而人们对具有显著生理活性的食品需求量在不断增加。在食品添加剂广泛使用和保健食品日益普及的社会背景下，安全性已成为人们普遍关注的热点。植物多糖不仅可以起到保健功能而且还可以作为食品添加剂应用到各种食品中。因此，天然多糖的开发与应用日益受到重视。

现代研究表明：β-葡聚糖具有降低胆固醇，预防心血管疾病的功能；调节血糖水平，预防糖尿病的功能；促进肠道中益生菌的增殖，预防肠癌的功能；调节机体免疫功能等。

6.1 β-葡聚糖的来源、结构及分类

6.1.1 β-葡聚糖的来源

β-葡聚糖主要来源于真菌、酵母、植物和藻类，是食物中一种重要的膳食纤维，它还是禾谷类植物籽粒胚乳以及糊粉层细胞壁的主要组成成分，具有重要的营养价值和生物功能，β-葡聚糖不仅在动植物体内发挥多种作用，而且在生物间的相互影响过程中也具有重要的功能，它是生物反应过程中重要的调节因子。β-葡聚糖主要存在于一些草、禾本科作物、地衣等植物中，在谷物中以大麦和燕麦含量较高。脱壳燕麦含有较高的（1→3）/（1→4）-β-D-葡聚糖，含量为3%～7%，因品种、产地和环境而不同。燕麦β-葡聚糖主要富集于燕麦麸皮中，酵母中β-葡聚糖主要存在于酵母细胞壁中，占细胞壁干重的29%～64%。不同加工方式的商业燕麦麸皮中β-葡聚糖含量为5%～10%，也可以高达10.9%～16.6%，其中可溶性β-葡聚糖比例可达32%～40%，它不是独立的物质，而是和蛋白质、戊聚糖等紧密结合在一起的一种物质。

不同谷物中β-葡聚糖的含量有所不同，其中以大麦和燕麦中含量最高（见表6-1）。在大麦和燕麦中β-葡聚糖的分布部位不同，大麦β-葡聚糖主要存在于胚乳细胞壁中，燕麦β-葡聚糖则主要集中在糊粉层，尤其是亚糊粉层中，胚乳细胞壁中则很少见。在燕麦麸皮的可溶性膳食纤维中，最主要的成分是β-葡聚糖。

表6-1 不同谷物中β-葡聚糖的含量

谷物	燕麦	大麦	黑麦	小麦	黑小麦	高粱	稻米	玉米
β-葡聚糖含量/%	3.0～8.0	2.0～20	1.9～2.9	0.5～1.5	1.3～2.7	1.1～6.2	0.6	0.8～1.7

酵母β-葡聚糖是从细胞壁中得到的，酵母细胞壁的质量占细胞干重的20%～30%，其中含90%左右的多糖。细胞壁多糖中有碱溶性及碱不溶性的β-葡聚糖、水溶性的甘露糖以及少量的几丁质等，β-葡聚糖占细胞壁干重的30%～60%，

在细胞壁的最内层，属于结构多糖，主要生理功能是维持细胞壁机械强度，使细胞保持正常生理形态，酵母细胞壁结构如图 6-1 所示。

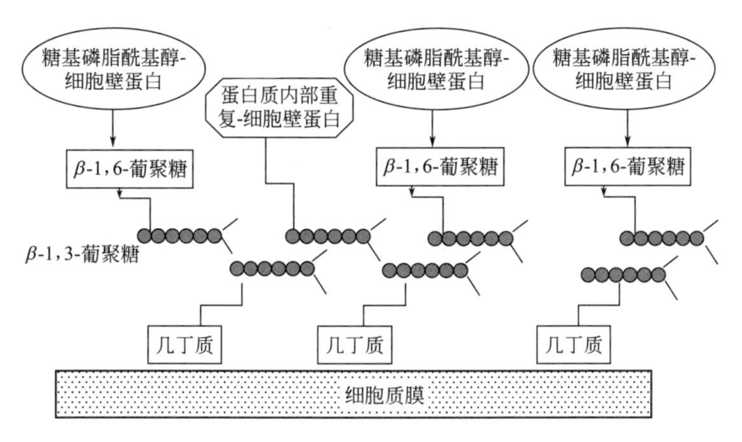

图 6-1　酵母细胞壁的组成

6.1.2　β-葡聚糖的结构

葡聚糖是以葡萄糖为基本单位构成的一类天然多糖类物质，由 D-吡喃型葡萄糖单元构成，其糖苷键类型通常有：(1,6)-糖苷键、(1,4)-糖苷键和 (1,3)-糖苷键三种，可分为 α 型和 β 型两种结构。α-葡聚糖形成的是一种呈带状单链构象，沿着纤维轴伸展而不是呈螺旋状，所以没有生物活性或活性很低。目前自然界中的葡聚糖基本上都是 β 型，而 α-葡聚糖目前仍以人工合成为主，生物体内尚未发现合成的 α-葡聚糖。

β-葡聚糖（Oat β-glucan，O-glu）是由 D-葡萄糖单体通过(1,3)-(1,4)-β-糖苷键连接而的一种非淀粉线性同聚多糖，其结构如图 6-2。根据 D-葡萄糖残基彼此不同的结合方式而分为多种，其中异碳头糖苷键以 β 方式连接的为 β-葡聚糖。β-葡聚糖的来源不同，其结构也存在着差异。β-葡聚糖化学结构在不同谷物中差异不大，但 β-(1→3)-糖苷键和 β-(1→4)-糖苷键的构成比例有所不同。利用高效阴离子交换色谱分析得出在燕麦中 β-(1,4)-糖苷键与 β-(1,3)-糖苷键所占比例为（2.1～2.4）∶1、小麦为（3.0～4.5）∶1、黑麦为（3.0～3.2）∶1、大麦为（2.8～3.3）∶1。不同品质和来源的燕麦 β-葡聚糖经地衣酶完全水解后，其 95%的水解产物为纤维三糖和纤维四糖且没有显著性差异，平均聚合度约为 3.5～3.6，其中 DP3/DP4 约为 1.62～1.67。β-葡聚糖完全水解后，β-(1,3)/β-(1,4)-糖苷键摩尔比约为 1.50～1.70，寡糖平均 DP 约为 3.7～3.8。从真菌中提取出来的 β-葡聚糖，如蘑菇多糖，是由具有 β-(1,3)-糖苷键连接的主链和 β-(1,6)-糖苷键连接的分支链构成。从酵母中提取的 β-葡聚糖是由 β-(1,3)-糖苷键相连的D-葡萄糖组成的线性骨架以及β-(1,6)-糖苷键的分支和主干相连构成，酵母β-葡聚糖与一般的真菌相比其分支较长。除此之外，还有结构相对较为简单的线性β-葡聚糖，如茯苓多糖、裸藻多糖等。

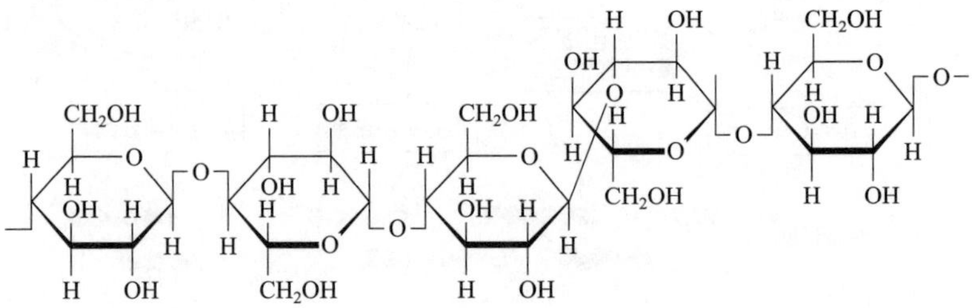

图 6-2　β-葡聚糖的结构

燕麦β-葡聚糖是一类以β-D-吡喃葡萄糖为单位，主要由β-(1→3) 和β-(1→4)两种糖苷键相连接的黏性多糖物质，3-*O*-β-D-吡喃葡萄糖和4-*O*-β-D-吡喃葡萄糖单位分别约占65%和27%。燕麦β-葡聚糖是一种分子量较小的短链葡聚糖。分子量分布随来源或提取工艺的不同而有所差异。研究发现燕麦的水溶性β-葡聚糖的分子量分布远大于大麦和黑麦，水溶性β-葡聚糖在燕麦中的分子质量约为3×10^6Da，而大麦和黑麦中水溶性β-葡聚糖分子质量低于燕麦，分别是$2\times10^6\sim2.5\times10^6$Da和$1\times10^6$Da。受燕麦预处理次数、不同提取溶剂、温度高低、时间长短和不同检测器的影响，燕麦β-葡聚糖的分子质量在$0.4\times10^6\sim3.1\times10^6$Da之间波动，这也表明仅用一种方法很难提供可靠的分子量分布的信息，还要考虑提取分离条件、纯化方法以及检测方法等因素，同时是否进行灭酶预处理对测定结果也存在较大影响，灭酶预处理或高温处理燕麦可使提取的β-葡聚糖分子量较大，并且更加耐储。

酵母β-葡聚糖是以β-1,3-糖苷键和β-1,6-糖苷键连接的以β-1,3-D-葡聚糖苷为重复单元所构成的具有空间构象的结构多糖，其侧链结构一般是在主链骨架的第6位上连接一段葡聚糖苷重复结构也称为还原性碳端侧链（见图6-3）。主链结构上将靠近侧链连接处第2位碳原子称为还原性碳端，将远离侧链连接处的主碳链一端称为非还原性碳端。酵母β-葡聚糖能够增强动物的免疫力，如具有抗癌、抗细菌、抗病毒、抗真菌、抗寄生虫等作用，还能降低胆固醇、降低血脂及促进伤口愈合，是一种良好的生物效应调节剂。

香菇多糖是一种代表性的β-葡聚糖，它的主要结构是以β-(1→3)-葡萄糖为主链，β-(1→6)-葡萄糖为侧链的葡聚糖，每5个葡萄糖有2个分支点，这导致其具有右旋三重螺旋结构。裂褶多糖同样是以β-(1→3)-葡萄糖残基为主链，β-(1→6)-葡萄糖为侧链的葡聚糖，每3～4个葡萄糖有1个分支点，具有同香菇多糖一样的三重螺旋结构和生物活性。云芝多糖是含有β-(1→6)-葡萄糖支链的

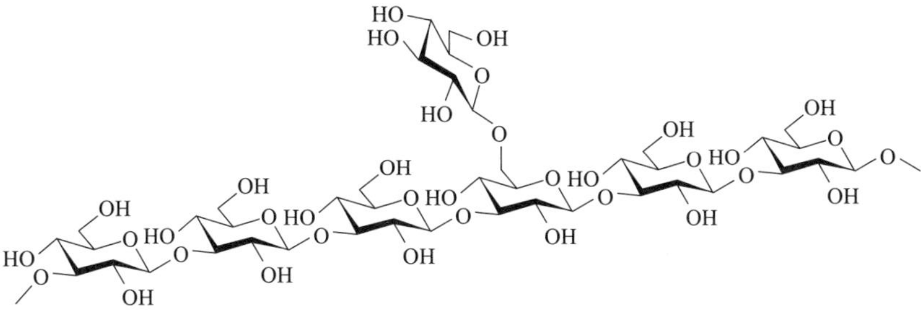

图 6-3 酵母 β-葡聚糖的结构

β-(1→4)-葡聚糖，每 4 个葡萄糖有 1 个分支点。灵芝多糖是从灵芝属灵芝中分离的多糖，是一种具有免疫调节作用的 β-葡聚糖，主要由葡萄糖组成。另外，树舌的子实体和菌丝含有 β-葡聚糖，基本化学结构是具有 1～15 个 β-(1→6)-葡聚糖侧链的 β-(1→3)-葡萄糖。

β-葡聚糖具有各种不同长度和分子量，可以统计为重均分子量和数均分子量。重均分子量受大分子影响，数均分子量受小分子影响，表 6-2 归纳了不同来源 β-葡聚糖的分子量情况。

表 6-2 不同来源 β-葡聚糖的分子量

来源	分子量	来源	分子量
燕麦	$3.5\times10^4\sim2.3\times10^6$	高粱	3.6×10^6
酵母	$2.0\times10^4\sim4.0\times10^6$	金针菇	3.0×10^5
小麦麸粉	$4.3\times10^4\sim7.58\times10^4$	桑黄	1.5×10^5
黑麦麸	1.34×10^5	红毛草	$2.5\times10^5\sim2.0\times10^6$
小麦	$4.3\times10^5\sim7.58\times10^6$	姬松茸	$3.0\times10^4\sim5.0\times10^4$
裸大麦	$6.3\times10^4\sim3.3\times10^5$	当归根	$3.9\times10^4\sim1.7\times10^5$
大麦	$4.5\times10^5\sim1.32\times10^6$		

6.1.3 β-葡聚糖的分类

β-葡聚糖根据其在水中的溶解性可分为水溶性和非水溶性两种，水溶性 β-葡聚糖占 50%～70%，其中 β-(1,4)-糖苷键与 β-(1,3)-糖苷键总量之比为 2.3∶1，较非水溶性的比例低。β-葡聚糖根据来源可分为植物类和微生物类。表 6-3 是不同来源的 β-葡聚糖及其结构。

表 6-3 不同来源的 β-葡聚糖及其结构类型

名称	来源	结合类型
纤维素	树	β-1,4-葡聚糖
酵母多糖	酵母	β-1,3-葡聚糖

续表

名称	来源	结合类型
金澡昆布多糖	金藻门	β-1,3-葡聚糖
白色念珠菌β-葡聚糖	*Candida albicans*	β-1,3-葡聚糖
凝胶多糖	*Agrobacterium* sp. *Alcaligens* sp.	β-1,3-葡聚糖
地衣多糖	地衣	β-1,3/1,4-葡聚糖
燕麦β-葡聚糖	燕麦	β-1,3/-1,4-葡聚糖
青稞β-葡聚糖	青稞	β-1,3/1,4-葡聚糖
海带多糖	海草	β-1,3/1,6-葡聚糖
热凝胶多糖	细菌	β-1,3/1,6-葡聚糖
香菇多糖	香菇	β-1,3/1,6-葡聚糖
平菇多糖	平菇	β-1,3/1,6-葡聚糖
裂殖菌多糖	*Scommune*	β-1,3/1,6-葡聚糖
昆布多糖	*Laminaria digitata*	β-1,3/1,6-葡聚糖
云芝多糖	*Cversicolor*	β-1,3/1,4/1,6-葡聚糖蛋白质复合物

6.2 β-葡聚糖的理化性质与生理功能

6.2.1 理化性质

(1) 溶解性

β-葡聚糖的溶解性受其结构β-(1,3)-糖苷键的含量和DP的影响，水溶性β-葡聚糖中β-(1,3)/β-(1,4)-糖苷键物质的量比为1∶(2.5～2.6)，非水溶性β-葡聚糖中β-(1,3)/β-(1,4)-糖苷键物质的量比为1∶4.2。

通常情况下，谷物中的β-葡聚糖为白色粉末，溶于水呈淡黄色，不溶于乙醇、丙酮等有机试剂。而大部分酵母β-葡聚糖都是水不溶性的，有的不溶于乙醇、乙醚、盐酸、硫酸和碱等溶液，但可溶于二甲基亚砜。通过对酵母β-葡聚糖的聚合度以及分支度进行修饰改造后，可显著提高其水溶性。

(2) 持水性和持油性

燕麦β-葡聚糖的持水性和持油性均较好，其最初结合水的能力较强，随着时间的延长，持水性逐渐下降至平稳时持水性为6mL/g。持油性随时间的延长变化不大，达到平衡时持油性为8.4mL/g。燕麦β-葡聚糖的黏度较大，分子沉降率小，可以很好地结合水分子和油分子，表现出较好的持水能力和持油能力。这种特性使得β-葡聚糖可以添加到肉制品中保持其多汁性。大麦β-葡聚糖的持水性可达6.02～6.81mL/g。

（3）乳化性

β-葡聚糖并不是表面活性剂，乳化性的发挥是由于液相黏度的增加从而阻止了乳化层中油滴的聚集。β-葡聚糖能增加乳状液的外相黏度，限制了液滴运动，从而降低了油水界面的表面张力，有利于提高乳状液的稳定性。低分子量β-葡聚糖的分子链能向水相中伸展，形成网络结构，产生空间位阻、静电排斥等作用抑制了微粒的聚集，而高分子量β-葡聚糖通过提高水相黏度，有利于提高黏弹性界面膜的稳定性。

燕麦β-葡聚糖本身具有乳化性和起泡性，并且与温度、pH、质量分数等有关，其乳化性在pH2.5和pH10.5时较低，而在中性时最高。在乳清蛋白液中加入β-葡聚糖粉末后，起泡性和乳化稳定性显著提高，说明两者对泡沫形成和乳化稳定性具有一定的协同作用。对乳化微粒直径进行测定后，发现直径减小，从而说明了β-葡聚糖具有改善泡沫质量和提高乳化稳定性的能力。

（4）流变性与凝胶性

当β-葡聚糖水溶液含量大于0.2%时，表现为非牛顿流体剪切变稀行为，其表观黏度值随剪切速率增大而减小，且具有非触变性；在较低浓度时，仍具有较高黏度，这种特性改变可能与β-葡聚糖分子链与链之间在高浓度条件下强烈相互作用及聚合有关。另外，β-葡聚糖经湿热处理，对其分子量几乎不影响，但会使其黏度升高，可见加热可改变β-葡聚糖分子空间结构或存在形态，可能是破坏了β-葡聚糖分子间氢键，使β-葡聚糖分子更加舒展，从而导致流体黏度增加。酸对β-葡聚糖稳定性影响较小，但随温度上升，其黏度会发生不同程度下降。

燕麦β-葡聚糖在1.5%以下时，溶液的流动曲线符合Power-law模型，表现出假塑性流体。β-葡聚糖含量高于0.3%时，溶液的黏度与浓度相关，水解的低黏性β-葡聚糖可表现出弱的凝胶性。与瓜尔胶、黄原胶相比，β-葡聚糖产生的黏度更大且假塑性良好，在食品添加剂（增稠剂、稳定剂）方面的应用前景更广。大分子β-葡聚糖在溶液中呈黏弹性流体，较小分子的溶液易形成胶体。静止状态或剪切速度小时，β-葡聚糖分子量大存在着相互缠绕和交联的现象，因此，内部阻力较大；当剪切速率增大时，β-葡聚糖分子沿长轴取向和排列进而形成规则的分子流层，溶液的黏度下降。

β-葡聚糖凝胶是一种可逆凝胶，溶解温度为58～62℃。在水溶液中β-葡聚糖分子间相互缠绕并发生氢键作用形成聚集体，表现出高黏度和凝胶化性质。随β-葡聚糖含量增加，分子链间聚集缠绕更紧密，更有利于形成凝胶。研究表明，三糖和四糖比例高的β-葡聚糖更容易聚集而成胶，这是由于纤维三糖单元易形成网络交联区。β-葡聚糖的临界浓度、黏度、黏弹行为和剪切变稀性质主要和多糖分子质量有关，分子质量在100～200kDa的谷物β-葡聚糖在室温下很容易成胶（8%～10%，质量浓度），分子量越大，黏度越大，储能模量越小。随剪切速率增加，相邻浓度间葡聚糖溶液黏度变化并不显著，但均呈下降趋势，在高浓度范围内随β-葡聚糖溶液浓度下降，其溶液黏度也明显下降。这可能是溶液中β-葡聚糖分子具有长线性分子链，且分子间存在相互缠绕和交联，在静止或低剪切速率下将保持内部不规则次序。另一个可能原因是葡聚糖分子含有大量亲水性基团，静止状态下溶质分子与水分子存在一种相互包容关系，剪切速率加大使溶解β-葡聚糖分子脱出溶剂层，形成溶质分子外膜，引起流动阻力的分子间相互作用力减弱，从而导致黏度下降。

研究表明，燕麦β-葡聚糖凝胶性与它本身的黏度、浓度、分子量、温度等有关，并且低黏度、低温等能够促进凝胶的形成。分子量的大小在凝胶形成过程中起着重要作用，低分子量的较高分子量的更易形成凝胶。温度较高时，分子分散较好；相反，温度低时分子更易聚集，从而形成凝胶。

6.2.2 生理功能

（1）降低胆固醇

β-葡聚糖对降低血液中总胆固醇和低密度脂蛋白胆固醇水平、升高血液中游离脂肪酸水平和调节脂代谢紊乱，使血液中甘油三酯的水平恢复正常有重要作用，不同剂量和分子量的β-葡聚糖对小鼠血脂和游离脂肪酸影响有差异。研究发现高、中、低3种不同分子量的燕麦β-葡聚糖对降低血清中低密度脂蛋白胆固醇的能力不一样。2004年经FDA批准，可在大麦和燕麦β-葡聚糖制品上贴上每份摄取0.75g大麦（燕麦β-葡聚糖能明显降低血中LDL、胆固醇及减少患冠心病危险性）的标签。相关研究显示燕麦β-葡聚糖主要是通过调节胆固醇合成限速酶CYP5l、胆汁酸合成CYP7Al、胆汁酸转运酶ABCBll、胆固醇转运酶ABCG5、LDLR等活性，促进肝脏中胆固醇转化成胆汁酸，增加粪便中脂质物质的排出量，从而使得更多的血浆胆固醇流入肝脏，达到降低血浆胆固醇的效果。高血脂患者每天若摄取3～4g的β-葡聚糖，其“坏胆固醇”可降低8%，心脏病发作率可以降低10%～20%。研究还表明，燕麦β-葡聚糖能够大幅度的降低肠胃吸收脂肪酸的速度，这样人体内胆固醇的合成量相应地就会减少，这充分证明了β-葡聚糖具有降低胆固醇，预防心血管疾病的作用。

（2）改善胃肠道功能及影响肠道内菌群，减少肠癌发生率

β-葡聚糖不能被吸收，但能在大肠中被发酵产生丙酸、丁酸等短链脂肪酸，可促进肠道中革兰氏阳性有益活性细菌的增殖，抑制革兰氏阴性的腐生性细菌增殖，提高肠道表面分泌型IgA的分泌，进而改善胃肠道功能及调节肠道内菌群

平衡，防止出现腹泻或者便秘。研究发现，燕麦β-葡聚糖的摄入量与肠癌发生率呈明显的负相关。燕麦β-葡聚糖能促进小鼠肠道及粪便中的有益菌增殖，并抑制有害菌的繁殖，从而改善肠道环境，具有益生元的功效。β-葡聚糖可显著降低肉鸡盲肠大肠杆菌和沙门氏菌数量，有效阻止沙门氏菌感染引起的肉鸡死亡率升高。β-葡聚糖还可增加肉鸡盲肠乳酸菌和双歧杆菌等有益菌的数量，并可改良肉鸡盲肠菌群紊乱。另有研究认为，β-葡聚糖能够抑制肠道大肠杆菌的增殖，对双歧杆菌或乳酸杆菌的增殖影响较小，即β-葡聚糖在不影响有益菌生长下具有改善肠道菌群结构的作用。

（3）提高机体免疫力，抗肿瘤及抗感染作用

酵母β-葡聚糖具有免疫调节作用，能够与动物体中的巨噬细胞结合而激活巨噬细胞；能激活T淋巴细胞、B淋巴细胞、巨噬细胞、自然杀伤细胞（NK）等发挥免疫增强剂的作用；可分泌一些激活免疫细胞的细胞因子，从而增强动物免疫系统的功能，因此被用作动物的免疫刺激剂；β-葡聚糖作为一种免疫激活剂，其免疫机制为：①能激活机体免疫细胞群如T细胞的活性和巨噬细胞的吞噬作用；②促进白细胞增殖；③刺激抗肿瘤和抗菌活性等；④受体主要表达在单核/巨噬细胞和中性粒细胞的表面。

β-葡聚糖能通过调控与免疫细胞相关的基因的表达水平恢复接受化疗的小鼠免疫力，对人类免疫系统和癌细胞具有治疗效果。还可活化胃肠组织中的嗜中性粒细胞和吞噬细胞，由此进一步活化和影响“免疫-神经-内分泌”调控网络，增强其抗感染、抗应激和细胞适应性保护能力；酵母β-葡聚糖对机体抗体激活的替代途径和抗体水平的产生也有影响。酵母β-葡聚糖具抗肿瘤、抗感染的效用，研究显示，这种效用是通过刺激免疫系统、提升机体抗病能力来实现的，而不是直接对肿瘤的毒性细胞产生作用。高剂量酵母β-葡聚糖可显著增强小鼠的细胞免疫，中、高剂量酵母β-葡聚糖能够显著提高巨噬细胞活性及增强体液免疫功能。酵母多糖能显著提高断奶仔猪血清中IgM水平（$p<0.05$），但对IgA和IgG水平无显著性影响（$p>0.05$）。硫酸酯化的酵母β-葡聚糖还能明显抑制猪流感病毒血凝，说明具有防止免疫抑制引发不良作用的功效。有研究报道，β-葡聚糖与抗肿瘤单克隆抗体对小鼠的抗肿瘤功能具有协同作用，酵母β-葡聚糖能诱导巨噬细胞产生白细胞介素和一氧化氮，从而提高免疫力，对癌细胞的增殖具有很强的抑制活性。

（4）美容功效

β-葡聚糖具有显著的美容功效。β-葡聚糖能激活朗氏细胞分泌一些对皮肤有益的因子，促进成纤维细胞的增殖及组织基质的合成，从而使皮肤的弹性增加且柔软细嫩。β-葡聚糖是天然的高分子聚糖，可在皮肤表层形成透明、富有弹性、透气的薄膜，有效隔离了有害物质对皮肤的侵害，而且这些生物大分子能充分锁

住皮肤中的水分，有效控制其流失，从而使皮肤保水能力增加，丝润光滑。

（5）调节血糖功能

β-葡聚糖调节控制血糖的机制包括以下三个方面：

① 黏度高，能延缓肠道对碳水化合物吸收，使外源性血糖降低：如燕麦β-葡聚糖是非淀粉类多糖，动物体内缺乏水解β-葡聚糖的酶，因此，β-葡聚糖是低能量的。燕麦β-葡聚糖的日摄入量在1.8g以上时能显著降低餐后人体的血糖升高幅度，且摄入量越大人体血糖升高幅度越小，并推测与β-葡聚糖形成高黏性环境有关，能延缓胃及肠道对葡萄糖的吸收，具有调节血糖水平，预防糖尿病的作用。

② 通过调节并激活P13K胰岛素信号通路改善胰岛素抵抗的状况。β-葡聚糖能提高小鼠L6肌肉细胞的葡萄糖转运，显著降低糖尿病给药组小鼠的血糖值，含4g燕麦β-葡聚糖的牛奶什锦早餐可以显著降低餐后血糖值，提高胰岛素水平。

③ 葡聚糖通过保护胰岛细胞，修复其病变改善其功能特性使胰岛素得以保持稳定的分泌从而达到调节血糖的目的。

（6）抗营养特性

燕麦β-葡聚糖是一种主要的抗营养因子，燕麦作为饲料，和其他饲料混合使用，其所含有的β-葡聚糖会影响动物对营养物质的消化和吸收。其作用的机制主要有以下几个方面：

① 底物竞争降低营养吸收。燕麦β-葡聚糖进入动物的肠胃，会降低食糜通过的速度，并与酶和底物结合，降低动物对饲料养分的吸收。

② 增厚肠黏膜表面水分子层降低营养吸收。β-葡聚糖具有高亲水性，导致肠黏膜表面水分子层的厚度增加，这样就不利于饲料中营养物质通过肠黏膜上皮细胞，降低饲料养分吸收。

③ 吸附阳离子影响矿物代谢。β-葡聚糖还可吸附Ca^{2+}、Zn^{2+}、Na^{+}等离子，从而影响矿物质代谢。

④ 其他功能。葡聚糖还具有缓解压力、抗氧化、增加饱腹感，降低食欲和增强胃肠蠕动等功能。

（7）其他作用

酵母β-葡聚糖还具有吸附、排除霉菌毒素、抗辐射、促进伤口愈合等作用。酵母β-葡聚糖可吸附玉米赤霉烯酮、黄曲霉毒素在内的多种霉菌毒素。酵母β-葡聚糖特有的三维结构特征对霉菌毒素具有很好的吸附作用。若饲喂经致死剂量辐射后小鼠酵母β-葡聚糖，可使小鼠死亡率降低60%，且用酵母β-葡聚糖治疗经辐射的小鼠，可以增强小鼠恢复的能力。用一定浓度的酵母β-葡聚糖搽抹在动物腿部受伤处，其伤口的愈合速度明显加快。

6.3 β-葡聚糖的生产方法

6.3.1 常见的生产方法

β-葡聚糖的提取方法通常有酸提法、碱提法、酸碱综合法、碱-酶提法和酶-碱提法等。

（1）酸提法

可使用醋酸、乙酸和磷酸等作为提取剂来提取酵母、谷物中的β-葡聚糖，其优点是强酸几乎可以完全提取β-葡聚糖，提取率高，但纯度及得率均低，产品中含杂质量高，黏度降低较大，而且用此方法在生产中要考虑制冷增加成本的问题。但因为饲料添加剂对β-葡聚糖纯度的要求不太高，因此该方法广泛用于鸡、鱼等饲料添加剂β-葡聚糖制备。酸提法提取β-葡聚糖时，用不同浓度的醋酸，在50～90℃温度下处理3～6h，经离心和沉淀后，用无水乙醇脱水、干燥。

（2）碱提法

此方法用于提取酵母、真菌及谷物中的β-葡聚糖，提取剂可使用$Ba(OH)_2$、NaOH和Na_2CO_3等。此方法优点为纯度高、工艺较简单、蛋白质残留量少，但产物得率低，而且会导致多糖降解等不利因素。Wood等（1978）提出温和碱提取法，加入离子强度为0.2的碳酸钠溶液，调节pH值至10，在45℃的温度下提取30min，然后调节pH值至4.5去除蛋白质，离心，将上清液中和至中性，浓缩干燥。另外可采用NaOH溶液从啤酒酵母泥中提取β-葡聚糖，具体方法为：加入3% NaOH溶液到啤酒酵母泥中（质量比为5∶1），在60℃处理3h后，经4500r/min离心10min，然后向沉淀液中加入3% NaOH溶液（质量比为3∶1），在90℃处理2h，离心，将其沉淀物冲洗至中性，再用无水乙醇和乙醚冲洗，真空干燥。

（3）酸碱综合法

酸碱综合法提取β-葡聚糖的常用提取剂为NaOH、乙酸和盐酸等，其优点为可提高其纯度及收率，但工艺复杂，成本增加，还会引起多糖的降解，所以不是理想的提取方法。酸碱综合法提取β-葡聚糖时，先称取定量预处理的酵母泥，加入3%NaOH溶液（5∶1），60℃处理3h，然后离心，沉淀。沉淀物冲洗两遍，用4%乙酸处理2h，离心，将沉淀物冲洗至中性，再用无水乙醇和乙醚冲洗，干燥。

（4）碱-酶提法

该方法用氢氧化钠和碱性蛋白酶等提取剂提取酵母源β-葡聚糖，通过此方法可得到纯度较高及品质较好的葡聚糖。酵母粉经过预处理，按照10g∶150mL的比例加入3%NaOH溶液，在8℃处理2h，离心，洗涤，调pH为8.5～9.0，再加入600U/g碱性蛋白酶，于55℃处理24h，离心，沉淀，干燥得到成品。

（5）自溶-酶-碱提法

采用自溶-酶-碱法提取β-葡聚糖安全性更高，有效减少了对环境的污染。采用该方法提取蛋白质含量大大减少，多糖含量高于碱法和碱酸法，产品纯度较高。酶碱提法提取β-葡聚糖的常用酶提取剂为Savinase碱性蛋白酶和木瓜蛋白酶，碱提取剂为NaOH等，该方法可提取纯化大规模酵母葡聚糖，且可回收到多肽、氨基酸等含量丰富的蛋白质水解液，具体方法为：酵母细胞于50℃下自溶6h，加入100U/g的木瓜蛋白酶后，接着自溶18h，然后进行离心，使用配制浓度2% NaOH溶液将所得的沉淀分散，在80℃的水浴中，静置3h，离心，倾去上清液后用蒸馏水冲洗沉淀3～4次，所得沉淀在真空冷冻干燥条件下即得到成品，所得成品中的蛋白质含量为0.45%，多糖含量为87.70%。这种方法提取β-葡聚糖具有得率较高、提取纯度相对较高且其中所含的蛋白质含量较低等优点。自溶-酶-碱法提取β-葡聚糖不但保存了酵母β-葡聚糖本身的生物活性，而且生产过程安全温和、清洁高效。

（6）水提法

该方法常用于谷物类及真菌源β-葡聚糖的提取，其优点为反应条件温和，但β-葡聚糖产品得率较低，并且不易破坏多糖结构，能够最大限度地保持谷物的原有结构。水提法工艺条件为：液固比15∶1，提取液pH调为9～10，在60～70℃、60min提取2次。燕麦β-葡聚糖提取时，将燕麦麸皮于105℃烘2h，过筛选取20～60目，固液比25∶1，在80℃、pH为11的条件下提取4h。还可采用经乙醇-酶体系预处理后再结合水提法提取灵芝中β-葡聚糖，具体条件为：提取温度为80℃，提取时间为2.5h，料水比为35∶1（g/mL），灵芝子实体中β-葡聚糖提取率可达0.412mg/g。

（7）发酵法

发酵法常用于从酵母源中提取β-葡聚糖，此方法提取的β-葡聚糖具有提取率和纯度均较高的优点，但由于生产成本等问题目前难以工业化生产。其工艺条件为：首先配制燕麦麸皮培养液（1∶20），然后依次加入蛋白酶、淀粉酶和糖化酶，接菌发酵之前将燕麦麸皮培养液于121℃高压灭菌20min，之后加入黄酒酵母菌菌液接种到发酵培养基中，在28℃、170r/min的条件下提取48h，然后对发酵液进行离心（12000r/min，20min），取上清液浓缩干燥。

不同来源β-葡聚糖的提取方法总结如表6-4所示。

表 6-4 不同来源 **β**-葡聚糖的提取

来源	提取	纯化	特征
大麦	热水提取 水、$Ba(OH)_2$	酸法和酶法处理	高纯度 β-葡聚糖
大麦	$Ba(OH)_2/$ H_2O、NaOH	离心处理	多分支葡聚糖
燕麦	热水提取	酸法处理	高活性 β-葡聚糖
燕麦	碱水提取	酸法和酶法处理	含少量阿拉伯木糖的 β-葡聚糖
当归	水提取	离子柱色谱	α-葡聚糖和 β-葡聚糖
草菇	热碱水提取	热水处理	高纯度 β-葡聚糖
硬皮地星	水提取	热水处理	低纯度 β-葡聚糖蛋白
红柄牛肝菌	水提取	水处理	6 位具有一个葡萄糖残基侧链的 β-(1→3)-葡聚糖
灰树花	热水提取	KOH 处理	α-葡聚糖和 β-葡聚糖
红毛草	KOH 提取	碱处理	具降血糖活性的 β-葡聚糖
落叶松蕈子实体	热水提取	乙醇提取	具有 3 位葡萄糖残基侧链的 β-(1→6)-葡聚糖
杏鲍菇	热水提取	冻融处理	每 3 个葡萄糖具有 1 个 6 位葡萄糖残基的 β-(1→3)-葡聚糖
桑黄	热水提取	过滤、溶剂沉淀处理	抗突变、抗癌活性 β-葡聚糖
白念珠菌	次氯酸钠提取	二甲基亚砜处理	具免疫毒理学活性的 β-葡聚糖
姬松茸	热水提取	热水处理	具有降糖作用的 β-葡聚糖
燕麦糊粉	不同温度下水提取	硫酸铵处理	具有电荷基团的 β-葡聚糖
白色念珠菌丝	醋酸和次氯酸钠提取	二甲基亚砜处理	具有免疫活性的 β-葡聚糖
干巴菌	热水、冷热 NaOH 提取	乙醇处理	抗肿瘤活性 β-葡聚糖
裸大麦、燕麦麸	碱提取	碱处理	高黏性 β-葡聚糖
子囊菌地衣	热碱提取	碱处理	具有(1→4)-糖苷键、(1→6)-糖苷键的 α-葡聚糖
佛罗里达侧耳	水提取	氯化钠溶液处理	具有(1→3)-糖苷键、(1→6)-糖苷键的葡聚糖
博伊丁假丝酵母	碱提取	热醋酸处理	线性(1→6)-糖苷键的葡聚糖
担子菌金针菇	热水提取	KOH 处理	木甘露聚糖
酿酒酵母	酶法提取	离心处理	高纯度葡聚糖
粟酒裂殖酵母	碱提取	醋酸、酵母裂解酶处理	α-葡聚糖和 β-葡聚糖
啤酒酵母	NaOH 提取	碱纯化处理	具有酚氧化酶活性的 β-葡聚糖
干巴菌	喷雾技术	水处理	β-葡聚糖
小麦麸粉	乙醇处理、酶法、碱提取	酶法、重复离心	高纯度 β-葡聚糖
小麦麸	碱提取	硫酸铵处理	高纯度 β-葡聚糖
白毛藤	热水、NaOH 提取	离子柱色谱	具有(1→3)-糖苷键、(1→4)-糖苷键的线性葡聚糖
燕麦麸	酶法控温提取		高纯度、高分子质量 β-葡聚糖

6.3.2 实际生产方法举例

(1) 青稞β-葡聚糖提取方法

① 获得青稞全粉，乙醇回流灭酶：青稞研磨后过50目筛，取适量青稞全粉，加入5倍体积82%乙醇，85℃水浴回流灭酶2h，离心（4000r/min）后沉淀用82%的乙醇洗涤，再次离心（4000r/min）后取沉淀，40℃烘箱中烘干。

② 水浴提取、浓缩：加入10倍体积去离子水，52℃水浴提取1h，离心（4000r/min）后保留上清液a，沉淀再次加入10倍体积去离子水，52℃水浴提取1h，离心后取上清液b，将上清液a和上清液b合并后于60℃下旋蒸浓缩。

③ 去除淀粉和蛋白质：在85℃条件，同时加入一定量氯化钙和耐高温淀粉酶，酶解30min，冷却至室温后，调节pH至8.0，然后加入胰蛋白酶，在38℃条件下酶解4h，离心（4000r/min），保留上清液，调节pH至7.0。

④ 醇沉两次：快速搅拌β-葡聚糖溶液，并缓慢滴加两倍体积95%的乙醇溶液，离心（4000r/min），取沉淀，加入少量去离子水后打碎，80℃机械搅拌溶解1h，冷却至室温，第二次乙醇沉淀，离心（4000r/min）取沉淀，加入少量去离子水后打碎，80℃机械搅拌溶解1h，移至浅盘中，冷冻至少12h。

⑤ 冷冻干燥：真空冻干干燥，得到样品，置于样品瓶中，放入干燥器中保存。

(2) 燕麦β-葡聚糖的提取

从燕麦中提取β-葡聚糖时，一般先用乙醇除去部分内源酶、小分子游离糖、蛋白质和一些非极性化合物；然后用热稳定性的α-淀粉酶处理降解淀粉；再用水、碱或酸进行提取、浓缩，最后加入乙醇、丙酮或硫酸铵等提取β-葡聚糖。Ahmad等用80%乙醇灭酶，用NaOH和柠檬酸去除杂质，然后用80%乙醇沉淀多糖，离心分离真空干燥获得β-葡聚糖；有研究者利用热水提取结合耐高温α-淀粉酶能获得高达76%的高分子量β-葡聚糖；有学者采用乙醇-酶和热水二步提取燕麦β-葡聚糖；Benito-Roman等采用加压热水提取105min就可以把几乎100%的初始β-葡聚糖提取出来。另外，超声波辅助可以提高水提β-葡聚糖的产量，但是β-葡聚糖的性能与超声波萃取条件相关，比如超声时间延长会提高萃取效率，但会降低黏度系数，所以需要优化超声波辅助条件。Cao等在水热提取前先用60%乙醇和1.5%酶对灵芝进行预处理，优化条件后，β-葡聚糖的提取率达到0.412mg/g。

① 料前处理

燕麦β-葡聚糖的提取主要在两个层面进行，一是从燕麦麦麸中提取，二是从完整的燕麦中提取。燕麦在加工时，生产出的燕麦麸皮的粒度大小不一，国内的研究工艺基本上都进行过筛处理，筛子孔的口径以 50 目为好。有学者提出了将燕麦麸进行挤压膨化处理，没有处理的燕麦麸 β-葡聚糖的提取率为 7.05%，挤压膨化处理后 β-葡聚糖的提取率为 8.95%。也有学者提出提取前要将样品粉碎并通过 0.5mm 粗筛，以获得较高的提取率。

② 灭酶处理

内源性 β-葡聚糖酶存在于燕麦和燕麦麸皮中。由于这种酶在提取 β-葡聚糖时对提取率有很大的影响，提取前一般都要进行酶活性的灭活处理。在 β-葡聚糖的提取过程中无论采用哪种方法，都有 β-葡聚糖的降解。去除酶活性的方法很多，如高压灭菌器法、乙醇法、盐酸法、烘箱加热法、三氯乙酸法等。目前，国内外主要用 70%的乙醇加热回流进行 β-葡聚糖酶的灭活处理。

③ 浸提处理

燕麦 β-葡聚糖的浸提方法主要有热水浸提法、温和碱提取法。用 pH 为 10，离子强度 0.2 的碳酸钠在 45℃下提取 30min；硼氢化钠（5∶5）溶液法。有研究者主要用碱提取法，也有研究者采用水作溶剂浸提葡聚糖，并研究了不同温度对提取率的影响，提出水的温度在 80℃较适宜。同时，相关研究也说明 β-葡聚糖的提取率和温度成正比，最高提取率达 89.1%。有研究者利用热水浸提和碱浸提法，提取率达到了 80%以上。

④ 去除淀粉

有研究者的提取工艺没有去除淀粉工序，产品中淀粉含量高达 6.7%。因此，去除淀粉是必不可少的。现在国内外主要利用耐热的 α-淀粉酶水解淀粉。由于纯度不够，混杂有 β-葡聚糖酶，使 β-葡聚糖的提取率降低，也影响 β-葡聚糖的分子量分布。

（3）酵母 β-葡聚糖的提取

β-葡聚糖是酵母细胞壁的主要成分，占细胞壁干重的 30%～60%，提取方法有酸浸提法、碱浸提法、酸碱结合浸提法、酶法和酶-碱浸提法等。

① 酸浸提法：有研究者利用 45%H_2SO_4 提取 β-葡聚糖；也有学者利用 HCl 提取酵母 β-葡聚糖，酸浸提法获得低分子量的酵母 β-葡聚糖；还有研究者利用 10g/L 的 NaOH 液在 60℃下提取 60min，β-1,3-葡聚糖得率达到 33.2%。

② 酸碱结合浸提法：Hu 等人先用 NaOH 处理酵母获得不溶物，不溶物经盐酸、乙酸、磷酸处理获得酸碱不溶性葡聚糖。

③ 酸、碱浸提法：需要大量的酸、碱处理，酸碱试剂易腐蚀设备、污染环境，而且在提取过程中还会降解部分 β-葡聚糖，酸性越强，降解效果越明显，使产品得率与生物活性降低。

④ 酶碱结合法：在酸碱结合的基础上，人们对其进行改进。酶-碱结合浸提法能获得高分子量的、高黏度和热稳定性的酵母 β-葡聚糖，因为加入蛋白酶使

蛋白质的含量大大减小，在不同温度下提取的分子量不同，30℃下提取获得的酵母β-葡聚糖分子量大于46℃时所提取的酵母β-葡聚糖的分子量。

⑤ 自溶-酶-碱法：唐治玉等采用自溶-酶-碱法提取的酵母β-1,3-葡聚糖：将啤酒酵母于50℃自溶6h后，添加100U/g湿酵母木瓜蛋白酶，继续自溶18h后，离心分离，沉淀用2%的NaOH溶液分散，80℃水浴3h，离心分离，沉淀用蒸馏水清洗3～4次后进行真空冷冻干燥，获得率高、纯度高和蛋白质含量低的β-1,3-葡聚糖。

6.4 β-葡聚糖的安全性和应用

6.4.1 安全性

β-葡聚糖作为一种天然多糖聚合物，有清除游离基、抗辐射、溶解胆固醇，预防高脂血症及抵抗滤过性病毒、真菌、细菌等引起的感染等作用，在医药、食品、化妆品等行业已得到广泛应用，其安全性问题也备受人们关注。

通过急性毒性试验发现，β-葡聚糖对小鼠脏器（除肝脏以外）未见明显的毒性作用，而且急性毒性试验表明，不溶性β-葡聚糖的安全范围大于可溶性β-葡聚糖，值得进一步研究其药效学作用。

在水产养殖方面，越来越多的研究表明，连续投喂β-葡聚糖会对鱼体造成不可预见的危害，会引起动物机体对病菌的免疫衰竭以及和抗原的竞争性抑制，这会对鱼类非特异免疫系统造成不利影响。除此以外，长期连续投喂β-葡聚糖还会引起动物机体长时间处于免疫激活状态而造成营养物质重分配进而对生长性能造成影响。因此，考虑到生产上成本因素和潜在的免疫抑制的发生，在生产上应尽量采用间断投喂β-葡聚糖的方式。

澳新食品标准局（FSANZ）在《营养、健康及相关声称》标准中提出，配合低饱和脂肪酸饮食，每天摄入3g β-葡聚糖，可以降低血脂；并且保证符合特定摄入量的含β-葡聚糖食品将可以使用这一健康声称。β-葡聚糖是燕麦麸中的主要可溶性膳食纤维，这种天然成分的显著功效是能帮助摄入3g酵母β-葡聚糖，可以使心血管疾病的风险降低20%。燕麦β-葡聚糖已经获得了欧盟委员会关于降低胆固醇和降低相关心脏病风险的健康声称、胃肠道健康和血糖控制的健康声称。此次澳新食品标准局批准的β-葡聚糖健康声称，将进一步推动燕麦β-葡聚糖健康食品的普及。

从中国疾病预防控制中心营养与食品安全所实验数据来看，酵母β-葡聚糖亚慢性毒性实验研究结果，受试物各剂量组动物体重、进食量、食物利用率、血液学检测标准、临床生化指标、各脏器脏体比与对照组比较，差异均无统计学意义；病理指标也未显示由受试物引起的异常改变。实验结果确定酵母β-葡聚糖在雌雄大鼠均为 2.50g/kg BW，即实验的高剂量，相当于人体推荐量的 600 倍，未观察到有害作用。

6.4.2 应用

6.4.2.1 酵母 β-葡聚糖的应用

（1）酵母 β-葡聚糖在水产动物中的应用

β-葡聚糖早期的研究主要是作为一种抗癌、治疗糖尿病及增强免疫药物应用于人类的研究中，然后逐渐用于畜禽和反刍动物中，并取得较好的效果；但在水产动物的研究中主要集中于 2000 年后，是公认的一种免疫增强剂；且研究水产动物品种主要集中于虾类，淡水鱼类和海洋鱼类次之；其中 β-葡聚糖来源主要为酵母类、菌类或海藻类。

① 在鱼类中的应用

Bonaldo 等（2007）在欧洲鲈（*Dicentrarchus labrax*）的研究中发现，用 250mg/L 的 β-葡聚糖饲喂 21 天后，其头肾中巨噬细胞呼吸暴发数值显著高于对照组；β-葡聚糖可显著提高其免疫力。Bagni 等（2005）用含 1%的 β-葡聚糖饲喂欧洲鲈（*Dicentrarchus labrax*）15 天，发现补体活性显著提高，但经过 35 周的试验后，添加 β-葡聚糖组的欧洲鲈的非特异性和特异性的免疫性能、存活率、生长性能及饲料系数均与对照组无显著差异。Selvaraj 等（2005）对鲤鱼（*Cyprinus carpio*）的研究发现，饲料中添加酵母 β-葡聚糖能够提高其存活率、特异性和非特异性生长性能。迟淑艳等（2006）以全雄奥尼罗非鱼（*Oreochromis aureus* ♂ ×*Oreochromis niloticus* ♀）作为研究对象，在饲料中分别添加不同水平的 β-葡聚糖，饲喂 8 周后结果显示，添加 β-葡聚糖对增重率、特定生长率、饵料转化率和蛋白质效率影响不显著，但在注射嗜水气单胞菌 7 天后，对照组的存活率仅为 25%，β-葡聚糖添加组的存活率在 60%～70%，可显著提高其免疫力。有学者在对暗纹东方鲀（*Takifugu obscurus*）幼鱼的研究中表明，腹腔注射 β-葡聚糖试验组与对照组相比，除 C3 补体外，试验组血清溶菌酶（LSZ）、超氧化物歧化酶（SOD）、过氧化氢酶（CAT）、血清总蛋白（STP）的水平出现不同程度地提高（$P<0.05$）；另在腹腔注射不同剂量 β-葡聚糖之后，进行嗜水气单胞菌的感染试验，试验组累计存活率显著提高（$P<0.05$），但在注射葡聚糖 5 天后再进行感染不提高存活率；但 β-葡聚糖对增重率、饵料系数、特定生长率均没有影响。

② 在虾类中的应用

Chang 等（2003）从裂褶菌（*Schizophyllum commune*）中开发出 β-葡聚糖，并针对斑节对虾（*Penaeus monodon*）进行了研究；经过 20 天的试验后，用对虾白斑病病毒进行攻毒，结果显示：饲喂 β-葡聚糖组对虾的存活率、各项免疫指标均显著高于对照组。有研究者通过连续 12 周投喂含 β-葡聚糖饲料给凡纳滨对虾（*Litopenaeus vannamei*）后，发现较低剂量（250mg/kg）能够提高对虾生长性能，500mg/kg 和 1000mg/kg 两个剂量组的生长性能与对照组无显著差异；但较高剂量（500mg/kg）则能够增强其耐亚硝酸盐的能力，免疫力有所提高。Namikoshi 等（2004）在日本对虾（*Penaeus japonicus*）的研究中同样也发现，β-葡聚糖可以显著提高其抗对虾白斑病病毒的能力。β-葡聚糖对虾类具有明显的免疫增强作用，但其是否促进生长，目前尚无定论。如有研究者在对南美白对虾的研究中发现，添加 β-葡聚糖组饲料并不能显著提高其生长效率。

目前，水产动物疾病防治的重点之一是寻找预防和提高免疫力的有效物质。β-葡聚糖受到广泛关注，因其能够对水生动物免疫系统产生影响而被称作免疫刺激剂。免疫刺激剂比化学药物的安全性能高，比疫苗的应用范围广，因此，使用免疫刺激剂可以弥补化学药物和疫苗的不足。随着对免疫刺激剂的作用效果、使用方法、剂量和期限以及对水产动物免疫机制研究的进一步深入，应用免疫刺激剂必将成为控制水生动物疾病和提高免疫力的有效途径。

(2) 酵母 β-葡聚糖在畜禽养殖中的应用

已有大量的研究报道，β-葡聚糖可降低畜禽的各种应激反应改善畜禽免疫机能和增强畜禽健康状况，继而提高畜禽的生产性能；促进胃肠道健康发育，对畜禽后肠道代谢及抗氧化能力有积极的作用，还可调节和改善微生物菌群的组成和比例；并且可激活免疫细胞和补体系统，促进细胞因子生成，对非特异性免疫能力具有调节作用。

① 在猪中的应用

李军等研究表明，在断奶仔猪日粮中添加 β-葡聚糖 50mg/kg 提高了仔猪的日增重和平均日采食量，但并没有提高饲料转化率。王忠等研究酵母 β-1,3/1,6-葡聚糖对断奶仔猪生长影响，结果表明，在断奶仔猪日粮中添加 β-1,3/1,6-葡聚糖能提高日采食量，并显著提高日增重及改善饲料转化率，还能提高仔猪血清总蛋白、血清球蛋白的浓度，降低血清总胆固醇浓度和低密度脂蛋白浓度，降低腹泻发生频率，但高剂量的添加却有提高腹泻发生的趋势，并提出在基础日粮中最佳添加量为 β-1,3/1,6-葡聚糖 50mg/kg。周友明等研究日粮中添加啤酒酵母 β-葡聚糖对生猪生产性能的影响，结果表明，在日粮中添加啤酒酵母 β-葡聚糖能提高生猪的日增重、饲料报酬并降低腹泻率，但随日龄增长，其影响逐渐减弱，尤其是对饲料转化率有影响，到育肥期影响不显著，表明 β-葡聚糖对育肥猪生产性能无影响。母猪炎症、免疫抑制性疾病等严重影响繁殖性能，β-葡聚糖能增强母猪免疫能力，提高繁殖性能。马琤等研究表明，在妊娠母猪日粮中添加酵母β-葡聚糖可以提高母乳中细胞因子的浓度，说明 β-葡聚糖能促进母猪机体免疫细胞分泌细胞因子，增强其免疫功能，并能使仔猪在母乳中获得免疫力。β-葡聚糖能提高猪幼年期生产性能，对育肥期生产性能无明显作用。在仔猪日粮中的添加量以 50mg/kg 为宜。添加过量会使仔猪腹泻率提高，降低生产性能，可能与其抗营养作用有关。β-葡聚糖对仔猪生长促进作用可能与机体免疫功能的增强、抗应激能力提高以及肠道的健康有关。

② 在鸡中的应用

刘影等研究 β-1,3/1,6-葡聚糖对肉仔鸡生产性能和免疫功能影响，结果表明，β-葡聚糖能促进肉仔鸡免疫器官发育，提高肉仔鸡疫苗免疫后抗体水平，对生产性能没有明显作用，但肉仔鸡阶段增重、日增重和采食量随着 β-葡聚糖添加剂量增加有提高的趋势。李志清等研究表明，日粮中添加 β-葡聚糖 50mg/kg 能显著提高肉仔鸡 0～49 日龄日增重和饲料转化效率（$P<0.05$）。Cheng 等研究 β-葡聚糖对肉鸡生产影响，基础日粮中添加 β-葡聚糖 0.012%、0.025%和 0.05%，结果表明，β-葡聚糖能提高肉鸡的巨噬细胞趋化性活动，但对肉鸡日增重及饲料转化率无明显作用。王忠等研究表明，β-葡聚糖能提高肉鸡盲肠乳酸菌数量并能显著降低回肠和盲肠沙门菌的数量，对预防和控制肉鸡沙门菌感染有一定作用。有学者研究了 β-葡聚糖对蛋鸡生产性能、蛋品质及免疫指标的影响，结果表明，β-葡聚糖对蛋鸡的生产性能无显著影响，但能够提高新城疫疫苗免疫 20 天后抗体滴度，并有延缓其下降速度的趋势，可显著降低饲喂 56 天后粪便中大肠杆菌的数量，还可显著降低蛋黄胆固醇含量（$P<0.05$），从而改善了蛋品质。在鸡生产中应用 β-葡聚糖可以减少抗生素的使用，符合家禽健康养殖理念。

③ 在反刍动物中的应用

周怿等研究了酵母 β-葡聚糖对早期断奶犊牛生长的影响，结果表明，早期断奶犊牛日粮中添加 β-葡聚糖 75mg/kg 可显著增加犊牛采食量与饲料转化率，并能够较好地控制犊牛腹泻，显著增加犊牛血清中 IgG 浓度。Nargeskhani 等将 24 头初始体重为 40kg 的荷斯坦犊牛随机分成 3 组，对照组饲喂无添加剂的全脂牛奶，每天饲喂两次，试验组在饲喂时每次分别加入 β-葡聚糖 4g 及土霉素 500mg，结果表明，试验组犊牛干物质采食量及日增重都显著高于对照组，说明 β-葡聚糖能代替抗生素对犊牛生长进行补充。幼龄反刍动物由于瘤胃尚未发育完全，其消化机能与幼龄单胃动物相似，β-葡聚糖能促进犊牛瘤胃组织的发育、提高十二指肠绒毛高度、增加隐窝深度、促进犊牛瘤胃及肠道的发育继而影响日后的采食量。魏占虎等研究酵母 β-葡聚糖对早期断奶羔羊生产性能的影响，在 28 日龄早期断奶羔羊饲粮中分别添加酵母 β-葡聚糖 37.50mg/kg、75.00mg/kg、112.50mg/kg 和 150.00mg/kg，结果表明，其平均日增重分别提高了 25.75%、28.03%、28.99%和 4.22%，料肉比分别降低了 13.92%、16.76%、16.19%和 3.12%。研究表明，β-葡聚糖对断奶羔羊生长有明显促进作用，但其促生长作用与添加量有关，过量添加可能反而会降低生产性能，最适添加量为 75.00mg/kg。

β-葡聚糖在成年反刍动物生产中的研究应用不多，尤其是其对瘤胃微生物的影响，具有一定的研究意义。

目前，在畜禽生产中抗生素替代物是研究的热点。β-葡聚糖可提高畜禽抗病、抗感染能力，并能作为免疫佐剂提高畜禽疫苗免疫后机体的抗体水平，而且其安全性能较高，具有广阔的应用前景。β-葡聚糖还能代替抗生素对动物起到促生长作用，尤其对幼龄畜禽作用明显。随着对β-葡聚糖促进畜禽生产性能、提高免疫能力机制的进一步研究以及对其使用剂量的深入探讨，应用β-葡聚糖将成为畜禽生产中替代抗生素使用的有效途径，其作为一种新型微生态添加剂具有极大的应用潜力。

6.4.2.2 燕麦 β-葡聚糖的应用

(1) 燕麦β-葡聚糖在食品中的应用

燕麦β-葡聚糖是一种存在于燕麦糊粉层中的主要的大分子多糖，对人体具有重要的生理功能，能够有效降低血液胆固醇、调节血糖等。许多研究表明，燕麦β-葡聚糖具有黏度高，在一定条件下具有凝胶性和乳化稳定性的特性，近年来，随着对燕麦β-葡聚糖的研究不断深入，燕麦β-葡聚糖在食品工业中的应用范围也逐渐扩大，从在快餐谷物食品中作为配料，发展至今已在饼干、面包、乳品、肉类等多种食品中得到了很好的应用，并有望得到进一步发展。

① 作为脂肪替代品在低能量食品中的应用

有研究者从燕麦面粉和麸皮中提取出一种名为 Oatrim 的纤维，即由燕麦β-葡聚糖和淀粉糊精组成的脂肪替代品。Oatrim 是一种无味的粉末，具有脂肪产品的口感和降低血清胆固醇的作用，适于加入面包产品、低脂肉类与奶制品、汤和饮料中。与此相近的同类脂肪替代品还有从燕麦面粉和麸皮中提取的 Nutrim 纤维。从燕麦壳中提取的 Z-trim 纤维，在加入低热量食品中之后不产生任何热量。日本学者利用燕麦抽出物研制生产了一种燕麦 EX 食品，其中含有可溶性食物纤维 5%以上，具有抑制饱和脂肪酸和胆固醇，降低心脏病危险性的作用，产品营养成分含量（每 100g 含有）：能量 370kcal、蛋白质 17g、碳水化合物 65.2g、脂质 6.9g、灰分 2.9g、钠 3.9mg。

② 在烘焙食品中的应用

作为一种营养丰富的谷物，燕麦及其β-葡聚糖在烘焙食品中应用很广。研究显示，在面包和甜点心中添加 1%～5%的燕麦纤维，可明显增加成品体积，提高产品质量。各种富含燕麦β-葡聚糖的面包在制作过程中，或者直接将不同比例的燕麦麸皮粉碎之后和小麦粉以不同比例搭配；或者在燕麦面粉中加入改良剂进行发酵等。例如，一种酸面团的燕麦麸面包配方为：燕麦麸 25.8%、小麦粉 19.5%、小麦面筋蛋白 4.3%、干酵母 1.3%、糖 0.9%、糖浆 0.7%、盐 0.5%。以燕麦粉为原料，采用一次发酵面包制作方法，当燕麦粉添加量为

15%、氧化剂添加量为0.3%、乳化剂添加量为1.0%时制得的燕麦营养面包，其蛋白质含量是普通面包的1.57倍，而膳食纤维含量是普通面包的9.64倍。以裸燕麦面12%、干酵母1%、糖8%、面包改良剂2%的配方，在醒发温度33℃，醒发时间2.0h，焙烤温度180℃，焙烤时间20min的工艺条件下，也能够制作出富有营养的燕麦面包。将总膳食纤维含量≥55%的燕麦膳食纤维以6%添加到小麦粉中，能够制作出色、香、味和组织结构都比较理想的膳食纤维蛋糕，且能够增强蛋糕的持水性，延长蛋糕货架期。以葡聚糖和三氯蔗糖替代60%的蔗糖，生产高纤维燕麦曲奇饼干，其配方为：饼干专用粉25.3%、葡聚糖14.6%、燕麦面粉15%、燕麦纤维13%、起酥油10%、结晶果糖6.5%、异麦芽糖醇6.5%、卵磷脂3.2%、鸡蛋3%、碳酸氢钠0.2%、水2.7%。这种高纤维燕麦曲奇饼干，除面团可塑性略有下降外，具有良好的色泽、风味和润湿的口感。

③ 在肉制品中的应用

燕麦β-葡聚糖具有较好的持水性和持油性，可以添加在肉制品中。以肥瘦肉比3∶7、燕麦β-葡聚糖提取物2.5g、淀粉2.5g、卡拉胶2.0g（以250g计）的配方来制作猪肉糜，得到的燕麦胶肉糜的感官质量较好，多汁且富有弹性，具有良好风味。将燕麦麸以不同比例添加到西式香肠的制作中，香肠感官质量良好，可减少香肠中淀粉用量。以精肉1kg、燕麦膳食纤维食品基料120g、红曲色素的添加量为1.4%的配方来制作肉脯，可得到口感有韧性、润泽、出品率为57%的燕麦膳食纤维肉脯。一项比较添加木薯淀粉、燕麦纤维和乳清蛋白对低脂肪牛肉饼物理特性和感官品质影响的结果表明，3种物质均可用于低脂肪肉制品中，但木薯淀粉对其嫩度和多汁性影响最大，燕麦纤维和乳清蛋白几乎无差别。在法兰克福香肠中添加5%、12%、30%的脂肪，卡拉胶，燕麦纤维后，对香肠的持水性、色泽和风味进行研究，发现添加卡拉胶和燕麦纤维的香肠烹调损失减少，持水性和乳化稳定性显著提高，添加卡拉胶和燕麦纤维对香肠的色泽和整体风味都没有影响。结果表明，在蛋白质含量不变的低脂肪香肠中，卡拉胶和燕麦纤维能够部分改变产品的某些特性，作为脂肪替代品。

④ 在乳制品中的应用

燕麦β-葡聚糖可用于制作低脂肪冰淇淋和酸奶，同时存在于乳品及其饮料中的β-葡聚糖能够作为乳酸菌、双歧杆菌等有益菌发酵的底物，有益于肠道健康。将燕麦β-葡聚糖提取液和羧甲基纤维素钠（CMC）、瓜尔胶等组成复合稳定剂，以不同比例加入到冰淇淋基础配方中，结果在低脂冰淇淋基础配方中，加入0.20%的燕麦β-葡聚糖能明显提高冰淇淋的膨胀率和黏度，增加其抗融性。将燕麦在清水中浸泡、清洗、磨浆，将淀粉液化后接种5%酸奶乳酸菌，发酵后可得燕麦充气发酵饮料。以燕麦和脱脂奶粉为主要原料，燕麦经双酶水解所得的糖化液配以脱脂奶粉，经杀菌冷却，以鼠李糖乳杆菌和两歧双歧杆菌为发酵剂，接种发酵而成的含有活性成分且具有保健功能的生物乳，它的活菌数高达10^{11}个/mL，酸度为90°T，β-葡聚糖含量是180mg/L。有研究表明，用全燕麦籽粒作为乳酸菌发酵的底物，得到一种含β-葡聚糖的饮料，该产品富含乳酸菌且货价期可达21天。每天饮用400mL的燕麦饮料（含燕麦0.7g/100mL和乳酸杆菌5×10^{7}CFU/mL），连续21天，可以增加粪便中短链脂肪酸的含量，并可以增加粪便中双歧杆菌和乳酸杆菌的数量。一种富含燕麦麸的产品已经研制成为一种具有降血糖和减肥作用的功能性饮料。

表6-5 不同稳定剂对冰淇淋品质的影响

试验号	CMC/%	瓜尔胶/%	β-葡聚糖/%	黏度/(mPa·s)	抗融性/min	膨胀率/%	综合评分
0(对照)	0.15	0.15	0	578.6	5.05	85.5	85.9
1	0	0.15	0.15	534.5	4.76	72.3	75.7
2	0.15	0	0.15	552.1	4.93	77.4	80.3
3	0.05	0.05	0.20	612.3	5.50	86.2	86.2
4	0	0	0.30	498.2	4.24	71.6	77.8

由表6-5可知，基础配方中添加了等量的CMC和瓜尔胶，此时冰淇淋酱料黏度较大，具有良好的抗融性和膨胀率，口感好。燕麦β-葡聚糖加入以后，对料液的黏度产生了一定影响，这种影响与β-葡聚糖本身的黏度以及和CMC及瓜尔胶复配后大分子之间的作用有很大关系，黏度大小能够影响冰淇淋品质的好坏，燕麦β-葡聚糖溶液具有非牛顿假塑性流体特性，具有剪切变稀作用，静置后黏性随温度降低，且具有凝胶性，这些特性有利于冰淇淋成形，也能赋予产品润滑和糯性的口感，因此可以添加于冰淇淋制作中。但β-葡聚糖作为一种新型的功能性食品配料，同时也作为一种可溶性膳食纤维，它在冰淇淋中的最佳添加量与口感和生理功能之间的关系，以及它与冰淇淋中脂肪、蛋白质等大分子间的作用和稳定性还有待进一步研究。

⑤ 在其他食品中的应用

以裸燕麦的麸皮为主要原料，采用多种现代食品新技术，经挤压膨化、超微粉碎等工艺加工后制成燕麦膳食纤维基料。将燕麦膳食纤维基料、麦芽糖醇、山梨糖醇和低聚异麦芽糖等主要原料，经混合、造粒、干燥、压片等工序加工后，可制成低热量，具有调节血脂、血糖，改善肠道环境和润肠通便等保健功能的燕麦膳食纤维咀嚼片。燕麦β-葡聚糖还可以用于面条的制作中，将小麦粉、大米粉和含有燕麦β-葡聚糖水溶性凝胶的Nutrim-5混合，在其中加入碱、盐和鸡蛋，结果发现加入10% Nutrim-5和加入50%大米粉，面条的烹调损失率和抗拉强度以及风味都比较好。

巧克力主要由碳水化合物和脂肪组成，其热量高达3000kcal/kg，燕麦β-葡聚糖可作为代可可脂应用于无糖巧克力中，有研究发现 C-trim30（含 30%燕麦 β-葡聚糖胶体）可替代可可脂用于巧克力中，添加量最高可达 10%。无论是燕麦 β-葡聚糖还是 C-trim30，应用于巧克力中均能减小巧克力的硬度。

燕麦 β-葡聚糖用于饮料中有助于控制产品的流变学性质和质构特性。有研究发现燕麦 β-葡聚糖可以作为汤的增稠剂，燕麦 β-葡聚糖的分子量和浓度决定了汤的感官品质，低分子量的燕麦 β-葡聚糖便于加工，高分子量燕麦 β-葡聚糖不利于加工，但其生理活性更优。燕麦 β-葡聚糖作为益生元用于饮料中，可增加消费者饱腹感。有学者研究发现花生酱中添加 9%燕麦 β-葡聚糖对风味的影响不大，每 100g 花生酱能量减少高达 50kcal，但花生酱的胶着性和硬度显著高于对照。此外，燕麦 β-葡聚糖可作为稳定剂用于蛋黄酱中。燕麦 β-葡聚糖在食品中的应用见表 6-6。

表 6-6　燕麦 β-葡聚糖在食品中的应用

产品		添加量	功能
面制品	无面筋面包	5.6%	降低硬度，增加膳食纤维含量，延缓面包老化
	面包	5%～20%	提高出品率，增加膳食纤维含量
	油炸食品	0.64%～1.28%	增加面糊黏度，减少水分损失，降低含油量
	饼干	10%	增稠剂，增加膳食纤维含量
	低脂蛋糕	20%～40%	替代起酥油
	黄碱面条	10%	增加膳食纤维含量，降低血糖生成指数
	挂面	1%	增加膳食纤维含量，提高蒸煮吸水率
	意大利通心粉	4%～20%	增加吸水率、降低硬度和黏性
肉制品	低脂牛肉馅饼	13.4%	脂肪替代品
	低脂猪肉丸	0.6%	脂肪替代品
	益生元香肠	1.3%	降低蒸煮损失和硬度，提高可接受性
	兔肉馅饼	0.5%～2.0%	提高持水性，提高消费者可接受性
	英式鲜香肠	7%	降低蒸煮损失和收缩率、抑制脂肪氧化
乳制品	凝固型酸奶	0.1%～0.5%	提高营养价值
	脱脂酸奶	1.4%	提高乳酸菌冷藏阶段的存活率
	酸奶	0.24%	提高双歧杆菌的活力和稳定性，促进乳酸形成
	低脂奶酪	0.7%～1.4%	提高成品率、改善质构、提高蛋白质水解程度
	牛奶	0.6%	降低胆固醇含量和能量
	低脂冰淇淋	0.15%～0.3%	提高冰淇淋的膨胀率、黏度和抗融性
其他	汤	2%～0.25%	增稠剂
	花生酱	1%～2.6%	脂肪替代品，降低能量
	巧克力	10%	代可可脂
	饮料	7.5%	增强饱腹感
	蛋黄酱	1.4%	稳定剂

从本质上看，燕麦β-葡聚糖属于一种大分子多糖，是燕麦糊粉层的重要构成部分，同膳食纤维有着相似的性质，对人们的身体健康大有裨益，可以起到通便、维持肠道微生态平衡、降低胆固醇及平衡血糖等多种功效。当前燕麦β-葡聚糖应用日益普遍，被大量应用到食品生产领域中，拓宽了食品生产的原料来源，提高了食品生产的效率，对食品生产发展意义重大。在未来的发展过程中，燕麦β-葡聚糖的应用会越来越广泛，为食品生产企业的发展提供动力。由于燕麦β-葡聚糖独特的形式和结构，可以有效避免高血糖症状的出现，缓解糖尿病患者的病痛，改善人们的体质，因此其必将会成为食品生产的主流原料，并创造出一个全新的产业。

(2) 燕麦β-葡聚糖在化妆品中的应用

① 在抗衰老祛皱产品中的应用

皮肤的衰老有内在和外在两个因素，内在因素是身体缺乏维持细胞足够的再生速度而发生的自然衰老过程；而外在因素则包括紫外线所致的光老化、外界的刺激和炎症、环境污染、生活压力等。皮肤衰老典型外在症状表现为：a. 出现深浅不同的皱纹，皮肤松弛下垂；b. 皮肤黯淡无光，色斑产生；c. 皮肤弹性降低，皮肤不饱满，干燥起皮、脱屑；d. 皮肤出现瘙痒敏感等症状。市售的抗衰老护肤产品大都添加外源性活性物，如防晒剂、自由基、清除剂、保湿剂等，从而达到部分延缓皮肤衰老的作用；普遍认为更加积极保护皮肤的方法是：从根本上来改善皮肤细胞的天然生物活力，并与皮肤的自然更新过程起到协同作用。

β-葡聚糖皮肤激活剂是一种高纯度的细胞提取物，事实上β-1,3-葡聚糖能被免疫活性细胞膜上的受体识别并且激活免疫活性细胞。β-葡聚糖在老龄皮肤和皱纹皮肤上增加表皮生长因子（EGF）将促进皮肤中胶原蛋白和弹性蛋白产生，从而改善皮肤外观和祛除皱纹。

研究还表明，紫外线照射对皮肤内的朗格罕氏细胞具有抑制作用，若肌肤长时间暴露在阳光下，朗格罕氏细胞数量会大大减少，活性降低，削弱了皮肤的防御免疫能力。而β-葡聚糖除自身具有防晒作用并能减少疼痛炎症外，它还能促进朗格罕氏细胞增殖，能增强皮肤的免疫能力。现代研究发现，β-葡聚糖在皮肤抗衰老方面可同时具有促进成纤维细胞增殖与胶原蛋白合成、清除自由基、对抗紫外线伤害、促进免疫保护、皮肤保湿等多种作用。

② 在促进伤口愈合和疤痕淡化产品中的应用

研究表明，β-葡聚糖能激活免疫系统中的基础细胞——巨噬细胞，巨噬细胞产生表皮生长因子（EGF），从而促进伤口愈合所必需的胶原蛋白产生，同时血管生成因子（AF）可促进伤口愈合必需的新血管形成。β-葡聚糖可增加受损皮肤细胞的再生能力，具有帮助伤口复原的特性。再生速度的快慢取决于配方中β-葡聚糖的浓度，如使用含有0.4% β-葡聚糖的水包油型膏霜，可提高角质层的再生速率，一般比空白产品高出 30%左右，从而真正从内在机制上延缓皮肤衰老，修复再生细胞。目前 FDA 和欧盟已批准 β-葡聚糖可用于伤口和烧伤治疗的产品中。

③ 在抗敏消炎产品中的应用

由于羧甲基葡聚糖（CM-Glucan）能促进朗格罕氏细胞增殖从而能增强皮肤的免疫能力，临床研究也表明 CM-Glucan 还具有显著的消炎、抗过敏活性，并能有助于皮肤抵御外源性的各种机械和化学刺激。实验证明 CM-Glucan 在 0.2%浓度时与含有 1.0%氢化可的松的化妆品中具有同样的消炎作用；同时也证明 CM-Glucan 具有可以明显降低由果酸等有刺激性活性成分所引起的皮肤过敏炎症的作用。

（4）在化妆品中的应用

β-葡聚糖溶液添加于化妆品中，能帮助更新和修复紧张的肌肤，有效减少皮肤皱纹，提高皮肤的保湿性和紧致光滑度，促进疤痕的愈合和再生，能广泛运用于抗皱抗衰老产品、防晒及晒后修护产品、舒缓敏感型肌肤产品、防蚊虫产品等功效型高档系列化妆品中。β-葡聚糖源于天然的原料，无毒性、无刺激性。该产品在个人护理用品领域的未来市场应用前景将十分广阔。

6.4.2.3 大麦 β-葡聚糖的应用

大麦 β-葡聚糖作为一种具有生物活性的功能性食品配料，近年来得到了业界广泛认可，在食品行业中的应用范围也逐步扩展。由大麦制得的面粉或 β-葡聚糖的富集组分被添加到食品中，以增加饮食中膳食纤维的来源，如早餐谷物食品、面团和焙烤食品（面包等）；大麦 β-葡聚糖还可以作为食品增稠剂、稳定剂和脂肪替代物用以改善低热量、低脂肪等功能性食品的质构和外观；大麦 β-葡聚糖具有亲水胶体的性质，它与食品组分的相互作用影响了分子间的物理和化学反应，进而影响食品的最终结构，从而对食物的质构、营养和功能产生极大影响。

（1）在面制品中的应用

大麦 β-葡聚糖在食品中的影响，当前的研究主要集中在食品的加工工艺方面，如优化大麦葡聚糖的添加量，选择合适的大麦葡聚糖品种，对大麦粉进行预发酵处理以及添加食品添加剂如羧丙基甲基纤维素等提高面包的品质。可溶性纤维和不溶性纤维可紧密结合大量水，这可能不利于面筋网络的形成，并进一步在焙烤过程中影响食品质构，一些纤维可能机械性的干扰面筋蛋白网络结构的形成，导致面团中“气室”的破坏，因此向面团中添加大麦 β-葡聚糖会影响面团的性质（图 6-4）。

面团作为一种软物质，既具有固体属性又具有液体属性。在小麦生面团中添加大麦 β-葡聚糖，低浓度添加量时损耗因子（tan δ）升高，由于大麦 β-葡聚糖弱化了面筋网络，会使面团具有更好的液体属性；浓度增加时损耗因子降低，固

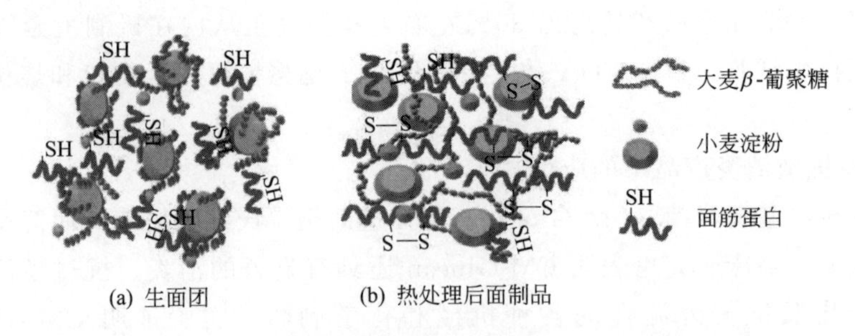

图 6-4 大麦 β-葡聚糖与面团主要组分间相互作用示意图

体属性更强，则是由于大麦 β-葡聚糖的高吸水性使面团的硬度增加。而在熟面团（面团加热熟制后）中，损耗因子则随着大麦 β-葡聚糖添加量的增加而升高，表明大麦 β-葡聚糖使熟制后面团内部微观结构的刚度下降，面团的模量值 G′，G″更大，添加大麦 β-葡聚糖弱化了熟化面团的质构。

将大麦 β-葡聚糖以不同比例添加到不含小麦面筋蛋白的大米基面粉中，发现制作的面包比容与面团的 G′呈现负相关，与损耗因子（tan δ）呈正相关。在最佳含水量时，富含大麦 β-葡聚糖的面团制成的面包体积与对照相比降低 32%。有研究者添加了 2 种不同分子量的大麦 β-葡聚糖到 2 种不同面包专用面粉中，发现面团的粉质吸水率、水分含量、水分活度随大麦 β-葡聚糖含量增加而升高，且添加高分子量大麦 β-葡聚糖效果更明显。

添加大麦 β-葡聚糖增加了低品质面包粉的面团形成时间、稳定性、耐变形性、延展性以及面包体积；虽然面包色泽加深、结构变得粗糙，但面包屑的硬度随大麦 β-葡聚糖添加水平增加而降低，面包更松软。高分子量大麦 β-葡聚糖在改善面包体积，降低面包屑硬度方面通常更有效，尤其是对低品质面包粉的改善。优化面团需要考虑大麦 β-葡聚糖的添加量和分子量，来最大程度改善体积、质构和储藏性。

通过研究添加了大麦 β-葡聚糖的面团流变性质，发现高分子量和低分子量均能增加面团的 G′，降低面团的 tan δ 值；然而在大麦 β-葡聚糖不同的添加水平下，低品质面包粉制成的面团却能表现出和未经过强化的高品质面包粉制成的面团相似的流变学特性，这表明大麦 β-葡聚糖的分子量、添加浓度和小麦粉的性质均可对复合面团产生影响。

Sharma 等研究了 β-葡聚糖的抗老化作用，及大麦面粉对小麦面粉薄饼制作过程的影响。加入大麦粉和 β-葡聚糖的面团吸水率均显著增加 75%；加入大麦粉的焙烤损失显著，加入 β-葡聚糖则不显著；加入大麦粉的黏度峰值和最终黏度分别增加了 1 倍和 60%，而加入 β-葡聚糖的这二者的值却降低约 20%；加入大麦粉和 β-葡聚糖的薄饼糊化焓缓慢增加，老化回生均有不同程度的降低。

有人研究了大麦粉与小麦粉混合后对饼干制作的影响，发现饼干的延展因子随大麦粉添加比例的增加而减小，而拉断力和水分活度均显著增加，同时焙烤后的总酚含量、总黄酮含量显著减少，抗氧化活性、金属螯合活性、还原能力增加，并导致饼干中非酶促褐变指数显著增加。

（2）作为脂肪替代品在低能量食品中的应用

大麦β-葡聚糖用作脂肪替代品的研究和专利已有很多。作为良好的膳食纤维的来源，大麦等谷物可以作为香肠和肉丸的低脂添加剂。研究发现，燕麦在加热时具有良好的凝胶能力，添加燕麦麸的香肠在加工和煎炸过程中具有较少的损失，劲度和口感较好；而添加大麦纤维的香肠，具有较高可溶性的β-葡聚糖，但加工损失较多，坚固度较差。

（3）在其他食品中的应用

膳食纤维作为糖和脂肪替代物已经在巧克力中替代可可脂，并对相关产品的物理和感官特性产生影响，例如β-葡聚糖替代巧克力中的可可脂可降低其硬度。

参 考 文 献

[1] Bonaldo A，Roem A J，Fagioli P，et al. Influence of dietary levels of soybean meal on the performance and gut histology of gilthead sea bream (Sparus aurata L.) and European sea bass (Dicentrarchus labrax L.) [J]. Aquaculture Research，2008，39 (9)：970-978.

[2] Bagni M，Romano N，Finoia M G，et al. Short- and long-term effects of a dietary yeast β-glucan (Macrogard) and alginic acid (Ergosan) preparation on immune response in sea bass (Dicentrarchus labrax) [J]. Fish & Shellfish Immunology，2005，18 (4)：311-325.

[3] Selvaraj V，Sampath K，Sekar V，et al. Administration of yeast glucan enhances survival and some non-specific and specific immune parameters in carp (Cyprinus carpio) infected with Aeromonas hydrophila [J]. Fish & Shellfish Immunology，2005，19 (4)：293-306.

[4] 迟淑艳，周歧存，周健斌，等. β-葡聚糖对奥尼罗非鱼生长性能及抗嗜水气单胞菌感染的影响 [J]. 中国水产科学，2006，(5)：767-774.

[5] 王永宏. β-葡聚糖对暗纹东方鲀非特异性免疫及生长性能的影响 [D]. 华东师范大学，2013.

[6] Chang C，Su M，Chen H，et al. Dietary β-1,3-glucan effectively improves immunity and survival of Penaeus monodon challenged with white spot syndrome virus [J]. Fish & Shellfish Immunology，2003，15 (4)：297-310.

[7] Namikoshi A，Wu J L，Yamashita T，et al. Vaccination trials with Penaeus japonicus to induce resistance to white spot syndrome virus [J]. Aquaculture，2004，229 (1)：25-35.

[8] 李军，邢建军，李德发，等. 啤酒酵母葡聚糖对断奶仔猪生产性能及淋巴细胞转化率的影响 [J]. 中国畜牧杂志，2006 (1)：17-21.

[9] 王忠，呙于明，袁建敏，等. 酵母β-1,3/1,6-葡聚糖对断奶仔猪细胞免疫和体液免疫机能的影响 [J]. 畜牧兽医学报，2007 (12)：1316-1322.

[10] 周友明，马友福，杨茜，等. 日粮添加啤酒酵母葡聚糖对生猪生产性能的影响 [J]. 当代畜牧，2008 (9)：30-31.

[11] 李翔宇，李成会．酵母β-葡聚糖的生物活性及其在水产养殖中的应用［J］．中国饲料，2019，(19)：69-71.

[12] 马琤，任充华，张智英．酵母β-母葡聚糖在畜禽生产上的应用［J］．畜牧兽医杂志，2014，33(01)：29-32.

[13] 刘影，呙于明，袁建敏，等．β-1,3/1,6-葡聚糖对肉仔鸡生产性能和免疫功能的影响［J］．中国农业大学学报，2003(1)：91-94.

[14] 李志清，呙于明，袁建敏，等．β-葡聚糖对肉仔鸡生产性能及免疫功能的影响［J］．中国家禽，2004(09)：22-24.

[15] Cheng Y H，Lee D N，Wen C M，et al. Effects of β-Glucan Sup-plementation on lymphocyte proliferation，macrophage chemotaxis and specific immune responses in broilers［J］. Asian Australasian Journal of Animal Sciences，2004，17(8)：1145-1149.

[16] 王忠，强文军，呙于明，等．β-1,3-葡聚糖对感染沙门菌鸡免疫功能和肠道菌群数量的影响［C］．动物早期营养与健康应用技术研讨会．2014.

[17] 周怿，刁其玉，屠焰，等．酵母β-葡聚糖和抗生素对早期断奶犊牛生长性能和肠道菌群的影响［J］．畜牧兽医学报，2010，(6)：685-691.

[18] Nargeskhani A，Dabiri N，Esmaeilkhanian S，et al. Effects of mannanoligosaccharide-β glucan or antibiotics on health and performance of dairy calves［J］. Animal Nutrition and Feed Technology，2010，10(1)：29-36.

[19] 魏占虎，李冲，李发弟，等．酵母β-葡聚糖对早期断奶羔羊生产性能和采食行为的影响［J］．草业学报，2013，22(4)：212-219.

[20] Sharma P，Gujral H S，Rosell C M，et al. Effects of roasting on barley β-glucan，thermal，textural and pasting properties［J］. Journal of Cereal Science，2011，53(1)：25-30.

[21] Jowee Ng，Iain A. Brownlee. The effect of high β-glucan flour incorporation into instant rice porridge on satiety and energy intake［J］. Bioactive Carbohydrates and Dietary Fibre，2017，11：60-66.

[22] Abbasi N N，Purslow P P，Tosh S M，et al. Oat β-glucan depresses SGLT1-and GLUT2-mediated glucose transport in intestinal epithelial cells (IEC-6)［J］. Nutrition Research，2016，36(6)：541-552.

[23] Hu X Z，Sheng X L，Li X P，et al. Effect of dietary oat β-glucan on high-fat diet induced obesity in HFA mice［J］. Bioactive Carbohydrates and Dietary Fibre，2015，5(1)：79-85.

[24] Linda M N K，Ekström，Emma A E，Henningsson Bok，et al. Oat β-glucan containing bread increases the glycaemic profile［J］. Journal of Functional Foods，2017，32：106-111.

[25] Lazaridou A，Biliaderis C G. Molecular aspects of cereal β-glucan functionality：Physical properties，technological applications and physiological effects［J］. Journal of Cereal Science，2007，46(2)：101-118.

[26] Londono D M，Gilissen L，Visser R，et al. Understanding the role of oat β-glucan in oat-based dough systems［J］. Journal of Cereal Science，2015，62：1-7.

[27] Liu R，Wang N，Li Q，et al. Comparative studies on physicochemical properties of raw and hydrolyzed oat β-glucan and their application in low-fat meatballs［J］. Food Hydrocolloids，2015，51：424-431.

[28] 方承虹，王琼仪，林欢，等．添加燕麦β-葡聚糖复合猪肉香肠的研制［J］．肉类工业，2015(4)：5-10.

[29] Lazaridou A，Serafeimidou A，Biliaderis C G，et al. Structure development and acidification kinetics

in fermented milk containing oat β-glucan, a yogurt culture and a probiotic strain [J]. Food Hydrocolloids, 2014 (39): 204-214.

[30] Rosburg Valerie, Boylston Terri, White Pamela. Viability of bifidobacteria strains in yogurt with added oat beta-glucan and corn starch during cold storage [J]. Journal of food science, 2010, 75 (5): 39-44.

[31] 杨卫东，吴晖，赖富饶，等．燕麦β-葡聚糖的物理特性和生理功能研究进展 [J]. 现代食品科技，2007，23 (8)：90-93.

[32] 程超，张宏海，盛文军，等．多重破壁技术提取葡萄酒泥废酵母β-葡聚糖研究 [J]. 食品工业科技，2016，37 (4)：111-116.

[33] 杨婷，祝霞，李颖，等．葡萄酒泥酵母β-葡聚糖提取工艺条件优化 [J]. 食品工业科技，2015，36 (18)：286-289.

[34] 曹静，王晓玲，刘高强，等．乙醇-酶体系预处理结合水提法提取灵芝中β-葡聚糖的研究 [J]. 菌物学报，2016，35 (1) 104-113.

[35] Ahmad A, Anjum F M, Zahoor T, et al. Extraction of β-glucan from oat and its interaction with glucose and lipoprotein profile [J]. Pak J Nutr, 2009, 8 (9): 1486-1492.

[36] Benito-Roman O, Alonso E, Gairola K, et al. Fixed-bed extraction of β-glucan from cereals by means of pressurized hot water [J]. Supercrit Fluid, 2013 (82): 122-128.

[37] Bae I Y, Kim K J, Lee S, et al. Response surface optimization of β-glucan extraction from cauliflower mushrooms (Sparassis crispa) [J]. Food Science and Biotechnology, 2012, 21 (4): 1031-1035.

7

右旋糖酐

葡聚糖是指以葡萄糖为单糖组成的同型多糖，葡萄糖单元之间以糖苷键连接。其中根据糖苷键的类型又可分为 α-葡聚糖和 β-葡聚糖。α-葡聚糖中研究及使用较多的为 dextran，即右旋糖酐。右旋糖酐——主要是某些微生物利用蔗糖发酵产生的一种胞外多糖。它是最早被人类发现的微生物多糖之一，也是世界上第一个用于工业化生产的微生物多糖。右旋糖酐是一种在食品、医学和工业领域有重要作用的中性多糖，主要由细菌（其中以革兰氏阳性菌为主）如肠膜状明串珠菌（*Leuconostoc mesenteroides*）、嗜柠檬酸明串珠菌（*Leuconostoc citreum*）、变异链球菌（*Streptococcus*）和乳杆菌（*Lactobaccillus*）等菌株发酵获得，其中比较有代表性的是肠膜状明串珠菌，而起作用的酶则是右旋糖酐蔗糖酶（dextransucrase）、葡糖基转移酶（glucosyltransferase）的一种。

在自然界中，右旋糖酐普遍存在于许多微生物及微生物所分泌的黏液之中。1820 年，在蔗糖厂生产中，人们发现糖汁在存放期间自然发酵，变浑，黏度增高，造成过滤困难，并影响蔗糖结晶，存在黏性物质；不过当时人们认为这种物质是树胶和纤维素所组成的。1861 年 Pasteur 证明了在葡萄酒制造过程中与蔗糖生产中产生的黏性物质一致；1869 年 Scheibler 认为它是类似于淀粉和糊精类的物质，因为它溶于水，且具有强烈的右旋性，故命名为多缩葡萄糖即右旋糖酐；van Tieghen 在 1878 年将产黏性物质的细菌命名为肠膜状明串珠菌。随着后续深入研究，又发现了多种右旋糖酐产生菌，并且不同来源的细菌产生的右旋糖酐也有差异。

1930 年人们开始详细研究右旋糖酐的结构；右旋糖酐作为血容量扩充剂的研究始于第二次世界大战末。1942 年瑞典率先对右旋糖酐进行研究，并于 1948 年将其制成代血浆用品并申请了专利，之后这种代血浆用品逐渐在欧美等国家相继生产应用。我国于 1952—1956 年对其进行研究及投产，日本和前苏联也于 1956 年前后开始投产。当时正是由于它作为代血浆用品而确立了它的应用地位，并一直影响至今，它是世界上目前公认的最优良的代血浆产品之一。在二十世纪六十年代前期，国内外主要对右旋糖酐的生物活性进行研究；二十世纪六十年代以后，人们研究最多的是其生物活性与结构的关系；二十世纪九十年代后，则是利用现代生物技术以基因克隆、改造及异源表达和固定化酶制备等研究为主。近几年，右旋糖酐蔗糖酶产酶菌种的筛选、受体反应研究以及右旋糖酐的应用引起了各国学者的兴趣，但对右旋糖酐蔗糖酶的催化机制仍存在有待解决的问题。

7.1 右旋糖酐的来源和结构

右旋糖酐结构具有多样性，它通常被定义为一种完全由 α-D-吡喃葡萄糖单体构成的同型胞外多糖，其化学结构主要是由葡萄糖单体以 α-(1,6)-糖苷键首尾脱水缩合而形成的一条线形长分子链的化合物，同时在分子结构中还含有不同比例的 α-(1,2)-糖苷键、α-(1,3)-糖苷键及 α-(1,4)-糖苷键连接的分支结构。右旋糖酐的分子式为 $(C_6H_{10}O_5)_n$，结构式如下：

右旋糖酐结构具有多样性，随着微生物种类及生长条件的不同，其分子及化学结构均有差别。使用发酵法制备右旋糖酐时，右旋糖酐的结构会随着生产菌株或发酵条件的不同而不同。国外具有代表性的右旋糖酐商业生产菌株是 *L. mesenteroides* NRRL B-512F，图 7-1 为由该菌产生的具有代表性的右旋糖酐的化学结构，其主链由 α-(1,6)-糖苷键连接，支链由约占 5%的 α-(1,3)-糖苷键连接。

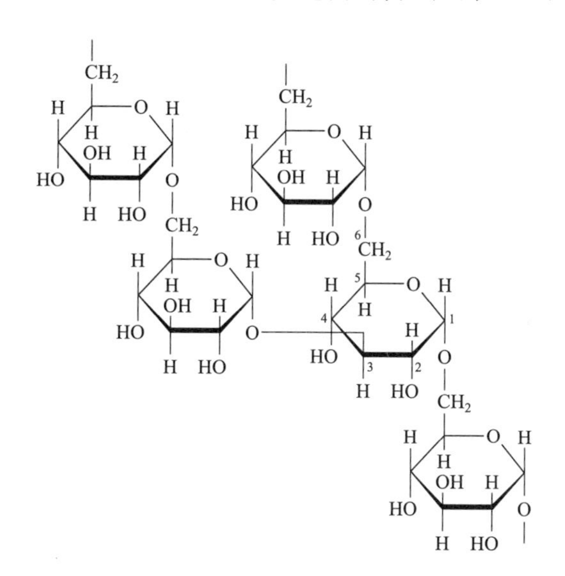

图 7-1 由肠膜状明串球菌 NRRL B-512F 产生的右旋糖酐的代表性化学结构

由其他一些细菌产生的右旋糖酐的结构是多种多样的，某些菌株还可以产生两种或者两种以上的多糖。

柠檬色明串珠菌 NRRL B-742 能够产生含有约 15% α-(1,4)-糖苷键支链的溶解度较小的右旋糖酐和含有 30%～45%的 α-(1,3)-糖苷键支链的溶解度较大的右旋糖酐。肠膜状明串珠菌 B-1299 产生的右旋糖酐含有 27%～35%的 α-(1,2)-糖苷键单葡萄糖支链。链球菌 6715 产生的可溶性右旋糖酐似乎与柠檬色明串珠菌 NRRL B-742 产生的右旋糖酐结构相似。

许多口腔链球菌和部分肠膜状明串珠菌产生的 α-D-右旋糖酐中主链是由连

续的 α-(1,3)-糖苷键组成的，这种右旋糖酐的溶解度低，曾被认为是“第三类”右旋糖酐，现在被认为是齿斑右旋糖酐。

肠膜状明串珠菌 NRRL B-1355、肠膜状明串珠菌 NRRL B-1498 和肠膜状明串珠菌 NRRL B-1501 产生的右旋糖酐，其有一个以 α-(1,3)-糖苷键和 α-(1,6)-糖苷键规律性交替连接的骨架，由于这种多糖不具有连续的 α-(1,6)-糖苷键显著区域，所以并不认为它是真正意义上的右旋糖酐，被称为改性右旋糖酐。

肠膜状明串珠菌 NRRL B-1355 的突变株可以产生第三种类型的多糖，即不溶性的 α-D-右旋糖酐，其主链由线性的 α-(1,3)-糖苷键和 α-(1,6)-糖苷键组成，支链由 α-(1,2)-糖苷键和 α-(1,3)-糖苷键组成。

右旋糖酐聚合的葡萄糖分子数目不同，右旋糖酐的分子量也不同，可分为下列几种类型：①大分子右旋糖酐也称为高分子右旋糖酐，分子质量为 90kDa 以上，特性黏度>26.1，比旋度为+190°；②中分子右旋糖酐（如右旋糖酐 70 即 Dextran T-70），分子质量为 50～90kDa，特性黏度 19.1～26.1，比旋度为+190°～+200°；③低分子右旋糖酐（如右旋糖酐 40 即 Dextran T-40），分子质量为 25～50kDa，特性黏度 16.0～19.0，比旋度为+190°～+200°；④小分子右旋糖酐（如右旋糖酐 20 即 Dextran T-20），分子质量为 10～25kDa，特性黏度 10.6～15.9，比旋度在+190°以上；⑤微分子右旋糖酐（如右旋糖酐 10 即 Dextran T-10），分子质量在 10kDa 以下，特性黏度 8.0～10.5，比旋度在+187°以上。

7.2 右旋糖酐的理化性质和生理功能

7.2.1 右旋糖酐的理化性质

右旋糖酐为白色的无定形粉末状固体，无臭无味，易溶于水，且分子量越小越易溶于水，不溶于乙醇。在常温条件下稳定存在，加热逐渐变色或分解。在 100℃真空中受热则会发生轻微的解聚反应；在 150℃受热则会脱水变色，当受热达 210℃、3～4h 时可完全分解。右旋糖酐溶液可在 100～115℃下进行高压消毒 30～45min。右旋糖酐在中性溶液中可稳定存在，而在碱性溶液中易被氧化，遇强酸时可分解。用酸缓慢水解后，得部分解聚产物，长时间水解，得到葡萄糖。右旋糖酐经碱性降解反应，产物的黏度随水解时间的不同而显著不同，水解 1h 和 35h 的黏度比是 55∶1.5。其水溶液与蒽酮硫酸溶液作用显绿色，可作比色定量。

7.2.2 右旋糖酐的理化性质

右旋糖酐溶于水中能形成一定的胶体溶液，在 6%的生理盐水中的渗透压和黏度都与血浆相同。线形右旋糖酐分子大小约为 40Å[1]，与血浆蛋白、球蛋白相

[1] $1Å=10^{-10}m$。

近，右旋糖酐胶体特性也与血浆相近。其对细胞的功能和结构无不良影响，在体内水解生成葡萄糖。故临床上主要作为血容量补充药，是一种优良的代血浆。

临床上常用的有三种规格：右旋糖酐 70、右旋糖酐 40、右旋糖酐 20。

右旋糖酐 70 是目前公认的优良血浆代用品之一，有增加血容量作用，临床主要用于治疗因失血、创伤、烧伤和中毒等引起的失血性休克。

右旋糖酐 40 和右旋糖酐 20 具有改善微循环作用，主要通过解除红细胞聚集，减少血液黏度等作用而改善微循环，同时也具有一定的补充血容量作用。右旋糖酐 20 降低血小板黏附与聚集作用优于右旋糖酐 40，可防止和治疗血栓，临床上主要用于治疗各种类型的中毒性休克、烧伤、冻伤、胰腺炎、脂肪栓塞等引起的微循环紊乱和衰竭。对防止和治疗动脉、静脉血栓塞症，血栓塞，闭塞性脉管炎，眼底动脉栓塞有一定疗效。

7.3 右旋糖酐的生产方法

7.3.1 右旋糖酐的合成机制

右旋糖酐的合成实质是蔗糖在右旋糖酐蔗糖酶的催化作用下合成葡萄糖聚合物。右旋糖酐蔗糖酶是在蔗糖的诱导下由某些微生物代谢分泌出的一种胞外酶。实践证明，蔗糖是右旋糖酐蔗糖酶能够催化生成右旋糖酐的唯一底物。右旋糖酐蔗糖酶在催化蔗糖转化合成右旋糖酐的同时也会产生副产物果糖。

$$\underset{\text{蔗糖}}{nC_{12}H_{12}O_{11}} \xrightarrow{\text{右旋糖酐蔗糖酶}} \underset{\text{右旋糖酐}}{(C_6H_{10}O_5)_n} + \underset{\text{果糖}}{nC_6H_{12}O_6}$$

酶催化合成右旋糖酐的机制首先是右旋糖酐蔗糖酶和蔗糖以共价键的形式连接在一起，之后将蔗糖分解释放出果糖并形成 D-葡糖基-酶复合体。如图 7-2 所示，在酶催化的情况下，反应可以向四个方向进行：①是聚合产生右旋糖酐；

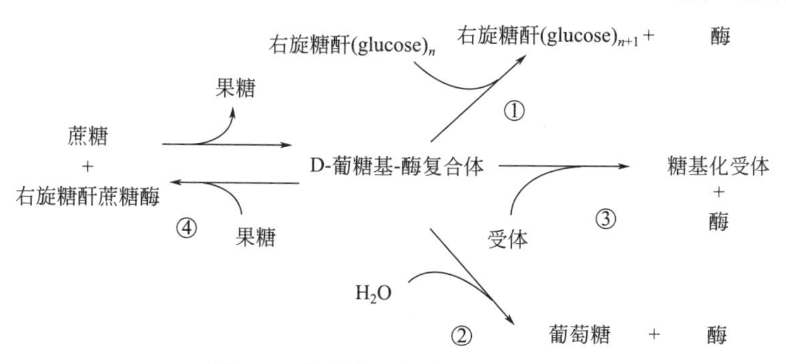

图 7-2 右旋糖酐蔗糖酶催化原理

①通过连续转运葡萄糖基合成右旋糖酐；②在 H_2O 参与下分解成葡萄糖；③是在受体的参与下生成低聚糖；④发生逆向反应

②是在 H_2O 的参与下分解成葡萄糖；③是在外界分子受体的参与下生成低聚糖；④是发生逆向反应。其主要功能是右旋糖酐的合成，对于合成右旋糖酐的过程机制，有研究提出亲核位置的推理，具体反应过程如图 7-3 所示。

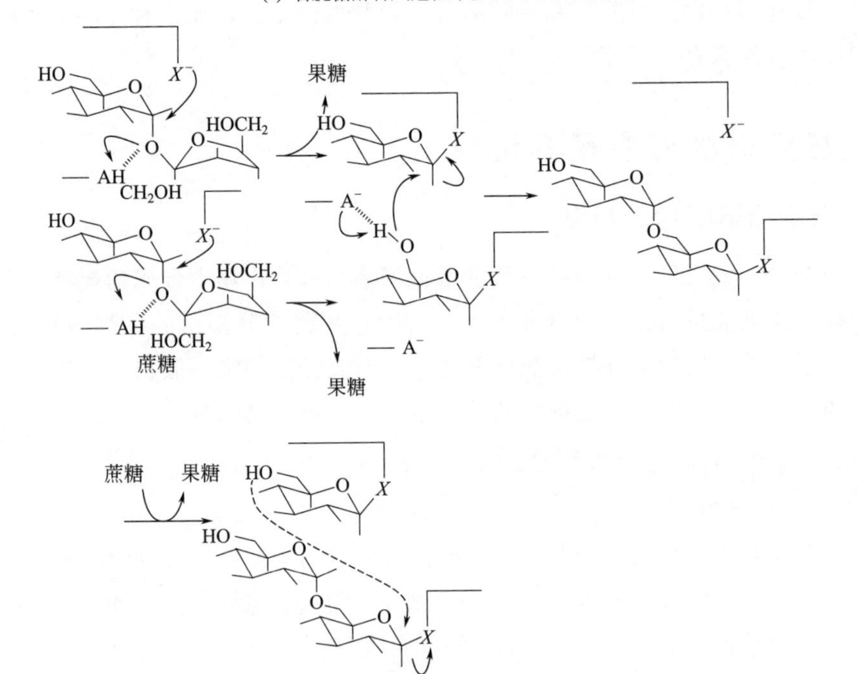

图 7-3　右旋糖酐合成的过程机制

X—亲核基团；A—质子供体基团

为了能够更好地解释右旋糖酐的具体合成过程，Robyt 等建立了一个肠膜状明串珠菌 NRRL B-512F 产生右旋糖酐蔗糖酶的反应机制模型。在这个模型中，右旋糖酐链的延长是由位于右旋糖酐蔗糖酶活性区域中的两个亲核位点相互作用的结果。首先是该区的这两个亲核位点分别对两个蔗糖分子进行攻击，而生成了两个葡萄糖苷残基，它们以共价键的形式与酶分子连接，从而形成 D-葡糖基-酶复合体的中间复合物。之后其中的一个葡萄糖苷基的 C6—OH 会对另一个葡萄糖苷基的C1—OH发出攻击，而形成α-(1,6)-糖苷键并将这两个葡萄糖苷基连接起来；然后释放出的一个亲核位点又重新开始攻击其他的蔗糖分子形成新的中间复合物；新形成葡萄糖苷基的C6—OH又攻击上一反应由葡萄糖苷连接所形成的链的C1—OH。如此不断循环往复，由于葡萄糖苷基和右旋糖酐链连续地在两个亲核位点之间转移，葡萄糖基不断插入至右旋糖酐链的还原端，最终使右旋糖酐链在还原性末端得以延长。在插入的过程中，右旋糖酐链的还原端始终是与酶结合的。不过这种反应模型还没有得到充分证实或者不能准确阐述右旋糖酐合成机制，因为到目前为止人们在右旋糖酐蔗糖酶分子中只发现了一个含有天冬氨酸的位点能与蔗糖分解产生的葡萄糖苷残基形成共价连接。如果按照这种反应模型来阐述，将无法解释葡萄糖苷基的C6—OH对另一个葡萄糖苷基的C1—OH进行攻击的过程。有关于右旋糖酐合成的过程，Kobayashi和Matsuda提出了右旋糖酐分子和右旋糖酐蔗糖酶间的作用机制：在产物形成过程中，酶与底物会以聚合体形式存在，与酶分子结合的右旋糖酐既作为蔗糖内生引物，又是酶分子的稳定因子，继而生成高分子右旋糖酐。这种模型很好地解释了酶、产物及底物三者之间难以分离的原因。

当向反应体系中添加诸如麦芽糖等分子时，右旋糖酐蔗糖酶将优先把这些物质当作葡萄糖苷基的受体。Robyt等人提出聚合反应的最后一步是，受体分子代替了呋喃葡萄糖苷残基被右旋糖酐蔗糖酶转移至聚糖链还原性末端上，而使新合成的聚糖链从酶分子中释放到体系中。这些受体物质的作用仅在于终止聚糖链的继续延长，并不能作为引物诱发聚糖链的合成。到目前为止已发现，许多的单糖或双糖类化合物能够作为受体物质，常见的分子受体有：麦芽糖、异麦芽糖、半乳糖等。这些受体物质在与右旋糖酐竞争葡萄糖苷残基的能力以及引发受体反应的频率等方面都存在较大的差异；目前麦芽糖和异麦芽糖已被证明为最高效的葡萄糖基受体。其中麦芽糖同时可作为α-葡萄糖苷转移酶的受体和供体，具有诱发受体反应的高效性，因而已被广泛应用于葡聚糖蔗糖酶合成低聚糖的工业规模化生产过程当中。

当葡萄糖基单位或者是右旋糖酐链转移到右旋糖酐链的第二位羟基时，则会形成所谓的支链。除单糖和双糖之外，其实葡聚糖分子本身也是受体分子。大量的相关试验结果表明，由肠膜状明串珠菌NRRL B-512F产生的葡聚糖蔗糖酶能够将葡萄糖苷或葡聚糖苷转移到另外一个葡聚糖分子上。但是目前就有关分支链形成的机制还不够清楚，还有待进一步研究。

7.3.2 右旋糖酐的生产菌

右旋糖酐的产生菌以细菌为主，主要有明串球菌属（*Leuconostoc*）、链球菌属（*Streptococcus*）和醋杆菌属（*Acetobacter*）。而目前研究最多的是链球菌属与明串球菌属。它们是相关的两个属，都是革兰氏阳性兼性厌氧菌。链球菌所产生的右旋糖酐蔗糖酶为组成型，而明串珠菌属产生的右旋糖酐蔗糖酶为诱导型。据文献记载，其中以明串珠菌属中的肠膜状明串珠菌的产量最高。肠膜状明串珠菌通常存在于植物体表中，尤其在成熟期的植物中，其在植物的腐败过程中起了关键作用。肠膜状明串珠菌的生物学特性：菌落形态呈圆形或豆形，表面光滑，菌落直径一般小于1.0mm，圆形，乳白色，不产生任何色素；细胞形态呈球形、豆形或短杆形，直径在0.5～1.2μm范围内，有些细胞成对或以短链状排列，不运动，无芽孢；属于兼性厌氧菌；革兰氏染色呈阳性（G+）；不还原硝酸盐，不产吲哚，无细胞色素；生长温度2～53℃；肠膜状明串珠菌具有较强的产酸能力，主要产乳酸；最适生长pH为5.5～6.2，耐酸性较强，在pH≤5的环境下可以生长。由于其自身合成氨基酸的能力差，因而需要从外界吸取多种氨基酸和维生素才能够生长繁殖。肠膜状明串珠菌培养液生长物混浊均匀，但生成长链的菌株趋向于生成沉淀。

能够产生右旋糖酐的菌种虽然很多，但是许多菌种所产生的右旋糖酐成品由于澄明度不理想等原因，使其应用受限；因而适合于生产临床使用的右旋糖酐的菌种数量有限。虽然菌种发酵合成右旋糖酐产率的高低是选择菌种的必要条件之一，但是菌种所产右旋糖酐的分子结构类型则应该是首要考虑的因素。主要原因是，不同菌种所合成的右旋糖酐分子结构存在很多差异。一般用于临床的右旋糖酐，其所含α-(1,6)-糖苷键的比例在95%左右时较为适宜。从维持血容量的效果来看，含α-(1,6)-糖苷键的比例越高越好，α-(1,6)-糖苷键比例越高的右旋糖酐，在机体内不易很快被降解，因而能够持久地维持扩张血容量的效果。但是含α-(1,6)-糖苷键的比例接近100%时，其溶解度很差，不适于配制成制剂。从免疫学方面研究表明：α-(1,6)-糖苷键的比例约在95%的右旋糖酐具有较低的临床副反应。在国外目前用于生产右旋糖酐的商业菌株主要有：美国和一些西欧国家所用的肠膜状明串珠菌NRRL-B512号菌种，英国所用的肠膜状明串珠菌NCTC-10817号菌种和日本所用的肠膜状明串珠菌N-4号菌种。此外，还有柠檬色明串珠菌NRRL B-742、肠膜状明串珠菌NRRL B-1299、肠膜状明串珠菌NRRL B-1142、肠膜状明串珠菌NRRL B-1355、链球菌6715等。

从1957年开始，中国医学科学院输血及血液研究所对国产右旋糖酐进行了较为系统的研究，选出了右旋糖酐的新菌种——肠膜状明串珠菌1226，并已在20世纪60年代向全国推广。肠膜状明串珠菌1226是目前国内商业生产右旋糖酐应用较多的菌种。在上述这些菌种所产生的右旋糖酐的分子结构中，含α-(1,6)-糖苷键的比例都在95%左右，而且发酵合成右旋糖酐产率也相当高。

为了获得更高产率的菌株，科研人员采用了物理、化学和生物等方法对菌株进行改造。尤其是近年来随着基因工程技术的发展，利用基因工程手段对右旋糖酐生产菌进行改造成为了当今重要途径及研究热点。利用酶基因工程制备右旋糖酐的研究，即通过 PCR 克隆技术获取右旋糖酐蔗糖酶基因，并借助现代生物工程技术构建出高效表达的基因工程菌，以改变微生物的培养条件和分离纯化获得纯酶，再运用固定化酶技术来制备右旋糖酐。通过采用基因工程技术手段改造右旋糖酐蔗糖酶生产菌所获取的研究成果很多。

Kim 和 Robyt 对野生型的肠膜明串珠菌进行诱变处理，得到的突变株 B-512FMC，该突变株不需要蔗糖就可以产生右旋糖酐蔗糖酶。经过进一步的突变处理，可以得到产右旋糖酐蔗糖酶更高的突变株。如果用酶法生产右旋糖酐，诱变得到的高产突变株是非常有价值的。

自 Wilke-Douglase 等首次从肠膜状明串珠菌 NRRL B-512F 克隆到了编码右旋糖酐蔗糖酶基因 *dsrS*，之后人们便相继从不同的产右旋糖酐蔗糖酶的天然菌中克隆得到了相应的右旋糖酐蔗糖酶编码基因，并在异源表达中取得了成功。例如，Kang 等从肠膜状明串珠菌 NRRL B-742 突变株获得了右旋糖苷蔗糖酶基因 *dsrB742*，并在 *E. coli* DH5α 中获得表达，产生的重组酶活比原来的提高了 216 倍。Malten 等人将 *dsrS* 基因分别导入巨大芽孢杆菌和 *E. coli* 胞内进行表达，分泌表达的酶活水平分别为 0.065U/mL 和 5.85U/mL，其中后者是同类研究报道的最高值，但前者经高密度培养后酶活可高达 28.6U/mL。随着转基因技术的发展，最近几年国内有关该酶工程菌构建及重组表达的研究也开始逐步发展起来，并取得了一定的研究成果。如张洪斌等利用 PCR 扩增技术等基因工程技术构建得到了右旋糖酐蔗糖酶工程菌株 BL21(DE3)/pET28-dexYG，经 IPTG 诱导在 *E. coli* BL21(DE3) 中分泌表达的酶活力由最初的 5.39U/mL 提高到了 35.62U/mL。伊晓楠利用 PCR 扩增技术从 L. M. 0326 菌株获得了右旋糖酐蔗糖酶基因 *dexYG* 并克隆到表达载体 PET28a(+) 上，然后转化到 *E. coli* BL21 (DE3) 中，最后得到了右旋糖酐蔗糖酶工程菌株 BL21(DE3)/pET28。在优化的条件下，该工程菌分泌所得的右旋糖酐蔗糖酶的酶活可高达 110.16U/mL。

通过从不同的产右旋糖酐蔗糖酶的天然菌中克隆得到了右旋糖酐蔗糖酶编码基因，进行对比得知：这些基因大约为 4～5kb，同源性高，能编码出 160～200kDa 的蛋白质。此外，与分泌表达的右旋糖酐蔗糖酶进行比较得知，天然酶性质较稳定，催化产生的右旋糖酐可溶性较强；而重组酶催化的产物可溶性明显下降，甚至有的性质发生了改变等。总而言之，目前右旋糖苷蔗糖酶基因工程的研究仍处于初级阶段，还有许多问题有待进一步研究。

7.3.3 右旋糖酐蔗糖酶

链球菌和肠膜明串球菌以蔗糖为底物，发酵产生右旋糖酐蔗糖酶。右旋糖酐蔗糖酶（dextransucrase，DSR），又称葡聚糖蔗糖酶（glucansucrase）是一种葡萄糖基转移酶（glucosyltransferase，GTF，EC 2.4.1.5），属于糖苷水解酶的第70家族。右旋糖酐蔗糖酶是一种诱导型酶，天然活力很低。右旋糖酐蔗糖酶催化产物右旋糖酐的主链所含α-(1,6)-糖苷键大于50%，支链含少量α-(1,2)-糖苷键、α-(1,3)-糖苷键或α-(1,4)-糖苷键，而其他种类的葡聚糖蔗糖酶催化的产物中因含有大量的α-(1,3)-糖苷键形成的是不溶性葡聚糖，因而应用受限。

右旋糖酐蔗糖酶是一种高分子蛋白质，其分子质量一般约为150～200kDa，可催化胞外同源多糖如右旋糖酐、果聚糖的合成。国外于20世纪初上半期开始研究右旋糖酐蔗糖酶，现已从明串珠菌属、链球菌属和乳杆菌属的菌株中分离得到了右旋糖酐蔗糖酶。不同的菌种及其不同突变菌株所产生的右旋糖酐蔗糖酶结构有所不同，其主要差异在于酶所含的氨基酸数目不同和空间构象不同，因此其诱导蔗糖产生的右旋糖酐在分子链构成上有所不同。主要体现在葡萄糖基分子链的连接方式不同如α-(1,6)-糖苷键、α-(1,2)-糖苷键、α-(1,3)-糖苷键和α-(1,4)-糖苷键。表7-1将不同的菌种 *Streptococcus* sp. 和 *L. mesenteroides* 及其不同突变株所产生的右旋糖酐蔗糖酶及右旋糖酐产品的主要特性做了比较。由表中数据分析可知，不同的菌种、同一菌种的不同突变菌株可获得不同分子量的右旋糖酐蔗糖酶，即由于氨基酸数目不同，其蛋白质构象不同，导致合成的右旋糖酐在分子链的取向上有差别。如我们通常用来发酵的菌种肠膜状明串珠菌 NRRL B-1299，基因 *dsr-A* 所表达的右旋糖酐蔗糖酶由1290个氨基酸组成，合成含15% α-(1,3)-糖苷键和85% α-(1,6)-糖苷键的右旋糖酐；另一突变基因 *dsr-B* 所表达的右旋糖酐蔗糖酶由1508个氨基酸组成，合成含5% α-(1,3)-糖苷键和95% α-(1,6)-糖苷键的右旋糖酐。

表7-1　不同的菌种 *Streptococcus SP.* 和 *L. mesenteroides* 及其不同突变菌株所产生右旋糖酐蔗糖酶及右旋糖酐产品的主要特性比较

来源	基因	右旋糖酐	蛋白质分子大小（氨基酸个数）	分子量/10^3
S. mutans GS5	*gtf-B*	87% α-(1,3)-糖苷键 13% α-(1,6)-糖苷键	1475	150
	gtf-C	85% α-(1,3)-糖苷键 15% α-(1,6)-糖苷键	1375	140
	gtf-D	30% α-(1,3)-糖苷键 70% α-(1,6)-糖苷键	1430	155
S. mutans LM7	*gtf-C*	—	1375	150
S. downei Mfe28	*gtf-I*	88% α-(1,3)-糖苷键 12% α-(1,6)-糖苷键	1556	160
	gtf-S	10% α-(1,3)-糖苷键 90% α-(1,6)-糖苷键	1328	147

续表

来源	基因	右旋糖酐	蛋白质分子大小（氨基酸个数）	分子量/10^3
S. sobrinus 6715(serotype g)	*gtf-Ia*	—	1592	160
S. sobrinus OMZ176(serotype d)	*gtf-T*	27% α-(1,3)-糖苷键 73% α-(1,6)-糖苷键	1542	163
	gtf-Is	—	1590	175
S. salivarius ATCC 25975	*gtf-J*	90% α-(1,3)-糖苷键 10% α-(1,6)-糖苷键	1522	168
	gtf-K	100% α-(1,6)-糖苷键	1599	176
	gtf-L	50% α-(1,3)-糖苷键 50% α-(1,6)-糖苷键	1490	157
	gtf-M	5% α-(1,3)-糖苷键 95% α-(1,6)-糖苷键	1576	171
S. gordonii(*S. sanguis*)	*gtf-G*	40% α-(1,3)-糖苷键 60% α-(1,6)-糖苷键	1578	170
L. mesenteroides NRRL B-512F	*dsr-S*	5% α-(1,3)-糖苷键 95% α-(1,6)-糖苷键	1527	170
L. mesenteroides NRRL B-1299	*dsr-A*	15% α-(1,3)-糖苷键 85% α-(1,6)-糖苷键	1290	146
	dsr-B	5% α-(1,3)-糖苷键 95% α-(1,6)-糖苷键	1508	167

不同来源菌种产生的右旋糖酐蔗糖酶的氨基酸数目和构象不同，氨基酸数目从 1250～1600 不等。但如图 7-4 所示，它们有关联、功能相近且均有一基础性的结构：(a) 信号肽段 (signal peptide)、(b) 可变区 (variable region)、(c) N 末端催化区 (nterminal catalytic domain)、(d) C 末端右旋糖酐连接区 (cterminal glucan binding domain)。右旋糖酐蔗糖酶四个结构功能区中，N 末端催化区是核心区，由大约 1000 个氨基酸组成，形成 (α/β) 8 管状结构域；此区域具有催化水解蔗糖的功能，右旋糖酐蔗糖酶与蔗糖以共价键的形式结合，并将蔗糖分解形成 D-葡糖基-酶复合体。C 末端右旋糖酐连接区，是葡萄糖基与右旋糖酐的连接区，由 500 个左右的氨基酸组成，有多个不同的同源重复序列，其重复序列的个数和结构随着右旋糖酐蔗糖酶的不同而不同；该区域并不直接参与蔗

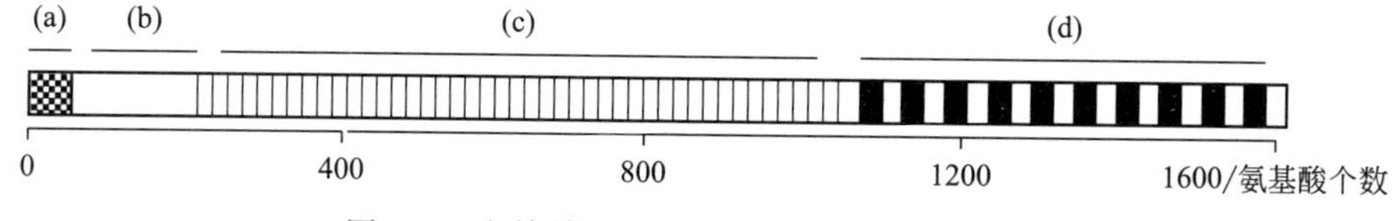

图 7-4 右旋糖酐蔗糖酶结构功能区域示意图

(a) 信号肽段；(b) 可变区；(c) N 末端催化区；(d) C 末端右旋糖酐联结区

糖的水解以及右旋糖酐和寡聚糖的生成，但是对反应起始的频率有调控作用和具有转移酶活性，可将分解得来的葡萄糖残基转移到右旋糖酐上并促使右旋糖酐或寡糖脱离催化位点。右旋糖酐蔗糖酶的催化原理如图 7-4 所示。

7.3.4 右旋糖酐的生产合成方法

根据性质不同可将右旋糖酐的生产方法分为：生物合成法和化学合成法。其中化学合成法（也称人工合成法）主要用在小分子右旋糖酐的生产上，在这方面已经有过申请专利的报道并已投入生产。人工合成的右旋糖酐，产量高且稳定，为人类能大规模地使用小分子右旋糖酐提供了非常有效的途径。生物合成法又可划分为：微生物发酵法和酶合成法。

目前工业生产右旋糖酐仍然以微生物直接发酵法为主，即蔗糖经肠膜状明串珠菌 1226 厌氧发酵生成高分子葡萄糖聚合物，经过乙醇捏洗、盐酸水解、乙醇划分、分离、干燥可得。该工艺乙醇消耗量大，生产环境恶劣，生产中引入的氮、氯等杂质难以控制，分子量分布不均等，致使产品质量远低于国外同类产品，缺乏国际竞争力。我国生产的右旋糖酐因部分质量指标达不到日本、欧美的药典标准（见表 7-2），无法实现出口，致使企业产品附加值低、利润少。因为按目前报价国内 6 万元/吨，而欧美市场则高达 8 万美元/吨，可见其差价。

表 7-2 右旋糖酐质量标准比较表（Dextran 40）

项目	《中国药典》2020	《欧洲药典》2017	日本药局方 X Ⅶ
形状	白色粉末	溶液无色透明	白色无定形粉末
溶解性	易溶于热水，不溶于乙醇	易溶于热水，不溶于乙醇	易溶于热水，几乎不溶于乙醇或乙醚
比旋度/(°)	＋190～＋200（水，10mg/mL）	＋195～＋201	＋195～＋201（按干品计，3g/50mL，20℃）
含氮量/%	≤0.007	≤0.005	≤0.010
氯化物/%	≤0.25	≤0.02	≤0.018
炽灼残渣/%	≤0.5	≤0.3	≤0.1
重金属/10^{-6}	≤8	≤10	≤20
干燥失重/%	≤5(105℃，6h)	≤7(105℃，5h)	≤5(105℃，6h)
分子量分布	10%大分子部分重均分子量≤120000 10%小分子部分重均分子量≥5000	10%大分子部分重均分子量≤110000 10%小分子部分重均分子量≤7000	—
特性黏度	16.0～19.0	—	0.16～0.19（0.2%～0.5%水）

续表

项目	《中国药典》2020	《欧洲药典》2017	日本药局方ⅩⅦ
大分子部分	10%大分子部分特性黏度≤27.0	—	10%大分子特性黏度≤0.27 10%大分子特性黏度≤0.09
澄清度与颜色	—	—	1g 加 10mL，加温溶解后应澄清无色
还原性物质/%	—	—	≤1.5（与葡萄糖对照品比较）

国内生产右旋糖酐的新工艺研究仅限于对发酵液过滤，分级划分等单元操作的改进，不能从本质上提高产品质量。如有学者曾提出选择合适的培养条件结合膜滤来提高产品质量，但这仅是一种设想，没有具体实施。曾和等于 2001 年申请了“右旋糖酐生产新工艺”（CN01132045.1）专利，该专利提供了一种在水溶液中用超滤膜及纳滤膜提取、纯化和分级制备不同分子量组分右旋糖酐的方法，但此法成本较高，不适合工业化生产。

国外对右旋糖酐生产工艺的研究较为深入，首先对生产右旋糖酐的生物酶即右旋糖酐蔗糖酶的基础研究很多，目前发现能产生该酶的菌种有明串珠菌属、链球菌属、乳球菌属和根霉属等。不同的菌种及其不同突变株能合成不同氨基酸数目和不同构象右旋糖酐蔗糖酶，主要体现在葡萄糖基分子链的连接方式不同。

其次对该酶反应条件的研究发现，控制肠膜状明串珠菌的发酵温度和蔗糖的给料浓度可得到不同特性黏度的右旋糖酐，同时用不同的氮源作培养基成分，得到的右旋糖酐产量及其分子量不同。用筛选的链球菌研究得出右旋糖酐和果糖的最佳生产条件，同时指出当蔗糖的给料浓度过高时，产物的分离将非常困难。对肠膜状明串珠菌 NRRL B-523 培养基的成分替换，配成富含蔗糖的醋酸缓冲液培养基，促使该菌产生大量的细胞连接酶而非胞外酶，并用一定的蔗糖溶液作底物生产可得到不溶性的右旋糖酐。

利用酶工程技术生产右旋糖酐是目前国际上较为先进的、研究关注较多的工艺技术，该法与传统的发酵工艺相比有可连续化生产、产品分子量可控、分子量分布均匀、杂质含量低等优点。

7.3.4.1 微生物发酵法

利用获得的菌种，直接培养或放大培养得到产品。根据得到产品的结果及其后处理方式的不同，目前主要有直接发酵法、定向发酵法、混合发酵法。

（1）直接发酵法

目前国内生产右旋糖酐工艺主要采用直接发酵法，将右旋糖酐蔗糖酶的生成和诱导酶催化生成右旋糖酐这两步合在同一个反应器中同时进行的一种传统的方法。发酵法制备右旋糖酐的发酵培养基以高浓度蔗糖为主，并加少量酵母膏和蛋白胨以及适量无机盐类（如磷酸氢二钾、氯化锰），培养需氧量低，发酵温度25℃，培养16～20h，多糖产量即可达最高值。培养所得的发酵滤液，用40%的酒精沉淀粗酐，然后将粗酐溶于水，加酸水解，水溶液用碱中和，加硅藻土、活性炭脱色压滤，滤液加酒精逐级分化，得到的沉淀右旋糖酐再溶于水，进入离子交换器除去阴离子、阳离子，减压浓缩除去酒精，喷雾干燥制成右旋糖酐产品。其工艺流程如图7-5。

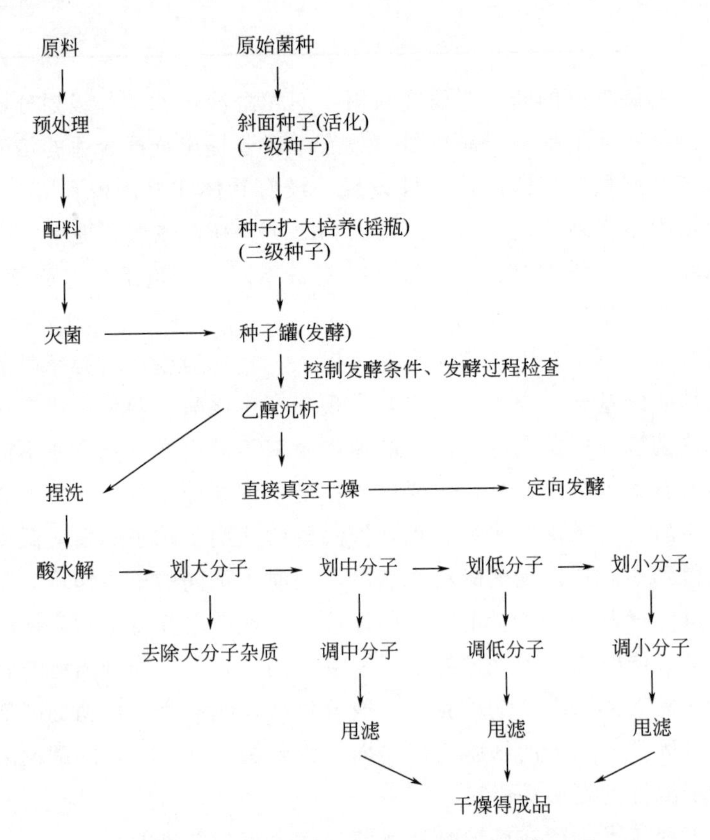

图7-5　直接发酵法生产右旋糖酐工艺流程图

右旋糖酐的理论产率约为蔗糖的47.3%，但实际生产中仅为20%～30%。发酵所得的右旋糖酐多为大分子，须用盐酸水解获得分子量较小的右旋糖酐。

这种传统的发酵法存在诸多的不足之处。第一，劳动强度大，工序复杂、周期长、产品收率较低；第二，传统工艺的菌体易于流失，菌体活性不高；第三，整个生产过程包括沉淀、捏洗和划分等步骤所消耗的乙醇用量大，不宜进行综合利用，生产成本高；第四，工艺难以控制、沉降时间长；第五，由于采用传统间歇式单罐发酵，限制了单条生产线连续作业能力，产品成本较高；第六，由于直接发酵法工艺生产的右旋糖酐分子量不能控制，需要加入 HCl 水解，生产过程中引入了过多的氯、氮等杂质，而使所得的产品质量不高，使其应用受到很大限制；第七，直接发酵法的生产过程没有去除培养基及菌体，发酵结束时，由于高分子的右旋糖酐缠绕，无法将培养基及菌体分开，结果导致引入杂蛋白、硫酸盐灰分等杂质，分子量分布不均匀。尽管直接发酵法具有操作步骤繁多等不足，但是操作较为简单，同时对生产所需设备需求不高，而且容易放大生产规模等。因此，目前在生产上，仍然采用了传统的微生物发酵生产工艺。此外，由于人们对原有生产工艺的一些环节进行了改进，使产品质量和生产效益都有了一定改善。

研究人员在成熟的直接发酵法基础上，进行了许多相关研究，有研究利用超滤技术分离分级不同分子量的右旋糖酐，并以此回收果糖，取得较好效果。但由于其用于右旋糖酐分离的膜再生较难，难以大规模工业化生产。用色谱柱连续分离右旋糖酐和果糖，通过优化条件，可得 100%的右旋糖酐和 87.2%的果糖。

近年来，国内学者对发酵法合成右旋糖酐工艺也进行了大量研究，包括发酵培养条件、产物的分离提纯及如何减少过程中乙醇的消耗量等。例如，王勇等研究出一种生产右旋糖酐的新工艺，该工艺突出特点是省去了酸水解过程，生产周期缩短三天，占用生产设备少，节省溶剂和能源等；其收率高达 85%以上。崔益清在工艺方面进行一些改革，将发酵液直接水解；该工艺省去了沉淀发酵液和捏洗粗酐所用的乙醇，提高了设备的利用率，减轻了劳动强度，缩短了生产周期；其发酵液直接水解总收率在 59%左右，且质量指标并不低于原生产工艺。郭振友等将发酵液预处理后，采用超滤技术代替传统的乙醇沉淀制备粗右旋糖酐，该工艺比传统工艺的乙醇用量减少 50%～60%。井明冉、廖威、刘晓风、张洪斌等研究了使用发酵法生产右旋糖酐时，菌种的选择，培养基组成中碳源和氮源的种类和浓度，其他无机离子的浓度，生长因子的选择，培养条件如温度、转速、pH 等都对右旋糖酐的产量和质量有很大的影响，所以要求严格控制。

但是这一过程最大的缺点是不可控制性。因为在这一过程中，从细菌生长到产酶，以及从酶合成右旋糖酐都在同一生物反应器中进行，而每一步所需的最适条件各不相同。由此造成了右旋糖酐产量和质量的不稳定性。

大量的实验研究证实，在发酵法中，优良菌种的选择，培养基成分的选择和优化，以及发酵工艺条件等对产品的产量和质量都有很大影响。因此在原有的发酵生产基础上，从这些方面进行了改进保证产品质量和安全使用具有重大的经济意义。固定化细胞制备右旋糖酐是目前国内研究比较多的一个方向。固定化生产菌生产右旋糖酐比传统的游离菌发酵法生产右旋糖酐具有发酵周期短、优良的抗杂菌能力、可多次重复使用等特点，为实现连续化发酵生产提供了优良的发酵剂。不过固定化菌生产制备右旋糖酐还只是处于研究阶段，固定化菌生产右旋糖酐要实现工业化，除了要考虑固定化之后菌体活性及对产物合成能力的研究外，还须考虑所需的固定材料的来源、价格和性能等因素，这些都是影响这种固定化技术是否能够应用实施的关键。

（2）定向发酵法

控制 *L. mesenteriodes* sp. 的发酵温度和蔗糖给料浓度得到不同特性黏度的右旋糖酐，在此基础上，提出用定向发酵法来生产右旋糖酐，即控制一定的生产工艺条件，通过发酵直接生产出符合分子量要求的右旋糖酐，工艺流程如图 7-5 所示。目前已有这方面的专利报道，主要用来生产低分子量的右旋糖酐。

7.3.4.2 酶工程法

发酵法将酶的生成和酶诱导生成右旋糖酐这两步合到一起，而酶法则是将两步分开在不同的反应器中进行。通过酶法制备右旋糖酐希望能够通过对酶的控制实现对产品右旋糖酐的质量控制。

酶法制备右旋糖酐分为游离酶制备右旋糖酐和固定化酶制备右旋糖酐。

（1）游离酶制备右旋糖酐

研究表明，因为菌种 *L. mesenteriodes* 体内有合成右旋糖酐的酶（dextransucrase），所以能发酵生产右旋糖酐。首先生产出胞外右旋糖酐蔗糖酶，再将此酶捕获，然后进行多糖的合成。与直接发酵法相比，它是在更稳定的条件下进行合成，可以提高所用的蔗糖浓度，产物较单纯、易提取精制。其工艺流程如图 7-6。

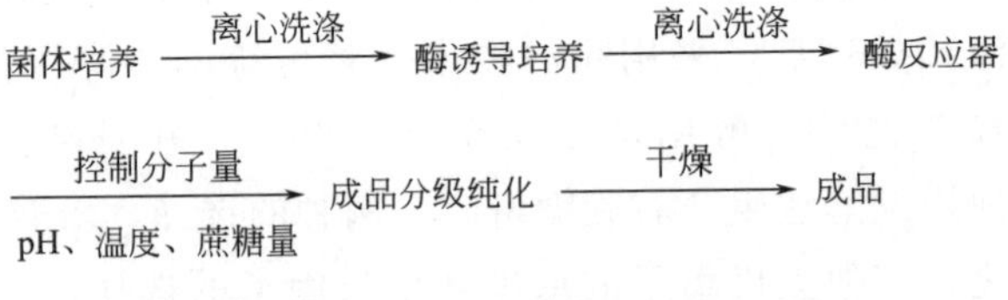

菌体培养 —离心洗涤→ 酶诱导培养 —离心洗涤→ 酶反应器

—控制分子量（pH、温度、蔗糖量）→ 成品分级纯化 —干燥→ 成品

图 7-6　酶法生产右旋糖酐工艺流程图

游离酶法制备右旋糖酐需要分三个阶段进行：右旋糖酐蔗糖酶（葡聚糖蔗糖酶）的制备，菌体去除和右旋糖酐的合成。

右旋糖酐蔗糖酶由链球菌和肠膜明串珠菌发酵制成。当 pH 值为 7.0 时产量最佳，但这种酶十分不稳定，必须在 pH 值 5.0～5.2 之间作用（起始 pH 可为 7.4）。在温度为 25℃及弱通风（0.05 体积空气/每体积的基质/分）时，此酶在一个专业罐中，约 12h 形成。

目前的工作中，采用的提纯程序包括除去细胞的离心分离和除去所有可溶性杂质的超滤，之后该酶即可引入合成右旋糖酐的反应器中。在该反应器中右旋糖酐蔗糖酶以共价键的形式将酶与蔗糖连接并将蔗糖分解，同时生成副产物果糖。

酶法制备右旋糖酐技术可以做到：将菌体酶进行洗涤以除去杂质；控制酶反应条件以得到所需的右旋糖酐，且分子量分布均匀；运用不同于以前的分离纯化技术，避免了酒精的大量使用，降低成本；产品质量高且稳定。

研究发现，右旋糖酐的制备要实现产业化主要需解决以下几个难点：①难以培养获得所需的游离右旋糖酐蔗糖酶。培养该生物酶的碳源与酶反应的底物为一种物质即蔗糖，导致在培养过程中随着右旋糖酐蔗糖酶的出现也生成了右旋糖酐，高分子的右旋糖酐与菌体和酶缠绕在一起很难分离。用控制培养基中蔗糖浓度的方法来获取右旋糖酐蔗糖酶，与此同时，还需要控制培养温度和时间。经过研究发现，用此法得到的酶活性不高，因为蔗糖也是该酶的诱导剂。用酶阻断剂来阻止酶生产过程中出现的右旋糖酐，阻断剂是蔗糖的类似物和蔗糖衍生物，取得了一定的效果。②酶反应控制条件的研究。如果要得到分子量分布均匀且不需要乙醇分级的右旋糖酐，其反应条件比较苛刻。通过改变反应介质的 pH 及时间来控制得到分子量分布均匀的右旋糖酐，也可通过基因克隆技术获得胞外的右旋糖酐蔗糖酶，得到可计量的酶制品，通过修饰酶的结构、改变底物浓度来生产右旋糖酐。

(2) 固定化酶制备右旋糖酐

① 固定化酶技术

固定化酶“immobilized enzyme”，这个名词是在 1971 年第一届酶工程会议上被提议并确定的。酶的固定化是通过某些方式将酶和载体相结合，使酶被集中或限制，使之在一定空间范围内进行催化反应。酶的固定化方法有物理法和化学法两类。物理法包括物理吸附法、包埋法等；化学法是将酶通过化学键连接到天然的或合成的高分子载体上，或连接到无机载体上而制成不溶性的酶，包括载体结合法和交联法。包埋法就是将酶以一定的方式包埋在微囊中，由于酶本身未参加反应，因而酶的特性几乎无变化，所以绝大多数酶可采用此法。小分子底物和产物的酶适合采用包埋法，对于较大的底物分子，很难发生酶催化反应，所以该方法应用受到限制。物理吸附法是采用不溶性载体如活性炭、氧化铝、硅胶等将酶蛋白吸附而固定的一种方法。此法操作简便，实验条件温和，但酶与载体结合不牢固，因此，只适用于活力很高的酶，如淀粉酶、胃蛋白酶、溶菌酶等。载体结合法包括离子键法和共价键法。离子键法是将酶与具有离子交换基团的不溶性载体，通过离子键结合而固定化酶的方法；共价法是将不溶性载体与酶蛋白以共价键形式结合成固定化酶的方法。两法比较，离子键法操作简便，处理条件缓和，可制得活性较高的固定化酶，但载体与酶结合不牢固，易流失；而共价键法的反应条件繁杂，酶的处理条件较剧烈，有时酶的高级结构易发生变化，活化中易遭到破坏，从而使酶活性降低。共价键法的优点是酶与载体结合较牢固，不易流失，在高浓度基质溶液和盐类等溶液中不易解离，长期使用稳定。交联法是将具有两个功能基的试剂与酶的α、ε位的氨基、苯酚基、巯基等基团发生交联而制成固定化酶的方法。此法操作繁杂，但固定化较牢固，且固定化酶量较多，酶不易流失，从而可提高酶的活性。目前常用的交联剂有戊二醛、六次甲基异氰酸酯等，其中以戊二醛应用最广。固定化方法及优缺点如表7-3。

表 7-3 固定化方法及优缺点

固定化方法	优缺点
包埋法	操作简便，保持酶的活性，但渗透性不好，难以应用于大分子底物
吸附法	操作简便，实验条件温和，但酶与载体结合不牢固，因此，只能适用于活力很高的酶
离子键法	操作简便，处理条件缓和，可制得活性较高的固定化酶，但载体与酶结合不牢固，易流失
共价键法	优点是酶与载体结合较牢固，不易流失，在高浓度基质溶液和盐类等溶液中不易解离，长期使用稳定；缺点是条件繁杂，酶的处理条件较剧烈，高级结构易发生变化，从而使酶活性降低
交联法	操作繁杂，但固定化较牢固，且固定化酶量较多，酶不易流失，从而提高酶的活性

② 酶固定化材料

酶固定化对载体材料具有很高的要求，如要有良好的机械强度、良好的热稳定性和化学稳定性、良好的抗微生物特性及酶的结合能力等。用于固定化的载体可分为以下几类：a. 无机吸附剂类载体，常用吸附剂有硅藻土、高岭土、硅胶、氧化铝、多孔二氧化钛等氧化物及无机盐等，酶与载体之间的作用力是氢键、范德华力及离子间的静电引力，当外界条件改变时，酶易从载体上解吸下来，导致酶的泄漏流失。b. 多糖类载体，包括壳聚糖类、葡萄糖类、纤维素类等，该类载体都有羟基、氨基等活性基团，易于通过各种反应共价或交联来固定化酶。改性的材料通常固定化效果较好。如对壳聚糖进行巯基化处理，获得了6-巯基壳聚糖。这种载体可以直接与酸性磷酸酶结合，以此固定化酶水解4-硝基苯磷酸时发现其几乎保持了全部活力，并且反复使用时仍具有较高活力。c. 其他天然载体材料，如明胶、海藻酸钠、蚕丝、卡拉胶、脂质体等，他们大多经过包埋的方法进行固定化。d. 人工合成高分子材料，如聚乙烯醇、大孔树脂等，多用包埋或离子交换的方法实现固定化。按其来源和种类不同，可分为表7-4所列不同类型。

表 7-4 各种常用载体及其分类

类型	有机类	无机类
天然	多糖类：纤维素、淀粉、壳聚糖、葡糖类海藻酸钠、琼脂糖类 蛋白质类：明胶、胶原、蛋清、蚕丝、血纤维原	砂、孔雀石、藻土等
人工	聚丙烯酰胺、聚马来酸酐、聚苯乙烯、聚乙烯醇、各种离子交换树脂、DEAE-Sehpadex 等	多孔玻璃、多孔陶瓷、硅胶、氧化铝等

③ 固定化酶制备右旋糖酐

固定化酶法是在游离酶法的基础上进一步改进的方法。首先是酶的制备及固定化，包括菌种的选择、菌种的培养产酶、酶的分离、酶的固定和净化；其次是右旋糖酐的合成，即利用固定好的酶催化蔗糖合成右旋糖酐。

固定化酶法制备右旋糖酐是目前合成右旋糖酐的技术热点，许多发达国家自从二十世纪六十年代起便致力于固定化酶制备右旋糖酐的研究。固定化酶法有产品分离、分子量大小易控制，可连续给料，酶可重复使用等优点。固定化所采用的方法主要有吸附法、包埋法、共价交联法等。采用吸附的方法虽可以使酶活较完好的保持，但是反应批次少，容易失活；而共价交联后的酶会丧失一部分酶活。一般的包埋法固定化酶后没有形成足够大的空间供反应底物和产品的传递，因而会使酶活降低严重；酶固定化载体材料具有强度大、固着牢和可重复使用等特点，使用它固定后的酶，酶活性较高。这为连续化生产、酶重复利用及右旋糖酐分子量调控奠定了良好的基础。固定化酶生产工艺的一般性流程如图 7-7 所示。

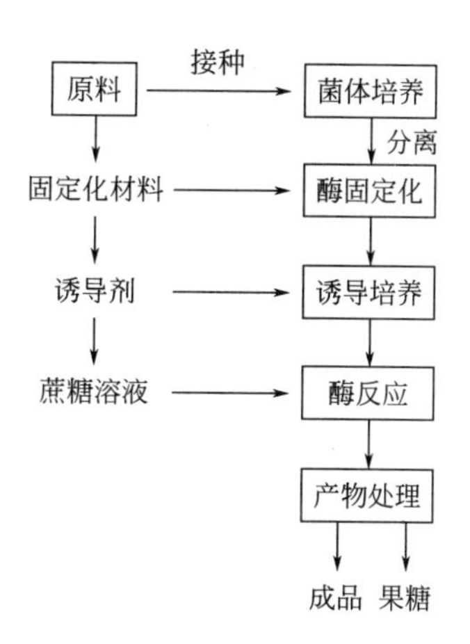

图 7-7 固定化酶生产工艺的一般性流程

通过固定化酶法技术可以做到以下几点：一是可将酶进行洗涤以除去杂质；二是对酶反应条件进行控制以得到所需的右旋糖酐；三是可以结合不同的分离纯化技术，避免乙醇的大量使用，降低成本；四是产品质量高且稳定。不过要将该技术实现产业化还需解决以下难点：首先是在培养过程中酶与菌体和其黏性产物右旋糖酐黏结在一起，使分离纯化过程变得复杂，难以获得游离的右旋糖酐蔗糖酶。蔗糖既是酶反应的底物，又是培养生产该酶的碳源，如用控制培养基蔗糖浓度的手段来获得右旋糖酐蔗糖酶时，所得到的酶活性不高，因蔗糖是该酶的诱导剂，诱导物的减少导致了诱导产生酶的酶活性降低。其次，酶反应控制条件，如果要想生产得到的右旋糖酐的分子量分布均匀且不需要酸水解和乙醇进行划分的右旋糖酐，那么其反应条件会比较苛刻，所以需要周全细致的考虑各个因素的影响。

除了对固定化酶技术及其反应工艺的研究外，人们对该项目的固定化酶反应器也做了很多工作。用固定化反应柱装载用藻元酸盐固定化的酶，通过不同蔗糖浓度的给料研究，得到在不连续流动的反应中其酶活最低，只有 0.7g/U；连续流动给料可大幅度提高酶活，酶活从 0.7g/U 可升高到 3.6g/U。图 7-8 为连续逆流给料的固定化反应床体系，底物由柱子的底部泵入，经过玻璃小球分布器进入催化区，该区装载固定化酶，整个系统有保温装置。但随着反应时间的延长，

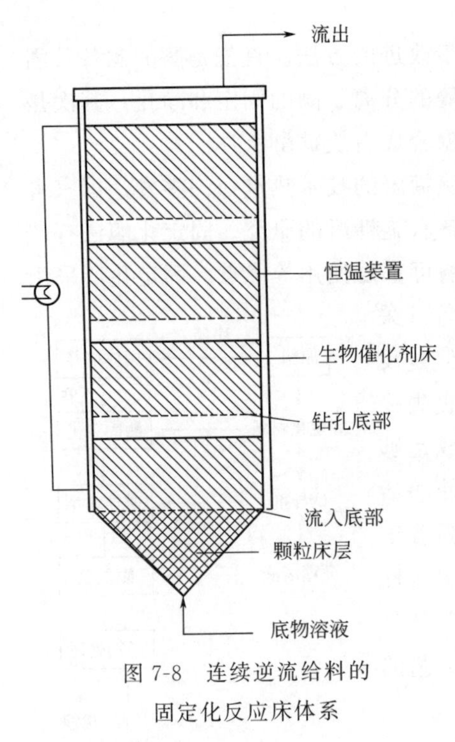

图 7-8　连续逆流给料的固定化反应床体系

固定化珠子内部的产品难以排出，使固定化珠子膨胀破裂。

总的来看，通过酶法尤其是采用固定化酶法对右旋糖酐分子量进行调控确实要比发酵法更容易实现。这是由于固定化酶法具有产品分子量大小易于控制、易于分离，可以连续给料和酶可以重复利用等优点；因而该法算是目前比较先进的制备方法。不过要实现固定化酶制备右旋糖酐技术在工业上进行大规模的应用还有很大的困难，有待进一步的研究。

7.3.4.3　其他制备方法

利用现代生物工程技术制备右旋糖酐的研究也有报道，利用重组技术在大肠杆菌中表达，生产不溶于水的右旋糖酐。利用基因克隆技术修饰得到新的右旋糖酐蔗糖酶，用来合成只有 α-(1→6)-糖苷键连接的右旋糖酐链或只有 α-(1→3)-糖苷键连接的右旋糖酐链。但此新技术在工业化进程中仍有很多问题需要解决。

7.3.4.4　右旋糖酐制备技术发展趋势

综合以上介绍的各种右旋糖酐制备工艺，其中利用酶工程技术生产右旋糖酐是目前国际上较为先进的工艺技术，且技术可行。该法与传统的发酵工艺相比有可连续化生产、产品分子量可控、分子量分布均匀、杂质含量低等优点。另外利用基因工程技术制备单一糖苷键连接的右旋糖酐如只有 α-(1,6)-糖苷键，也是未来的发展方向。

7.3.5　右旋糖酐废液中果糖的提取

在右旋糖酐的工业生产中须排放大量的废液，废液中含有 1%左右的果糖，将这些果糖液分离提纯会具有一定的经济意义。

Zafar 和 Barker 研究了右旋糖酐和果糖混合物的不连续色谱分离，Baker 等在同一个色谱单元中实现了右旋糖酐蔗糖酶的生产和分离。Mariana S. Coellho 等用模拟色谱移动床分离纯化发酵液中的右旋糖酐和果糖。

陈峡华等研究了用吸附法分离提纯、发酵法生产右旋糖酐废液中的果糖，研究了离子交换树脂和温度对果糖吸附量的影响。

7.3.6 右旋糖酐的理化检测

7.3.6.1 右旋糖酐的理化检测质量标准

《中华人民共和国药典》(简称《中国药典》)2020版载有三种规格的右旋糖酐即右旋糖酐20、右旋糖酐40和右旋糖酐70，每种规格质量标准都做了详细的规定，各参数指标见表7-5。

表7-5 《中国药典》2020版各种右旋糖酐的质量标准

项目	右旋糖酐20	右旋糖酐40	右旋糖酐70
重均分子量	16000～24000	32000～42000	64000～76000
形状	白色粉末，无臭无味	白色粉末，无臭	白色粉末，无臭无味
溶解性	易溶于热水，不溶于乙醇	易溶于热水，不溶于乙醇	易溶于热水，不溶于乙醇
比旋度/(°)	+190～+200	+190～+200	+193～+201
含氮量/%	≤0.007	≤0.007	≤0.007
氯化物/%	≤0.25	≤0.25	≤0.25
炽灼残渣/%	≤0.5	≤0.5	≤0.5
重金属/10^{-6}	≤8	≤8	≤8
干燥失重/%	≤5	≤5	≤5
分子量分布	10%大分子部分重均分子量≤70000 10%小分子部分重均分子量≥3500	10%大分子部分重均分子量≤120000 10%小分子部分重均分子量≥5000	10%大分子部分重均分子量≤185000 10%小分子部分重均分子量≥15000
特性黏度	10.5～15.9	16.0～19.0	19.1～26.0

7.3.6.2 右旋糖酐质量标准中主要参数的检测方法

(1) 鉴别：取本品0.2g，加水5mL溶解后，加NaOH试液2mL与$CuSO_4$试液数滴，即生成淡蓝色沉淀，加热后变成棕色沉淀。

(2) 比旋度：取本品，精密称取，加水溶解并稀释成每1mL中约含10mg的溶液，在25℃时依照《中国药典》2020版附录Ⅵ E，比旋度+190°～+200°。

(3) 右旋糖酐特性黏度的测定(用乌氏黏度计)：

称量干燥的右旋糖酐0.3g，置100mL容量瓶中，加水适量，置水浴中加热使其溶解，放冷，加水稀释至刻度，摇匀，用3号垂熔玻璃漏斗过滤，弃去初滤液(约1mL)，取续滤液(不少于7mL)沿洁净、干燥乌氏黏度计的管2内壁注入B中，将黏度计垂直固定于恒温水浴(除另有规定外，水浴温度应为25℃±0.05℃)中，使水浴的液面高于球C，放置15min后，在管口1、管口3各接一乳胶管，夹住管口3的乳胶管，自管口1使供试品溶液的液面缓缓升至球C的中部，先放开管口3，再放开管口1，使供试品溶液在管内自然下落，准确记录液面在两条测定线间下降所需的流出时间，重复测定两次，两次测定值相差不得超过0.1s，取两次的平均值为供试液的流出时间（T）。取经3号垂熔玻璃漏斗滤过的溶液做同样操作，重复测定两次，两次应相同，记为溶剂的流出时间（T_0）。按下式计算特性黏度：

$$特性黏度[\eta]=\frac{\ln\eta_r}{c}$$

式中，η_r 为 T/T_0；c 为供试液的浓度（g/mL）。

根据右旋糖酐特性黏度与平均分子量对应表可得出相应的右旋糖酐分子量。表7-6列出了部分右旋糖酐特性黏度与平均分子量关系。

表7-6　右旋糖酐特性黏度与平均分子量

特性黏度	平均分子量	特性黏度	平均分子量	特性黏度	平均分子量
0.070	3629	0.096	7841	0.122	14070
0.071	3758	0.097	8042	0.123	14350
0.072	3886	0.098	8243	0.124	14630
0.073	4019	0.099	8448	0.125	14920
0.074	4155	0.100	8662	0.126	15220
0.075	4294	0.101	8872	0.127	15520
0.076	4434	0.102	9088	0.128	15810
0.077	4579	0.103	9305	0.129	16120
0.078	4725	0.104	9528	0.130	16430
0.079	4873	0.105	9757	0.131	16740
0.080	5025	0.106	9984	0.132	17050
0.081	5181	0.107	10220	0.133	17370
0.082	5337	0.108	10450	0.134	17680
0.083	5498	0.109	10630	0.135	18000
0.084	5661	0.110	10910	0.136	18330
0.085	5826	0.111	11170	0.137	18660
0.086	5995	0.112	11420	0.138	19000
0.087	6166	0.113	11670	0.139	19330
0.088	6342	0.114	11920	0.140	19670
0.089	6518	0.115	12130	0.141	20020
0.090	6697	0.116	12450	0.142	20370
0.091	6880	0.117	12710	0.143	20710
0.092	7068	0.118	12970	0.144	21080
0.093	7256	0.119	13230	0.145	21440
0.094	7447	0.120	13510	0.146	21800
0.095	7642	0.121	13790	0.147	22160

7.4 右旋糖酐的应用

右旋糖酐曾被认为是糖工业发展的一大有害因素，如葡萄酒酿制过程中产生的右旋糖酐增高了果酒黏度，而甜菜加工时产生的右旋糖酐也严重影响了加工品质，甘蔗制糖时，右旋糖酐的生成也大幅度消耗蔗糖，给蔗汁的凝聚和沉降带来困难。但是，随着对多糖的深入研究发现，右旋糖酐在食品、化工和医药等行业有着巨大影响力。

7.4.1 右旋糖酐在医药工业上的应用

右旋糖酐最早被应用于医药领域，如今它在该领域的应用也是最多、最为普遍的；因而其在医药工业方面的研究报道也特别多。它最主要的也是最早的使用是作为血容量扩充剂（即代血浆）。它是目前国际上公认的优良代血浆首选药物。不同分子量的右旋糖酐具有许多药理活性。右旋糖酐可提高血浆胶体渗透压，吸收血管外的水分以补充血容量，从而维持血压。扩充血容量的强度和维持时间随右旋糖酐分子量减小而逐渐减小，改善微循环的作用却随右旋糖酐分子量减小而逐渐增大。

右旋糖酐在人体内水解后会转变成较低分子量的化合物，与血浆具有相同的胶体特性，会迅速代谢成葡萄糖，可作为血浆代用品。1948 年瑞典的 Gronwall 和 Ingelmann 用右旋糖酐制成的代血浆申请获得专利，之后这种代血浆在欧洲和美国等地逐渐发展成为工业化生产。我国于 1954 年由中国人民解放军军事医学科学院研制成功并生产了第一种血浆代用品——右旋糖酐。临床上应用的常有三种规格：右旋糖酐 70、右旋糖酐 40、右旋糖酐 20。

Dextran T-70 是目前世界公认的优良的血浆代用品之一。其线形中分子大小约为 40Å，这与血浆蛋白、球蛋白分子的大小十分相近；溶于水时能形成一定的胶体溶液，其胶体特性与血浆的特性一样，例如在 6%的生理盐水中其渗透压及黏度与血浆的都相同；因此其具有扩充血容量、维持血压的功效。目前 Dextran T-70 在临床上主要用于治疗由割伤、烧伤和创伤等引起的失血性休克。由于它在人体内的排出较慢，作用时间可长达 6h；因而是外伤休克、大量失血时急救的常用药。

右旋糖酐 40 和右旋糖酐 20 也同样具有一定的扩充血容量的作用，但是这两种的作用时间持续较短。由于它们进入人体后能够解除细胞聚集、减少血液黏度，从而起到改善微循环的作用。两者相比，右旋糖酐 20 对于降低血小板黏附和解除细胞聚集的作用要比右旋糖酐 40 好。目前右旋糖酐 40 和右旋糖酐 20 在临床上主要用于治疗或者防止急性失血性休克、脑血栓、心肌梗塞、流行性出血热、周围血管病、脑供血不足，防止急性肾功能衰竭和弥散性血管内凝血等。低小分子右旋糖酐已成为目前临床上各科常用的一种安全、多效、副作用少的药物。

产生右旋糖酐的细菌不降解高聚物，因此，可以认为右旋糖酐不是储存物质，而有可能在防止细胞干燥或协助细胞附着于环境基质方面起着一定的生理功能。

右旋糖酐的优点是生物可降解性，在人体内降解它的右旋糖酐酶主要是由肠道（结肠）内厌氧型革兰氏阴性假单胞菌属分泌的，分为内右旋糖酐酶和外右旋糖酐酶，内右旋糖酐酶可以随意切断右旋糖酐链，而外右旋糖酐酶可以切断端基连接，因此右旋糖酐可以作为结肠定位给药载体。从 1995 年开始 Simonsen 和 Hovgaard 等相继报道了经右旋糖酐酶的降解，使右旋糖酐和药物连接的酯键被水解，释放药物。口服结肠定位给药系统（oral colon specific drug delivery system）能使药物避免在胃、十二指肠、空肠和回肠前端释放，运送到人体回盲肠部后释放而产生局部和全身治疗作用，除了具有治疗结肠局部病变，也具有增加药物在全肠道吸收，提高生物利用度等重要作用。随着研究不断深入及社会快速发展，右旋糖酐的应用早已不仅仅局限于在临床上用作常规的血浆代用品，而且还常用作许多的药物载体，如降血糖药、抗肿瘤药、免疫蛋白和 DNA 等。

7.4.2 右旋糖酐在食品工业上的应用

右旋糖酐是一种天然的来源丰富的微生物多糖，低热的右旋糖酐又称难消化糊精，是可溶性食物纤维的一种，可作为一种优良的食品配料。由于它具有良好的保湿性能和黏性，因而用在面包、糕点及饮料等食品制作中能够保持食品中的水分含量或湿度，同时还可以增加食品的量和增加食品的黏稠度；在浓糖浆或糖果的制造中使用时能够阻碍蔗糖的结晶；应用于乳制品中可以增加产品的稳定性和增稠度等。高分子量的右旋糖酐通常用于增加烘焙食品膨胀度。右旋糖酐来源丰富广泛，且生产和使用安全可靠，因此在食品工业上的开发应用前景很好。右旋糖酐在食品工业上的应用，总的来讲主要是作为在食品中的保湿剂、稳定剂、增量剂和增稠剂。

7.4.3 右旋糖酐在化工及其他方面的应用

在石油工业中，右旋糖酐可作为油井钻泥添加剂，添加 2%左右的右旋糖酐能阻止水分的损失，有利于在井壁上形成薄层，比用淀粉羧甲基等纤维素更为优良。在应用科学领域上，由于右旋糖酐在正常条件下，具有良好的稳定性和非离子特性；因而常被作为一种优质的色谱凝胶。由于划分后的右旋糖酐有狭窄的分子量分布，因而被用作决定分子量的尺寸排阻色谱标准品和科研试验标准品原料。在X射线或者其他感光乳胶中，右旋糖酐会改善银的功效而防止颗粒成色的损失。此外，右旋糖酐和聚乙二醇可在水中形成相分离，因而常被用于双水相体系中。人们利用这种双水相系统已成功分离生物分子和亚粒子的混合物等，例如在催化酶条件下缩氨酸的合成中。除上述所述之外，右旋糖酐还被应用于化妆品、B1T1杀虫剂和土壤改良剂等产品中。

7.4.4 右旋糖酐衍生物及其应用

目前人们已经研制出了许多右旋糖酐衍生产品，这更加深了右旋糖酐在医药领域上的使用地位。比如，右旋糖酐铁和右旋糖酐硫酸酯就是其中富有代表性的衍生产品。

自1954年右旋糖酐铁注射液首次应用于临床上之后，这种产品便迅速取代了其他肠胃外给药的铁制剂产品。右旋糖酐铁又称为葡聚糖铁，本品是外观为褐色至黑色的无定形或结晶性粉末，无臭，味涩，有吸湿性，易溶于水，不溶于乙醇等有机溶剂，是低分子量右旋糖酐的重要衍生物之一，为重均分子量5000～7500的右旋糖酐与氢氧化铁的络合物，含铁量为25%～30%。右旋糖酐铁系列产品可用于防治人及动物的贫血，例如含量5%的右旋糖酐铁注射液是目前治疗缺铁性贫血的最理想药物，右旋糖酐铁用于治疗缺铁性贫血，与其他铁制剂相比，作用持久，疗效快。国内生产的右旋糖酐铁注射液曾出现过含铁量低，黏度大等缺点，给使用带来诸多不便。目前，生产右旋糖酐铁注射液的方法已经有所改进。

右旋糖酐硫酸酯在工业、科研和医药领域有着广泛的用途。右旋糖酐硫酸酯聚阴离子化合物是一种有效的造血干细胞动员剂，具有多种药理活性。右旋糖酐硫酸酯有阻止代谢异常引起的高血脂动脉硬化的作用。近年来研究发现超低分子量的右旋糖酐硫酸酯在防治艾滋病、关节炎等疾病方面有特殊的功效；因而目前国际上对它的研究方兴未艾。

右旋糖酐还可同其他诸多元素或矿物质结合，形成人类需要的新材料或新药，甚至生成尖端生物科技新材料。

参 考 文 献

[1] 孙云德．右旋糖酐概述 [J]. 医药工业，1983 (2)：42-44.

[2] 李艳，陈学武，牟德华．右旋糖酐的生产及应用 [J]. 山西食品工业，1998 (3)：36-37+42.

[3] 李若菡．高分子量右旋糖酐的酶法合成、改性及其絮凝作用的研究 [D]. 合肥工业大学，2017.

[4] 宋少云，廖威．葡聚糖的研究进展 [J]. 中山大学学报（自然科学版），2005，(S2)：229-232.

[5] Monchois V，Willemot R-M，Monsan P. Glucansucrases：mechanism of action and structure-function relationships [J]. FEMS Microbiology Reviews，1999，23 (2)：131-151.

[6] Robyt J F，Taniguchi H. The mechanism of dextransucrase action：Biosynthesis of branch linkages by

acceptor reactions with dextran [J]. Archives of Biochemistry and Biophysics, 1976, 174 (1): 129-135.

[7] Kobayashi M, Matsuda K. Electrophoretic Analysis of the Multiple Forms of Dextransucrase from Leuconostoc mesenteroides [J]. Journal of biochemistry, 1986, 100: 615-621.

[8] Robyt J F, Kimble B K, Walseth T F. The mechanism of dextransucrase action: Direction of dextran biosynthesis [J]. Archives of Biochemistry and Biophysics, 1974, 165 (2): 634-640.

[9] Robyt J F, Walseth T F. Production, purification, and properties of dextransucrase from Leuconostoc mesenteroides NRRL B-512F [J]. Carbohydrate Research, 1979, 68 (1): 95-111.

[10] Fu D, Slodki M E, Robyt J F. Specificity of acceptor binding to Leuconostoc mesenteroides B-512F dextransucrase: Binding and acceptor-product structure of α-methyl-d-glucopyranoside analogs modified at C-2, C-3, and C-4 by inversion of the hydroxyl and by replacement of the hydroxyl with hydrogen [J]. Archives of Biochemistry and Biophysics, 1990, 276 (2): 460-465.

[11] Kim D, Robyt J F. Production and selection of mutants of Leuconostoc mesenteroides constitutive for glucansucrases [J]. Enzyme and Microbial Technology, 1994, 16 (8): 659-664.

[12] Kim D, Kim D-W, Lee J-H, et al. Development of constitutive dextransucrase hyper-producing mutants of Leuconostoc mesenteroides using the synchrotron radiation in the 70-1000 eV region [J]. Biotechnology Techniques, 1997, 11 (5): 319-321.

[13] Kitaoka M, Robyt J F. Use of a Microtiter Plate Screening Method for Obtaining Leuconostoc mesenteroides Mutants Constitutive for Glucansucrase [J]. Enzyme and Microbial Technology, 1998, 22 (6): 527-531.

[14] Monchois V, Willemot R-M, Remaud-simeon M, et al. Cloning and sequencing of a gene coding for a novel dextransucrase from Leuconostoc mesenteroides NRRL B-1299 synthesizing only α(1-6) and α(1-3) linkages [J]. Gene, 1996, 182 (1): 23-32.

[15] Kang H-K, Seo E-S, Robyt J F, et al. Directed evolution of a dextransucrase for increased constitutive activity and the synthesis of a highly branched dextran [J]. Journal of Molecular Catalysis B: Enzymatic, 2003, 26 (3): 167-176.

[16] Malten M, Nahrstedt H, Meinhardt F, et al. Coexpression of the type I signal peptidase gene sipM increases recombinant protein production and export in Bacillus megaterium MS941 [J]. Biotechnology and Bioengineering, 2005, 91 (5): 616-621.

[17] Malten M, Hollmann R, Deckwer W-D, et al. Production and secretion of recombinant Leuconostoc mesenteroides dextransucrase DsrS in Bacillus megaterium [J]. Biotechnology and Bioengineering, 2005, 89 (2): 206-218.

[18] 张洪斌，朱春宝，胡又佳，等．右旋糖酐蔗糖酶工程菌株的构建及其培养条件的研究 [J]. 微生物学报，2008，(4)：492-497.

[19] 伊晓楠．重组右旋糖酐蔗糖酶固定化方法的研究 [D]. 合肥工业大学，2010.

[20] Aoki H, Shiroza T, Hayakawa M, et al. Cloning of a Streptococcus mutans gene coding for insoluble glucan synthesis [J]. Infection and Immunity, 1986, 53: 587-594.

[21] Shiroza T, Ueda S, Kuramitsu H K. Sequence analysis of the gtfB gene from Streptococcus mutans [J]. Journal of Bacteriology, 1987, 169 (9): 4263-4270.

[22] Hanada N, Kuramitsu H K. Isolation and characterization of the Streptococcus mutans gtfC gene, coding for synthesis of both soluble and insoluble glucans [J]. Infection and Immunity, 1988, 56:

1999-2005.

[23] Ueda S, Shiroza T, Kuramitsu H K. Sequence analysis of the gtfC gene from Streptococcus mutans GS-5 [J]. Gene, 1988, 69 (1): 101-109.

[24] Hanada N, Kuramitsu H K. Isolation and characterization of the Streptococcus mutans gtfD gene, coding for primer-dependent soluble glucan synthesis [J]. Infection and Immunity, 1989, 57: 2079-2085.

[25] Honda O, Kato C, Kuramitsu H K. Nucleotide sequence of the Streptococcus mutans gtfD gene [J]. Journal of General Microbiology, 1990, 136: 2099-2105.

[26] Pucci M, Jones K R, Kuramitsu H K, et al. Molecular cloning and characterization of the gene (gtfC) from Streptococcus mutans LM7 [J]. Infection and Immunity, 1987, 55: 2176-2182.

[27] L Gilpin M, Russell R, Morrissey P. Cloning and expression of two Strep-toccus mutans glucosyltransferases in Escherichia coll K-12 [J]. Infection and Immunity, 1985, 49: 414-416.

[28] Russell R, Gilpin M L, Mukasa H, et al. Characterization of glucosyltransferase expressed from a streptococcus sobrinus gene cloned in escherichia coli [J]. Journal of General Microbiology, 1987, 133): 935-944.

[29] Ferretti J, Gilpin M L, Russell R. Nucleotide sequence of a glucosyltransferase gene from Streptococcus sobrinus MFe28 [J]. Journal of Bacteriology, 1987, 169: 4271-4278.

[30] SGilmore K, Russell R, Ferretti J. Analysis of the Streptococcus downei gtfS gene, which specifies a glucosyltransferase that synthesizes soluble glucans [J]. Infection and Immunity, 1990, 58: 2452-2458.

[31] Abo H, Matsumura T, Kodama T, et al. Peptide sequences for sucrose splitting and glucan binding within Streptococcus sobrinus glucosyltransferase (water-insoluble glucan synthetase) [J]. Journal of Bacteriology, 1991, 173: 989-996.

[32] Hanada N, Yamashita Y, Shibata Y, et al. Cloning of a Streptococcus sobrinus gtf gene that encodes a glucosyltransferase which produces a high-molecular-weight water-soluble glucan [J]. Infection and Immunity, 1991, 59: 3434-3438.

[33] Hanada N, Isobe Y, Aizawa Y, et al. Nucleotide sequence analysis of the gtfT gene from Streptococcus sobrinus OMZ176 [J]. Infection and Immunity, 1993, 61: 2096-2103.

[34] Sato S, Inoue M, Hanada N, et al. DNA sequence of the glucosyltransferase gene of serotype d Streptococcus sobrinus [J]. DNA sequence: the journal of DNA sequencing and mapping, 1993, 4: 19-27.

[35] Giffard P, L Simpson C, Milward C P, et al. Molecular characterization of a cluster of at least two glucosyltransferase genes in Streptococcus salivarius ATCC 25975 [J]. Journal of General Microbiology, 1991, 137: 2577-2593.

[36] Giffard P, Mallen D, Milward C P, et al. Sequence of the gtfK gene of Streptococcus salivarius ATCC 25975 and evolution of the gtf genes of oral streptococci [J]. Journal of General Microbiology, 1993, 139: 1511-1522.

[37] Banas J, Simon D, Williams L K, et al. Analysis of a primer-independent GTF-I from Streptococcus salivarius [J]. FEMS Microbiology Letters, 1994, 123: 349-354.

[38] Simpson C L, Giffard P, Jacques N A. Streptococcus salivarius ATCC 25975 possesses at least two genes coding for primer-independent glucosyltransferases [J]. Infection and Immunity, 1995, 63: 609-621.

[39] Vickerman M M，Sulavik M，Nowak J D，et al. Nucleotide Sequence Analysis of the Streptococcus gordonii Glucosyltransferase Gene，gtfG [J]. DNA Sequence：the journal of DNA Sequencing and mapping，1997，7：83-95.

[40] Melinda W-D. Methods and compositions for altering physical characteristics of fruit and fruit products. 1989.

[41] Monchois V，Remaud-Simeon M，Russell R，et al. Characterization of Leuconostoc mesenteroides NRRL B-512F dextransucrase（DSRS）and identification of amino-acid residues playing a key role in enzyme activity [J]. Applied Microbiology and Biotechnology，1997，48：465-472.

[42] Monchois V，Remaud-Simeon M，Monsan P，et al. Cloning and sequencing of a gene coding for an extracellular dextransucrase（DSRB）from Leuconostoc mesenteroides NRRL B-1299 synthesizing only a alpha（1-6）glucan [J]. Fems Microbiology Letters-FEMS MICROBIOL LETT，1998，159：307-315.

[43] 我国首创人工合成高纯度葡聚糖 [J]. 中国科技成果，2004（23）：5.

[44] 曾和，花逾冬．右旋糖酐生产新工艺，CN1415631 [P/OL]. 2001-10-30. http：//www.wanfangdata.com.cn/details/detail.do? _type=patent&id=CN01132045.1.

[45] 王勇，张文革，刘石．右旋糖酐制取新工艺研究 [J]. 生物技术，1994（3）：44-45.

[46] 崔益清．右旋糖酐生产新工艺——发酵液直接水解法 [J]. 中国药业，1999（6）：17-18.

[47] 郭振友，许丹枫，吴明．超滤技术代替乙醇沉淀粗右旋糖酐工艺研究 [J]. 中国纺织大学学报，2000（2）：100-103.

[48] 井明冉．右旋糖酐生产过程中蛋白胨用量探讨 [J]. 石河子科技，2000（5）：28-29.

[49] 廖威，杨辉，梁海秋，等．葡聚糖产生菌的分离鉴定与发酵条件的初步研究 [J]. 食品科学，2003（11）：56-59.

[50] 刘晓风，周剑平，魏甲乾，等．玉米浆对肠膜状明串珠菌菌株成链和右旋糖酐产量的影响 [J]. 兰州理工大学学报，2009，35（2）：67-69.

[51] 张洪斌，姚日生，朱慧霞，等．发酵法生产右旋糖酐的工艺研究 [J]. 合肥工业大学学报（自然科学版），2004（7）：783-787.

[52] Reh K D，Noll-Borchers M，Buchholz K. Productivity of immobilized dextransucrase for leucrose formation [J]. Enzyme and Microbial Technology，1996，19（7）：518-524.

[53] Zafar I，Barker P E. An experimental and computational study of a biochemical polymerisation reaction in a chromatographic reactor separator [J]. Chemical Engineering Science，198，43（9）：2369-2375.

[54] Barker P E，Ganetsos G，Ajongwen J，et al. Bioreaction-separation on continuous chromatographic systems [J]. The Chemical Engineering Journal，1992，50（2）：B23-B28.

[55] Coelho M S，Azevedo D C S，TEIXEIRA J A，et al. Dextran and fructose separation on an SMB continuous chromatographic unit [J]. Biochemical Engineering Journal，2002，12（3）：215-221.

[56] 陈峡华，张亚雯．右旋糖酐废液中提取果糖试验 [J]. 淀粉与淀粉糖，1993（1），15-18.

[57] Simonsen L，Hovgaard L，Mortensen P B，et al. Dextran hydrogels for colon-specific drug delivery. V. Degradation in human intestinal incubation models [J]. European Journal of Pharmaceutical Sciences，1995，3（6）：329-337.

[58] Hovgaard L，Brondsted H. Dextran hydrogels for colon-specific drug delivery [J]. Journal of Controlled Release，1995，36（1）：159-166.

8

小麦麸皮

由于谷物皮层具有重要的营养学特性，越来越引起人们研究的兴趣，其中主要研究对象之一就是小麦麸皮。小麦麸皮膳食纤维可添加于面制品、焙烤食品、乳制品、肉制品、饮料、早餐和休闲食品中，只要添加量合适，不影响食品的外观与风味。还可以将麦麸膳食纤维制成冲剂、咀嚼片等。小麦籽粒中的外种皮和糊粉层被称为小麦麸皮或者麦麸，约占小麦总质量的15%。因受到加工条件的制约，麸皮中往往包含一定量的胚芽和胚乳，随着科学技术不断发展，麦胚的脱除技术日趋成熟，小麦麸皮的纯度有所提高。小麦麸皮的营养价值很高，含有膳食纤维、淀粉、蛋白质、脂肪、维生素、矿物质、酶（植酸酶、淀粉酶）等。其中膳食纤维是麦麸最主要的生理活性物质，含量高达40%左右。而膳食纤维作为人体第七大营养素，虽然不能被人体直接吸收，但能起到机械蠕动作用，对预防便秘、糖尿病、高血脂等都有积极的意义。

据统计，世界年加工麸皮量为2亿吨，我国作为小麦生产大国，其麸皮产量达2000万吨以上，新疆麸皮产量为230万吨左右。我国的小麦麸皮有来源丰富且价格低廉的资源优势，以及富含膳食纤维这一优良的营养品质优势，若能利用现代科学技术，将麦麸进行深加工和综合再利用，进一步开发相关产品，不但能给小麦加工企业带来可观的经济效益，而且可调整人们的膳食结构，缓解亚健康社会的过营养问题，提高国民素质水平，具有良好的社会效益。虽然我国小麦麸皮资源丰富，但85%以上的小麦麸皮被用于饲料和酿酒行业，资源增值转化率较低。随着现代科学技术和设备的不断更新完善，针对小麦麸皮的深加工研究越来越多，目前已有关于麸皮类保健食品的研究报道。日本及欧美发达国家在20世纪80年代就开始热衷于麦麸综合利用的研究，其开发的麦麸保健食品在国际上认可度较高。我国在这方面虽然起步较晚，发展速度慢，但经过食品科学工作者的不断努力，也获得了一定的研究成果。

目前，国内外针对小麦麸皮的综合利用研究主要集中在对其中一种或多种营养成分的提取和利用方面，除了制备麦麸膳食纤维外，还包括麦麸蛋白质、麸皮多糖、麦麸低聚糖、类黄酮、B族维生素、阿拉伯木聚糖、植酸、阿魏酸等生理活性物质的制备及应用等机制。麦麸膳食纤维因其特殊的生理功能而被广泛应用于食品和医药行业中。国内有学者将麦麸膳食纤维粉配以其他辅料制成麦麸膳食纤维胶囊，作为保健药品用于改善便秘。麦麸膳食纤维在食品中的应用研究较多的是面制品及烘焙制品中麦麸膳食纤维的添加对其品质的影响，并开发出麦麸膳食纤维面包、饼干和蛋糕等产品。近几年，也有关于麦麸膳食纤维在乳制品、肉制品及饮料中的应用。其中麦麸膳食纤维饮料的研发起步较晚，但发展前景不可限量。除了研发麦麸膳食纤维乳酸发酵饮料外，固体饮料以其方便快捷性越来越受到人们的喜爱，因此有大量研究以麦麸膳食纤维为原料，添加悬浮剂及风味剂来制各麦麸膳食纤维固体饮料。

在年销售60亿美元的方便谷物食品中，约20%是富含膳食纤维功能食品。欧美及日本盛行强化膳食纤维功能食品。美国、欧洲、日本等富含膳食纤维的饮料已风靡盛行，我国在膳食纤维饮料的研制方面也比较活跃。随着人们消费观念从量需到质需的转变，消费者对健康的投资比重越来越大。虽然国外麦麸类食品生产消费已普遍化，但国内麦麸类食品无论从种类还是数量上，仍处于起步阶段，因此，研制出适合中国人饮食习惯的麦麸食品，这无论是对发展农副产品的深加工，还是丰富食品市场，提高国民健康素质，增加商家收益都将带来可观的效益。

8.1 小麦麸皮的来源、结构和分类

一个完整的小麦籽粒从外到内包括茸毛、果皮、种皮、珠心层、糊粉层、胚乳和包在胚乳中的胚芽。从植物学角度看，小麦麸皮是指小麦籽粒结构中的果皮、种皮、珠心层和糊粉层，约占整个小麦籽粒的14%～19%。但在实际的制粉工艺中，由于加工条件的影响，将提取胚和胚乳后的残留物统归为麸皮，这部分约占小麦籽粒的20%。

小麦麸皮的组成成分由于小麦种类、品质、制粉工艺条件、面粉出率的不同而有所差异。麸皮中的蛋白质、维生素、矿物质等较胚乳含量丰富，另外，麸皮中还含有大量的碳水化合物。麸皮的主要组成组分、氨基酸组成、矿物质及维生素含量分别如表8-1～表8-4所示。

表8-1 小麦麸皮的主要组分及含量

组成	粗蛋白	粗脂肪	粗纤维	淀粉	灰分	膳食纤维
含量/%	12～18	3～5	5～12	10～15	4～6	35～50

表8-2 小麦麸皮的氨基酸组成

名称	质量分数/%	名称	质量分数/%
亮氨酸	0.80～0.86	赖氨酸	0.56～0.61
丙氨酸	0.7～0.8	甲硫氨酸	0.20～0.26
精氨酸	1.01～1.12	苯丙氨酸	0.51～0.62
天冬氨酸	1.05～1.12	脯氨酸	0.70～1.0
胱氨酸	0.32～0.42	丝氨酸	0.57～0.76
谷氨酸	2.16～3.21	苏氨酸	0.36～0.53
甘氨酸	0.82～0.94	色氨酸	0.26
组氨酸	0.39～0.50	酪氨酸	0.38～0.47
异亮氨酸	0.39～0.50	缬氨酸	0.54～0.79

表 8-3　小麦麸皮中主要矿物质含量

组成	范围值/%	平均值/%
钾	0.61～1.32	0.98
磷	0.9～1.55	1.17
镁	0.035～0.64	0.32
钙	0.041～0.13	0.09
铁	0.0047～0.018	0.012
锰	0.009～0.043	0.0162
锌	0.0056～0.048	0.017

表 8-4　小麦麸皮中的维生素含量

种类	含量	种类	含量
肌醇	1.34%	安息香酸	14.8mg/kg
胆碱	0.154%	泛酸	39.1mg/kg
叶酸	0.88mg/kg	核黄酸(VB2)	3.34mg/kg
生物素(VH)	0.44mg/kg	硫胺酸(VB1)	6.29mg/kg
烟酸(VPP)	266mg/kg	生育酚	65mg/kg

酚酸是一类天然化合物，是公认的存在于植物类食品中的抗氧化物质，它存在于许多谷物中。小麦糊粉层含有较多的酚类化合物。根据其在极性溶剂中的溶解性不同，植物组织中的酚酸可以分为结合酚酸（不可提取的）和自由酚酸（可提取的）两类。有关麦麸中酚类化合物含量的报道，由于受基因类型、小麦种类、生长环境和提取溶剂及方法的影响，不同文献有较大的差别，可提取的酚酸在 458～2630μg/g；总酚酸在 2000～4700μg/g。

木酚素在小麦麸皮中含量特别高，约为 6%～8%，而面粉中几乎没有，主要是植物细胞壁成分木质素的母体。存在于小麦麸皮中的总木酚素有六种，但最主要的是丁香树脂醇，约占木酚素总量的 78%。木酚素具有抗氧化性，转化吸收后具有雌激素活性，对乳腺癌、子宫黏膜癌以及前列腺癌等与激素有关的癌症具有预防作用。

值得一提的是，酚酸、木酚素因和纤维素、半纤维素结合在一起，一般的测定方法无法将其分开；同时，它们也具有不可忽视的生理作用，因此在膳食纤维定义的发展过程中也一并称为膳食纤维。因此，小麦麸皮也是一种具有代表性的，结合了对健康有益的化合物的膳食纤维资源。

8.2　小麦麸皮的生理功能

小麦麸皮主要由皮层和糊粉层组成，在实际制粉工艺中，由于制粉条件的限制，将提取胚和胚乳后的残留物统归为麸皮，这部分约占小麦籽 22%～25%。

麦麸是小麦制粉过程中产生的主要副产物，麸皮中蛋白质、维生素、矿物质等的含量较胚乳丰富。据测定，小麦麸皮中蛋白质含量为15.8%，脂肪含量为21.4%，糖类为41.5%，纤维素为18%。其中，维生素和矿物质的含量比小麦粉高出几十倍。

另外，麸皮中还含有大量的碳水化合物。麸皮中主要营养成分因小麦品种、品质、制粉工艺条件以及面粉出率的不同而有所差异。麸皮蛋白质中含有人体所需的18种氨基酸，其中包括全部的10种必需氨基酸，在构成蛋白质的基本氨基酸中，又以谷氨酸、天冬氨酸、精氨酸、甘氨酸、亮氨酸等居多；矿物质以钾、磷、镁、钙等居多；维生素以胡萝卜素、烟酸、视黄醇、生育酚、泛酸等居多。它不仅是膳食纤维的主要来源，还含有淀粉、蛋白质、水分和灰分，以及一些微量物质包括酚类物质、黄酮类物质、木酚素和植酸盐等活性物质。

麦麸具有多种生理活性，麦麸中富含的膳食纤维能够促进肠道蠕动，治疗2型糖尿病；麦麸中的阿拉伯木聚糖能明显降低体内胆固醇的含量，防止动脉硬化；麦麸有清除体内有害离子亚硝酸根的作用；麦麸中酚类物质具有抗氧化能力，有研究者在可食用涂料配方中加入阿魏酸，结果发现阿魏酸可以延长鲜切苹果的保质期，说明阿魏酸在延长食品保质期方面有一定的应用市场；有学者通过动物实验得出麦麸中的阿魏酰低聚糖能有效地提高大鼠血浆及组织中抗氧酶的活性，有效地改善了机体抗氧化能力；也有学者研究发现麦麸影响全身和肠道免疫功能，可作为一种免疫功能食品。

小麦麸皮中的功能性成分可以具体分为四类：第一类属于膳食纤维类物质，包括阿拉伯木氨基酸聚糖和β-葡聚糖；第二类属于糖类及其衍生物，包括淀粉，葡萄糖和丁二酸；第三类物质属于植物代谢产物，如阿魏酸；最后一类物质是蛋白质，可以用于生产一些特定的氨基酸。小麦麸皮的生理功能主要包括缓解便秘，抑制结肠癌细胞活性，降血糖和治疗心血管疾病等。麦麸的这些功能性作用主要是因为其自身含有大量的膳食纤维和活性物质，如多元酚、类胡萝卜素、维生素、矿物质和微量元素。

8.2.1 膳食纤维的功能

小麦麸皮是优质活性膳食纤维的重要来源之一，而膳食纤维被称为人体的第七大营养素。膳食纤维是指不能被人体消化的多糖类碳水化合物与木质素的总称。小麦麸皮中的粗纤维主要包括纤维素和半纤维素，其中主要的功能成分就是膳食纤维，具有很高的持水能力，大致是自身质量的1.5～25倍，占粗纤维质量的40%左右。

小麦麸皮中，最主要的成分是纤维素和半纤维素，其含量占小麦籽粒中总纤维素含量的88%，是具有代表性的膳食纤维。当今人们食用的食物向更加精细方向发展，这样不可避免地造成人体膳食纤维的缺乏。随着制粉技术的不断发展和人们生活水平的不断提高，人们对小麦粉的精度要求越来越高，从而使小麦的营养成分越来越多地被分离到副产品中，而面粉中所含的膳食纤维量极少，所以适当补充膳食纤维已成为人体的必需。因为小麦麸皮中具有丰富的膳食纤维，所以在一些西方国家很早就开始研究和使用小麦麸皮，用于预防便秘等一些疾病，并收到了良好的效果。但小麦麸皮的食感，口味均不佳，且其所含植酸能与矿物质元素形成螯合物，从而影响人体的吸收。故必须经过处理后再配于各种食品中，这样不仅提高了麸皮二次加工的适应性，而且提高了制成食品的风味。目前许多纤维食品已经被研究成功，如纤维饼干、纤维甜饼等，有的已开始生产并投放市场，以供人们食用。

有研究表明：膳食纤维的持水性可增加人体排便的体积和速度，减轻直肠内泌尿系统的压力，从而缓解膀胱炎、结石等疾病，并能使毒物迅速排出体外，能有效地预防便秘、结肠癌等。膳食纤维可以螯合吸附胆固醇和胆汁酸之类的有机分子，促使它们排出体外，减少人体消化过程中对脂肪的吸收，降低血液中的胆固醇和甘油三酯，有效降低血液胆固醇的水平，从而达到预防与治疗动脉粥样硬化和冠心病的目的。

此外，膳食纤维能延缓糖分的吸收并能改善末梢神经对胰岛素的感受性，可调节糖尿病人的血糖水平，还能使胰岛素分泌下降，从而对糖尿病预防有一定的效果。膳食纤维还能吸附胆汁酸、胆固醇和变异原等物质；能结合钙离子、铁离子和锌离子等阳离子，交换钠离子和钾离子；膳食纤维不能被消化酶类消化，但在大肠中能被微生物部分分解和发酵，合成维生素 K 和维生素 B 类的肌醇，从而被人体吸收。膳食纤维还可显著增加大鼠粪便正常细菌的含量。肠道中的有益细菌能利用小麦麸皮膳食纤维产生挥发性脂肪酸，如乙酸、丁酸等。这些脂肪酸能降低 pH，抑制腐生菌的生长，减少致癌物质的产生。因而膳食纤维作为食品添加剂能防治许多疾病，如在食品中添加 3%～5%的膳食纤维可补充食品中食物纤维的不足；添加 20%的膳食纤维可作为高血压、肥胖病人的疗效食品。

小麦麸皮中含有丰富的磷、钙、钾、镁等矿物质，磷是形成葡萄糖-6-磷酸、磷酸甘油和核酸等人体营养素必不可少的物质，磷与细胞内糖、脂肪、蛋白质代谢有密切关系；钙是构成骨骼和牙齿的重要物质；钾可以防止肌肉无力；镁可以降血压、抑制神经兴奋。小麦麸皮还有减少憩室病、胆结石和结肠癌发生的重要作用。此外，由于麸皮含有较多的半纤维，经一系列生化反应，可制取木糖醇，其甜度相当于蔗糖，热量相当于葡萄糖，易被人体吸收。可作为糖尿病人理想的甜味剂、营养剂、治疗剂，还可使肝炎病人转氨酶降低。

8.2.2 蛋白质的功能

小麦麸皮中含有12%～18%的蛋白质，是一种资源十分丰富的植物蛋白质资源。麸皮蛋白可用作蛋白质营养强化剂，从食品行业发展的潮流看，植物性来源的蛋白质在膳食补充和食品加工中的地位也越来越重要。为了减少对身体不利的饱和脂肪酸的摄入，不宜过多食用动物性蛋白。植物性蛋白不仅可弥补膳食中蛋白质的不足，还含有一些有生理活性的物质，具有一些非常重要的功能特性。另外，麸皮蛋白还含有人体必需的多种氨基酸，甚至可以和大豆蛋白媲美。如麸皮蛋白可以用在面包和糕点上做发泡剂，并可防止食品老化；用在肉制品中可以增加弹性和保油性；用来制作乳酪或高蛋白乳酸饮料，可增加食品风味。提取蛋白质后的淀粉，可做味精、柠檬酸、酵母、赖氨酸等发酵原料，也可制葡萄糖或饴糖。

有研究者采用碱性蛋白酶 Alcalase 水解麦麸蛋白制备麦麸多肽，利用 SephadexG-25 和 DEAE-32 对麦麸多肽进行纯化，并且采用醋酸纤维素薄膜电泳法测定麦麸多肽纯度，硝基四氮唑蓝（NBT）还原试验和脱氧核糖法检测其对超氧阴离子自由基和羟自由基的清除能力，以及分光光度法测定小鼠红细胞溶血和肝线粒体膨胀程度。结果表明，分离纯化的麦麸多肽对超氧阴离子自由基和羟自由基的清除率分别为 53.16% 和 62.39%，并且具有明显抑制氧化溶血现象和·OH 诱导线粒体肿胀的作用，说明麦麸多肽具有较强的抗氧化功能。

8.2.3 酚类化合物的作用

谷物中含有较多的抗氧化剂，这些物质主要是一些酚酸类或酚类化合物，它主要存在于谷物外层。酚类化合物是一个或多个芳香环与一个或多个羟基结合而成的一类物质。由于酚类物质苯环上的羟基极易失去电子，故可以作为良好的电子供体而发挥抗氧化功能。谷物麸皮酚类物质含量与果蔬相当，但主要以束缚型为主，占总酚含量的90%以上。束缚酚多与纤维素木糖以酯键或醚键相连，耐胃肠道消化酶降解，主要在大肠中被微生物发酵释放出生物活性物质，达到预防癌症、心血管疾病、Ⅱ型糖尿病等多种慢性疾病的作用。酚类化合物是一类具有生物活性的芳烃含羟基衍生物，相对于小麦膳食纤维含量较少，它对人体的生理机能有很重要的作用。其中酚酸是细胞壁的主要组成物质，主要存在于麦麸外果皮中。酚酸属于酚类物质中的一类，谷物中酚酸约占总酚的1/3，常见的主要有香豆酸、咖啡酸和阿魏酸等羟化肉桂酸衍生物；对羟基苯甲酸、香草酸和原儿茶酸等羟化苯甲酸衍生物。其具有的抗氧化、抗癌、抗诱变作用受到研究者的关注。麦麸中的酚类物质主要有酚酸、类黄酮、木酚素。小麦麸皮中所含天然抗氧化剂（主要成分为维生素 E）在1%以上，与化学合成抗氧化剂比较，具有安全无毒，营养丰富及用量不受限制等特点，可广泛用于日用化工及食品工业。

小麦麸皮中含有大量的生物活性物质——抗氧化物质。酚酸主要存在于麦麸皮层中，也是细胞壁组分之一，具有抗氧化性和抗癌作用，并对环境中的有毒物质如多环芳香烃和亚硝胺以及真菌毒素有抗诱变作用。麦麸中的类黄酮在抗衰老、预防心血管疾病、防癌、抗癌方面有一定的功效。麦麸膳食纤维的酚酸主要成分是阿魏酸，阿魏酸是一种优良的自由基清除剂，而酚酸中以阿魏酸含量较高，在癌症的预防中有重要作用。抗氧化物质的机制是通过清除多余的含有不配对的电子，进而保护机体的健康，其中在小麦麸皮中的多酚类化合物阿魏酸的抗氧化活性最强含量最多。阿魏酸是目前研究最多的多酚化合物，也是谷物中公认的抗氧化成分。阿魏酸广泛分布于植物中（中药、水果和蔬菜中，如当归、香蕉、柑橘类水果，竹笋、茄子、西兰花和卷心菜等），具有很强的抗氧化性，能够消除超氧阴离子，羟基自由基和过氧化氢结合磷脂酰乙醇胺，防止自由基攻击，因此具有抗诱变，抗癌，保护肝脏、心脏和神经组织等作用。

植酸是小麦籽粒中的主要抗营养因子，研究指出，小麦籽粒中植酸含量为0.5%～1.89%。其并未均匀分布于整个小麦籽粒，主要集中在糊粉层，胚芽部分仅约占10%，淀粉胚乳部分基本没有植酸检出。

类黄酮也主要位于麦麸皮层中，是一类具有广泛生物活性的植物雌激素。类黄酮物质可防止低密度脂蛋白的氧化，减少甚至消除一些致癌物的毒性，清除生物体内自由基，在抗衰老、预防心血管疾病、防癌、抗癌方面有一定功效。自20世纪80年代以来，随着对类黄酮物质的深入了解，人们提出类黄酮是极具开发潜力的老年食品保健基料。

木酚素在小麦麸皮中含量特别高，而面粉中几乎没有，主要是植物细胞壁成分木质素的原始物质，也属于植物雌性激素化合物。流行病学研究表明，木酚素对乳腺癌、子宫黏膜癌以及前列腺癌等与激素有关的癌病具有预防作用。此外，木酚素能阻碍胆固醇-7α-羟化酶形成初级胆酸，从而具有预防肠癌的作用。

8.2.4 微量元素的功能

小麦麸皮中含有丰富的磷、钙、钾、镁等矿物质，灰分约占小麦麸皮的5.7%，微量元素磷占灰分的39.8%。磷与细胞内糖、脂肪、蛋白质代谢有密切关系，是形成葡萄糖-6-磷酸、磷酸甘油和核酸等人体营养素必不可少的物质。钙占6.7%，钙是构成骨骼和牙齿的重要成分，有助于人体正常发育；钾占15.4%，可防止肌肉无力；镁占7.2%，可扩张血管、降血压、抑制神经兴奋作用；铁含量为0.012%，可防止贫血；锰占0.0162%，可防止神经失调；锌占0.017%，可预防男子不育症和维持骨骼正常发育。

8.2.5 低聚糖的功能

低聚糖又称小糖和寡糖（XOS），是由 2～10 个单糖通过糖苷键连接起来形成的低度聚合糖的总称，是介于大分子多糖和单糖之间的碳水化合物。由小麦麸皮制备的低聚糖具有系列生物活性。研究发现，低聚糖具有良好的双歧杆菌增殖效果和低热性能以及良好的表面活性，因此可用作双歧杆菌生长因子并应用于食品中；同时，由于其具有的低热性能，属难消化糖，可作为糖尿病、肥胖病、高血脂等病人的理想糖源。另外，利用低聚糖的表面活性，其能够吸附肠道中的有毒物质从而提高抗病能力，可用于医药工业和饲料工业。低聚糖是一种很好的功能性甜味剂，既有利于改善人体微生态环境，同时由于其热量低，不易被人体消化吸收，而被应用于减肥食品和糖尿病人食品中，具有一定的生产利用价值。而小麦麸皮含有 20%左右的低聚木糖（XOS），是制备 XOS 的良好资源。周中凯等人以小麦麸皮为原料，采用生物技术得到新型低聚糖，其含量可达 80%，利用小麦麸皮制备的低聚糖可以促进益生菌增殖、增强免疫应答、抑制高脂膳食引起的氧化应激反应等，在食品、药品等领域均可以广泛应用。

8.2.6 小麦麦麸碱提物

有研究者研究了小麦麦麸碱提物（AHWB）的制备方法和体外抗氧化活性。将小麦麦麸进行脱淀粉和脱蛋白后，用碱法水解制备得到了 3 种碱提物：AHWBⅠ、AHWBⅡ和 AHWBⅢ，且 3 种 AHWB 均能有效清除 DPPH 自由基和羟基自由基，AHWBⅡ甚至能清除超氧自由基。3 种碱提物对 ·OH 的 IC_{50} 值分别为 1.13mg/mL、1.88mg/mL、1.03mg/mL，清除效果与维生素 C 相近。在考察 AHWB 对氢化可的松琥珀酸钠（HSS）引起的阳虚小鼠体内抗氧化作用试验中，发现 AHWB 能明显提高血清超氧化物歧化酶（SOD）活性，明显抑制血清丙二醛（MDA）的生成，并能显著降低肝组织 MDA 水平，AHWB 能有效提高小鼠的抗氧化能力。由此证明，AHWB 具有较好的抗氧化作用，可作为天然抗氧化剂。

8.2.7 戊聚糖的作用

戊聚糖是一种非淀粉多糖，是含有大量戊糖的聚合物。根据水溶性分为可溶性和不可溶性，是构成植物细胞壁的主要物质。此外，根据原料来源的不同，还含有一定量的葡萄糖、半乳糖、甘露糖以及蛋白质、酚酸等。谷物的非胚乳部分戊聚糖含量相对较高，尤其是果皮和皮中，如小麦皮中戊聚糖含量在 64%左右。戊聚糖具有高黏度、氧化胶凝和乳化稳定等性质，可以作为持水剂、增稠剂、保湿剂以及稳定剂等食品添加剂，应用于食品生产中。其具体的功能特性主要体现在以下方面。①高吸水特性：可作为持水剂，应用于食品行业和化妆品行业；②高黏度特性：可作为增稠剂、增黏剂；③氧化交联特性：氧化剂存在条件下，戊聚糖与戊聚糖蛋白质间发生交联作用，增加溶液的黏度，可应用于面粉品质改良剂；④生理保健功能：可有效地预防和治疗乳腺癌、结肠癌等疾病。目前成为国际上研究的热点，日本已成功地开发出该类产品，除了将其作为片剂应用于医药行业外，戊聚糖还作为一种功能性多糖，具有通便、降血脂、抗肿瘤等多种生理功能。

8.3 小麦麸皮的理化性质

8.3.1 小麦麸皮的基本理化指标

小麦麸皮的基本指标包括：水分、灰分、粗蛋白、粗脂肪、总淀粉、总膳食纤维、可溶性膳食纤维、植酸等。小麦麸皮中的蛋白质、维生素、矿物质等较胚乳含量丰富。

表 8-5 小麦麸皮理化特性 单位：%

样品分类		水分	灰分	粗脂肪	粗淀粉	粗蛋白	植酸	总膳食纤维	可溶性膳食纤维
国内	细麸	8.66±0.01	4.92±0.02^{ab}	4.58±0.09^{dc}	21.37±0.32^{cd}	21.25±0.09	4.26±0.19^{dt}	44.75	3.12
		8.82±0.07^{l}	4.88±0.88^{bc}	3.98±0.02^{k}	24.49±0.31^{b}	20.98±0.02	3.62±0.00	39.79	3.65
		8.63±0.04	3.30±0.02^{k}	3.92±0.01	15.31±1.78	20.87±0.15^{bc}	3.99±0.19^{cl}	45.42	3.30
		10.56±0.03^{c}	4.56±0.01^{l}	5.56±0.01	20.24±0.15^{c}	20.80±0.67$^{a\sim c}$	3.71±0.00^{e}	39.06	2.96
		12.59±0.06	2.40±0.05^{k}	3.66±0.12^{k}	25.91±0.56^{b}	18.35±0.11^{a}	1.62±0.00^{b}	22.59	1.93
		9.99±0.03	5.22±0.02	4.76±0.01^{d}	15.82±1.43	20.37±0.05^{bc}	4.58±0.18^{cd}	46.92	3.78
	粗麸	8.88±0.08	5.72±0.04	3.35±0.03^{l}	15.29±0.62	19.93±0.08	3.75±0.18^{dg}	51.59	3.36
		8.93±0.01	5.75±0.05	2.98±0.12^{l}	17.08±0.51^{g}	19.86±0.32	4.79±0.19	46.44	3.30
		8.91±0.04	5.89±0.01^{b}	3.24±0.02^{k}	12.37±0.33	20.05±0.08^{bc}	4.53±0.18^{cd}	48.69	2.09

续表

样品分类		水分	灰分	粗脂肪	粗淀粉	粗蛋白	植酸	总膳食纤维	可溶性膳食纤维
国内	粗麸	9.77±0.10^{a}	5.48±0.00^{d}	4.62±0.03^{cl}	19.53±1.02^{e}	19.62±0.42^{d}	4.32±0.18^{dt}	47.22	3.12
		10.05±0.04	4.93±0.05^{ba}	3.22±0.01^{k}	27.48±0.42^{a}	19.79±0.10^{dt}	3.92±0.00	39.59	2.73
		10.01±0.01	5.05±0.01^{k}	4.51±0.00	20.48±0.74^{dc}	20.82±0.35$^{a\sim d}$	4.32±0.19^{dt}	44.17	3.51
	混合麸	10.99±0.01^{a}	6.04±0.01^{b}	5.31±0.09^{b}	10.83±0.09^{h}	18.51±0.73^{a}	5.16±0.18^{b}	52.17	3.33
		11.19±0.11^{e}	5.60±0.04^{d}	5.54±0.01^{a}	13.58±0.14^{b}	20.28±0.23^{dt}	5.03±0.00^{b}	48.20	2.79
		11.43±0.01^{b}	4.96±0.01^{l}	3.79±0.02^{h}	22.93±0.63^{c}	19.98±0.29^{dt}	4.63±0.18^{cd}	40.66	3.22
		7.95±0.02^{k}	5.04±0.03	3.71±0.08^{h}	25.50±0.18	16.10±0.07	4.48±0.18^{cd}	41.91	2.89
国外		9.62±0.06^{b}	6.21±0.00	5.09±0.08	11.27±0.27	18.08±0.02	6.41±0.19^{a}	51.57	3.06
		4.65±0.01	5.45±0.05	4.26±0.03	16.14±0.06^{dg}	18.87±1.31^{dt}	4.34±0.17^{cd}	41.86	3.24
平均值		9.53	5.19	4.23	18.64	19.69	4.3	44.05	3.08
变幅		4.65～12.59	2.4～6.21	2.98～5.56	10.83～27.48	16.10～21.25	1.62～6.41	22.59～52.51	1.93～3.78
变异系数		17.59	16.2	19	27.47	6.84	21.54	15.79	15.95

注：除水分含量外所有指标均以干基计，同列中标有不同字母的值在 $P<0.05$ 水平上差异显著。

表 8-6　不同类型小麦麸皮理化指标平均值　　单位：%

样品	分类	水分	灰分	粗脂肪	粗淀粉	粗蛋白	植酸	总膳食纤维	可溶性膳食纤维
国内	细麸	9.88	4.11	3.97	18.44	18.40	3.28	35.88	2.81
	粗麸	9.43	4.96	3.31	16.92	18.12	3.87	41.92	2.73
	混合麸	11.2	4.93	4.35	14.05	17.44	4.95	41.94	2.77
国外	混合麸	7.41	5.14	4.01	16.31	16.34	5.22	41.58	2.83

注：除水分含量外所有指标均以干基计。

由表 8-5 可得不同生产厂家同种粒度范围的麸皮基本理化指标差异较大，且同种生产厂家不同粒度范围麸皮的基本理化特性也存在较大差异。从 8 个基本指标来看，小麦麸皮中总膳食纤维含量最高，占麸皮总量的 40%左右，其次是粗淀粉与粗蛋白。由于各个厂家生产工艺的不同，粗淀粉含量差异最大，变异系数最大为27.47%。其次差异性较大的是植酸含量，其变异系数为21.54%。比较粗麸、细麸得出粗麸中的总膳食纤维、灰分和植酸含量高于细麸，粗脂肪、粗蛋白与粗淀粉含量低于细麸。根据表8-6分析国内外混合麸可知国外混合麸灰分、粗淀粉和植酸的含量高于国内混合麸；粗蛋白、粗脂肪含量低于国内混合麸。由于表中国内外混合麸皮仅有6个样品，实验结果也仅代表这6种样品的差异。若要比较国内外混合麸差异，还需增加样品，并进行比较分析。Narpinder等采用剥皮处理指出灰分含量与剥皮时间呈显著负相关。这主要是由于粗麸中的外果皮含量较高，细麸中的糊粉层与胚乳含量稍高，而不溶性膳食纤维主要集中在果皮和中间层中。粗、细麸这种理化指标的差异对其在食品中的应用具有指导意义。

8.3.2 小麦麸皮的其他理化性质

小麦麸皮主要有膨胀力、持油力、持水力、吸附重金属离子能力、吸附胆固醇能力、阳离子交换作用和吸附亚硝酸盐能力、抗氧化能力等功能特性，这些特征性质也是评价麸皮的重要指标。

（1）持水力和持油力

小麦麸皮能够吸收自身质量数倍的水和油，是由于其含有大量的亲水、亲油基团，因此小麦麸皮具有很强的持水力和持油力，具体的持水力和持油力会随小麦麸皮处理方式及粒径的变化而变化，持水力一般是自身质量的1.21～2.48倍，持油力一般是自身质量的1.94～2.55倍。持油力是指物料吸附油脂的能力，物料通过吸附食物中的脂肪，能够减少人体内的油脂含量，起到降低胆固醇的作用。小麦麸皮吸水膨胀后形成高黏度溶胶和凝胶，可以缓解泌尿系统疾病，如膀胱炎、膀胱结石及肾结石等，还能及时排除有毒物质从而对肠道疾病起到预防作用。麸皮吸附油脂后使人体吸收油脂量减少，因而对肥胖人群及高胆固醇人群有很好的功效。麦麸的持水力和膨胀力是由麦麸中可溶性膳食纤维的含量决定的。此外，小麦麸皮的一些组分如半纤维素和木质素具有亲水性。可溶性膳食纤维和戊聚糖的化学结构中含有大量的亲水基团，可增加麸皮的持水力。

（2）膨胀力

食物在腌制过程中产生的硝酸盐在一定条件下可与其他化学成分结合形成致癌物——亚硝胺，会对人体健康产生危害，而食物中的膳食纤维能够消除亚硝胺的前体物质亚硝酸根离子。由于麸皮含有45%以上的膳食纤维，因此也就具有膳食纤维的理化性质，如高持水力、持油力和膨胀力。因为持水力及膨胀力性质高的物质有较好的减肥和及时排除粪便中的有害物质特别是致癌物质的能力，能大大减少痔疮和肠道癌的发病概率，所以麸皮的持水力、膨胀力是衡量麸皮品质的重要指标，麸皮的持水力越强、膨胀力越强，其生理活性也就越好；麸皮还能够吸附油脂进而减少人体的油脂吸收量，具有减肥、降低人体内血浆胆固醇含量等功效，所以持油力越大麸皮的生理活性也就越好。随着麸皮粒径的减小，膨胀力显著降低，这是因为膳食纤维有高韧性的特点，麸皮粒径越小的膳食纤维含量越少，膨胀力越小，还有就是过度的粉碎使得麸皮膳食纤维基质损坏，颗粒毛细结构被部分破坏，使得粉体的膨胀力减小。随着麸皮粒径的减小，持水力也呈现显著降低的趋势，除膳食纤维减少的原因外，就是粉碎过度使得个体结合水力减小，从而导致整体功能性质的改变，离心过程中破碎的细胞碎片仅仅依靠一些亲水性基团是不能保持住水分的，因此持水力呈下降趋势。粒径大小对麸皮的黏度影响较小，虽然随粒径减小黏度有所增加，但发生显著变化的只有200目粒径的麸皮，这是因为麸皮除含有大量膳食纤维外还有大量的淀粉，而淀粉具有很高的黏度，200目麸皮的淀粉含量发生了显著变化，因此黏度也显著增加了。

(3) 吸附胆固醇、重金属离子及阳离子交换能力

在经过超微粉碎后，小麦麸皮自身的膳食纤维含量、持水力、持油力以及吸附胆固醇能力、吸附重金属离子能力以及阳离子交换能力等理化特性会随着超微粉碎设备的不同以及粉碎方式的不同而出现变化。

研究表明，在经过超微粉碎后，小麦麸皮的持水力以及吸附胆固醇能力，其整体呈现下降趋势。但是由于不同的小麦种类，其自身的麸皮种类不同，麸皮内的粒度分布、组分含量，小麦麸皮实际的制粉工艺等不同因素的影响，都会导致小麦麸皮的持水力以及吸附胆固醇能力出现不同变化。对小麦品种、小麦麸皮种类以及超微粉碎技术设备等进行确定，才能保证小麦麸皮在经过超微粉碎技术后，其自身的吸水力以及吸附胆固醇能力的变化状态。然而经过超微粉碎后，小麦麸皮对于吸附重金属离子的能力以及阳离子交换能力，呈现不断上升的趋势，但是小麦麸皮自身的持油力总体呈下降趋势。综合分析超微粉碎对于小麦麸皮的理化特征有非常明显的影响。小麦麸皮在经过超微粉碎后，其膳食纤维的含量呈上升趋势。主要指的是可溶性膳食纤维，而膳食纤维中的持水力和膨胀力也会快速得到提高，利用球磨机将小麦麸皮进行超微粉碎，可以发现小麦麸皮中所具有的膳食纤维，其中可溶性阿拉伯木聚糖由原先的4%增加到了61%，这不仅增加了小麦麸皮自身的实用性，更加有利于人们对于膳食纤维进行消化与吸收，提高膳食纤维在人体内的利用效率。

小麦麸皮吸水或吸油后膨胀对肠道产生的容积作用使人体产生饱腹感，人体减少了对膳食的摄入量，因此小麦麸皮对肥胖症患者是大有益处的。麸皮的膨胀性也因麸皮处理方式及粒径的不同而不同，一般在1.46～2.74mL/g。除了纤维的化学成分之外，一些物理性质（结构和粒度）对于膳食纤维的水合作用同样具

有影响。麦麸的持水力和膨胀力随着小麦麸皮粒度的减少而减小，可能是由于小粒径的麸皮，其积累过大，空间几何间隙过小，组织致密，耐水渗透性强，少量水分吸附，导致膨胀力和持水能力下降。

麸皮中的膳食纤维对重金属离子（Pb^{2+}、Hg^{2+}、Cd^{2+}）具有吸附作用。经常摄入膳食纤维可以降低重金属对人体的伤害，其清除机制包括化学吸附和物理吸附。麸皮吸附重金属的能力主要与其暴露在外的基团数量有关，同时与膳食纤维的网状结构也有关。

人体在进行正常的生理活动时会产生适量的自由基，但是由于有毒物质和放射性元素的侵害，破坏了机体自身的抗氧化与氧化系统的平衡，造成过量的自由基产生，进而造成机体受到氧化损伤，引发衰老和各种疾病。研究表明，谷物中的酚酸类化合物因具有很强的抗氧化活性而对心脏病和癌症有积极的预防作用。酚酸的重要来源是小麦麸皮，其富含植物酚酸，同时小麦麸皮经过发酵处理后，其抗氧化活性及多酚类化合物含量都会得到很大程度的提高。

8.4 小麦麸皮的生产方法

小麦麸皮为小麦加工成可食用小麦粉时一种常见的副产物，包括小麦麸皮、次粉和胚芽三大类。我国小麦出粉率一般在75%～80%，所以每年小麦制粉副产物的总产量至少在2000万吨，且每年还在以10%的量在增加。小麦麸皮和次粉数量较大，是我国畜禽常用的饲料原料，但随着一些化工产品对玉米等谷物原料的需求增加，如乙醇、淀粉和氨基酸等产量的剧增，用相对较廉价的小麦制粉副产物适量取代谷物原料，能够降低饲料生产成本，提高经济效益。

小麦制粉副产物的数量和质量与加工工艺关系重大，不同的加工方式，其出率、质量波动很大。因所需产品类型、生产规模及质量要求不同，制成粉产品工艺方法不同，所获得的小麦麸皮的方式也大不相同。

8.4.1 一次性粉碎的小麦制粉方法

这种方法是只采用一次粉碎的制粉过程。小麦经过粉碎后，筛理出小麦粉，筛上物即为小麦麸皮。一次性粉碎制粉工艺流程见图8-1。

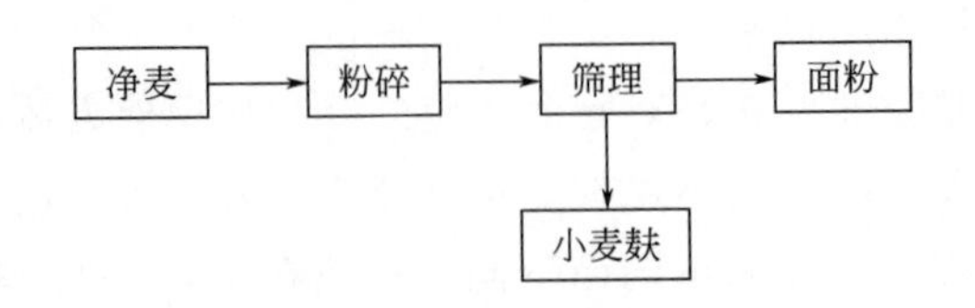

图8-1 一次性粉碎制粉工艺

一次性粉碎制粉工艺粉碎力度大，麦皮极易被粉碎成粉，并且麦皮的胚乳也不易剥离筛选干净。因此加工出来小麦粉的质量较差，副产物往往只有小麦麸，无法分粗细，没有次粉。

8.4.2 多次粉碎的小麦制粉方法

在一次性粉碎的基础上，有时为了提高面粉出率可以再一次粉碎，再一次筛理出小麦粉，如此反复粉碎，甚至全部将小麦粉碎成粉，没有麸皮。麸皮可以在筛理的过程中被分离出来。这种方法无法提取胚芽，可以生产一些次粉。多次性粉碎制粉工艺见图 8-2。

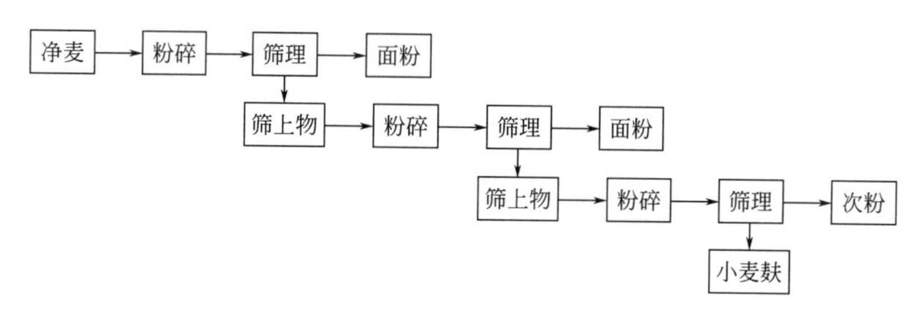

图 8-2 多次性粉碎制粉工艺

8.4.3 分层研磨的小麦制粉方法

分层研磨的小麦制粉方法是现代小麦制粉技术，大多数采用辊式磨粉机作为粉碎设备。这种制粉方法比较科学，是根据小麦籽粒的物理结构和化学营养分布结构，实现小麦皮层与胚乳、胚芽的有效分离，将胚乳磨细成粉，提取胚芽，由于系统复杂，从中心部位逐步提取面粉，可以生产不同等级面粉，同时也可以生产不同种类的小麦麸皮和次粉。经过多年的发展，分层研磨的小麦制粉技术又可分为不清粉分层研磨小麦制粉工艺和清粉分层研磨小麦制粉工艺。

8.4.3.1 不清粉分层研磨小麦制粉工艺

不清粉分层研磨小麦制粉工艺是将小麦分层研磨，通过筛理系统分离出带皮颗粒（麦渣）和不带皮颗粒（麦心），然后按物料的粒度和质量分别送往相应的系统研磨取粉。提取后的麦渣及麦心主要通过高方筛分级提纯，然后分别进入心磨系统研磨成各等级小麦粉，未成粉的物料进一步分级提纯，再次研磨取粉。这种工艺可同时生产特一粉、特二粉、标准粉和普通粉。副产物有小麦麸皮、次粉，此工艺无法有效提取胚芽。小麦麸皮即从此处产出。不清粉分层研磨小麦制粉工艺见图 8-3。

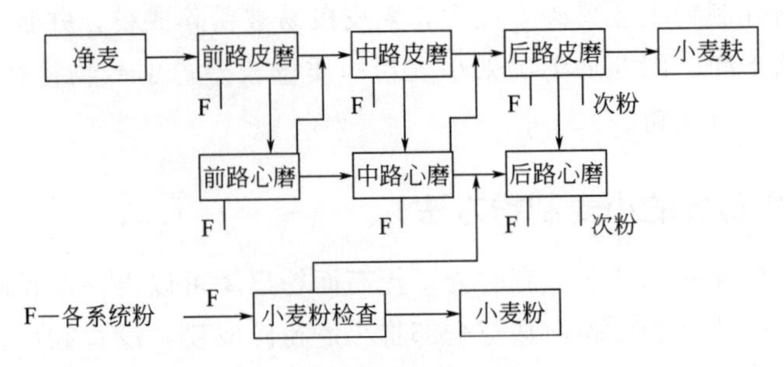

图 8-3 不清粉分层研磨小麦制粉工艺

8.4.3.2 清粉分层研磨小麦制粉工艺

清粉分层研磨小麦制粉工艺是采用多道清粉机所进行的麦渣和麦心分级提纯的一种工艺，它可以生产出灰分更低、品种更多的小麦粉。同时，副产物的品种也更多，所产出的质量也更稳定。清粉分层研磨小麦制粉工艺见图 8-4。

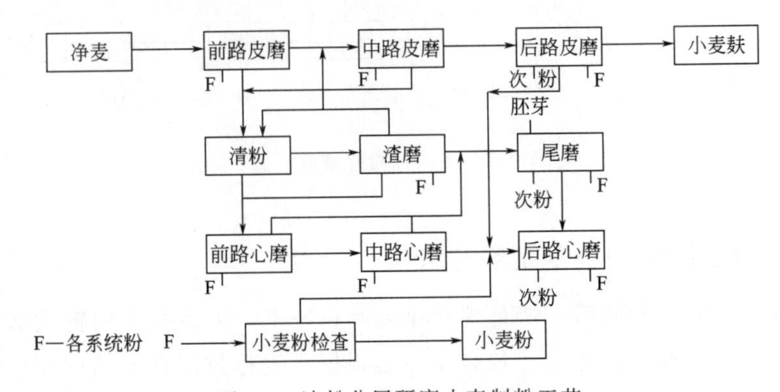

图 8-4 清粉分层研磨小麦制粉工艺

在这种加工过程的中心磨系统可以尽量避免皮层的破碎，并能以撞击机及松粉机来达到松开粉片的目的并提高出粉率。这种工艺可以生产专用粉、各等级普通面粉。副产物可以分得更细、品种更多，可以提取胚芽，并且麸皮可分粗细，次粉可分等级，使得副产物的质量更加稳定，有着较为稳定的出粉率。

8.5 小麦麸皮的安全性和应用

8.5.1 小麦麸皮的安全性

对小麦的利用除了要考虑其化学或营养组成外，涉及质量安全的重金属残留、微生物和真菌毒素等亦是需要掌握的品质信息。过去国内有关这方面的报道较少，国外研究相对较多，Santala、Kolherg 等分别对小麦麸皮重要营养组成、微生物状况以及农药残留等进行了分析。但针对不同产地来源麦麸营养与质量安全品质的综合评价，国外也未见报道。因此，要规范小麦麸皮的加工利用，需对小麦麸皮营养与安全进行大量的调查性研究。以下，将从李焕等人关于选取12种商业小麦麸皮的测试结果来显示几个安全性的指标。

8.5.1.1 小麦麸皮微生物数量

小麦中发现的微生物主要存在于籽粒的表面，仅有少数的微生物种类通过胚部或因机械损伤而出现在谷物种子的内部。由此可见，测定小麦麸皮中的微生物数量尤其重要。目前我国的粮食卫生标准，对菌落总数、大肠菌群及霉菌等未提出限量要求。少数发达国家制定了小麦粉微生物限量标准。澳大利亚学者曾提出澳大利亚小麦麸皮微生物限制标准建议：菌落总数$<10^5$CFU/g，大肠菌群$<10^3$CFU/g，霉菌$<10^4$CFU/g。

表8-7列出了测定12种麸皮样品中的微生物数量。在所选取的12个小麦麸皮样品中，菌落总数的数值范围是（10^3～10^5）CFU/g，典型数值为10^4CFU/g；大肠杆菌的数值范围为（0～10^2）CFU/g；沙门氏菌的数值范围为（0～10^3）CFU/g；金黄色葡萄球菌的数值范围是（0～10^4）CFU/g；霉菌的数值范围为（0～10^4）CFU/g，其典型数值为10^3CFU/g。多数样品中大肠杆菌、沙门氏菌和金黄色葡萄球菌未检出。根据澳大利亚小麦麸皮微生物限制标准，菌落总数超过限制范围的是3号与4号样品，大肠杆菌均未超出限制范围，霉菌超出限制范围的为3号、7号、8号和9号样品。由于原料小麦为混合小麦，样品差异较大，被污染程度也不同，因此，粗麸、细麸间没有明显的规律。

表8-7 小麦麸皮微生物数量 单位：CFU/g

样品编号	菌落总数	大肠杆菌	沙门氏菌	金黄色葡萄球菌	霉菌
1	1.98×10^4	—	—	—	1.95×10^3
2	1.72×10^4	—	2.68×10^3	3.2×10^3	2.73×10^3
3	1.50×10^5	—	—	—	3.2×10^4
4	1.30×10^5	—	—	—	1.09×10^3
5	1.82×10^4	—	—	—	5.5×10^3
6	8.25×10^4	—	—	—	1.95×10^3
7	1.84×10^4	<10	7×10^2	<10	1.7×10^4
8	2.0×10^4	—	3.64×10^2	—	1.12×10^4
9	3.08×10^4	1.8×10^2	1.0×10^2	4.1×10^4	2.15×10^4
10	3.44×10^4	<10	—	2.6×10^4	1.0×10^3
11	9.14×10^3	1.82×10^2	1.5×10^2	—	<10
12	9.59×10^3	3.5×10^2	5.0×10	3.18×10^2	2.36×10^3

注：所有指标均以干基计，"—"表示未检出。

8.5.1.2 小麦麸皮毒素含量

真菌在自然界广泛存在，在谷物上的真菌产生的具有毒性的次级代谢产物称为霉菌毒素。霉菌毒素可亲嗜一种或多种组织与器官，并且能对动物免疫系统产生损害，尤其是黄曲霉毒素和玉米赤霉烯酮，可造成免疫复合性损害。小麦麸皮中的霉菌毒素主要有呕吐毒素、黄曲霉毒素、玉米赤霉烯酮、赭曲霉毒素。

由于样品生长环境与生产工艺的差别，使样品毒素的含量有显著性差异。表 8-8 是小麦麸皮中主要霉菌毒素的含量。其中差异性最大的是黄曲霉毒素 B_1，其平均含量为 5.87μg/kg，变幅为 0.37～17.28μg/kg，变异系数为 1.05。差异性最小的为呕吐毒素，变异系数为 0.28。从农业农村部限量标准分析发现，有 4 种样品中呕吐毒素含量超过我国农业农村部对谷物及制品中呕吐毒素限量(1000μg/kg)，其他样品呕吐毒素含量也较高。小麦及小麦麸皮中呕吐毒素含量过高一直是面粉加工业所面临的重要问题，如何降低其含量是问题的关键。欧盟国家明确指出在食品中的黄曲霉毒素 B_1 的总量限定在 0～12.0μg/kg。而玉米等食品类中的黄曲霉毒素 B_1 在 GB 2761—2017 中规定的限量为 20μg/kg。

表 8-8　小麦麸皮毒素含量　　单位：μg/kg

样品编号	呕吐毒素	黄曲霉毒素	玉米赤霉烯酮	赭曲霉毒素
1	920.96	0.37	26.29	3.88
2	970.43	0.68	13.9	6.26
3	783.89	0.74	24.91	4.93
4	823.31	0.64	19.25	2.21
5	796.05	0.44	19.31	3.27
6	1024.27	0.72	12.83	2.16
7	1128.4	17.28	2.79	1.01
8	1111.83	12.98	4.56	2.25
9	454.54	6.72	25.7	5.56
10	1215.07	6.75	16.98	3.63
11	499.35	13.13	14.8	1.79
12	634.13	9.95	10.25	1.48
细麸平均值	763.87^{b}	6.45^{a}	18.97^{a}	3.41^{a}
粗麸平均值	963.17^{a}	5.29^{b}	12.96^{b}	3.00^{b}
平均值	863.52	5.87	15.96	3.20
变幅	454.54～1215.07	0.37～17.28	2.79～26.29	1.01～6.26
变异系数	0.28	1.05	0.48	0.53

注：所有指标均以干基计，同列中标有不同字母的值在 $P<0.05$ 水平上差异显著。

结合表 8-8 可知，样品中黄曲霉毒素 B_1 的最大含量为 17.28μg/kg，最小含量为 0.37μg/kg，则大多数小麦麸皮样品中黄曲霉毒素 B_1 的含量在限定范围内。玉米赤酶烯酮又称 F-2 毒素，GB 2761—2017 中规定小麦及其他谷物中玉米赤霉烯酮的限量为 60μg/kg。所测定样品中玉米赤霉烯酮含量变幅为 2.79～26.29μg/kg，其含量均在限定范围内。GB 2761—2017 规定，谷物、豆类及其制品中赭曲霉毒素的允许量不得超过 5μg/kg。如表 8-8 中所示，2 号与 9 号样品超标，其他样品均在限定范围内。

从粗麸、细麸角度分析，呕吐毒素的含量均为粗麸高于细麸，粗麸、细麸平均值分别为 963.17μg/kg、763.87μg/kg；玉米赤霉烯酮、黄曲霉毒素 B_1 与赭曲霉毒素含量的细麸平均值均高于粗麸平均值。4 种毒素在粗麸与细麸中的含量均存在显著性差异。有学者研究指出微生物主要存在于小麦籽粒的表面，微生物的代谢产物也是随小麦污染程度的加重而逐层深入小麦籽粒。玉米赤霉烯酮不仅可以由霉菌产生，而且在许多高等植物体内也存在，并且作为植物体内的一种激素来调控植物生长。在植物开花前后含量较高，而且具有一定的残留性。玉米赤霉烯酮的这种特性使得其在粗麸中含量低于在细麸中含量。

8.5.1.3 小麦麸皮重金属含量

我国水土及空气污染比发达国家严重，可能造成重金属在小麦籽粒皮层富集，相应的小麦麸皮污染物质含量可能高于发达国家的对应产品，导致污染物质含量超标。要想将小麦麸皮应用于食品中，在提高其口感的同时，首要解决的是安全问题。目前我国的粮食卫生标准（GB 2715—2016）对小麦及小麦粉中的铅（Pb）、镉（Cd）、汞（Hg）、无机砷（以 As 计）的限量分别是 0.2mg/kg、0.1mg/kg、0.02mg/kg、0.1mg/kg。表 8-9 为测定的 12 种小麦麸皮样品中 4 种重金属的含量。

表 8-9 小麦麸皮重金属含量

样品编号	Pb(<0.2mg/kg)	Cd(<0.1mg/kg)	As(<0.1mg/kg)	Hg(<0.02mg/kg)
1	0.042±0.02[a]	0.101±0.00[a]	0.045±0.01[b]	—
2	—	0.085±0.01[ab]	0.052±0.00[b]	—
3	0.04±0.06[a]	0.099±0.00[a]	0.016±0.01[c]	—
4	0.039±0.01[a]	0.082±0.00[ab]	0.045±0.02[b]	—
5	0.018±0.02[a]	0.057±0.01[bc]	0.057±0.02[b]	—
6	0.042±0.05[a]	0.052±0.00[c]	0.05±0.01[b]	—
7	—	0.046±0.00[c]	0.088±0.00[a]	—
8	—	0.043±0.00[c]	0.092±0.00[a]	—
9	0.007±0.01[a]	0.026±0.00[c]	0.051±0.01[a]	—
10	—	0.037±0.00[c]	0.092±0.01[b]	—
11	0.036±0.05[a]	0.057±0.00[bc]	0.046±0.01[b]	—
12	0.001±0.00[a]	0.051±0.00[bc]	0.047±0.00[b]	—
细麸平均值	0.023[a]	0.064[b]	0.051[b]	—
粗麸平均值	0.017[a]	0.059[b]	0.063[b]	—

注：1. 所有指标均以干基计。

2. 同列中标有不同字母的值在 $P<0.05$ 水平上差异显著。

3. “—”表示未检出。

由表8-9可知，样品中铅的最大含量为0.042mg/kg，样品间无显著性差异，且均不超标。各样品中镉与砷的含量差异性较大，仅1号样品中镉超标，其含量为0.101mg/kg，其余均未超标。样品中未检出重金属汞。从粗麸与细麸的角度分析可得：只有重金属铅和镉的含量呈现出细麸平均值高于粗麸平均值，重金属砷与此相反。在3种可检测到的重金属中，粗麸、细麸平均含量没有显著性差异。张梅红等收集了我国9个小麦主产省商品麸皮样品，指出重金属残留均未超标。

8.5.2 小麦麸皮的应用

小麦麸皮的组成成分由于小麦种类、品质、制粉工艺条件、面粉出率的不同而有所差异。麸皮中的蛋白质、维生素、矿物质等较胚乳含量丰富，另外，麸皮中还含有大量的碳水化合物，可以做以下应用。

8.5.2.1 小麦麸皮中的营养成分提取物加工

（1）分离提取小麦麸皮蛋白

麸皮中含有较高的蛋白质，其质量分数在12%～18%左右，是一种资源十分丰富的植物蛋白质资源。麸皮中的蛋白质组成和面粉中的不同，如表8-10所示。

表8-10 麸皮及面粉中的蛋白质组成

种类	清蛋白/%	球蛋白/%	醇溶蛋白/%	谷蛋白/%
麸皮	20.1	14.3	12.4	23.5
面粉	5.0	4.0	63.0	24.0

从表8-10中可以看出，面粉的主要组成蛋白质是谷蛋白和醇溶蛋白，而麸皮中4种蛋白质分布较均匀。从麸皮中分离蛋白质的方法主要有干法和湿法2种，干法的分离要点是对粉碎后的麸皮依据风选原理进行自动分级，从而获得蛋白质部分。

湿法分离中的分离步骤比较完善，详细步骤如下：

麸皮→浸泡→均质→恒温水浴→离心→上清液调pH至蛋白质等电点→离心→沉淀干燥→麸皮蛋白

对于提取来说，麸皮蛋白所采用的方法大概可以分为化学分离法（碱法）、物理分离法（捣碎法）和酶分离法。

① 化学分离法（碱法）：用水浸泡麸皮，加碱溶解蛋白质，而后以酸中和，最后沉淀并去除杂质而得到蛋白液。

② 物理分离法（捣碎法）：将麸皮粉碎加水搅成粥状，而后用清水洗净，再

用网筛分离蛋白质小块及淀粉。

③ 胃酶分离法：在麸皮中加入水，通过加酸调整酸碱度，当酸碱度为1.9～2.2时，水温保持在40℃，加入胃酶可将蛋白质分解。

④ α-淀粉酶分离法：把麸皮粉碎，加入α-淀粉酶，温度保持在45～60℃反应6h后，淀粉已被液化，此时蛋白质在不变性的情况下被分离出。

（2）分离麸皮多糖

小麦麸皮中含有较多的碳水化合物，其质量分数为50%左右。另外还含有10%左右的淀粉，主要是由于麸皮中粘连的胚乳所造成。小麦麸皮中的多糖主要是指细胞壁多糖（cell wall polysaccharides），有时又称非淀粉多糖（non-starch polysaccharides），它是小麦细胞壁的主要组成成分。细胞壁多糖有水溶性和非水溶性之分，它主要由戊聚糖、（1→3，1→4）-β-D-葡聚糖和纤维素组成。用一般提取溶剂制备的细胞壁多糖主要为戊聚糖和（1→3，1→4）-β-D-葡聚糖，另外还含有少量的已糖聚合物。

小麦细胞壁多糖主要集中在小麦的果皮、种皮及糊粉层中，即小麦的加工副产品——麸皮中，其在麸皮中的质量分数为30%左右，而在胚乳中含量较少，为1%～3%左右。整粒小麦中细胞壁多糖的质量分数在9%左右，其含量虽然不高，但对小麦的加工、品质和营养等起非常重要的作用。目前对细胞壁多糖的主要组分——戊聚糖的研究较多，主要集中于对小麦和黑麦中戊聚糖进行研究。

麸皮多糖的制备有两种常见的方法，一是先从麸皮中分离出细胞壁物质，然后再从中制备麸皮多糖。另一种是从麸皮中制备纤维素，然后再制备麸皮多糖。其中第1种制备工艺线路如下：

麸皮→SDC（脱氧胆酸钠）均质处理→湿球磨处理→残渣用PAW（苯酚/乙酸/水）提取→残渣用DMSO（二甲基亚砜）处理→离心→不溶物→干燥→细胞壁物质（CWM）→碱液提取上清液→中和→浓缩→有机溶剂沉淀→麸皮多糖

（3）制备麸皮膳食纤维

小麦麸皮具有抗衰老、减肥、通便等重要生理特性，并且已被制作成各种流行保健食品。小麦麸皮中起生理作用的主要成分为膳食纤维。麸皮中含有丰富的膳食纤维，为40%左右，是一种很有开发前景的保健食品资源。

制备膳食纤维的方法有酒精沉淀法、中性洗涤剂法、酸碱法、酶法等。其中提取膳食纤维的方法简便易行，不需要特殊的设备，投资小、污染少，而且产率较高，成分较理想。其中膳食纤维的酶法制备工艺如下：

小麦麸皮→酶解淀粉→碱水解蛋白质（或酶解）→灭酶→干燥→膳食纤维→漂白处理→粉碎→精制小麦麸皮膳食纤维

（4）小麦麸皮低聚糖的提取

小麦麸皮中富含纤维素和半纤维素，是制备低聚糖的良好资源。研究发现，小麦麸皮中的低聚糖具有系列生物活性，低聚糖具有良好的双歧杆菌增殖效果和低热值性能。小麦麸皮中低聚糖的一般制备工艺如下：

小麦麸皮→淀粉酶降解淀粉→蛋白酶降解蛋白质→加入低聚糖酶→过滤→脱色→离子交换→浓缩→干燥

（5）从小麦麸皮中制备β-淀粉酶

β-淀粉酶广泛存在于粮食谷物中，尤其是小麦、大麦、大豆等作物中含量较高。小麦麸皮中含有大量的淀粉酶系，其中β-淀粉酶的含量约5×10^4U/g麸皮。从麸皮中提取β-淀粉酶，其主要的制备工艺如下：

小麦麸皮→水浸泡→盐析→纯化→β-淀粉酶制剂

（6）小麦麸皮抗氧化物的制备

谷物中含有较多的抗氧化物，这些物质主要是一些酚酸类或酚类化合物，它们主要存在于谷物外层，总量可达500mg/kg，其中最主要的是阿魏酸。小麦麸皮中主要的功能性抗氧化剂为阿魏酸、香草酸、香豆酸。小麦麸皮中游离碱溶阿魏酸含量在0.5%～0.7%左右，可以将这部分物质富集出来，作为天然的抗氧化剂。麸皮抗氧化物的制备工艺如下：

小麦麸皮→脱脂→95%乙醇提取→过滤→滤液真空蒸馏去除乙醇→高温高压处理（115℃，1500kPa，15min）→冷冻干燥→抗氧化提取物

8.5.2.2 小麦麸皮的加工应用

（1）制作麸质粉

通过改进面粉加工工艺，使面粉含麸量提高到50%～60%。目前国际市场已有了一定的市场和生产规模，国内市场仍处于开发和起步阶段，其潜力不可低估。

（2）加工饲料蛋白

开发饲料蛋白具有很高的经济和社会价值。微生物发酵法制取的酵母是一种优良的饲料蛋白，麸皮水解液中，既含有五碳糖，也含有六碳糖，能被酵母菌代谢利用，用此水解液培养酵母可获得优质饲料蛋白。

（3）加工食用麸皮

通过蒸煮、加酸、加糖、干燥，除掉麸皮本身的气味，使之产生香味，可提高麸皮的食用性。日本市售的食用麸皮是经过加工精制而成，加工过程中既处理了麸皮中原有的微生物和植酸酶，又提高了二次加工的适应性，使加工出的食品风味好又卫生。

（4）制备麸皮多糖

小麦麸皮中的多糖主要是指细胞壁多糖（cellwall polysaccharides），有时又

称非淀粉多糖（non-starch polysaccharides），它是小麦细胞壁的主要组成成分，其含量在50%左右。常见的制备麸皮多糖的两种方法：①先从麸皮中分离出细胞壁物质，再从中制备麸皮多糖；②先从麸皮中制备纤维素，再制备麸皮多糖。

（5）生产丙酮、丁醇

麸皮可以代替玉米作原料生产丙酮、丁醇。实验表明，以麸皮作为有机氮源，是玉米所不及的，因为麸皮中含有高于玉米8%～15%的蛋白质，并含有硫胺素、核黄素、尼克酸等微生物生长所必需的生长素；此外，还含有α-淀粉酶、β-淀粉酶、氧化酶、过氧化酶和过氧化氢酶，这些都是微生物所必需的。

（6）提取谷氨酸

麦麸中有麦谷蛋白和麦胶蛋白两种蛋白，其谷氨酸含量高达46%，是味精的主要成分。将麸皮加水、加工业盐酸，调pH值为1，移入密闭水解锅中，压力0.245MPa，蒸汽保压10～15min，并慢速搅拌，然后放料、过滤、集取滤液、减压浓缩至含水20%左右出锅，喷雾干燥得粉状晶体，得率为4.5%～6.2%。

（7）制取木糖醇

操作工艺为：麸皮加酸水解→加碱中和→脱色→蒸发→离子交换→二次浓缩→干燥，即得木糖醇。得率一般为51%。

（8）制取维生素E

麦麸中的麦胚含较高的维生素E。制作工艺是：麦麸→装袋→酒精器皿加热→减压浓缩→0.73%的维生素E溶液。

8.5.2.3 小麦麸皮的营养价值的具体应用

（1）分离提取小麦麸皮蛋白

分离出的麸皮蛋白可作为高浓缩蛋白，直接作为蛋白质添加剂应用于食品行业，以增加蛋白质含量，提高食品的营养价值和质构特性等，也可以将分离出的麸皮蛋白进行改性处理以生产蛋白质水解液等。

（2）分离麸皮多糖

麸皮多糖具有较高的黏性，并且具有较强的吸水、持水特性，可用做食品添加剂，作为保湿剂、增稠剂、乳化稳定剂等。另外，它还具有较好的成膜性能，可用来制作食用膜等。

（3）制备麸皮膳食纤维

由于麸皮膳食纤维具有吸水、吸油、保水及保香性等特点，可用作食品添加剂。另外，由于膳食纤维具有重要生理功能性质，可作为功能性食品基料添加到食品中，也可以制成胶囊、口服液直接食用。

（4）小麦麸皮低聚糖的开发

所制备的低聚糖可用作双歧杆菌增长因子应用于食品，另外，由于其具有低热值性能，可作为糖尿病、肥胖病、高血脂等病人的理想糖源。

（5）制备β-淀粉酶

代替或部分代替麦芽用于啤酒、饮料等生产上的糖化剂，可节约粮食，并且也可实现粮食副产品的有效增值。β-淀粉酶制剂产品可制成液态，也可经冷冻干燥制成固体产品。

（6）麸皮抗氧化物的制备

该提取物具有非常好的抗氧化特性，是一种较好的天然抗氧化剂来源。另外，由于抗氧化提取物中酚酸的协同效应，据报道含有酚酸的复合物有抗癌活性。

此外，还可从麸皮中制备植酸、植酸酶、木质素等。如果能将小麦麸皮进行有效的综合利用和开发，一定能产生较好的经济效益和社会效益。

8.5.2.4 小麦麸皮的其他具体应用——膳食纤维方面

膳食纤维的定义为不能被人体内源酶消化吸收的可食用植物细胞、多糖、木质素以及相关物质的总和。虽然膳食纤维不能被人体消化吸收，但是它在体内具有重要的生理作用，是维持人体健康必不可少的一类营养素。

（1）促进肠道蠕动，延缓和减少有害物质的吸收，预防癌症

膳食纤维的吸水溶胀性能刺激胃肠道的蠕动，减少粪便在肠道中的停滞时间及有害物质如胆酸钠代谢物与肠道的接触，从而起到预防消化道癌、结肠癌的作用。

（2）抑制胆固醇的吸收，预防高血脂、高血压等，预防糖尿病

膳食纤维的梯度黏合作用、机械隔离作用和网孔吸附作用可以延缓和抑制人体对食物中胆固醇的吸收。大量临床观察表明，增加饮食中可溶性膳食纤维的含量，可以明显地降低人体血液中总胆固醇和低密度脂蛋白胆固醇的浓度，从而减少和预防高血脂和高血压等疾病。同时，膳食纤维还能延缓葡萄糖的吸收，提高人体耐糖的程度，避免进餐后血糖急剧上升，有利于糖尿病的治疗和康复。

（3）改善肠道菌群，维持体内的微生态平衡，有利于某些营养素的合成

膳食纤维有利于诱导肠道菌群中的好气性微生物的生长，抑制厌氧菌的生长和繁殖，改善肠道菌群比例。一方面，可增加肠道中有益菌群如双歧杆菌等的优势，减少有害菌活动所产生的有毒物质；另一方面，有利于肠道有益菌合成维生素 B、维生素 R、维生素 K、生物素等维生素以供人体利用。

（4）预防肥胖症

可溶性膳食纤维具有强吸水溶胀性，吸水后体积和质量增加 10～15 倍，从而使人体产生饱腹感，减少进食量。同时，由于膳食纤维对肠道内容物的水合作用，使食物消化和营养素吸收都受到一定阻碍，从而防止营养素的过度吸收。

8.5.2.5 小麦麸皮膳食纤维在食品中的应用

虽然我国在小麦麸皮方面的研究与开发起步较晚，但它对机体的生理保健功

能已引起了研究人员的高度关注，提取麦麸中的膳食纤维并将其添加到食品中是增加膳食纤维摄入量的一种有效手段。

（1）小麦麸皮膳食纤维在饮料加工中的应用

饮料作为口感良好的方便饮品，广受消费者喜爱，主要分为茶饮料、碳酸饮料、果汁饮料、乳酸菌饮料、保健饮料及固体饮料等。将麦麸膳食纤维应用于饮料生产已成为近年来研究的热点之一，研究者们通过不断探索，逐渐研发出了一系列满足不同消费人群需求的麦麸膳食纤维类饮料。

① 有研究者对麦麸膳食纤维进行提取改性，再将改性后的麦麸膳食纤维用于酸奶制作以获得一种新型的膳食纤维酸奶。

② 章中提取麦麸膳食纤维中的 SDF，并将其与橙汁调配，制得一种新型营养又美味的饮料。

③ 李雪玲将麦麸 SDF 添加到原料乳和其他辅料中进行乳酸菌发酵，结果表明：在酸乳中添加麦麸 SDF 能显著提高酸乳中钙和必需氨基酸的含量。

④ 余毅以麦麸膳食纤维为主要原料，加入悬浮剂和风味剂，经搅拌、混合制成了低热低脂的新型固体饮料。

随着人们生活水平的不断提高，健康饮食观念的不断深入，富含膳食纤维的低脂型饮料会受到越来越多消费者的欢迎。

（2）小麦麸皮膳食纤维在面制品中的应用

随着面制品精加工技术的不断完善，面粉营养成分大量流失以及粮食资源极大浪费的问题日渐显著。为了弥补粮食加工源头所造成的营养损失，满足人们对健康、益生食品的要求，在食物中添加膳食纤维成为食品加工的重要手段，而面制品作为我国大宗消费的主食之一，成为补充和强化膳食纤维的主要载体。

① Kaur 等在意大利面中添加麦麸膳食纤维，在不影响面点理化性质和感官品质的前提下，确定麦麸膳食纤维最大添加量为 15%。

② Gómez 等通过对麦麸膳食纤维进行挤压改性后添加到面粉中，用于提高面包的品质。

③ Lebeci 添加麦麸膳食纤维用于纸托蛋糕的制作并研究了其对蛋糕品质的影响。

④ 有研究者对麦麸膳食纤维进行提取改性后，添加到馒头中制作膳食纤维馒头，试验证明，添加膳食纤维的面粉粉质特性、加工性能和制品的食用品质均得到了明显的改善。

面制品种类繁多，研究空间大，将膳食纤维添加到面制品中，不但可以提高国民健康水平，还能推动麦麸膳食纤维类食品的发展。

（3）小麦麸皮膳食纤维在肉制品中的应用

肉制品营养价值高，是人们获取优质蛋白质、多种矿物质和维生素的重要来源。但肉制品脂肪、胆固醇含量高，膳食纤维含量少。为了平衡人们日常的饮食结构，在肉制品中添加膳食纤维成为弥补肉制品膳食纤维含量少的重要手段，其中以小麦麸皮的功效最好。

① 王海滨等综合肉类食品及麦麸膳食纤维原料的特点，开展麦麸膳食纤维在火腿肠中的应用研究，试制出了新型麦麸膳食纤维复合火腿肠。

② Talukder 等研制出品质良好的麦麸膳食纤维鸡肉馅饼。

③高晓光等研究了麦麸在乳化型香肠中的应用特性及不同添加比例对香肠品质的影响。

在肉制品中加入麦麸膳食纤维，一方面，可充分发挥膳食纤维所具有的重要功能性质；另一方面肉制品可弥补膳食纤维粗糙的口感，改善其感官性质，以满足不同消费人群的需求。

（4）小麦麸皮膳食纤维在其他食品中的应用

随着对麦麸膳食纤维类食品研究不断深入，近年来，将麦麸膳食纤维应用到其他食品中也成为研究者研究的重点之一。

① 马静等探讨了麦麸膳食纤维软糖的制备工艺。得到的产品香气浓郁、口感绵软，有良好的咀嚼性和弹性，且具有一定的保健功能。

② 余毅以麦麸膳食纤维粉为主要原料，加入辅料和风味剂，经过压制而制成硬度适中、口感良好的口嚼片。

③陈凤莲等以小麦麸皮和小麦粉为原料，制作了富含膳食纤维的全麦型饼干。

此外，麦麸膳食纤维还可应用到可食性包装，以及制成微晶体纤维素、两性纤维素、羧甲基纤维素钠、微胶囊、食用麸皮、冰淇淋及膳食纤维汤料等。

参 考 文 献

[1] Santala O，Lehtinen P，Nordlund E，et al. Impact of watercontent on the solubilisation of arabinoxylan during xylanase treatment of wheatbran [J]. Journal of Cereal Science，2011，54：187-194.

[2] Kolberg D I，Prestes O D，Adaime M B，et al. Development of a fast multiresidue method for the determination of pesticides in dry samples（wheat grains，flour and bran）using QuEChERS based method and GCMS [J]. Food Chemistry，2011，125：1436-1442.

[3] 李焕，刘翀，郑学玲．商业小麦麸皮的营养与安全品质研究 [J]. 食品科技，2017，42（04）：161-166.

[4] 张梅红，钟葵，刘丽娅，等．小麦麸皮营养与质量安全品质分析 [J]. 麦类作物学报，2012，32（6）：1090-1095.

[5] 郑学玲，姚惠源，李利民，等．小麦加工副产品-麸皮的综合利用研究 [J]. 粮食与饲料工业，2001（12）：38-39.

[6] Gruppen H，Marsciue J P. Mild isolation of water-insoluble cell wall material from wheat flour：composition of fractions obtained with emphasis on non-starch polysaccharide [J]. Journal of Cereal

Science，1989（9）：247-260.

[7] 吴卫国，郭时印．麦麸膳食纤维的制备、性质与应用［J］. 粮食与饲料工业，1988（11）：31-39.

[8] 周中凯，杨春枝．以小麦麸皮为原料酶法制备双歧杆菌增殖因子-低聚糖的研究［J］. 粮食与油脂，1999（1）：6-9.

[9] 姚慧慧，王燕，赵传文．小麦麸皮膳食纤维及其在食品中的应用研究进展［J］. 粮食与油脂，2018，31（10）：10-12.

[10] 章中．挤压法制备小麦水溶性膳食纤维及饮料开发［J］. 饮料工业，2008，11（12）：32-33，37.

[11] 李雪玲．麦麸水溶性膳食纤维对酸乳品质的影响［J］. 乳业科学与技术，2012，35（2）：1-3.

[12] 余毅．小麦麸膳食纤维系列食品开发研究［D］. 武汉工业学院，2008.

[13] Kaur G，Sharma S，Nagi H P S，et al. Functional properties of pasta enriched with variable cereal brans［J］. Joumal of Food Science and Technology，2012，49（4）：467-474.

[14] Gómez M，Jiménez S，Ruiz E，et al. Effect of extruded wheatbran on dough rheology and bread quality［J］. LWT-Food Science and Technology，2011，44（10）：2231-2237.

[15] Lebeci D M. Effect of the addition of different dietary fiber and edibele cereal bran sources on the baking and sensory characteristics of cupcakes［J］. Food and Bioprocess Technology，2011（4）：710-722.

[16] 王海滨，李庆龙，张彦妮，等．麦麸膳食纤维火腿肠的研制与营养价值评价［J］. 肉类工业，2009，（8）：22-27.

[17] Talukder S，Sharma D P. Development of dietary fiber rich chicken meat patties using wheat and oat bran［J］. Journal of Food Science and Technology，2010，47（2）：224-229.

[18] 高晓光，冯随，杨涛，等．麦麸膳食纤维对乳化型香肠品质的影响研究［J］. 食品工业科技，2016，37（6）：151-154，159.

[19] 马静，刘树兴，苏凤先．麦麸膳食纤维软糖的制备［J］. 食品科技，2006，（6）：75-76，90.

[20] 陈凤莲，贾冰心．小麦麸皮膳食纤维饼干的多因素研究［J］. 哈尔滨商业大学学报（自然科学版），2012，28（2）：147-149.

[21] 李焕，刘翀，郑学玲．商业小麦麸皮的营养与安全品质研究［J］. 食品科技，2017，42（04）：161-166.

9

稻 谷 米 糠

稻谷是中国第一大粮食品种，其年产量为1.85亿吨左右，约占中国粮食总产量的42%。米糠是稻谷脱壳后精碾糙米的副产物，占整个稻谷产量的5%～8%，我国年产米糠1000多万吨，资源非常丰富。米糠包括糙米的果皮层、种皮层、外胚乳层、糊粉层及部分胚乳细胞、大部分胚芽和少量碎米等。它含有稻米中64%的重要营养成分以及90%以上的人体必需元素。世界各国对米糠的开发利用程度有较大的差异。

我国年产米糠约1000万吨，尽管我国米糠产量居世界之首，但米糠的深度开发应用及相应理论的研究尚处于较低水平。就我国米糠的利用而言，大部分都被用作畜禽饲料，只有10%～15%的米糠用来榨油或进一步提取植酸钙、肌醇、谷维素等价值较高的产品，虽取得了一定的经济效益，但是与发达国家相比仍有差距。为了赶上米糠基础理论及开发利用的世界先进水平，填补国内研究和生产米糠健康食品的空白，江南大学食品学院率先在国内开展了米糠的稳定技术、米糠健康食品的研究与开发，自1993年起，不断研制出米糠脂多糖、米糠营养素和米糠营养纤维、米糠蛋白等产品，这些产品可使米糠的附加值提高10～20倍，具有可观的经济效益和重要的社会价值。另外利用米糖蛋白的衍生物（乙酰化多肽钾盐）制备具有生理活性的功能肽，已成为食品、医药领域研究的热点。

国内也有不少企业将米糠开发成功能性保健食品，如上海莱仕生物保健品有限公司生产的“利脂灵”和“润畅舒”保健品，莱仕牌天然“利脂灵”是利用高质量的稳定米糠通过物理方法和生物技术方法相结合的提取工艺，经分离浓缩干燥获得的可溶性萃取物，其中保留并富集了米糠中的γ-谷维醇标志性功能成分，具有降血脂、降血糖、通便、减肥、防止结肠癌等多种功能。目前我国高等院校、科研院所以及部分食品企业都相继开展了米糠深加工及应用方面的研究工作，米糠的开发及综合利用已经成为行业关注的热点课题。

美国和日本是目前世界上研究开发米糠资源最发达的国家。美国利普曼公司、美国稻谷创新公司在米糠稳定化技术、米糠营养素、米糠营养纤维、米糠蛋白、米糠多糖方面的提取、分离、纯化等技术在世界上处于领先水平。以全脂米糠或脱脂米糠为原料生产的各种米糠健康食品，如可溶性米糠营养素、米糠纤维、米糠蛋白、米糠多糖等产品具有明确功能因子和确切保健作用，以它们为原料生产的降血脂、降血糖及具有明显免疫功能的健康食品已经上市，并深受消费者的青睐。目前，美国利普曼公司的米糠稳定化技术及米糠健康产品已有进军中国市场的意向。美国利普曼米糠营养素的出口价格为2800美元/吨，至少相当于中国米糠价格的20倍。日本筑野辅美食品工业公司的RICEO产品RICEO米糠功能制品是以脱脂米糠为原料经萃取、浓缩、干燥而成的水溶性粉末。该制品最明显特点是植酸含量高，将近30%。米糠中含有较丰富的植酸，加之在萃取过程中采用植酸水溶液萃取，使制品植酸含量增高。植酸因具有螯合作用，会阻碍小肠对无机质的吸收，故在营养学上被视为抗营养因子。但近年研究表明，植酸具有抗氧化抗癌症、抗脂肪肝、抗炎症、降血脂、防肾结石等诸多生理活性作用。而且，在食品添加剂目录中已被列为“酸味剂”“制造用剂”等。因此可以认为，若不大量摄取，植酸对人体有一定有益生理作用。除了植酸，日本还将米糠中其他的功效成分如IP6、肌醇、γ-谷维素等种种功效作为卖点，进行商品的销售。

总之，国内外对米糠的开发及综合利用水平较高，特别是在功能性成分提取及分离纯化，以及米糠保健食品开发等方面已经取得了重大进展，并相继开发出了系列米糠食品获得了较好的经济效益及社会效益。

9.1 米糠的来源、结构和分类

米糠是糙米碾白过程中被碾下的皮层及少量米胚和碎米的混合物。传统的米糠也就是现行国家标准的米糠主要是由种皮、外胚乳、糊粉层和胚加工制成，在加工过程中会混进少量的稻壳和一定量的灰尘和微生物，所以只能用于饲料，是稻谷加工的主要副产品。其产量为每年900万吨左右，是一种量大面广的可再生资源。美国等发达国家已经有食用米糠问世，中国也发明出类似产品，即应用现代食品加工精准碾制技术将米糠中的不宜食物质（稻壳、果皮、种皮、灰尘、微生物等）与宜食营养物质（胚、糊粉层等外层胚乳）在洁净的生产车间里进行精准碾磨分离，此分离技术可将米糠分级为饲料级米糠和食品级米糠两部分，其中食品级米糠约占米糠总质量的80%，营养的90%以上。因为食品级米糠虽然只占稻谷质量的6%，却占稻谷营养的约60%，是大米碾白过程中的碾下物，所以其也被人们称为“米珍”或是“米粕”。

国内外的研究结果和资料表明，米糠中富含各种营养素和生理活性物质。但是由于加工米糠的原料和所采用的加工技术不同。根据国内外的研究成果以及大量的资料显示，米糠中含有30%～40%的淀粉、12%～18%的蛋白质、13%～22%的脂肪、23%～30%的膳食纤维、8%～12%的灰分、7%～14%的水分以及丰富的维生素和矿物质。除此之外，米糠中还含有多种生理活性物质，如生育酚、不饱和脂肪酸、生育三烯酚、神经酰胺、角鲨烯、γ-谷维醇、二十八烷醇、三十烷醇、α-硫辛酸、谷维素等，这些活性物质具有抗癌、抗氧化、预防心血管疾病、预防肥胖症、调节血糖、预防肿瘤、提高人体免疫力、预防便秘以及保湿美容等功能。米糠蛋白是一种优质植物蛋白，其含量约是精米的两倍，米糠蛋白中氨基酸组成，与FAO/WHO推荐模式相近，有极高的生物效价，与牛奶、鸡蛋相似，其中赖氨酸含量5.8g/100g米糠蛋白比大米胚乳、小麦面粉以及其他谷物中的蛋白质高。由于溶解性的差异，米糠蛋白又可分为盐溶性的球蛋白、溶于70%乙醇的醇溶蛋白、碱溶性的谷蛋白和水溶性的清蛋白4种蛋白质。可溶性蛋白质占米糠总蛋白质的70%左右，这与大豆蛋白相近；清蛋白含量是大米中的6～7倍。米糠脂肪中主要的脂肪酸大多为油酸、亚油酸等不饱和脂肪酸，并含大量维生素、植物醇、膳食纤维、氨基酸及矿物质等。米糠多糖是一类复杂的杂聚多糖，主要有脂多糖、葡聚糖和阿拉伯木聚糖等。

米糠可以分为普通米糠和蒸谷米糠。蒸谷米糠是蒸谷米加工的副产品。

蒸谷米糠和普通米糠水分含量相差不大，蒸谷米糠的水分除了受稻谷本身和碾米过程影响外，还受浸泡、蒸煮、干燥工艺条件的影响。蒸谷米糠的密度高于普通米糠，可能因为蒸谷米在碾米过程中加入了1%的助碾剂-碳酸钙，且大量残存在蒸谷米糠中。同时米糠质量的好坏及水分、杂质含量的高低，均会影响米糠密度。蒸谷米糠的静止角比普通米糠小，说明蒸谷米糠之间摩擦力小，结构规整，散落性好，流动性好，有利于米糠的装卸和输送。新鲜蒸谷米糠的酸价比普通米糠低。新鲜米糠酸败变质的原因可归于米糠中的酶类、微生物和昆虫等其他有害因子，但主要原因是米糠中活性很高的脂肪酶对米糠脂肪的分解作用，使游离脂肪酸含量迅速增加，导致米糠酸度升高，米糠品质变劣。蒸谷米糠的酸价低主要是因为高温高湿破坏了脂肪酶的活性。

9.2 米糠的生理功能

多糖是由几十个到数万个单糖通过糖苷键构成的天然高分子化合物。目前研究表明从生物中提取可得到近百种多糖，其中从植物中提取所获得的活性多糖称为植物多糖；在多糖的提取过程中，根据其不同的原料和不同的提取方法，多糖的含量、结构、生理功能也会有所不同。

9.2.1 米糠多糖的生理功能

(1) 抗癌作用

研究发现，从脱脂米糠中提取的米糠多糖，硫酸化后得到的多糖化合物SRBPS2a，其不论是在体外还是体内对小鼠乳腺癌细胞EMT-6的增殖都有明显的抑制作用。而MTT法试验发芽糙米米糠多糖作用于胃癌细胞（SGC7901）、结肠癌细胞（HT29）、乳腺癌细胞（MCF. 7）、肺癌细胞（NCI. H460）和肝癌细胞（HepG2）的细胞毒性，发现发芽糙米米糠多糖组分对各癌细胞抑制率均存在良好的量效关系，对各癌细胞的抑制率在22%～45%范围内，高剂量多糖对癌细胞增殖具有一定的抑制作用。以小鼠黑色素瘤细胞（B16）为抗肿瘤模型，小鼠巨噬细胞Raw264. 7细胞系为免疫模型，发现米糠多糖主要通过宿主介导，提高抗肿瘤活性，在多诱导下，Raw264. 7由静息状态转变为激活状态，通过巨噬细胞发挥细胞毒性，对肿瘤细胞起到抑制作用；米糠多糖经过硫酸酯化后多糖对肿瘤细胞的毒性有所增加，可以在体外直接抑制肿瘤细胞的增殖，同时也可以刺激巨噬细胞释放 NO 和 TNF-d 间接提高其抗肿瘤活性。

以上数据均能说明米糠多糖对多种癌细胞均有致凋亡、阻滞细胞周期的作用，表明米糠多糖具有极好的抗癌效果。

（2）抗菌、抗病毒及调节免疫作用

有研究者将米糠中提取的葡聚糖硫酸化修饰后发现其对人类巨细胞病毒入侵产生明显抵抗作用。其他研究者也有类似的发现：米糠中的葡聚糖经硫酸化后表现出良好的对抗巨细胞病毒入侵性能，且这种对抗主要表现在病毒入侵初始阶段，表明米糠葡聚糖的硫酸盐是一种良好的抗病毒药物。另一项研究显示米糠阿糖基木聚糖（MGN-3）不但能激活天然杀伤细胞、T 细胞和单核细胞的免疫力，还能激活树突细胞免疫力，上调 CD83 和 CD86 的表达水平，增强炎症反应前许多细胞因子的表达，如 IL-1β、IL-6、IL-10、TNF-α、IL-12p40，表明 MGN-3 是对抗感染和癌症的潜在药物。他们还做了类似的研究如 MGN-3 是否能在体外增强中性粒细胞和巨噬细胞对大肠杆菌的吞噬作用的实验。其结果显示为阳性，表明 MGN-3 能在体外增强两种细胞对大肠杆菌的吞噬作用；同时，还表明随着 MGN-3 浓度增大，吞噬作用加强。

（3）对高血脂、高血糖及心血管疾病的作用

可溶性膳食纤维可以延缓胃肠排空，使营养素的消化吸收过程减慢，因此血液糖分也会减缓增加幅度，这将有利于控制糖尿病病情；同时，更多的膳食纤维摄入将有利于控制体重和降低心脑血管疾病的风险，而米糠多糖是膳食纤维的分支，表明其也有利于控制体重和心脑血管健康。

通过探究发芽糙米米糠（GBRB）对高脂膳食大鼠血脂代谢的影响，发现 GBRB 的摄入能显著降低食用高脂饲料大鼠的血清 TC、TG 以及 LDL-C 水平，显示出 GBRB 的降血脂功效；而米糠多糖提取物能对高脂血症小鼠和 HepG2 细胞起降脂作用。

研究发现南瓜多糖对链唑霉素引起的胰岛细胞损伤有明显的保护作用，PCR 结果显示南瓜多糖组能显著降低胰岛细胞 Bax/Bcl-2 的表达，即可以使胰岛细胞凋亡减少。而试验中南瓜多糖的检测成分为 D-阿拉伯糖、D-葡萄糖和 D-半乳糖等构成的杂聚糖，分子量大约为 23000，这与米糠多糖成分也极为类似，因此推测米糠多糖具有类似的保护胰岛细胞作用。

Hu 等人的研究发现米糠中提取的三种半纤维素在体外都能与胆固醇和胆汁酸分子结合，这表明米糠多糖的摄入将有利于胆固醇和胆汁酸的排泄，降低心脑血管疾病的风险。

（4）抗炎、抗辐射及保护肝功能作用

刘晶等人以 3%葡聚糖硫酸钠（DsS）为诱导剂，建立 IcR 小鼠结肠炎症模

型，采用病理组织分析、RT-qPCR 和 Western 印迹等多种方法，发现米糠多糖具有抗炎作用，其分子机制可能与下调炎症因子的表达和阻断 MAPK 信号通路相关。

美国学者对小鼠的抗辐射研究发现辐射之前注射过米糠中的阿糖基木聚糖组的小鼠，明显显示出更高的全血细胞计数、更小的脾脏减重和体重减重和更小的骨髓损伤，证明米糠阿糖基木聚糖因为其抗氧化效果和免疫调节能力具有抗全身辐射的效果。

Zheng 等人还发现米糠中改性的阿糖基木聚糖（MGN-3）可有效减小 D-半乳糖胺引起的小鼠肝脏损伤和白细胞介素浓度，表明米糠多糖还具有保肝护肝的功效。

9.2.2 米糠油的生理功能

米糠油具有独特的化学结构，其中不饱和脂肪酸 80%～85%，饱和脂肪酸 15%～20%，油酸占 42%，亚油酸 38%，接近 1∶1，而 SFA、MUFA、PUFA 比例接近美国心脏学会和世界卫生组织建议的脂肪酸最佳摄入比例 1∶2.1∶1.1，被誉为“心脏油”“青春油”，米糠油的食用吸收率在 90%以上，具有清除血液中的胆固醇、降低血脂、促进人体基础代谢等益处，是健康营养油，深受发达国家消费者的喜爱。

高宇等发现米糠油不饱和脂肪酸在体外对肝癌细胞 HePG2 有显著的增殖抑制作用，并能有效降低肝癌细胞的迁移能力和克隆形成。同时其他研究也发现其具有增加免疫机能的作用。

米糠油中含有的天然谷维素具有改善内分泌失调、促进睡眠的功效，它是阿魏酸和植物甾醇的结合脂。谷维素还常用于经期前的综合征，更年期综合征的辅助治疗，它能减少血清中的胆固醇含量，增加血液流动，改善人体内分泌系统，进而增强人体的基础代谢水平。

米糠油中丰富的维生素 E 可以防止人体出现脂质代谢紊乱的现象，预防人体器官老化和降低肿瘤发展的速度。维生素 E 是身体内保护器官的强力抗氧化剂，对于预防溶血性贫血症也有所帮助。

米糠油中还具有多种营养成分。谷甾醇具有降低胆固醇、预防癌细胞、调节人体免疫等多种功效，用于Ⅱ型高脂血症及预防动脉粥样硬化等；生育三烯酚在抗氧化、抑癌、降低胆固醇等方面也具有极强的作用；亚油酸与胆固醇结合转化为胆酸和类固醇排出体外，从而防止胆固醇沉积在血管壁上，起到降低血脂、软化血管的作用；磷脂是人体神经系统正常运转所必需的健脑物质；糖脂可起到降血糖、降血脂、抗肿瘤等功效。而米糠油中 γ-谷维醇的含量居各种食用油之冠，能防止胆固醇的沉积，减少血浆中胆固醇、甘油三酯的含量，尤其是降低低密度脂蛋白与高密度脂蛋白的比值（其值大，就表示容易得心脏病），起到防治心脑血管疾病的作用，具有重要的生理功能。

9.2.3 米糠蛋白的生理功能

米糠蛋白的组成，按照 Osborne 提出的以溶解性来划分，可以分为清蛋白、球蛋白、醇溶蛋白和谷蛋白。米糠中 4 种蛋白质的分布与精白米、米胚芽中的分布不同，一般认为分布比例为 37：36：5：22，而米胚芽中为 30：14：5：51，精白米中为 5：9：3：83。米糠蛋白必需氨基酸的种类齐全，且与其他谷物蛋白相比，米糠蛋白的赖氨酸、甲硫氨酸、异亮氨酸含量较高，尤其是赖氨酸含量，米糠蛋白更接近 FAO/WHO 推荐模式，这补偿了谷物蛋白中赖氨酸不足的缺陷，大大提高了米糠蛋白的营养价值，从营养的角度看，清蛋白和球蛋白有很好的氨基酸平衡，赖氨酸、色氨酸的含量较高，高于大米以及其他谷物中的含量。米糠蛋白的生物效价（PER）为 2.0～2.5，与牛奶中酪蛋白相近（PER 为 2.5）。米糠蛋白的营养价值几乎可与鸡蛋蛋白相媲美。

以米糠蛋白为原料，研究米糠蛋白对小鼠肝组织抗氧化能力及体外抗氧化作用。结果表明：小鼠灌胃米糠蛋白后，肝组织抗氧化指标变化显著，SOD、GSH-Px 活性显著升高，MDA 含量显著降低，说明米糠蛋白对小鼠肝组织具有较强的抗氧化能力；体外抗氧化试验结果表明，米糠蛋白对羟基自由基与 DPPH 均具有一定的清除能力。

9.2.4 米糠谷维素的生理功能

谷维素是数种脂肪醇与阿魏酯的混合物，是一种脂溶性维生素，具有多种生理功效，其主要的药理和临床疗效是对于自主（能独立存在和发生作用的）神经系统，具有类似激素的作用，可作为一种植物神经调节剂，对于植物神经功能失调，有较好疗效，也能促进动物生长和繁殖，调节改善肠胃功能；对于总胆甾醇和低密度脂蛋白-胆甾酸，以及高密度脂蛋白-胆甾醇，分别具有降低和提高作用；具有抗高血脂和抑制自体合成胆甾醇的作用；抗脂质氧化作用的稳定性，稍低于维生素 E，但高于维生素 A；对肠胃神经官能症，有调节和改善作用；能促进皮肤微血管循环机能，保护皮肤并使其具有抗氧化防腐防毒作用。

米糠谷物维生素中有一种特殊的谷物维生素——γ-谷维素，它与胆固醇结构相似，都含环戊烷多氢菲核，但因侧链不同，生理功能差别很大。口服 γ-谷维素在肠道吸收率仅 5%，而胆固醇吸收率为 40%，由于结构相似性，γ-谷维素在肠道中竞争性抑制胆固醇吸收。

同时，γ-谷维素具有清除自由基、抗氧化、降血脂、降血糖、抑制癌细胞生长、调节中枢及心脏自主神经等功能，因此引起人们广泛关注，龚院生等前辈已经对这些生物活性功能进行了研究。

9.2.5 米糠纤维素的生理功能

米糠富含纤维，种类包括纤维素、半纤维素、木质素、果胶和一些树脂等。类别不同的米糠，粗纤维含量在2%～35%，具有促进肠道运动，预防肝癌和大肠癌及吸附胆酸钠，预防心血管疾病等重要作用。

9.2.6 米糠植酸的生理功能

植酸又名肌醇六磷酸，它能预防和溶解多种疾病患者的钙沉淀，降低尿中钙离子浓度，还可用作抗凝血剂，防噬菌体感染剂；高压氧气中毒的预防剂，对防治粉刺也有一定的作用，可促进皮肤血液循环；植酸的络合物具有良好的自由基清除效果，防止色素沉积。

9.2.7 米糠其他成分的生理功能

采用羟基自由基体系、DPPH 自由基体系、超氧阴离子自由基体系、亚油酸体系、纯猪油体系、ORAC 体系、PCI2 细胞氧化损伤体系，表明脱脂米糠的碱溶醇溶物清除自由基和脂质过氧化物的效果较好。

植物油脂是二十八烷醇的主要来源，二十八烷醇具有以下效果：增加体力，耐力和精力；提高肌肉耐力；提高反应敏锐性，缩短反应时间；增加登高动力；提高能量代谢率，消除肌肉痉挛；增强包括心肌在内的肌肉功能；降低收缩期血压；提高基础代谢率；刺激性激素；促进脂肪分解。

菲汀又名植酸钙，是植酸与钙离子、镁离子、钾离子等金属离子形成的一种复盐，是一种无臭、无味白色粉末，广泛存在于植物果壳和植物种子中，尤以脱脂米糠含量最高，可达10%～11%；所以，脱脂米糠饼粕是提取植酸钙（菲汀）的最佳原料。

工业上，菲汀主要用于生产肌醇和植酸，并在发酵、油脂、食品等行业得以广泛应用。在医药上，以菲汀为原料提取肌醇制剂可治疗肝硬化、肝炎、脂肪肝及胆固醇过高等病症，也能促进人体的新陈代谢和骨质组织的生长发育，恢复体内磷的平衡，用于神经衰弱、佝偻病、手抽搐等的辅助治疗；在农业上菲汀主要用于生产敌敌畏、敌百虫等农药。

9.3 米糠的理化性质

米糠的理化性质对米糠工业化应用有着巨大的影响。米糠的理化性质主要可以从米糠蛋白和米糠膳食纤维这两个层面进行探讨。米糠蛋白的理化性质主要有溶解性、持水性、持油性、起泡性与起泡稳定性、乳化性及乳化稳定性；米糠膳食纤维的理化性质主要有色泽、黏度和溶解性、持油性、持水性与膨胀力、吸附性、阳离子交换能力、发酵作用及调整肠道微生物群功能。

9.3.1 米糠蛋白

9.3.1.1 溶解性

溶解性是米糠蛋白功能性最重要的判定指标，是决定米糠蛋白在生产实践中应用的重要体现，米糠蛋白溶解性的高低直接决定了蛋白质的乳化、起泡和凝胶等功能特性。蛋白质的溶解性是指蛋白质在水溶液或食盐溶液中的溶解能力，溶解性是蛋白质在不同条件下可应用性的一个重要指标。溶解性好的蛋白质有利于其在食品中加工利用，添加溶解性好的蛋白质可增加饮料制品的营养价值，且具有不影响透明度，提高黏度等优点，溶解性一般用氮溶指数（NSI）表示。与其他蛋白质一样，影响米糠蛋白溶解性的因素主要分为两方面，即内在因素（氢键作用、疏水作用及分子的带电量等）和外在因素（如温度、pH、离子强度和离子种类等）。

由于米糠蛋白是碱溶性的蛋白质，在 pH 值 4.0～4.5 时蛋白质的溶解性最低；随着 pH 值的增大，其蛋白质的溶解性越来越高，溶解性可达到 75%。采用酶法对米糠蛋白进行处理，其蛋白质的溶解度明显提高，且当控制好水解度时，米糠蛋白的溶解度可达到最大值 91.83%。王长远等研究了干热处理对米糠蛋白溶解性的影响，结果表明，米糠蛋白在 90℃ 的干热处理条件下溶解性提高的最明显。Suthep 等的报道指出蛋白质的溶解性受到分子大小、可电离氨基和羧基基团、疏水性氨基酸等的影响，因为它们会造成亲水性基团和疏水性基团的比例发生改变。经过超高压处理后，米糠蛋白的结构展开，进而导致疏水基团和亲水基团的暴露。亲水基团的暴露使其具有更好的分散性和水合作用，从而提高蛋白质的溶解性。

9.3.1.2 持水性

持水性（WAC）是指蛋白质吸收水分的能力，持水性与食品储藏过程中的“保鲜”及“保形”有密切关系，对蛋白质在食品工业中的应用起到非常重要的作用。蛋白质结构中因存在亲水性的极性侧链，具有吸收和保留食物中水分的能力，因此可以减少食物在烹调过程中的水分流失，防止食品收缩。持水性常用的检测方法：配制蛋白质悬浊液离心后，测定沉淀蛋白质中的水分含量。

持水性已经被证实与蛋白质构象、氨基酸组成、表面极性、表面疏水性等相关。超高压处理后，米糠蛋白的结构趋向于展开，导致氨基组的电离增加，从而导致较多的亲水基团暴露，提供了更多的水结合位点。压力越大，暴露的氨基酸越多，从而获得更高的水吸收能力（WAC值）。研究表明，超高压处理后，米糠蛋白的持水性显著增加，并且随处理压力的增加而增加。未经过超高压处理的米糠蛋白的持水性仅为0.61g/g，经过100～500MPa压力处理的米糠蛋白的持水性分别达到了1.63g/g、2.07g/g、2.35g/g、3.27g/g和3.79g/g，增率分别为167%、239%、285%、436%和521%。持水性数值随着压力增加而增加，在处理压力为500MPa时，米糠蛋白获得最大的持水性值。因此，高压改性后的米糠蛋白在食品加工中可以有更广泛的应用，如用于高保水性产品中。

9.3.1.3 持油性

蛋白质的持油性对其在食品加工中的应用也是很重要的指标，蛋白质的持油性是指蛋白质产品吸附油的能力，是酯类的非极性脂肪族链和蛋白质非极性区之间的疏水性互相作用的结果。蛋白质的持油性与物理截留作用关系密切，高温和酶法改性后，在热作用下，埋藏在蛋白质分子内部的极性氨基酸侧链离解并打开转向表面，酶解的作用也是蛋白质分子适度展开并由大分子变为小分子，比表面积变大，进而对油脂截留作用变大，最后使米糠蛋白具有较高的持油能力。高温改性和酶法改性都使米糠蛋白的持油性增加，而高温和酶法联合改性使米糠蛋白的持油性达到最高。

经研究表明，经100MPa和200MPa超高压处理后的米糠蛋白的持油能力（OAC）显著增加，从未处理时的2.63g/g猛然增加至7.39g/g和7.57g/g，增率分别达到了180.9%和187.8%。然而，当压力增加至200MPa以上时，OAC值开始下降，在经过300MPa、400MPa、500MPa处理后持油性分别为5.12g/g、4.22g/g、4.85g/g，但仍然远远高于未经过高压处理的样品。同时，我们发现超高压对米糠蛋白持油性的影响趋势与溶解性的趋势类似，因此可以推测持油性的变化与蛋白质的溶解性相关。有研究者在实验中观察发现，采用酶法处理后的米糠蛋白的持油性显著增加，他们分析是由于酶处理导致蛋白质结构的展开，更多的疏水基团暴露从而引起更多的油被截留。

9.3.1.4 起泡性与起泡稳定性

蛋白质是很好的起泡剂，稳定泡沫的形成往往与蛋白质的界面性质相关，也就是与同一个分子的疏水基团和亲水基团密切相关。蛋白质的起泡性是蛋白质搅打起泡的能力，泡沫稳定性是指在一定条件下一定的静置时间后泡沫的剩余体积。起泡性是蛋白质在液-气界面变性所导致的，而蛋白质分子间的范德华力作用以及羧基、氨基间形成的氢键，可以形成牢固的薄膜，使泡沫稳定，利用蛋白质的起泡性和泡沫稳定性可以加工泡沫型产品。

起泡性属于蛋白质的界面性质，而蛋白质的溶解性、疏水性及分子的柔性是影响蛋白质起泡性的主要因素。有研究者研究了米糠蛋白的起泡性受酶法改性的影响，结果发现米糠蛋白的起泡性在酶法改性下显著提高，这可为米糠蛋白在食品加工领域中的应用提供理论参考。孙秀婷分析了不同物理处理工艺制备的米糠蛋白的起泡性。结果表明，受不同物理处理的米糠蛋白的起泡性有明显提高，起泡性可由45.3％提高到63.5％。

9.3.1.5 乳化性及乳化稳定性

乳化性属于蛋白质的界面性质，它是蛋白质在油水界面上形成连续相的能力；而乳化稳定性则是指乳液在一段时间内保持不变的能力。影响蛋白质乳化性最关键的因素就是其表面疏水性。另外，米糠蛋白的乳化性还受pH值、碱性蛋白酶、温度等因素的影响。乳化活性指数的界面面积和蛋白质乳化乳液颗粒浊度之间呈线性关系。乳液稳定性和乳液粒径和时间相关，粒径越小的蛋白质稳定性越好。

据报道，随着酶法适度水解反应的进行，米糠蛋白的乳化性和乳化稳定性都有明显的提高。Hamada研究了碱性蛋白酶对米糠蛋白乳化性的影响，结果显示，米糠蛋白的乳化性在碱性蛋白酶的作用下显著提高。夏宁等研究了天然米糠蛋白与热稳定米糠蛋白的乳化性受喷射蒸煮处理的影响。结果表明，经喷射蒸煮处理后的米糠蛋白的乳化性均有显著的提高。孟凡友等在研究挤压对米糠蛋白功能特性的影响时指出，米糠的乳化活性和其溶解性有大致相同的变化趋势，蛋白质在酸性范围内的乳化稳定性弱于碱性范围内的乳化稳定性，在pH为7时，米糠蛋白的乳化活性指数为0.58。相关研究表明，米糠蛋白乳化性、持水性、持油性均优于大豆分离蛋白，乳化性和持水性可能是因为米糠蛋白中含有的氨基酸残基数与带电氨基酸中的不同所致，而米糠蛋白持油性优于大豆分离蛋白是由表面水因子导致。适度的水解和脱氨能增加蛋白的乳化能力和乳化稳定性。

9.3.2 膳食纤维

9.3.2.1 色泽

颜色是评价食品品质的重要指标之一。

9.3.2.2 黏性和溶解性

膳食纤维的黏性和溶解性对其生理功能有十分重要的影响。可溶性膳食纤维具有很好的黏性，可以使肠胃道内的内容物黏度增大，并且缩小了其与肠黏膜的接触时间，从而有效地降低或延缓葡萄糖的消化吸收，使血糖水平降低。

9.3.2.3 持油性

虽然膳食纤维难以被人体消化吸收，但是由于膳食纤维中含有大量的木质素和非淀粉多糖对脂类物质有亲和性，能够对脂肪起到吸附和清除作用，因此在我们的日常生活中，同样发挥着不可替代的作用。

不溶性纤维表面具有一定量的疏水基团和孔状结构，可以通过疏水相互作用和毛细吸附作用吸附油类、香气成分等有机物质，赋予食品应有的香气和风味。

一般情况下，纤维的来源及处理方法不同会导致其持油力具有较大差异。在已有的报道中，Salehifar 等经过研究表明，酶法提取的米糠不溶性纤维相对于酸碱法提取的米糠纤维具有较高的持油力。

9.3.2.4 持水力与膨胀力

对于米糠这类富含膳食纤维的原材料而言，持水力和膨胀力对其生理活性有着重要的表征作用。米糠的持水力和膨胀力是由米糠中可溶性膳食纤维的含量决定的。膳食纤维之所以具有高膨胀力与高持水力，主要因为膳食纤维含有许多羧基、羟基等亲水性基团，故吸水性强，又因膳食纤维是大分子，且伸展性良好，所以具备很强的膨胀力。膳食纤维的来源和制备方式决定了其持水性和吸水膨胀性的差异。当膳食纤维内部极性基团较多时就会表现出较强的持水力，反之亦然。除此之外，外部环境因素对膳食纤维的持水性和吸水膨胀性等性质也会产生不同程度的影响。

许多研究证实了摄入适量的膳食纤维（主要为不溶性纤维）对人体健康有积极作用，这些积极作用与膳食纤维特有的成分和理化性质密切相关。在日常生活中，谷物和果蔬是膳食纤维的主要来源，不同原料的膳食纤维成分有一定的差别，但是主要成分大致相同。膳食纤维的高膨胀力和高持水力可以促进胃肠道内物质吸水体积变大，进而刺激胃肠道蠕动，加大排便速度与排便量，并迅速排出有毒、有害物质，对肠道癌、痔疮等疾病起到很好的预防作用。同时膳食纤维强的膨胀性，易使人产生饱腹感，进而对肥胖人群起到减肥的功效。因此，膳食纤维能起到预防肥胖的作用，对于具有肥胖疾病的患者来说，食用富含膳食纤维的食品是一个理想的选择。此外，纤维的来源不同，其理化性质迥然不同。经研究，果蔬膳食纤维中可溶性纤维含量高于谷物膳食纤维含量，所以果蔬膳食纤维的亲水性较强，从而表现出较高的持水力和膨胀力。

9.3.2.5 吸附作用

膳食纤维的分子表面携带可以吸附胆汁酸、香气成分、胆固醇及肠道内有毒物质等有机物质的活性基团，从而抑制人体对胆汁酸、胆固醇、致癌物等有机化合物的吸收。膳食纤维通过吸附螯合肠道内的胆固醇，延缓和抑制人体对胆固醇、甘油三酯的有效吸收，使血浆中胆固醇的含量降低，对预防高血压、高血脂以及胆结石等心血管疾病起重要作用；此外膳食纤维与胆汁酸结合并被排出体外，阻断了肝脏和肠道内胆固醇的代谢循环，因而降低体内胆固醇水平，具有降血脂的功效。

在已有的报道中，证实了不溶性纤维的吸附机制，主要归纳为物理吸附和化学吸附两种机制，而对于不同的物质，所涉及的具体吸附作用力类型仍需具体分析。米糠不溶性纤维结构复杂，其中半纤维素和木质素表面富含羧基、羟基、乙酰基等官能团，可以通过这些带负电荷的基团与胰脂酶之间进行静电吸引，同时也可以通过表面孔状结构对胰脂酶进行毛细吸附作用来增加酶的附着量，所以米糠不溶性纤维对胰脂酶的吸附能力可能是物理吸附和化学吸附综合作用的结果。

9.3.2.6 阳离子交换能力

膳食纤维分子中富含羟基、羧基、氨基等化学基团，它们在米糠的阳离子交换中起到重要作用。膳食纤维化学结构中含有氨基、羧基和羟基等官能团，表现出的功能和弱酸性阳离子交换树脂相似，可与阳离子（Pb^{2+}、Cu^{2+}、Ca^{2+}、Zn^{2+}）交换，能消除体内部分重金属离子，有利于机体健康，且这种交换具有可逆性。在离子交换过程中，阳离子的浓度瞬间改变，进而影响渗透压、氧化还原电位以及消化道内的 pH 值等，所产生的环境有利于消化和吸收。例如，有研究者通过研究质子化的米糠吸附镍离子的热力学参数，证明了质子化的米糠对镍离子的吸附作用主要依靠纤维的阳离子交换能力，并指出质子化的米糠对镍离子的吸附是自发进行的，在 pH＝6.0 条件下吸附镍离子的能力最强，而 pH＜6.0 时，由于米糠纤维表面带负电的基团被氢离子中和或质子化，使米糠纤维对镍离子的排斥力增强，进而其吸附镍离子的能力降低。此外，相关研究表明了米糠吸附 Zn^{2+} 的过程也是自发进行的，与 Zn^{2+} 之间的相互作用属于吸热反应，而且在 pH＝5.0 条件下对 Zn^{2+} 的吸附能力显著高于其在 pH＝3.0 条件的吸附力，再次证明了在低 pH 条件下，溶液中的氢离子与阳离子之间具有竞争性吸附作用。另有报道指出，不溶性膳食纤维中的纤维素对铁离子和钙离子没有结合作用，而木质素却对这两种离子具有极强的吸附力，说明了膳食纤维中不同成分对金属离子的吸附能力差异较大。

9.3.2.7 发酵作用及调整肠道微生物群功能

膳食纤维虽不能被人体消化道的酶所降解而被吸收利用，但却能被大肠内的微生物发酵降解。在降解过程中，微生物代谢产生乙酸、丙酸和丁酸等短链脂肪酸，使大肠内 pH 值降低，从而影响微生物菌群的生长和增殖，诱导产生大量的好气有益菌，抑制厌气腐败菌。肠道内膳食纤维还可为有益菌正常生长繁殖提供有利条件，不同种类的膳食纤维降解程度不同，颗粒越小越容易降解，相对于不溶性膳食纤维来说，可溶性膳食纤维几乎可被完全降解，更容易被微生物利用。另外，根据人体肠道菌群的“偏好”有所不同，它们会有限选择并利用不同来源的膳食纤维进行发酵，其中，水果类纤维比谷类纤维更容易被发酵。而经过体内细菌发酵后，膳食纤维会引发体内生理等方面的变化。

9.4 米糠成分的生产方法

9.4.1 米糠油制备技术

米糠油中油酸、亚油酸含量较高，总量占米糠油脂 80%以上，脂肪酸组成合理，营养因子丰富，是一种健康型油脂，工业上米糠油的制备方法多采取压榨法、有机溶剂萃取法、超临界二氧化碳萃取等。压榨法是借助机械压力，从米糠中分离得到米糠油，该法生产设备比较简单，产品无任何添加成分，油脂中营养成分保留较多，风味纯正。但缺点是这种方法需要的生产动力较高，出油率低，饼粕的油残留量大，针对这种情况往往采用一段压榨，二段有机溶剂萃取的方式以提高生产率。溶剂浸出法利用相似相溶原理，采用有机溶剂浸提米糠中的油脂，该法提油率高、成本低，在国内外普遍采用，但缺点是有溶剂残留。为了提高出油率常采用低温破壁、微波、超声波、酶解辅助提取的工艺方法，油脂提取率比单一溶剂萃取法显著提高，同时节约了溶剂成本。超临界萃取米糠油通常采用超临界 CO_2，在超临界状态下，液态 CO_2 与米糠接触，将米糠中油脂溶解在液态 CO_2 中，随后减压、升温，将液态 CO_2 变成气体，得到米糠油。该法得到的米糠油脂营养物质保留比较多，同时提油率高，无溶剂残留；但对提取设备要求较高，投资大，推广难度大。

9.4.2 米糠蛋白制备技术

自 20 世纪 70 年代起，已有科研工作者从事米糠蛋白提取的研究，但米糠蛋白的高聚合度以及与植酸、淀粉的螯合，造成溶解性差，提取较为困难，目前商业生产及应用仍较罕见。传统的碱法提取，高浓度的碱液可改变米糠中纤维素、淀粉、植酸等与蛋白质聚集结构，通过破坏蛋白质分子间紧密结合的二硫键、氢键和酰胺键，使蛋白质易溶解于碱性溶液中，在 pH7～12，米糠蛋白得率达到 30%～80%；碱法虽简单易行，但碱浓度较高条件下，易发生美拉德反应，蛋白质提取液颜色较深，且蛋白质的半胱氨酸和丝氨酸残基可能转变为一定毒性的乙酰脱氢丙氨酸。利用酶法辅助提取米糠蛋白，在较低浓度的碱条件下即可得到较高的提取率，蛋白质营养损失少。研究报道较多的是利用蛋白酶酶解提取米糠蛋白，蛋白酶酶解的机制主要是将难溶的米糠蛋白分子降解为可溶性的分子，但提取液颜色较深，且水解难以控制，米糠蛋白苦味较重，限制了其应用。

9.4.3 米糠多糖制备技术

米糠多糖传统的提取工艺是利用多糖溶于水的性质，采用热水进行浸提，工艺流程为：

米糠脱脂→水提→淀粉酶和糖化酶处理→沉淀蛋白质→沉淀→醇洗→干燥

在水提阶段通常辅助采取微波、超声波、超高压工艺，或者采取纤维素酶、蛋白酶等进行破壁处理，这些辅助处理工艺都极大提高了米糠多糖的提取率；为降低提取液中淀粉含量，水提液通常采用淀粉酶、糖化酶进行酶解处理。

9.4.4 米糠植酸制备技术

米糠资源丰富、价格低廉，植酸含量10%左右，是获取植酸的重要原料。生产中应用较多的植酸提取方法有沉淀法和离子交换法。沉淀法的工艺过程：米糠脱脂→粉碎→酸浸→碱沉→沉淀物再溶解→过滤→滤液经阳离子交换树脂吸附阳离子→溶液脱色→浓缩→成品。离子交换法的工艺过程：米糠脱脂→粉碎→酸浸→过滤→阴离子交换树脂吸附植酸→碱洗脱→阳离子交换树脂吸附阳离子→脱色→成品。从工艺流程可看出2种工艺均较简单，但二者均需要消耗大量试剂，且成本高、能耗大、得率低；为了提高植酸产率，有关研究人员将微波、超声波技术应用于酸浸工艺；为了提高植酸产品品质，将膜分离技术应用于浓缩工艺中。

9.4.5 米糠膳食纤维制备技术

一般采用强碱溶液处理米糠，得到膳食纤维，该方法工艺简单，但该方法会破坏膳食纤维的有效成分，产生环境污染。有的研究通过酶解、超声波辅助提取等工艺可显著提高产率；通过超微粉碎、超滤等环境友好型技术提取膳食纤维，可改善膳食纤维品质。有研究者利用超滤技术提纯米糠中的可溶性膳食纤维，取得了较佳的应用结果。

9.4.6 米糠谷维素制备技术

谷维素是米糠中主要活性因子，米糠油中谷维油脂加工素含量约在2%～3%，市售谷维素大多利用米糠毛油制取。国内生产企业大多采用酸化弱酸取代法和吸附法生产谷维素，也有文献报道采用碱性甲醇直接从毛油中萃取谷维素的工艺等。弱酸取代法利用谷维素具有酚类物质的性质，通过二次碱炼可被吸附到皂脚中，达到富集谷维素的目的；随后利用碱性甲醇可溶解谷维素钠盐和脂肪酸盐的性质，将谷维素钠盐和脂肪酸盐从皂脚中分离出；最后利用谷维素不溶于弱酸的性质，采用弱酸调节pH，还原谷维素钠盐得到谷维素。该方法成本低，产品质量较好，但回收率较低，不适用于高酸值米糠毛油制备谷维素。吸附法是利用吸附剂吸附毛油中谷维素的原理。先经过真空、高温脱除毛油中脂肪酸，随后加入活性吸附剂（活性氧化铝等），吸附活性氧化铝上的谷维素用醋酸乙醇溶液溶出谷维素即可。

9.5 米糠的安全性和应用

9.5.1 米糠安全评价

米糠脂多糖是新发现的一种植物脂多糖，未曾进行过生物试验，一般采用观察米糠脂多糖对小鼠脾指数和肿瘤坏死因子（TNTF）的影响，以及急性毒性试验来探究米糠脂多糖的安全性。结果表明米糠脂多糖是一种生物活性高且不具有大肠杆菌脂多糖高毒性的免疫增强剂。

龙蕾等人通过将米糠蜡提取物二十八烷醇作为新型饲料添加剂应用于动物饲料中，对其进行安全性毒理学研究，发现二十八烷醇对 ICR 小白鼠和 Wistar 大鼠的急性经口半数致死量（LD_{50}）＞10.00g/kg BW,属实际无毒物质；遗传毒性试验 Ames 试验、小鼠骨髓细胞微核试验和小鼠精子畸变试验均为阴性，表明受试物无致突变作用；大鼠 30 天喂养试验中未见动物生长、健康状况、生化、血液学指标和器官组织形态的异常变化。

有研究者为米糠中提取的高碳脂肪醇（米糠蜡）的开发利用提供依据。用稻壳粉为载体高级脂肪醇（米糠蜡提取）为受试物，根据《食品安全性评价程序和方法》（GB 15193）中的相关规定和方法进行急性毒性试验和遗传毒性试验，对四种菌株，进行了五个浓度的对照试验；发现米糠中的提取物高碳脂肪醇不具有急性毒性和遗传性毒性。

赵晨伟等对酶法酯化脱酸工艺所生产的米糠油进行了质量与安全性评价。分别对其特征指标、品质指标、食品安全指标、甘油三酯组成、油脂伴随物含量，以及炼耗、辅料消耗、能耗等工艺指标进行了分析，发现酶法酯化脱酸米糠油的特征指标和质量指标均符合我国米糠油国家标准的要求，其脂肪酸、甘油三酯组成与传统工艺所生产的米糠油无明显差异，维生素 E、甾醇、角鲨烯、谷维素等有益伴随物保留率更高，反式脂肪酸、3-氯丙醇酯、缩水甘油酯等风险因子生成量减少，且得率大幅度提高，辅料消耗、能耗等显著降低。酶法酯化脱酸工艺所生产的米糠油是一款更安全、更营养的米糠油产品。

根据米糠的来源及以上对米糠中相关成分的毒性等的测试，表明米糠及米糠相应产品是安全的、可以信赖的。

9.5.2 米糠在食品领域的应用

目前米糠在食品加工中的应用比较广泛，主要用于面包、饼干、膨化食品、蛋糕、比萨饼等面食制品的生产。张磊科等人研究在馒头的纸杯中添加米糠，并探索不同添加量的米糠对馒头品质的影响；左锋等人采用纤维素酶和植酸酶处理米糠，改善米糠中膳食纤维品质，降解植酸营养抑制剂并将米糠酶解物添加到饼干配料中，试图增加饼干中蛋白质和膳食纤维等营养素含量，而研究表明，与对照组相比较，实验组各营养组分均有不同大小的提高，表明米糠有助于提高饼干的营养价值。将稳定化米糠添加到蛋糕中不仅能够提高米糠蛋糕的营养价值，也可以增加米糠的使用范围，扩大米糠资源的利用率，因此，刘淑敏等以稳定化米糠为原料，通过单因素试验和正交试验设计对米糠蛋糕的配方进行优化，确定营养蛋糕生产的最适配方。

膳食纤维类饮料是西方很流行的功能性饮料，既能解渴、补充水分，又可提供人体所需膳食纤维。这类产品在欧美和日本等发达国家比较流行，如日本可口可乐公司生产的含膳食纤维矿泉水，欧美的高纤维橙汁、高纤维茶等。

9.5.3 米糠在保健和医疗中的应用

米糠多糖中可溶性膳食纤维还可以调节肠道微生态平衡，另外由于可溶性膳食纤维的吸湿特性，人体摄入后能增大粪便体积和湿度，最终起到润肠通便作用。在日本，已经有米糠多糖制成的便秘保健药上市。

中老年是心血管疾病发病的高峰期，其致病的原因之一是血中胆固醇过高，生育三烯酚对降低血清胆固醇有明显的功效，在医学领域中占据着重要的地位，可以用于医药方面；同时，它能够预防人体脂质代谢异常，特别是身体内脏脂肪过氧化脂质的产生和膜脂质老化，能有效减缓人体衰老，且具有抗氧化性作用，而米糠中生育三烯酚含量较为丰富，因此，其可以应用于保健类药物等。

从米糠中可以直接提取植物酸，其人体内水解产物为肌醇和磷脂。前者具有抗衰老作用，后者是人体细胞重要组成部分。植酸可以促进氧合血红蛋白中氧的释放，改善血红细胞功能，延长血红细胞的生存期；还可用于治疗糖尿病、肾结石等病症，同时植酸钠盐能减少胃酸分泌，用于治疗胃炎、胃溃疡、十二指肠溃疡与腹泻等。同时，米糠中的植酸还可用于降低尿中的钙离子浓度，并可龟裂肾结石，促进人体内蛋白质合成与代谢作用，可作为发育不良、磷钙缺乏、身体虚弱、早期衰老等症的强化营养剂等。

日本某食品公司利用米糠内含有六磷酸肌醇酯（IP6）开发成具抗癌作用保健食品，具有抑制人体内生成氧化脂质的功能；据近年国外研究，其还具有增强免疫力，抗癌等作用，而美国食品和药物管理局（FDA）和日本厚生省已确认其功效，并在美国已形成 IP6 市场规模。

由此可见，由于米糠中营养成分含量丰富且具有不错的保健和医疗效果，米糠可以被广泛应用于保健品和医药品的制备。

9.5.4 米糠在饲料中的应用

（1）鸡饲料中的应用

米糠其蛋白质含量较高，氨基酸含量较高且相对均衡，其中赖氨酸、色氨酸、苏氨酸等高于玉米，且含有多种维生素及常量、微量和必需脂肪酸等。又因为米糠中含有较高的亚麻酸，可以促进鸡蛋的增重等。有学者研究了米糠在蛋鸡生产中的应用，结果显示，添加 20%米糠产蛋率比对照组高 1.19%，料蛋比比对照组高 0.96%，与对照组相比每只鸡在产蛋期内可提高经济效益 2.2 元。

有关试验表明，日粮中随着米糠使用量的增加（0～50%），肉鸡生长速度呈曲线下降，当降至10%时，生长速度不再受到影响；对于0～21日龄的肉鸡，米糠用量在5%时，饲料转化率有所增加，全期饲料转化率保持不变；对于21～49日龄的肉鸡，日粮中米糠使用量低于20%时，采食量不受显著影响；而在其他一些试验中发现，对于10～49日龄的肉鸡，日粮中米糠含量在0～53.9%的范围内，饲料转化率没有明显变化，但生长速度显著减慢。

（2）反刍饲料中的应用

米糠作为反刍动物经济而营养价值丰富的饲料原料之一，是反刍饲料首选。具体用量随奶牛不同阶段而异。青年牛和奶牛用量较多，一般可以用到日粮干物质的30%～40%，产奶牛随着泌乳阶段的变化而变化，一般可以用到日粮干物质的15%～30%。当然，作为肉牛的精料补充料，可以将米糠作为主要的精料补充物。另外，新鲜米糠不易贮存，要防止其变质。

与单胃动物不同，米糠对反刍动物无不良影响。但是在配合饲料中也不宜超过40%。过多会影响肉牛肉品质和乳牛牛乳的品质。有学者用米糠与麦麸按质量比1∶5进行混合制作米糠发酵饲料，在肉牛出栏前6个月期间，每天给予1kg，检测结果显示，胴体等级以及里脊的大理石花纹和五花肉肉质都得到显著改善，并且饲喂期间未发现下痢症状。

（3）猪饲料中的应用

米糠有史以来都是养猪业的主要原料，从一家一户到大型养猪场米糠都是不可缺少的饲料原料。由于米糠油脂多为不饱和脂肪，饲喂过多会影响肉的品质，产生软脂肪，因此在配合饲料中以15%为宜，最高也不能超过20%。仔猪不宜饲喂米糠或者少喂，以免引起腹泻、皮炎等，加热可少量使用。

有研究者测得猪的米糠表观消化能为15.57MJ/kg，表观代谢能为14.84MJ/kg，净能11.54MJ/kg。李晶等研究米糠和抗氧化剂对肥育猪胴体和肌肉品质的影响发现，米糠可以降低肥育猪胴体品质和肌肉品质，而抗氧化剂可以改善肥育猪胴体和肌肉品质。Warren等在生长肥育猪饲粮中添30%脱脂糠，结果表明，日增重降低0.51g，日采食量降低0.76g，对生长性能略有影响。有研究发现，生长肥育猪饲粮中添加30%的米糠会导致胴体脂肪变软。

（4）鸭饲料中的应用

米糠是大米加工过程中的副产品，品质因加工技术不同及水的品种不同差异较大，粗蛋白含量12.8%～14%，脂肪含量12%～18%。脂肪中主要脂肪酸为油酸和亚油酸，所以和小麦配合使用可弥补小麦亚油酸含量不足的缺陷，而成鸭对米糠的消化利用率和耐受量是其他畜禽无法比拟的；根据美国大豆协会提供的数据，米糠的代谢能可达13.06MJ/kg，在添加植酸酶的情况下，使用量可达配方总量的45%，生长和生产性能不受影响。由于加工工艺及水稻品种不同，其脂肪含量不一，代谢能在11.05～12.14MJ/kg，其中以杂交稻代谢能较高，粳稻和糯稻较低，使用时需根据实测脂肪含量对配方作微调，以确保产品质量的稳定。

(5) 家畜饲料中的应用

徐昌云等的试验表明在饲料中用30%米糠和猪用复合饲料添加剂对育肥猪的生长有极显著的促生长作用，提高了饲料的利用率，降低了料肉比。Campos等研究用30%米糠替代部分玉米对肉质的影响，结果表明，玉米-米糠组和玉米组肌肉TBARs值受贮存时间的影响显著，随着贮存时间的延长TBARs值呈现上升趋势，玉米-米糠组大于玉米组。冯定远等研究表明使用脱脂米糠对猪的适口性很好，且不会影响肉质，是很好的纤维来源原料。

9.5.5 米糠在发酵中的应用

顾颖娟等人将灵芝菌接种在米糠液中，通过对这一培养基和菌种的培养发酵，成功获得了灵芝米糠发酵液。随后研制的功能性饮料就是以这种发酵液为主要原料来生产的；有研究者设计了单因素试验及正交试验，对轻自由基清除率进行测定，选择最佳条件来使用纳豆菌发酵糠，开发出的这种产品具有很强的抗氧化能力，投入市场后一定有很大的发展潜力和附加值；代峥峥等以用猴头菌发酵米糠产多糖，获得了较高的菌丝体和多糖含量。

邵燕等以新鲜柑橘和米糠为主要原料，对米糠柑橘酒生产工艺进行了研究，结果表明，各因素对米糠柑橘酒感官影响主次顺序为初始糖度＞发酵温度＞酵母接种量，在酵母接种量11%、发酵温度25℃、初始糖度14%的最佳发酵条件下，发酵可制得外观澄清、风味独特、品质稳定的米糠柑橘酒。

与此同时米糠在发酵中可以用于其他产品的生产。如王娇斐利用米糠发酵生产γ-氨基酸等。

9.5.6 米糠在其他方面的应用

韦公远等通过高酸值的米糠油制备生物柴油。

马艳梅利用米糠作为吸附剂来吸附水中的硫化物，并讨论了其他多种因素对吸附效果的影响，结果表明，米糠具有较好的吸附效果；张悍等探索高效利用米糠和麦麸为原料制备生物炭去除四环素的效果和机制，结果显示2种生物炭均有吸附四环素的效果。通过添加米糠成分从而增加某种物质的抗氧化能力等。

张鹏龙等以米糠蜡作为樱桃番茄的涂膜保鲜剂，研究其对樱桃番茄采后生理的影响，结果表明：米糠蜡涂膜能减缓樱桃番茄果实硬度和使滴定酸下降，抑制了果实可溶性固形物、失重率和pH值的升高；并对樱桃番茄果实中果胶的降解有显著抑制作用，延缓了樱桃番茄采后品质的变化趋势，更好地维持果实质地特性。再如用米糠中植酸配制海鲜产品和其他水产品保鲜剂效果非常明显。鲜虾经植酸处理后，保质期大大延长等。

从以上米糠的应用中我们可以看出米糠可以用于食品行业、医疗行业、保健行业、畜牧业等诸多行业，表明米糠具有极为广泛的应用范围和应用前景，在前人的基础上，我们更应当不断积累，不断推陈出新，进一步发展和开拓米糠的新行业和新应用。

参 考 文 献

[1] Wang L，Ray A，Jiang X，et al. T regulatory cells and B cells cooperate to form a regulatory loop that maintains gut homeostasis and suppresses dextran sulfate sodium-induced colitis [J]. Mucosal Immunology，2015，8 (6)：1297-1312.

[2] Mitra S，Gaur U，Ghosh P C，et al. Tumour targeted delivery of encapsulated dextran-doxorubicin conjugate using chitosan nanoparticles as carrier [J]. Journal of Controlled Release，2001，74 (1)：317-323.

[3] Hu G，Yu W. Binding of cholesterol and bile acid to hemicelluloses from rice bran [J]. International Journal of Food Sciences and Nutrition，2013，64 (4)：461-466.

[4] 刘晶，郭婷，郭天一，等．米糠多糖通过 MAPK 通路抑制 DSS 诱导的小鼠结肠炎症 [J]. 食品与机械，2019，35 (1)：32-40.

[5] Zheng S，Sugita S，Hirai S，et al. Protective effect of low molecular fraction of MGN-3，a modified arabinoxylan from rice bran，on acute liver injury by inhibition of NF-κB and JNK/MAPK expression [J]. International Immunopharmacology，2012，14 (4)：764-769.

[6] 高宇．米糠油不饱和脂肪酸对肝癌细胞 HepG2 的影响及其机制研究 [D]. 中南林业科技大学，2014.

[7] 王长远，郝天舒，张敏．干热处理对米糠蛋白结构与功能特性的影响 [J]. 食品科学，2015，36 (7)：13-18.

[8] Suantai S. Weak and strong convergence criteria of Noor iterations for asymptotically nonexpansive mappings [J]. Journal of Mathematical Analysis and Applications，2005，311 (2)：506-517.

[9] Wang M，Hettiarachchy N S，Qi M，et al. Preparation and functional properties of rice bran protein isolate [J]. Journal of Agricultural & Food Chemistry，1999，47 (2)：411-416.

[10] Hamada J S. Ultrafiltration of partially hydrolyzed rice bran protein to recover value-added products [J]. Journal of the American Oil Chemists' Society，2000，77 (7)：779-784.

[11] 夏宁．喷射蒸煮制备米糠、碎米蛋白及其功能性研究 [D]. 华南理工大学，2012.

[12] 孟凡友，李承刚，王立，等．挤压对米糠蛋白功能特性的影响 [J]. 粮油加工，2006 (11)：68-71.

[13] Salehifar M，Fadaei V. Comparison of some functional properties and chemical constituents of dietary fibers of Iranian rice bran extracted by chemical and enzymatic methods [J]. African Journal of Biotechnology，2011，10 (80)：18528-18531.

[14] 龙蕾，彭凯，高木珍，等．二十八烷醇作为饲料添加剂的安全性毒理学研究 [J]. 饲料研究，2014 (21)：28-31，53.

[15] 高珉之，张雷，王瑞翀，等．高碳脂肪醇的安全性毒理学评价 [C]．中国毒理学会第四届中青年学者科技论坛论文集，2014.

[16] 赵晨伟，王勇，李明祺，等．酶法酯化脱酸米糠油产品质量与安全性评价［J］．中国粮油学报，2019，34（8）：85-90.

[17] 张磊科．米糠馒头的研制［J］．现代面粉工业，2011，25（6）：23-26.

[18] 左锋，钱丽丽，闫峥嵘，等．米糠酶解物营养饼干的研制［J］．中国粮油学报，2014，29（11）：108-112.

[19] 刘淑敏，王浩，杨庆余，等．米糠蛋糕的研制及品质评定［J］．食品工业，2019，40（4）：54-57.

[20] 李磊，贾刚，吴秀群，等．糠麸饼粕类饲料原料净能预测及其对生长猪生长性能、氮和能量利用的影响［J］．动物营养学报，2011，23（10）：1800-1805.

[21] 李晶，周勤飞，童晓莉，等．米糠和抗氧化剂对肥育猪胴体和肌肉品质的影响［J］．黑龙江畜牧兽医，2010，（17）：73-75.

[22] Warren B E，Farrell D J. The nutritive value of full-fat and defatted Australian rice bran. Ⅱ：Growth studies with chickens，rats and pigs［J］. Animal Feed Science and Technology，1990，27（3）：229-246.

[23] 徐昌云．米（统）糠配方日粮应用添加剂对育肥猪生长效果试验［J］．草与畜杂志，1994（1）：14-16.

[24] De Campos R M，Hierro E，Ordonez J A，et al. A note on partial replacement of maize with rice bran in the pig diet on meat and backfat fatty acids［J］. Journal of Animal and Feed Sciences，2006，15（3）：427-433.

[25] 冯定远．猪的非常规饲料优化应用技术［J］．饲料与畜牧，2012（2）：8-12.

[26] 顾颖娟，张磊，刘亚伟，等．灵芝米糠发酵液制作保健饮料的工艺研究［J］．食品科学，2009（4）：295-298.

[27] 代峥峥．猴头菌液体发酵及多糖的提取纯化研究［D］．江南大学，2008.

[28] 邵燕，卢中明，侯冰峰，等．米糠柑橘酒生产工艺研究［J］．中国酿造，2011（6）：202-205.

[29] 王姣斐．压差式膨化前处理米糠及其发酵生产 γ-氨基丁酸的研究［D］．天津科技大学，2014.

[30] 韦公远．用米糠油制取生物柴油［J］．粮食流通技术，2010（5）：41-42.

[31] 马艳梅．米糠对废水中硫化物的吸附及研究［J］．工业安全与环保，2018，44（10）：66-69，73.

[32] 张悍，吴亦潇，万亮，等．米糠和麦麸生物炭对水中四环素吸附特性研究［J］．环境科学与技术，2019，42（8）：20-27.

[33] 张鹏龙，陈复生，杨宏顺，等．米糠蜡涂膜对樱桃番茄保鲜效果和果胶含量的影响［J］．农业机械，2011（23）：163-167.

[34] 王旭峰，何计国，陶纯洁，等．小麦麸皮的功能成分及加工利用现状［J］．粮食与食品工业，2006（1）：19-22.

[35] 朱芸．麦胚和麦麸产品的开发研究［D］．新疆：新疆农业大学，2014.

[36] 徐斌，苗文娟，董英，等．中国小麦胚芽资源分布及深加工相关品质［J］．农业工程学报，2012，28（2）：244-249.

[37] 史建芳，胡明丽．小麦麸皮营养组分及利用现状［J］．现代面粉工业，2012，26（2）：25-28.

[38] 陶颜娟．小麦麸皮膳食纤维的改性及应用研究［D］．江南大学，2008.

[39] Ye E Q，Chacko S A，Chou E L，et al. Greater whole-grain intake is associated with lower risk of type 2 diabetes，cardiovascular disease，and weight gain［J］. The Journal of Nutrition，2012，142（7）：1304-1313.

[40] Tong L，Zhong K，Liu L，et al. Effects of dietary wheat bran arabinoxylans on cholesterol metabo-

lism of hypercholesterolemic hamsters [J]. Carbohydrate Polymers，2014，112：1-5.

[41] 王军，王忠合，章斌，等．麦麸多糖理化特性与抗氧化性分析 [J]. 食品研究与开发，2015，36 (7)：18-22.

[42] Choi Y，Lee J，Lee M，et al. Splenic T cell and intestinal IgA responses after supplementation of soluble arabinoxylan-enriched wheat bran in mice [J]. Journal of Functional Foods，2017，28：246-253.

[43] 史建芳，胡明丽．小麦麸皮营养组分及利用现状 [J]. 现代面粉工业，2012 (2)：25-28.

[44] 曹向宇，刘剑利，侯萧，等．麦麸多肽的分离纯化及体外抗氧化功能研究 [J]. 食品科学，2009，30 (5)：257-259.

[45] 丁长河．小麦麸皮低聚糖生产中预处理条件研究 [J]. 粮食与油脂，2014 (4)：23-26.

[46] 丁长河，周迎春，张洪宾，等．小麦麸皮低聚糖的结构、功能特性及应用 [J]. 中国食品添加剂，2013 (2)：214-218.

[47] 李林轩，李硕，王晓芳，等．小麦麸皮理化特性与深加工技术探讨 [J]. 粮食加工，2019，44 (04)：20-23.

[48] 王玮．超微粉碎麸皮的功能特性及应用研究 [D]. 郑州：河南工业大学，2016.

[49] 孙颖．小麦麸皮膳食纤维的脱色及超微粉碎加工 [D]. 无锡：江南大学，2008.

[50] Chinma C E，Ramakrishnan Y，Ilowefah M，et al. Properties of cereal brans：A Review [J]. Cereal Chemistry Journal，2015，92 (1)：1-7.

[51] 张梅红，钟葵，刘丽娅，等．小麦麸皮营养与质量安全品质分析 [J]. 麦类作物学报，2012，32 (6)：1090-1095.

[52] Kaur G，Sharma S，Nagi H P S，et al. Functional properties of pasta enriched with variable cereal brans [J]. Joumal of Food Science and Technology，2012，49 (4)：467-474.

[53] 姚慧慧，王燕，赵传文．小麦麸皮膳食纤维及其在食品中的应用研究进展 [J]. 粮食与油脂，2018，31 (10)：10-12.

10

大 豆 膳 食 纤 维

中国是大豆的原产地，被称为“大豆之乡”，大豆产量一直位居世界前列。大豆制品历史悠久，在我国已有2000多年的生产历史，大豆产品有豆浆、豆腐、腐竹、豆奶等数十个品种。我国豆制品的饮食消费量和生产加工规模都很大。豆制产品在加工过程中会有大量副产物产生，例如大豆皮、大豆渣、大豆粕等，这些豆制品副产物中富含大豆膳食纤维，虽然大豆膳食纤维不能被人体消化酶消化，不能为人体提供任何营养物质，但是大豆膳食纤维可调节人体血糖水平，预防便秘，增加饱腹感；具有预防肥胖、促进双歧杆菌及需氧菌增殖、增强巨噬细胞功能、提高抗病能力等生理功能，具有极大的开发利用价值。

10.1 大豆膳食纤维的来源和结构

10.1.1 大豆膳食纤维的来源

豆渣是大豆制品生产中的副产物，营养丰富，但长期以来一直作为饲料使用，其营养价值没有得到很好的利用。据统计豆渣（干基）含蛋白质20%、碳水化合物53.3%、脂肪3.3%，此外还含有丰富的大豆膳食纤维、钙、铁等矿物质，是提取大豆膳食纤维的良好来源，可提高大豆的综合利用率。

大豆外壳的主要成分是膳食纤维，主要含有果胶、纤维素、半纤维素和木质素等，是提取大豆膳食纤维的良好原料。大豆外壳约占整个大豆质量的8%，其中酸性膳食纤维约占48%，粗蛋白约占10%～12.2%，果胶类物质约占3%～5%，木质素约占2%，氧化钙约占0.53%，磷约占0.18%。大豆皮中主要单糖成分及含量见表10-1。

表10-1 大豆皮主要单糖成分及含量 单位：%

膳食纤维种类	鼠李糖	阿魏酸	阿拉伯糖	木糖	甘露糖	半乳糖	葡萄糖
大豆可溶性膳食纤维	—	0.1	—	0.5	0.1	0.2	0.6
大豆不溶性膳食纤维	4.4	0.2	0.3	2.4	1.7	0.7	3.9
大豆总膳食纤维	4.4	0.3	0.3	2.9	1.8	0.9	4.5

大豆提取豆油后得到的副产品是豆粕，其主要营养成分见表10-2，大豆豆粕中膳食纤维含量丰富，是大豆膳食纤维提取的良好材料。大豆豆粕中氨基酸含量丰富，带皮豆粕和去皮豆粕中均含有赖氨酸、色氨酸、亮氨酸、精氨酸等人体必需氨基酸（见表10-3），营养价值高，且豆粕中不含胆固醇，可替代动物蛋白来使用。

表10-2 大豆豆粕中营养成分表 单位：%

成分名称	蛋白质	脂肪	碳水化合物	膳食纤维	水分
含量	42.5	2.1	37.9	7.6	11.5

表 10-3 大豆豆粕中氨基酸组成 单位：%

氨基酸种类	带皮豆粕氨基酸组成	去皮豆粕氨基酸组成
精氨酸	3.4	3.8
赖氨酸	2.9	3.2
甲硫氨酸	0.65	0.75
胱氨酸	0.67	0.74
色氨酸	0.6	0.7
组氨酸	1.1	1.3
亮氨酸	3.4	3.8
异亮氨酸	2.5	2.6
苯丙氨酸	2.2	2.7
苏氨酸	1.7	2

10.1.2 大豆膳食纤维的结构

大豆膳食纤维由纤维素、半纤维素、果胶等物质组成。植物纤维素是葡萄糖通过β-1,4-糖苷键聚合而成的直链聚合物，分子间由大量相邻羟基形成的氢键相结合，形成带状双折叠螺旋结构，不溶于水。半纤维素主要包括阿拉伯木聚糖、葡聚糖、半乳聚糖、甘露聚糖、木聚糖等。阿拉伯木聚糖由两种戊糖阿拉伯糖和木糖组成，其分子主链是由β-1,4-木聚糖组成的直链结构。葡聚糖是由许多葡萄糖单位通过β-1,3-糖苷键和β-1,4-糖苷键形成直链结构，分子量范围为200000～300000，聚合度为1200～1850。果胶又称半乳糖醛酸，分子量范围为30000～300000，由α-1,4-半乳糖醛酸主链组成，有时主链中插入α-1,2-L-鼠李糖残基，其他侧链取代糖主要有D-半乳糖、L-阿拉伯糖、D-木糖和少量的L-岩藻糖和D-葡萄糖糖醛酸。熊慧薇等采用气相色谱法得到了大豆膳食纤维由鼠李糖、阿拉伯糖、木糖、甘露糖、葡萄糖、半乳糖等6种单糖组成，气相色谱图中这6种单糖的保留时间分别是7.378min、7.961min、8.276min、10.066min、10.371min、10.627min，表明大豆膳食纤维是各种杂多糖的混合物。

10.2 大豆膳食纤维的生理功能

大豆膳食纤维经过微生物降解已经没有蛋白质、维生素、脂肪等营养物质，但对人体却具有其他方面的生理活性功能，可刺激抗体产生，增强人体免疫功能。

10.2.1 预防肥胖症

(1) 作用机制

大豆膳食纤维相对密度较小，吸水后体积大，对肠道产生容积作用，容易引起饱腹感，尤其是其中黏性膳食纤维可减缓胃排空，降低胃肠消化酶的催化效率，减缓和抑制碳水化合物、蛋白质、脂肪等营养物质吸收，降低食品效能，使人体不容易产生饥饿感，这主要是由于大豆膳食纤维能刺激小肠上皮黏膜细胞分泌胆囊收缩素，抑制胃排空，增加饱腹感，并且大豆膳食纤维在结肠内发酵会产生挥发性脂肪酸，刺激结肠 L-细胞产生与食欲控制相关的胃肠激肽、胰高血糖素样肽-1（GLP-1）等激素，通过这些激素可以减少进食量。此外，大豆膳食纤维还具有吸收胆汁酸、降低血液胆固醇含量、降低心血管疾病发病率等作用，进入大肠内的大豆膳食纤维能被肠内细菌部分选择性地分解与发酵，改变肠内菌群构成与代谢，诱导大量有益菌繁殖，增强机体免疫力、延缓衰老，有效吸附体内毒物迅速排出体外。

(2) 研究进展

将含 10%、20%、40%大豆膳食纤维的饲料喂食小鼠 10 周，小鼠体重增加量明显偏低，且随豆渣含量递增，小鼠体重增加量逐渐下降，血液胆固醇、低密度脂蛋白及脂肪酸等生理指标也均有所降低。当大豆膳食纤维剂量增加时，小鼠粪便排泄量随之增加，但粪便含水量无明显变化，说明大豆膳食纤维能明显增加小鼠粪便的排泄量，但对小鼠摄食及生长情况并无明显影响。不同品种膳食纤维对小鼠粪便排泄的影响不同，当摄入量相同时，小麦膳食纤维增加小鼠排泄量效果优于大豆膳食纤维，大豆膳食纤维的效果优于果胶，但这 3 种膳食纤维均使小鼠粪便含水量明显提高，且果胶组的粪便含水量最高，大豆膳食纤维组次之，小麦膳食纤维组最低，说明膳食纤维的高持水性增加粪便排泄量，主要是增加粪便含水量，但对增加粪便干质量效果差。

10.2.2 防治高血压、心脏病和动脉硬化

(1) 作用机制

① 增强胆固醇代谢，降低胆固醇吸收

血液中胆固醇来源于食物外源性摄取和体内内源合成，其主要分解代谢途径是转化为胆酸，由粪便排出体外。胆固醇和胆酸排出与大豆膳食纤维有着极为密切的关系，大豆可溶性膳食纤维能明显降低血液胆固醇、胆酸浓度。

大豆膳食纤维的摄入可抑制人体对胆固醇的吸收，显著降低血液中胆固醇水平，大豆膳食纤维还能吸附肠道内的胆固醇并促使它们随粪便排出量增加，导致血清胆固醇水平下降。大豆膳食纤维可以吸附由肝脏分泌入肠腔内的胆汁酸，促

进胆汁酸随粪便排出体外，肠吸收胆汁酸量减少，阻碍胆固醇的肝肠循环，导致肝脏中胆汁酸水平降低。为维持胆汁酸及胆固醇的体内平衡，胆固醇代谢转化胆汁酸的速率增大，胆固醇的生物合成速率同时也被加快，导致血清和肝脏胆固醇水平下降。膳食纤维特别是可溶性膳食纤维直接控制胆固醇代谢，降低血液中低密度脂蛋白（LDL-C）含量，降低由动脉粥样硬化引起的心血管疾病。

② 促进体内血脂和脂蛋白代谢

大豆膳食纤维能缩短脂肪通过肠道的时间，能吸附胆汁酸、降低胆固醇和甘油三酯消化产物分子团的溶解性，能阻止分子团向小肠吸收细胞表面转移，促使小肠细胞的物理功能和消化酶分泌机能发生变化。因此，脂代谢过程中大豆膳食纤维能抑制或延缓胆固醇与甘油三酯在淋巴中吸收，增加胆固醇和胆酸的排出量，明显降低血液胆固醇浓度，对预防高血压、心脏病和动脉硬化，减少冠心病和心脑血管疾病的发生率具有重要的作用。

③ 降血压作用

血液中 Na^+/K^+ 比的大小直接影响血压的高低，大豆膳食纤维化学结构含有一些羧基和羟基类侧链基团，呈现出一个弱酸性阳离子交换树脂作用，可吸附结合阳离子如 Na^+、K^+，导致其在肠道内吸收受阻。大豆膳食纤维与肠道内 Na^+ 等阳离子结合，使无机盐在肠道内吸收受阻，促使尿液和粪便中大量排除 K^+、Na^+，降低血液 Na^+/K^+ 值，吸附钠盐使之随粪便排出体外，直接产生降低血压作用，可预防高血压等疾病的发生。膳食纤维尤其是酸性多糖类膳食纤维具有较强的阳离子交换功能，可与铜离子、锌离子、钙离子、铅离子等进行可逆交换，吸附在膳食纤维上的有害离子可以随粪便排出，从而达到解毒的作用。

（2）研究进展

大豆渣膳食纤维、大豆皮膳食纤维的组成情况见表 10-4。高血脂普通型小白鼠强制饲喂大豆渣膳食纤维和大豆皮膳食纤维的饲料后，具有降低血清胆固醇、甘油三酯水平和提高血清高密度脂蛋白水平的作用，对于抑制小白鼠体重增加具有明显的效果。大豆膳食纤维具有良好的降血脂效果，且二者之间具有明显的剂量-效应关系。连续 4 周给小鼠喂食高脂饲料（胆固醇 1%，胆酸 0.3%，猪油 6%），发现小鼠血清 TC、LDL-C 以及动脉硬化指数（AI）显著升高，在高脂饲料中加入 6%、10%或 15%大豆膳食纤维可显著降低小鼠血清 TC、LDL-C 及动脉硬化指数，但对血清 TG 和 HDL-C 无明显影响。大豆膳食纤维对控制成年大鼠的体重增长、减少腹腔脂肪的积累，降低高胆固醇和高脂肪摄入后血清甘油三酯和胆固醇含量以及降低血糖水平具有明显作用。在高血脂症大鼠高脂饲料中分别添加 10%大豆纤维素、果胶、瓜尔胶以及大豆纤维素-果胶-瓜尔胶复合物，饲喂大鼠 8 周后，与对照相比各种膳食纤维均可不同程度降低大鼠体内脂质水平，复合膳食纤维的效果优于单一膳食纤维。

表 10-4 大豆渣膳食纤维、大豆皮膳食纤维的组成成分

样品	水分/%	蛋白质%	灰分/%	膳食纤维/%	油脂	淀粉	色泽
大豆渣膳食纤维	5.68	0.76	3.54	88.57	未检出	未检出	洁白
大豆皮膳食纤维	5.31	0.36	5.32	87.84	未检出	未检出	浅黄

大豆膳食纤维能够降低高血脂小鼠肾脏中谷胱甘肽-S转移酶、H_2O_2、丙二醛含量，提高其谷胱甘肽、超氧化物歧化酶、过氧化氢酶酶活力，能提高小鼠肾的抗氧化应激效应。将大豆膳食纤维饲喂手术切除双侧卵巢的大鼠，试验10周后各试验组大鼠的血脂变化见表10-5，结果表明，与未手术组和高剂量大豆膳食纤维组比较，手术对照组血清总胆固醇（TC）显著增高，不同剂量膳食纤维组随大豆膳食纤维含量增加TC逐渐下降，高剂量大豆膳食纤维组下降到正常水平。与未手术组、雌激素组和高剂量大豆膳食纤维组比较，手术对照组甘油三酯（TG）明显降低。大豆膳食纤维可使切除卵巢大鼠血清总胆固醇、低密度脂蛋白降低，对切除卵巢大鼠的脂代谢紊乱有明显改善作用。

表 10-5 大豆膳食纤维对切除卵巢大鼠血清 TC、TG、HDL、LDL 的影响

单位：mg/dL

组别	例数	TC	TG	HDL	LDL
未手术组	5	2.78±0.24	1.19±0.39	0.88±0.13	0.93±0.08
雌激素组	6	3.45±0.36	0.88±0.17	0.93±0.34	1.23±0.20
手术对照组	7	3.68±0.32△▲	0.30±0.18△▲*	0.80±0.17	1.25±0.15△▲
低剂量大豆膳食组	7	3.44±0.34△▲	0.34±0.11△	0.78±0.19	0.83±0.20*
中剂量大豆膳食组	5	3.15±0.28▲	0.56±0.23△	0.80±0.19	0.56±0.10*
高剂量大豆膳食组	8	2.49±0.40*	0.68±0.30△	0.89±0.23	0.91±0.09*

注：△表示 $P<0.05$，与未手术组比较；▲表示 $P<0.05$，与高剂量大豆膳食组比较；*表示 $P<0.05$，与雌激素组比较。

10.2.3 改善血糖，防治糖尿病

（1）作用机制

大豆膳食纤维在肠内可形成网状结构，增加肠液的黏度，使食物与消化液不能充分接触，能吸附葡萄糖，阻碍葡萄糖的扩散，减慢葡萄糖吸收而降低血糖含量，降低营养素利用率，改善葡萄糖糖耐量和减少血糖药物的用量，对糖耐量障碍患者所发生的胰岛素和血糖值升高有抑制调节作用，可防治糖尿病。同时使人产生饱腹感，对糖尿病和肥胖病人进食有利，可作为糖尿病人的食品和减肥食品。

大豆膳食纤维中的果胶可延长食物在肠内的停留时间，降低葡萄糖的吸收速度，使进餐后血糖不会急剧上升，维持餐后血糖的平衡和稳定，避免血糖水平的剧烈波动，能够有效预防糖尿病。增加大豆膳食纤维的摄入量，可以改善末梢组织对胰岛素的感受性，可降低糖尿病患者对胰岛素和一般口服降血糖药的需求量，降低对胰岛素的要求，从而达到调节血糖水平，防止血糖吸收过快而上升过高，对胰岛素依赖型和非胰岛素依赖型糖尿病都有一定的预防作用，特别是对胰岛素依赖型糖尿病效果更明显。

（2）研究进展

对糖尿病模型小鼠灌胃 5g/kg BW 超细大豆皮膳食纤维（140～200 目和 200 目），正常组小鼠餐后血糖峰值分别降低 12.38％和 12.51％，糖尿病组小鼠餐后血糖峰值分别降低 38.71％和 317.26％，这说明超细大豆皮膳食纤维能改善正常小鼠和糖尿病模型小鼠糖耐量和血糖峰值，但大豆皮膳食纤维粒度大小对小鼠餐后血糖峰值影响不明显。大豆膳食纤维各剂量组及对照组大鼠空腹血糖值明显下降，肝糖原含量明显升高；高剂量大豆膳食纤维剂量组及对照组大鼠胰腺/体重比明显升高；各剂量组大鼠胰腺组织损伤程度明显减轻，胰岛细胞数目增多，且细胞水肿变形程度减轻。大豆膳食纤维可改善糖尿病对大鼠胰腺的损伤情况，较好地降低四氧嘧啶糖尿病小鼠血糖水平，并能减缓糖尿病小鼠消瘦和多饮多食的症状，其中以高剂量大豆膳食纤维 1000mg/kg BW 组的效果最佳。

10.2.4 预防结肠癌的发生

（1）作用机制

① 抑制腐生菌增长

结肠中一些腐生菌能产生致癌物质，而肠道中一些有益微生物能利用膳食纤维产生短链脂肪酸，这类脂肪酸能抑制腐生菌生长。大豆膳食纤维被结肠内细菌发酵产生短链脂肪酸（包括乙酸、丙酸和丁酸），能刺激肠道蠕动，缩短粪便在结肠内停留时间；同时增加粪便排泄量，使肠道内致癌物质得到稀释，因此，致癌物质对肠壁细胞刺激减少，有利于预防结肠癌。膳食纤维能改变肠道内微生物菌群的构成与代谢，诱导好氧细菌群大量增殖，抑制厌氧菌群的生长，好氧菌群比厌氧菌群产生致癌物的比例低。

② 减少次生胆汁酸的产生

大豆膳食纤维可改善大肠功能，抑制腐生菌生长，减少次生胆汁酸生成。胆汁中胆酸可以被细菌代谢为次生胆汁酸——石胆酸和脱氧胆酸，这两种物质都是致癌物和致突变物，食物中含有较多膳食纤维就能束缚胆酸和次生胆汁酸将它们排出体外，因此可以大大降低结肠中胆酸代谢产物次生胆汁酸含量。

③ 促进肠蠕动，减少致癌物与结肠的接触机会

膳食纤维化学结构中含有很多亲水基团，有较强的吸水性和很强的持水性，可增加人体排便速度和体积，使粪便成型利于排出，使肠道内致癌物及一些有毒物质随粪便排出，减少致癌物与肠壁接触，降低肠道中致癌物质浓度，减少结肠癌发生率。

(2) 研究进展

大豆膳食纤维的吸水膨胀性使食物在胃肠道内体积增加，促进胃肠道蠕动和排便，减少吸附于纤维结构内的致癌和促癌物质的停留时间。大豆膳食纤维发酵伴随结肠环境 pH 值降低，次级胆汁酸生成减少，同时发酵产生的丁酸盐可以通过抑制细胞核因子（NFκB）活性而产生抗炎症和抗肿瘤的作用。低粪便量和低膳食纤维摄入量与结肠直肠癌风险的提高呈正相关关系，每日排便量小于 150g 的人群结肠癌发生率比每日排便量大于 150g 的人群结肠癌发生率高两倍。高膳食纤维饮食增加了粪便量，导致了结肠内容物特别是粪胆汁酸的稀释，保护了结肠黏膜的健康，起到了防止结肠癌的效果。

10.2.5 对肠道菌群的调理

(1) 作用机制

动物肠道内栖息着大量的细菌，其大部分为厌氧菌，如双歧杆菌、类杆菌、梭菌等。膳食营养结构的调整和改变能引起肠道微生物区系的变化，这种改变往往与人体健康密切相关。豆渣中膳食纤维、矿物质元素、维生素等都是肠道微生物生长繁殖所需的营养物质，能够影响肠道菌系的平衡。豆渣膳食纤维在结肠内发酵，降低肠道环境 pH 值，促进双歧杆菌和乳杆菌的增长，抑制大肠杆菌和梭菌的生长，对肠道菌系和微环境具有良好的调节作用。

(2) 研究进展

在酶的作用下，大豆膳食纤维可降解为一定分子量大小的低聚物，因此水解液具有一定抑菌性。不同时间大豆膳食纤维水解液的抑菌作用见表 10-6，大豆膳食纤维在水解发生的开始阶段，水解液不具有抑菌效果，随着水解时间延长，其抑菌性也逐渐增强，说明大豆膳食纤维水解液的抑菌性和其水解发生程度有关。大豆膳食纤维水解到 160min 后开始有抑菌效果，大豆膳食纤维水解 240min 后抑菌性开始趋于稳定。不同水解时间大豆膳食纤维酶解液对供试菌株的抑菌圈直径在 9.7～11.3mm 之间，大豆膳食纤维水解液的抑菌性均显著高于对照组，且大豆膳食纤维水解液的抑菌活性随着水解液浓度的减小而降低。大豆膳食纤维酶水解液在 50℃、pH4.8 时对大肠杆菌、假单胞菌、金黄色葡萄球菌具有明显抑菌效果，对乳酸菌抑菌效果较明显。

表 10-6 水解液对供试菌株生长的影响

水解时间/min	供试菌株/(CFU/mL)		
	大肠杆菌	金黄色葡萄球菌	假单胞菌
0	3.64×10^5	8.1×10^5	7.0×10^5
60	5.47×10^5	7.3×10^5	7.6×10^5
100	5.1×10^5	7.0×10^5	6.4×10^5
140	2.4×10^4	4.5×10^5	6.0×10^5
160	1.44×10^4	5.8×10^4	5.0×10^4
200	3.2×10^4	4.0×10^4	4.8×10^4
240	2.6×10^3	3.2×10^3	4.0×10^3
280	1.2×10^3	2.6×10^3	2.4×10^3
320	3.64×10^4	3.8×10^4	2.0×10^4

10.3 大豆膳食纤维的理化性质

10.3.1 膨胀性和持水力

大豆膳食纤维的化学结构中含有许多亲水性基团，能够吸收相当于自身质量数倍的水分，表现出较高的膨胀性和持水力。1g 豆渣粉在 20℃ 水中可自由膨胀至 7mL，可以结合 700%的水，而且这种膨胀力能够保持 24h 不变。膳食纤维的膨胀性和持水性因其来源和制备形式不同而有差异，具有极性基团的多糖如果胶、树胶和部分半纤维素的持水性很强，水化后可使小肠的黏度增大，各种营养成分的扩散减慢，而多糖吸水后体积增大，会促进粪便的排泄。烘干、喷雾干燥、热风干燥等不同干燥方式及均质处理对大豆渣膳食纤维持水力、膨胀率、结合力水的影响见表 10-7。均质处理后的样品各项测定指标均优于其他测试样品，其次是热风干燥所得大豆渣膳食纤维样品，喷雾干燥所得大豆渣膳食纤维样品的测定结果最差，表明不同干燥方式对大豆渣膳食纤维品质有很大影响，热风干燥的效果好于喷雾干燥效果，这可能与喷雾干燥进风口温度过高导致大豆渣膳食纤维变性有关。

表 10-7 四种大豆豆渣膳食纤维指标测定结果

干燥方式	持水力/(g/g)	膨胀率/(mL/g)	结合水力/(g/g)
烘干	6.5432	8.3508	2.3199
喷雾干燥	5.9652	7.6507	1.5495
热风干燥	13.3403	17.2352	5.9463
均质处理	14.3007	21.6017	7.0655

10.3.2 阳离子结合和交换能力

大豆膳食纤维可与阳离子进行可逆性交换，明显提高肠道对钙的吸收和在肠道中的残留量，有助于促进肠道健康，另一方面会降低某些矿物元素和维生素的有效性，例如，果胶可降低铁元素的生物活性和增加维生素C在尿中的排泄量，但对钙离子、镁离子、铜离子的影响较小。此外，大豆膳食纤维可与铜、铅等重金属离子进行交换，作为重金属的解毒剂可以缓解重金属中毒。

10.3.3 有机化合物吸附螯合作用

大豆膳食纤维表面带有很多活性基团，不仅可以吸附肠道内有毒物质促进其排出体外，而且可以螯合吸附胆固醇和胆汁酸之类的有机分子，抑制或延缓胆固醇与甘油三酯在淋巴中的吸收，可显著降低血清胆固醇含量，预防与治疗动脉粥样硬化和冠心病。豆皮可溶性膳食纤维对胆酸钠、胆固醇的吸附能力可高达37.72mg/g和54.15mg/g。

10.3.4 发酵作用

肠系统中肠液和寄生菌群对食物蠕动和消化有重要作用，肠道内膳食纤维含量多时会诱导大量好气菌群代替原来存在的厌气菌群，这些好气菌很少产生致癌物，而厌气菌能产生较多的致癌性毒物，这些毒物能快速地随膳食纤维排出体外。

10.3.5 增容作用

膳食纤维体积较大，缚水之后体积更大，对肠道产生容积作用，易引起饱腹感，而且由于膳食纤维的存在，影响机体对食物其他成分的消化吸收，人不易产生饥饿感，豆渣膳食纤维对减肥和预防肥胖有一定作用，可控制体重。

10.3.6 膳食纤维溶解性

膳食纤维的溶解性与其本身结构和性质有密切关系，同时也受到温度、pH等环境因素的影响。大豆膳食纤维在酸性范围内的溶解度曲线变化很大，在碱性范围内变化较小，在pH＝7时溶解度达到最大，随温度的升高溶解度增大，温度对大豆膳食纤维的溶解度影响很大，特别是在50～80℃范围内，大豆膳食纤维溶解度随温度的变化非常明显。

10.3.7 乳化性

膳食纤维有很多亲水基团更适宜乳化成油-水型乳状液。水溶液中存在可溶性膳食纤维时，均质器处理生成的细微粒子表面被可溶性膳食纤维所覆盖，阻止了物理性油滴球的凝集，同时可强化周围的水化层或生成的双重电荷层。山东豆渣粉和自制豆渣粉中膳食纤维的乳化性（EAI）分别为 14.0m^2/g 和 12.1m^2/g，乳化稳定性（ESI）分别为 30.67min 和 33.95min，表明大豆膳食纤维有一定的乳化性质。

10.3.8 发泡性

膳食纤维的起泡性很差，膳食纤维形成的泡沫很少，泡沫不稳定，有自动聚集、破裂等倾向。膳食纤维的黏度比较低，不具有弹性，膳食纤维的起泡稳定性很差。

10.3.9 黏度

pH 对大豆膳食纤维黏度影响较大，在 pH 为 7 时大豆膳食纤维黏度最低，酸性环境中大豆膳食纤维的黏度随 pH 增加而下降，在碱性环境中大豆膳食纤维黏度随 pH 增加而缓慢增加，这可能与样品中含有羟基和羧基有关。大豆膳食纤维的黏度随浓度升高而升高，且在浓度越大时升高越快。黏性大豆膳食纤维有利于延缓和降低消化道中其他食物成分消化吸收。

10.3.10 热稳定性

大豆膳食纤维粉的热稳定性良好，在 44.46℃时第一次出现吸热峰时，说明蛋白质开始出现变性，蛋白质的高级结构被破坏，构象发生变化，从天然状态到变性状态即从有序状态到无序状态的转变，说明胰蛋白抑制因子、血球凝集素、脂氧化酶等均已被破坏，在 223.65℃第二次出现吸热峰，此时大豆膳食纤维水分完全丧失，大豆膳食纤维结构才被破坏。

10.4 大豆膳食纤维的提取方法

大豆膳食纤维的提取方法通常有酸提法、碱提法、酸碱提取法、酶提取法、复合提取法等。

10.4.1 不溶性大豆膳食纤维提取方法

（1）酸提取法

酸法制备的大豆膳食纤维含量较高，但产品色泽深，有一定异味，产品吸水溶涨性差，但具有操作简单、生产成本低，污染较小，易实现产业化等优点。以大豆渣为原料（主要成分为蛋白质 0.21%，脂肪 1.17%，纤维素 36.57%），采用正交试验得到酸处理法制备大豆不溶性膳食纤维最佳工艺条件组合为：提取温度100℃、每克大豆皮加水量15mL、提取时间60min、pH值为3。影响产率的因素顺序为：提取温度>pH值>加水量>提取时间。

（2）碱提取法

碱法制备的大豆膳食纤维蛋白质含量略高于酸法，但产品色泽好、异味小，吸水溶涨性较好，但该方法制备时间较长，废物处理较多。碱法处理制备大豆不溶性膳食纤维最佳工艺条件组合为：浸泡时间100min，每克大豆皮缓冲液用量30mL，处理温度20℃。在脱脂大豆粉中添加12倍质量的6%NaOH溶液，50℃下提取45min，大豆不溶性膳食纤维产率可达20.8%，得到的大豆不溶性膳食纤维的持水力为6.34g/g，溶胀性为6.48mL/g。

（3）酸碱共处理提取

酸法、碱法、酸碱法提取大豆不溶性膳食纤维的比较见表10-8。以酸浸温度、碱液用量、碱浸时间、酸液用量、酸浸时间作为影响大豆不溶性膳食纤维提取的主要因素，优化得到大豆不溶性膳食纤维的最佳制备工艺为：酸浸时间20min、每克大豆皮碱液用量0.5mL、碱浸时间60min、每克大豆皮酸液用量0.1mL、酸浸时间80min。优化得到酸碱共处理法的最佳工艺条件组合为：酸浸温度20℃，每克豆渣碱液用量0.5mL，碱浸时间为60min，每克豆渣酸液用量为0.1mL，酸浸时间为80min。

表10-8 不溶性膳食纤维制备方法比较

制备方法	酸法	碱法	酸碱法	原料对照
纤维含量/%	81.04	71.84	74.25	44.1
蛋白质含量/%	8.36	16.38	13.65	29.5
溶胀性/%	25.6	5.63	4.5	4.6
产率范围/%	57.59～80.59	64.40～77.90	41.08～87.25	
最佳温度/℃	100	20	20	
提取时间/min	30	300	碱浸60,酸浸80	
备注	操作简便 成本低 易实现产业化	操作周期长 成本高 废物处理量大	操作繁琐 产率波动性大 影响因素较多	

以豆制品厂新鲜豆渣为原料，采用酸碱处理法提取豆渣中不溶性膳食纤维，通过正交试验得到最佳工艺为：1mol/L NaOH用量5mL/g，碱处理温度40℃，碱处理时间8min，1mol/L盐酸用量4mL/g，酸处理时间80min，大豆膳食纤维含量达78.3%、蛋白质含量1.9%、脂肪含量0.8%、灰分2.6%。

（4）酶法提取

采用蛋白酶提取大豆不溶性膳食纤维，正交试验优化得到最优工艺为：加酶量4%、pH值7.3、温度47℃、酶解7.5h，蛋白质去除率达到90.8%。采用脂肪酶提取大豆不溶性膳食纤维，正交试验优化得到最佳提取工艺为：加酶量6.0%、pH值6.5、温度40℃酶解5.0h，脂肪去除率达92.35%，所提取大豆膳食纤维纯度为72.23%、持水力5.23g/g、溶胀率6.34mL/g。采用混合酶提取大豆不溶性膳食纤维，在豆渣中先加HCl调pH值为5.0～5.5，搅拌30min，再加NaOH调pH值为7.5～8.5，搅拌30min，之后加入0.4%蛋白酶酶解4h，加入0.3%脂肪酶酶解3h，洗至pH值为7.0～7.2，真空干燥后超微粉碎得到大豆不溶性膳食纤维成品，该产品颜色白色，水分6%～7%，蛋白质（干基）18%～20%，灰分4%～6%，总食用纤维70%～75%。

（5）发酵法提取

发酵法制备大豆膳食纤维能明显增强膳食纤维生理活性，且生产过程简单，成本低廉，易实现工业化生产。以不溶性膳食纤维含量39.12%的豆渣为原料，以保加利亚乳杆菌和嗜热链球菌为混合菌种，采用发酵法制备大豆不溶性膳食纤维。通过正交试验优化得到最佳发酵工艺参数为：豆渣∶水＝1∶3（质量比）、白砂糖添加量为2%、发酵剂接种量为4%，发酵温度42℃、初始pH值6.35、接种比例1∶1，大豆不溶性膳食纤维得率为83.27%。

（6）复合提取

① 碱酶法提取

碱法与α-淀粉酶复合提取。5%氢氧化钠在温度为80℃条件下提取分离出大豆饼粕中蛋白质，加入耐高温型α-淀粉酶（3000U/100g饼粕），80℃酶解处理30min，经脱色、过滤、干燥等得到大豆膳食纤维素含量为81.25%，产品呈淡黄色，无异味，蛋白质和碳水化合物含量分别为7.04%和3.07%，产品膳食纤维含量较高，低脂肪、低蛋白质、低糖分，其他各项理化指标（尤其是Pb、Hg、As有害元素含量）均符合国家食品添加剂有关规定，产品菌落总数、大肠杆菌等微生物学指标均达到国家食品添加剂有关标准，可安全用于生产各类保健食品。

碱法与胰蛋白酶复合提取。按新鲜豆渣质量5.5%加入5%NaOH溶液，80℃保温60min，用NaOH调pH值至8.5，加入原料质量0.3%胰蛋白酶后45～50℃保温酶解3h，离心分离，滤渣80～85℃烘干、粉碎，得大豆不溶性膳食纤维，优化得到最佳工艺条件为：NaOH浓度5%，反应温度80℃，反应时间60min，胰酶用量（或加入量）0.3%。大豆膳食纤维素含量为80%，其理化指标、有害元素含量测定结果见表10-9。经过碱浸、酶解等工艺提取大豆膳食纤维的蛋白质、脂肪含量与原料相比很低，说明大豆膳食纤维纯度较高。

表 10-9 豆渣膳食纤维及其原料理化指标、有害元素含量测定结果

测定指标	豆渣纤维	干豆渣
蛋白质/%	1.4	21
脂肪/%	0.4	18
水分/%	3	3.5
灰分/%	2.5	2.9
总纤维/%	79.5	50
Pb/(mg/kg)	0.21	0.28
Hb/(mg/kg)	0.003	0.005
As/(mg/kg)	0.05	0.09

② 酸酶法提取

酸酶法是豆渣中不溶性膳食纤维提取的一种方法。豆渣先用酸液处理，除去脂肪等杂质，过滤或离心后，残渣再用蛋白酶处理，除去蛋白质，过滤或离心后，残渣干燥、粉碎，得到大豆不溶性膳食纤维。通过响应面优化酸酶法提取豆渣膳食纤维的最佳工艺条件为：pH3.48，温度70.60℃、时间100.66min，所得大豆不溶性膳食纤维得率为72.28%。

10.4.2 可溶性大豆膳食纤维的提取方法

(1) 直接水浸法

湿豆渣中加水并在不同温度下提取过滤，过滤后pH调至4.0～4.5，离心后将上清液pH值调至6.5～7.0，用无水乙醇沉淀，沉淀为大豆可溶性膳食纤维，优化得到大豆可溶性膳食纤维提取的最佳工艺为：提取温度20℃，加水量为15mL/g豆渣，pH为7，提取时间为5min。

(2) 酸提取法

酸水解的原理是用强酸在高温下水解豆渣使蛋白质变性，使其转变成水溶性短肽和氨基酸，达到除去蛋白质的目的。采用豆渣为原料，加入有机酸或无机酸经加温、加压处理，再经洗涤和干燥等工艺得到乳白色去腥大豆膳食纤维，该大豆可溶性膳食纤维成品中含膳食纤维30%左右、蛋白质18%、脂肪8%，制品无豆腥味，水涨率1∶3.5，动物试验表明大豆可溶性膳食纤维有增大排便量和降血脂的功效。

(3) 碱提取法

碳酸氢钠提取法。在新鲜豆渣中加入不同浓度碳酸氢钠浸提、过滤，用10%乙酸调pH至3，过滤除沉淀，用双氧水脱色，再用等量无水乙醇沉淀豆渣水溶性纤维，过滤、干燥、粉碎后得豆渣可溶性膳食纤维。优化得到豆渣可溶性膳食纤维碱提取的最佳工艺为：提取时间24h，$NaHCO_3$浓度2‰，提取

温度30℃。在此条件下豆渣可溶性膳食纤维提取率为5.8%。通过正交试验得出豆渣可溶性膳食纤维碱最佳脱色条件为：脱色时间3h，脱色温度50℃，脱色浓度4‰。

碳酸钠提取法。影响大豆不溶性膳食纤维产率的主次顺序是：提取温度＞提取液用量＞提取液浓度＞提取时间，大豆渣可溶性膳食纤维提取最佳工艺为：5g湿豆渣加入75mL 4%碳酸钠溶液，90℃浸提60min。此条件下，豆渣可溶性膳食纤维的产率为41.86%。

氢氧化钠提取法。随碱浓度提高，大豆膳食纤维蛋白质含量下降很快，用2.0%碱煮几乎可以除去全部蛋白质，但碱煮后产品色泽加深，尤其是高浓度碱处理，色泽加深更明显，这是由于纤维中多缩戊糖在碱性条件下发生褐变。碱法较优工艺参数为：1.0%氢氧化钠溶液，液料比6∶1（mL/g），100℃煮1h。得到的产品膳食纤维含量为90.42%。

（4）磷酸盐提取

可溶性大豆膳食纤维传统制备方法是用温水、酸液或碱液提取，但产品得率低，产品中蛋白质含量较高，酸碱对其色泽有影响，酸碱液对生产设备有很强腐蚀作用，而采用磷酸盐提取可以提高可溶性大豆膳食纤维得率，降低酸碱用量，减少酸碱液对设备的腐蚀作用。

磷酸盐缓冲液提取。在脱脂大豆渣中加入磷酸盐缓冲溶液，沸水振荡提取、离心，上清液真空浓缩为原来体积的1/2，加两倍体积无水乙醇沉淀过夜，分离沉淀物，80℃干燥8h，即得纯白可溶性大豆膳食纤维，优化得到的最佳工艺为：磷酸盐缓冲液浓度2%、料液比1∶60（g/mL）、提取时间2.5h、pH6.6。此工艺豆渣可溶性膳食纤维得率达50%。采用该方法制备大豆可溶性膳食纤维产品得率高、色泽好、杂质少、蛋白质含量少，具有较好水溶性、增稠性、保水性，磷酸盐缓冲液是提取大豆渣可溶性膳食纤维的理想试剂。

六偏磷酸钠溶液提取。将豆渣粉按料液比1∶30（g/mL）比例加入2%六偏磷酸钠溶液，调节pH值，恒温反应，冷却后4000r/min离心15min，收集上清液，减压浓缩，4倍体积乙醇沉淀，收集沉淀，干燥后得到豆渣膳食纤维成品，通过响应面法优化豆渣可溶性膳食纤维的最佳提取条件为：浸提液pH值4.5、提取温度50℃、提取时间60min。此工艺豆渣可溶性膳食纤维得率为36.66%。

（5）酶法提取

酶对豆渣膳食纤维进行酶解改性可增加水溶性膳食纤维百分率，改变膳食纤维的品质和生物活性。酶可以分解不溶性膳食纤维中纤维素成分，生成小分子量的单糖或者寡糖，增加可溶性膳食纤维含量，大幅度提高豆渣可溶性膳食纤维产率，该膳食纤维提取方法具有催化率高、不发生副反应、条件温和、设备要求简单、节约能源、无污染等优点，在膳食纤维提取中得到了广泛的应用。

纤维素酶法提取。在豆渣中加入水和纤维素酶液（采用 Viscozyme L、Amano、Jatan、上海国药四种纤维素酶进行酶解提取豆渣膳食纤维），酶解1.5h，沸水浴10min灭酶，加入中性蛋白酶酶解1.5h，离心过滤，滤液加无水乙醇沉淀，过滤后将滤渣干燥得到大豆膳食纤维。四种酶中 Viscozyme L 水解效果最好，膳食纤维得率为10.15%；上海国药和 Jatan 略差，分别为9.28%、9.08%；Amano 最差，为8.27%。纤维素酶会使得大豆不溶性膳食纤维向可溶性膳食纤维转变，降解为较低分子量的多糖、低聚糖或单糖，提高了豆渣可溶性膳食纤维得率。通过正交试验得到豆渣可溶性膳食纤维提取的最佳工艺为：加酶量0.5%、反应温度50℃、反应时间1.5h、pH5。此工艺豆渣可溶性膳食纤维得率为10.45%。

胰蛋白酶法提取。利用胰蛋白酶制备豆渣可溶性膳食纤维，采用正交试验确定了提取豆渣膳食纤维的工艺参数为：碱液浓度4%，浸泡温度80℃，浸泡时间80min。胰蛋白酶酶解最佳工艺条件为：稀释比1∶40，加酶反应时间30min，漂白温度50℃，漂白时间60min，H_2O_2 浓度3%，所得豆渣膳食纤维持水力10.08g/g，溶胀性为18.66mL/g。

复合酶法提取。将豆渣先进行 Protamex 复合蛋白酶（活力：1.5AU/g）水解[pH6.0，水解3h，温度55℃，豆渣与水比例为1g∶12（g/mL）]，再用 Viscozyme L 复合纤维素酶（活力100FEB/g）制备豆渣可溶性膳食纤维。采用正交试验优化得出豆渣膳食纤维最优提取工艺为：复合纤维素酶添加量（与底物比值）1.2%，pH4.5，水解时间12h，水解温度40℃，豆渣与水比例1∶12（g/mL），豆渣可溶性膳食纤维产率为39.03%。以大豆皮为原料，采用中性蛋白酶（10万U/g）和木瓜蛋白酶（60万～70万U/g）水解制备豆渣可溶性膳食纤维，结果表明，中性蛋白酶比木瓜蛋白酶水解效率更高，中性蛋白酶水解后制得大豆膳食纤维含量最高达74.93%，优化得到豆渣可溶性膳食纤维最佳酶法工艺参数为：0.2%中性蛋白酶，水解温度35℃，水解时间1h，料液比1∶6（g/mL），豆渣膳食纤维含量为75%。

（6）发酵法提取

发酵法是一种相对安全、高效、低成本的膳食纤维制备和改良方法，生产过程简单，成本低廉，易实现工业化生产。大豆膳食纤维经过发酵改性后能提高豆渣可溶性膳食纤维含量，增强豆渣膳食纤维与水的结合能力，增强膳食纤维持水能力。发酵菌种主要有绿色木霉、粗壮脉纹孢菌等，采用混合菌种进行液态发酵，能充分利用混合菌种菌体生长快、周期短的优点，利用其产生的纤维素酶降解豆渣中不可溶性膳食纤维，充分提高大豆膳食纤维活性。

乳酸菌发酵法。以市售豆渣为原料经乳酸菌发酵制备豆渣膳食纤维。在发酵

2～6d之间大豆可溶性膳食纤维含量增加，由原来的21.93%上升到31.49%，发酵6d后大豆可溶性膳食纤维含量比较平稳，说明发酵对豆渣可溶性膳食纤维含量的增加不再明显，发酵对豆渣膳食纤维的改性趋于停止。

混合发酵法。以豆渣为原料，以黑曲霉、绿色木霉混合菌液为发酵菌种制备高活性可溶性大豆膳食纤维。在黑曲霉与绿色木霉比例为2∶1，发酵温度26.4℃时，大豆可溶性膳食纤维得率为22.94%。大豆可溶性膳食纤维产品淡黄色，粉末颗粒度小，质地均匀，口感细腻，气味淡香。黑曲霉、绿色木霉混合发酵制备豆渣水溶性膳食纤维能够提高水溶性膳食纤维得率。采用保加利亚乳杆菌和嗜热链球菌（1∶1）为发酵剂也能提高大豆可溶性膳食纤维的得率，该法提取的最佳工艺条件为：发酵时间30h，发酵剂接种量5%，脱脂奶粉添加量为3%，白砂糖添加量为0.5%，发酵温度为41℃。此工艺大豆总膳食纤维得率为75.6%，可溶性膳食纤维得率为17.2%，成品呈浅黄色，无豆腥味，有一股淡淡的特殊香味。

（7）复合提取

酸性水解和碱性水解都要在适当pH值、温度和时间下使糖苷键断裂，聚合度下降，膳食纤维完成由不溶性膳食纤维到可溶性膳食纤维的转变，并且在碱性溶液中，即使在很温和条件下，纤维素和半纤维素都发生剥皮反应，即具有还原性末端的糖基逐个掉下来，直到产生末端基转变为偏变糖酸基的稳定反应为止，掉下来的糖基在溶液中最后转变为异变糖酸，并以其钠盐形式存在于溶液中。酶提取法的缺点是反应专一性强，对底物要求较高，作用及得率不一。因此多种方法需配合使用，扬长避短，才能最大限度提高大豆膳食纤维提取效率。

① 酶碱提取法

碱法-酶法相结合制备可溶性膳食纤维是一种比较理想的方法，具有很大的应用潜力，该方法与制备可溶性膳食纤维的其他方法比较，具有较高产率。先用碱法处理得到大豆可溶性膳食纤维和不溶性膳食纤维，然后再用酶法改性处理，经烘干、粉碎、碱液水解、酶解、沉淀、干燥后制得大豆膳食纤维。优化得到大豆不溶性膳食纤维提取最佳条件为：氢氧化钠浓度5%、浸泡时间60min、浸泡温度80℃，纤维素酶（11000U/mg，Japan）添加量为不溶性膳食纤维质量1%，纤维素与水比例为1∶12（g/mL），pH4.5，水解时间12h，水解温度40℃。此工艺可溶性膳食纤维得率为36.01%。

② 酶酸提取法

以豆粉渣为原料，得到酶-碱法提取膳食纤维的最佳工艺条件为：NaOH浓度3g/100mL，碱浸温度60℃，碱浸时间50min，胰蛋白酶用量0.4g/100mL，酶-碱法制取不溶性膳食纤维具有较好溶胀性和持水性，分别达到了11.0mL/g和

6.79g/g。

③ 酸碱提取法

以大豆皮为原料，采用酸碱共处理法制备不溶性膳食纤维，酸碱法影响不溶性膳食纤维产率因素及各因素最适宜的范围分别是每克大豆皮碱液用量为0.5～2.0mL、碱浸时间为20～80min、温度20～80℃、每克大豆皮酸液用量0.5～2.0mL、豆渣和酸浸时间40～120min，酸碱法膳食纤维的产率范围为38%～80%，每克大豆皮碱液用量为0.5mL、碱浸时间60min、温度20℃、当每克豆渣酸液用量0.1mL和酸浸时间为80min时，膳食纤维产率达80%。

以脱脂大豆为原料，得到大豆膳食纤维最佳提取条件为：用脱脂大豆粉12倍质量的6%NaOH溶液，50℃条件下提取40min，过滤后滤液用盐酸调pH值为4.5，除去蛋白质，再用NaOH调节pH6.5，加乙醇进行沉淀。此条件得到豆渣可溶性膳食纤维其产率可达12%，其持水力为5.25g/g，溶胀性为5.38mL/g，蛋白质含量为0.5%。

10.5 大豆膳食纤维的改性方法

大豆膳食纤维的化学结构及其多相网状结构与生理功能、理化性质密切相关。网状结构有无定形区与结晶区，也有亲水区和疏水区，网状结构的维持与不同强度的化学键及物理作用有关。不溶性膳食纤维的加工性能和生理功能与持水力、膨胀率和黏度等物理性质有密切联系，因此膳食纤维的改性研究受到普遍关注。

10.5.1 瞬时高压处理

(1) 概述

瞬时高压技术（instantaneous high pressure，IHP）是集输送、混合、超微粉碎、加压、加热、膨化等多种单元操作于一体的一门全新技术。瞬时高压作用包含两层含义：压力变化的瞬时性和处理过程的瞬时性。物料在高压作用下快速通过反应腔时会承受高达300MPa压力，高压对物料的作用时间非常短，物料通过处理腔时受到高速撞击、高频振荡、瞬间压降、高速剪切、空穴作用等机械力作用使物料得到超微粉碎，从而对其理化性质产生影响。瞬时高压技术对膳食纤维改性起着重要作用，物料经瞬时高压挤压膨化处理使膳食纤维中大分子组分的连接键断裂转变为小分子组分，部分不溶性组分转变为水溶性组分膳食纤维，致密的网状结构便变为疏松的网状结构，体积和表面积也大大增大，能提高豆渣中可溶性膳食纤维含量，具有杀菌作用，延长豆渣膳食纤维货架期。

（2）对豆渣膳食纤维性质的影响

① 对持水力、膨胀率、结合水力的影响

不同的干燥方式对于膳食纤维的品质也有很大的影响，其结果见表 10-10。瞬时高压处理样品各项测定指标均优于烘干、喷雾干燥、热风干燥等测试样品，这说明瞬时高压作用对于膳食纤维品质的提高可以起到积极的作用。喷雾干燥导致膳食纤维样品各项指标下降的主要原因可能是喷雾干燥进风口温度过高导致膳食纤维变性。经过瞬时高压处理的膳食纤维持水力、膨胀率、结合水力分别是豆渣原样各项指标的 2.19 倍、2.59 倍、3.05 倍，是粗膳食纤维颗粒各项指标的 1.07 倍、1.25 倍、1.19 倍，这表明瞬时高压处理提高了豆渣膳食纤维的品质。

表 10-10 不同处理方式对豆渣膳食纤维指标的影响

样品号	持水力/(g/g)	膨胀率/(mL/g)	结合水力/(g/g)
A(原豆渣烘干粉碎样品)	6.5432	8.3508	2/3199
B(喷雾干燥所得样品)	5.9652	7.6507	1.5495
C(热风干燥所得样品)	13.3403	17.2352	5.9463
D(瞬时高压处理样品)	14.3007	21.6017	7.0655

② 对黏度的影响

瞬时高压处理对豆渣膳食纤维溶液黏度的影响见图 10-1。豆渣膳食纤维溶液黏度随着处理压力增大而逐渐增大，在 0～160s 内不同膳食纤维样品黏度趋于一条直线，变化不明显，时间敏感性低。经过 40MPa、90MPa 和 120MPa 处理后，随着压力增大，膳食纤维颗粒的粒度进一步缩小，水溶性增强，分子之间的摩擦力增强，造成了压力越大豆渣膳食纤维溶液的黏度越大。各样品均出现了剪切变稀的现象，这表明豆渣膳食纤维经过均质机的作用后，豆渣膳食纤维颗粒得到了进一步破碎和分散，形成了具有稳定体系的膳食纤维溶液。豆渣膳食纤维溶液经 120MPa 处理后，在 10～30℃温度范围内，随着温度的升高豆渣膳食纤维溶液的黏度降低，14～20℃时，变化较为平缓，在 22～24℃膳食纤维溶液黏度出现一个骤降的变化过程，25～40℃黏度变化趋于平缓。

③ 对微观结构的影响

瞬时高压处理对豆渣膳食纤维微观结构的影响见图 10-2。40MPa、90MPa 和 120MPa 压力对豆渣膳食纤维的纤维束并没有发生明显的截断现象，但是豆渣膳食纤维颗粒的体积有所减小，长度和宽度进一步减小，透光率提高，组织更薄，更松散。经过瞬时高压 120MPa 处理后的豆渣膳食纤维组织最为松散，大纤维束数量减少，其周围分布的膳食纤维更细更均匀。随着瞬时高压作用压力的增加，豆渣膳食纤维颗粒的结构组织会出现一定程度的膨化现象，当瞬时高压处理

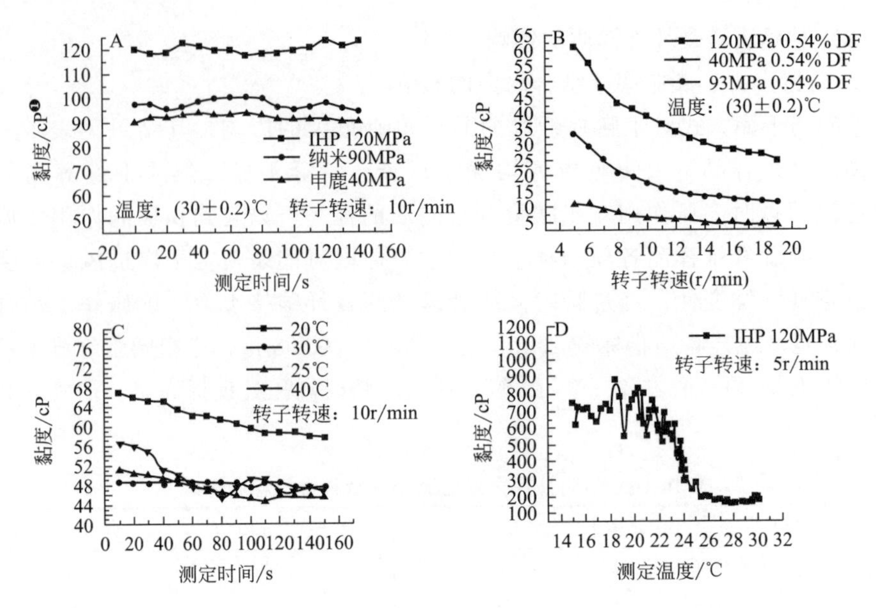

图 10-1 瞬时高压处理对豆渣膳食纤维黏度的影响

A—膳食纤维溶液黏度随时间变化曲线；B—膳食纤维溶液黏度随速度变化曲线；

C—120MPa 下膳食纤维溶液黏度随时间变化曲线；

D—10～30℃膳食纤维溶液黏度变化曲线

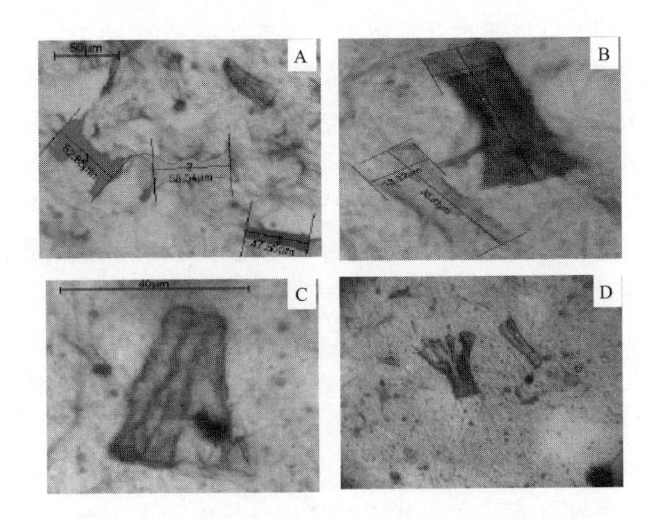

图 10-2 瞬时高压处理对豆渣膳食纤维微观结构的影响

A—35MPa 均质处理后 DF 颗粒（100×）；B—90MPa 均质处理后 DF 大颗粒（400×）；

C—120MPa 均质处理后 DF 大颗粒（400×）；D—120MPa 均质处理后 DF 颗粒分布（400×）

❶ $1cP=10^{-3}Pa\cdot s$。

压力或者次数上升到一定程度的时候，将可能出现破坏膳食纤维分子结构的现象，达到截断和微粉碎的效果。豆渣膳食纤维颗粒在经过均质处理后体积减小，透光率提高，组织更为松散，纤维更细，风味分布均匀。

10.5.2超微粉碎处理

（1）概述

超微粉碎技术是指利用机械或流体动力的途径将颗粒粉碎至 10μm 以下的过程。超微粉碎所得的粒子具有良好的溶解性、分散性、吸附性和化学活性等。

（2）对大豆膳食纤维性质的影响

① 对大豆膳食纤维持水力、膨胀力的影响

超微粉碎可使大豆膳食纤维粒度减小，吸水表面积增加，导致其致密的组织结构变得疏松，物料之间孔隙的增多会使水分更容易渗入，使其能够吸收更多水分，持水力上升，但是粒度过小时，剪切和研磨作用使大豆纤维素原来致密的多孔网状结构被破坏，原本容留在其内部孔隙间的水分抵御离心力的作用减弱，其结合水能力减小，持水力反而逐渐下降。超微粉碎对大豆膳食纤维持水力的影响见表 10-11，以未经研磨的原料为对照，不溶性膳食纤维成分质量分数为 70%大豆膳食纤维在磨齿间隙为 15μm 时，持水力上升了 7%，当磨齿间隙低于 15μm 时持水力逐渐下降，当磨齿间隙为 5μm 时，持水力反而低于对照 7%。不溶性膳食纤维成分质量分数为 90%时大豆膳食纤维的持水力先是随磨齿间隙的减小而减小，当磨齿间隙小于 15μm 时持水力又呈上升趋势，但始终比原料持水力低 14%～20%。不溶性膳食纤维成分质量分数为 90%时，大豆膳食纤维素结构是棒条状，主要依赖亲水基团结合水分，不溶性膳食纤维成分质量分数为 70%时，大豆膳食纤维的结构是空间多孔的网状，除亲水基团结合水分外，网状组织空间内也可以容留很多水分，因此不溶性膳食纤维成分质量分数为 90%时，大豆膳食纤维持水力比不溶性膳食纤维成分质量分数为 70%时大豆膳食纤维持水力低。

表 10-11 超微粉碎对大豆膳食纤维持水力的影响

样品	持水力/(mL/g)			
	对照	磨齿间隙 15μm	磨齿间隙 10μm	磨齿间隙 5μm
w(IDF)70%	8.45	9.05	8.65	7.85
w(IDF)90%	2.15	1.71	1.75	1.85

注：w（IDF）70%和 w（IDF）90%分别表示大豆膳食纤维不溶性成分质量分数为 70%和 90%，对照为未经研磨的原料。

超微粉碎对大豆膳食纤维膨胀力的影响见表 10-12。超微粉碎后大豆渣纤维颗粒增加，多孔网状的结构体积较大，溶于水后各自膨胀伸展产生更大的容积作用，复水后体积更大、膨胀力显著增大，呈上升趋势，不溶性膳食纤维成分质量分数为70%比对照增大37%～60%，但当纤维素粒度过小时，大豆渣纤维的网状结构破坏严重，相互堆叠不能支撑起更大的空间，膨胀力有减小趋势，但膨胀力仍明显高于对照。不溶性膳食纤维成分质量分数为90%大豆膳食纤维膨胀力较小，仅约为自身质量的1.4倍。粉碎后纤维素粒度减小，孔隙度相对增加，溶胀后使得孔隙增大，膨胀力随之相应增大。当磨齿间隙为5μm时不溶性膳食纤维成分质量分数为90%大豆膳食纤维膨胀力较对照上升了36%。

表10-12 超微粉碎对大豆膳食纤维膨胀力的影响

样品	膨胀力/(mL/g)			
	对照	磨齿间隙15μm	磨齿间隙10μm	磨齿间隙5μm
w(IDF)70%	11.0	15.1	17.6	15.5
w(IDF)90%	1.4	1.6	1.8	1.9

注：w(IDF) 70%和w(IDF) 90%分别表示大豆膳食纤维不溶性成分质量分数为70%和90%，对照为未经研磨的原料。

② 对黏度的影响

超微粉碎处理使微粒之间、微粒与分散介质之间的相互作用力发生改变，造成体系中黏滞阻力发生变化。超微粉碎对大豆膳食纤维黏度的影响见表10-13。不溶性膳食纤维成分质量分数为70%大豆膳食纤维素溶于水后为悬浊液状态，溶质与溶剂分层较明显。不溶性膳食纤维为空间网状结构，粒度减小后空间交叉作用增强，经过超微粉碎后能提高大豆膳食纤维的黏度。当纤维素粒度减小时，其黏度低于对照8%～14%，且磨齿间隙为10μm时其黏度相对高于15μm和5μm时的黏度。

表10-13 超微粉碎对大豆膳食纤维黏度的影响

样品	黏度/(mPa·s)			
	对照	磨齿间隙15μm	磨齿间隙10μm	磨齿间隙5μm
w(IDF)70%	5.80	13.68	14.44	13.20
w(IDF)90%	1.21	1.04	1.11	1.05

注：w(IDF) 70%和w(IDF) 90%分别表示大豆膳食纤维不溶性成分质量分数为70%和90%，对照为未经研磨的原料。

③ 对微观结构的影响

不溶性膳食纤维成分质量分数为70%的大豆膳食纤维颗粒为瓣膜状多孔网状空间结构，粒度达到300～500μm［图10-3(a)］。超微粉碎后颗粒遭到解体，尺寸可降至4～15μm，但小颗粒仍较完整保留了原有大颗粒的局部形状和表面特征，无明显变形出现［图10-3(b)］。放大4000倍观察小颗粒表面无明显裂纹，推断此种原料在湿状态下呈现硬脆特性，在强剪切力的作用下一般整体断裂成若干小块。不溶性膳食纤维成分质量分数为90%的大豆膳食纤维颗粒为棒条状结构，其长度方向达到200～300μm，直径方向为5～10μm［图10-4(a)］。超微粉碎后其颗粒长度可降至5～20μm，大部分颗粒在长度方向被截断，呈短棒状，小部分颗粒直径方向也被破碎，呈块状［图10-4(b)］。在相同粉碎条件下纤维素纯度越高则粉碎后粒度相对较大，说明纤维素不易被粉碎，但如在磨齿间隙为5μm时多次对其进行粉碎，粒度可以控制在4～10μm。大豆膳食纤维小颗粒也较完整地保留了原有大颗粒的局部形状和表面特征，无明显变形出现。

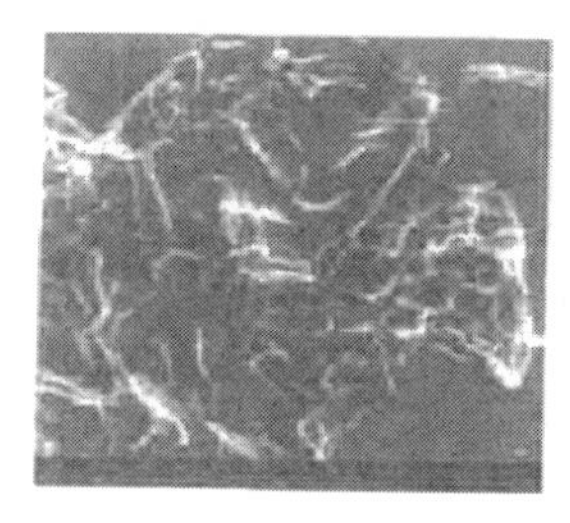

(a) 粉碎前

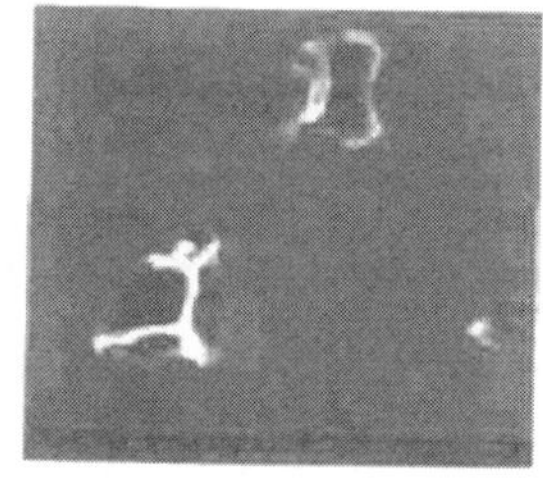

(b) 粉碎后

图10-3 不溶性膳食纤维成分质量分数为70%的大豆膳食纤维超微粉碎前后的微粒结构

(a) 粉碎前

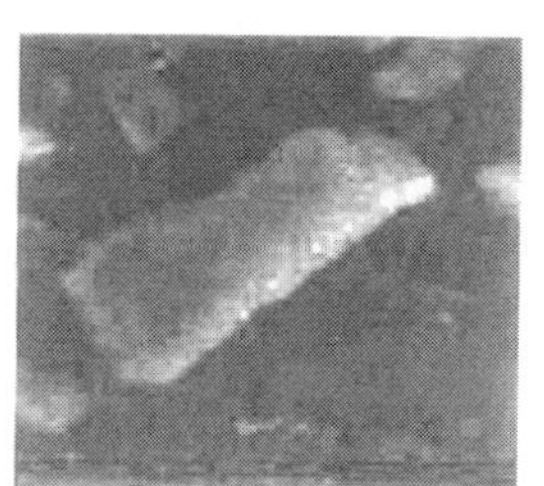

(b) 粉碎后

图10-4 不溶性膳食纤维成分质量分数为90%的大豆膳食纤维超微粉碎前后的微粒结构

④ 对晶体结构的影响

大豆膳食纤维超微粉碎前后X射线衍射图谱见图10-5。纤维素类物质是由70%有序结晶纤维素区和30%无序非晶态纤维素、半纤维素区组成的高度有序的纤维素区，具有结晶性。粉碎前后纤维素X射线衍射图谱基本相似，采取超微粉碎过程对大豆膳食纤维的结晶性破坏不明显，粉碎时机械剪切力并没有引起纤维素聚合物结构发生深度的降解或破坏。

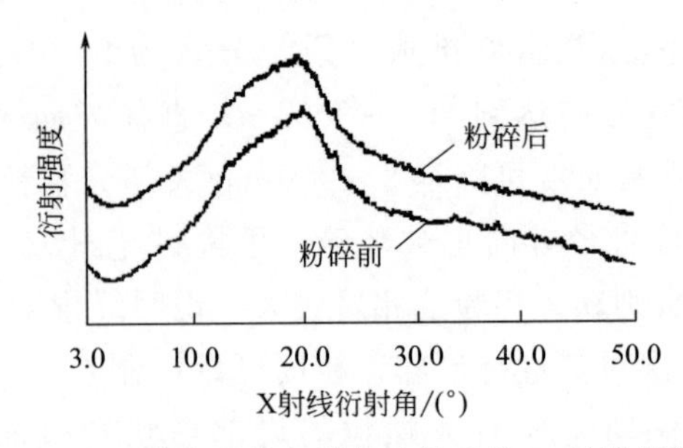

图 10-5　大豆膳食纤维超微粉碎前后的 X 射线衍射图谱

10.5.3　挤压处理

（1）概述

挤压处理是现代食品工程高新技术之一，广泛应用于食品生产中。高纤维物料经过挤压处理后能改善产品色泽与风味、钝化酶类、抑制产品产生不良风味、提高膳食纤维的稳定性，能大幅度提高原料中可溶性膳食纤维含量，改变膳食纤维的理化性质。

（2）对大豆膳食纤维的影响

① 对持水力、膨胀力的影响

挤压处理对豆渣膳食纤维持水力和膨胀力的影响见表 10-14 和表 10-15。豆渣膳食纤维中不溶性膳食纤维成分的持水力较可溶性膳食纤维成分强，豆渣无论是否经过挤压，去除可溶性膳食纤维成分后持水力均有所上升。挤压会导致豆渣膳食纤维中不溶性膳食纤维成分减少，持水力也略有下降，但若去除豆渣膳食纤维可溶性膳食纤维成分后，豆渣膳食纤维持水力较原豆渣膳食纤维去除其可溶性膳食纤维成分后略高。总的说来，挤压对豆渣持水力的影响不显著。豆渣膳食纤维的膨胀力随浸水时间延长没有变化，但豆渣膳食纤维经过挤压处理后，膨胀力有所提高。

表 10-14　豆渣膳食纤维和挤压豆渣膳食纤维的持水力

单位：(g/g)（以干料计）

试样	原样品持水力	去除可溶性成分后持水力
豆渣膳食纤维	5.39	5.60
挤压豆渣膳食纤维	5.02	5.82

表 10-15　挤压前后豆渣膳食纤维的膨胀力

单位：(mL/g)（以干料计）

样品	浸水时间/h				
	0.5	1	2	16	24
豆渣膳食纤维膨胀力	7.6	7.6	7.6	7.6	7.6
挤压豆渣膳食纤维膨胀力	8.0	8.0	8.0	8.0	8.0

② 对黏度的影响

黏度是衡量膳食纤维是否具有特殊生理作用的重要指标。挤压前后豆渣中膳食纤维特性黏度的 η_{sp}/c-c 关系曲线见图 10-6，原豆渣中膳食纤维和挤压豆渣中膳食纤维的［η］值分别为 0.6 和 0.9，说明豆渣在挤压后其膳食纤维的黏度有所升高，降低胆固醇作用更显著。

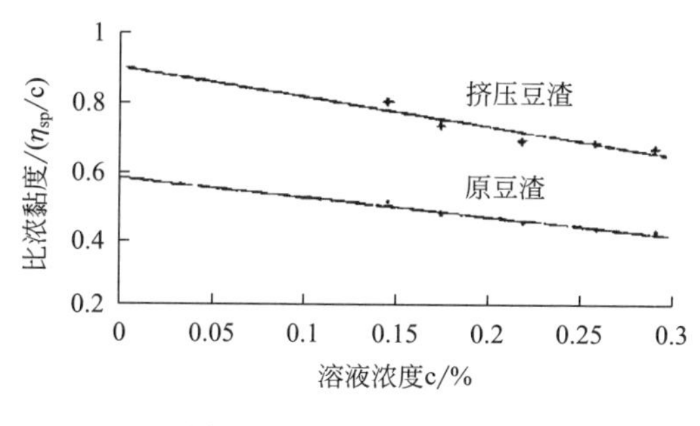

图 10-6　η_{sp}/c-c 关系图

③ 对晶体结构的影响

纤维素类物质是由结晶纤维素区和纤维素、半纤维素区组成，高度有序的纤维素区具有结晶性。挤压前后豆渣 X 射线衍射图见图 10-7，挤压对豆渣纤维素结晶性破坏不明显，只有微小的降低。

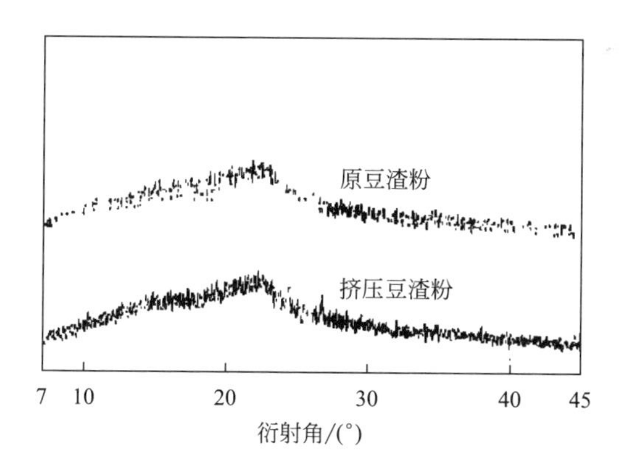

图 10-7　挤压前后豆渣 X 射线衍射图

④ 对膳食纤维组成的影响

豆渣膳食纤维水溶性组成部分含量因挤压条件不同而有不同，但挤压转化程度明显。挤压对大豆膳食纤维组成的影响见表 10-16。豆渣膳食纤维水溶物与半纤维素两者含量相加其数值为 65～68.5，基本上为定值，说明豆渣膳食纤维水溶物是由半纤维素转化而来的。

表 10-16　挤压对膳食纤维组成的影响

序号	挤压条件			纤维组成				
	温度/℃	螺杆转速/(r/min)	喂水量/%	水溶物	半纤维素	纤维素	残渣	水溶物+半纤维素/%
1	180	100	20(28.0)	12.80	55.06	26.71	5.43	67.86
2	180	125	10(21.4)	32.50	35.49	25.93	6.09	67.99
3	180	150	0(19.2)	36.76	31.58	25.18	6.47	68.34
4	165	125	20(28.0)	11.01	56.23	26.90	5.87	67.24
5	165	150	10(21.4)	23.48	44.09	26.92	5.52	67.59
6	165	100	0(19.2)	15.68	52.86	25.43	6.04	68.54
7	150	150	20(28.0)	10.81	54.65	29.73	5.32	64.96
8	150	100	10(21.4)	28.68	36.89	27.38	7.05	65.57
9	150	125	0(19.2)	24.41	41.71	27.86	6.01	66.12
对照	—	—	—	3.88	62.51	29.96	5.32	66.39

注：BC45 型双螺杆挤压机喂料速度 75g/min；表中喂水量为设备水泵所标刻度，括号中为物料的实际水分含量。

以含水量为 80%～90%新鲜豆渣粉（粗纤维含量为 17.5%）为原料，干燥、粉碎、过筛后用 Clextral BC45 型双螺杆挤压机挤压，挤压温度 150℃，喂料水分 16.8%，螺杆转速 150r/min，得到豆渣膳食纤维含量为 28.0%（干基）。挤压处理对大豆可溶性膳食纤维的影响见表 10-17。无论何种条件的挤压均能使豆渣中膳食纤维组成发生很大的变化，变化的程度因挤压条件不同有很大差异，挤压处理后能增加豆渣膳食纤维含量。在剧烈条件下膳食纤维中不可溶性组分向可溶性组分转化程度高，高温、高压、高转速挤压有利于可溶性膳食纤维的提高。经挤压后豆渣几乎丧失蛋白质水溶性。

表 10-17　可溶性膳食纤维的变化

序号	挤压条件			
	温度/℃	螺杆转速/(r/min)	喂水量/%	可溶性膳食纤维/(%,干基)
1	160	250	15.01(16.0)	8.87
2	160	250	20.0(16.6)	6.32
3	160	250	25.0(17.3)	4.67
4	180	250	12.5(15.6)	10.03
5	180	200	25.0(17.3)	7.43
6	180	250	25.0(17.3)	8.79
对照	—	—	—	2.33
纤维素	180	250	(15)	0

注：1. BC21 型双螺杆挤压机喂料速度 300g/h。
2. 表中喂水量为设备水泵所标刻度，括号中为物料的实际水分含量。

10.5.4 超高压处理

(1) 概述

超高压食品处理技术（ultra high pressure，UHP）是指在100～1000MPa压力下将食品放入液体介质进行处理的过程。超高压处理过程是一个纯物理过程，物料在液体介质中体积被压缩，超高压产生的极高静压会影响细胞形态，能使形成的生物高分子立体结构的氢键、离子键和疏水键等非共价键发生变化，使蛋白质凝固、淀粉变性。

(2) 对大豆膳食纤维性质的影响

① 超高压处理对大豆膳食纤维持水力、膨胀力的影响

大豆膳食纤维经超高压处理后能提高膳食纤维持水力和膨胀力。持水力的提高与其结构改变引起的亲水基团裸露和组织疏松引起的滞留水分能力增强有关。大豆膳食纤维膨胀力的提高表明大豆膳食纤维经超高压处理后样品的空间结构没有受到大的破坏，较好的空间网状结构能使大豆膳食纤维具有较好的膨胀力。超高压处理前后大豆膳食纤维的持水力分别为6.5g/g和8.2g/g，膨胀力分别为4.2mL/g和5.6mL/g，超高压处理后大豆膳食纤维的持水力、膨胀力分别是处理前的1.26倍和1.33倍。

② 对大豆膳食纤维黏度影响

大豆膳食纤维经超高压处理后能降低其黏度，经超高压处理后大豆不溶性膳食纤维的黏度降低了12.5%，处理前样品溶于水后呈悬浊液且分层较明显，处理后样品溶于水后仍呈悬浊液，分层明显，黏度略有降低，原料仍表现非水溶性固体的特性，处理后样品组织结构更加疏松。样品黏度变化不大预示着物质分子结构和微粒大小可能没有根本改变。

③ 对大豆膳食纤维晶体结构的影响

超高压处理前后大豆膳食纤维微粒结构见图10-8、图10-9。相对于处理前

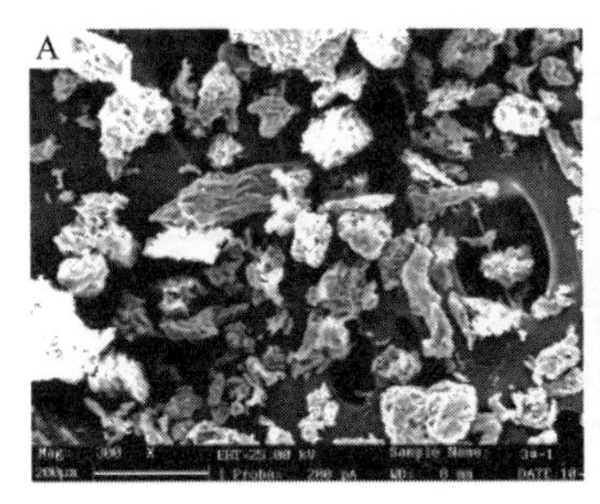

图10-8 超高压处理前后大豆膳食纤维微粒结构（300×）

A—超高压处理前；B—超高压处理后

的样品，经超高压处理的大豆膳食纤维组织结构更加疏松、孔隙增多增大，比表面积增大，颗粒略有增大。超高压处理没有改变大豆膳食纤维的瓣膜状空间结构，微粒大小没有减小甚至可能略有增加，但是膳食纤维结构变得更加松散。

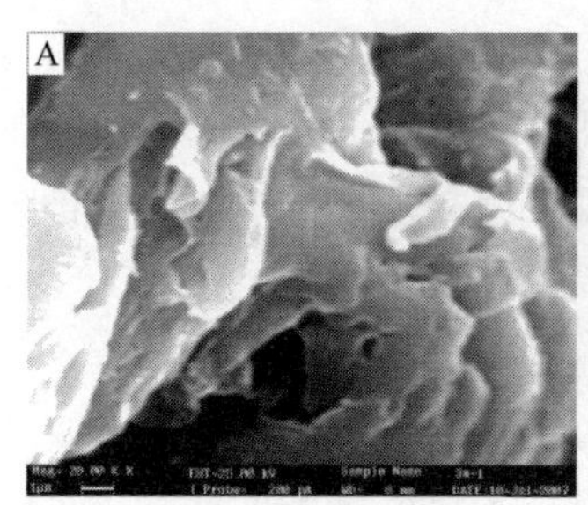

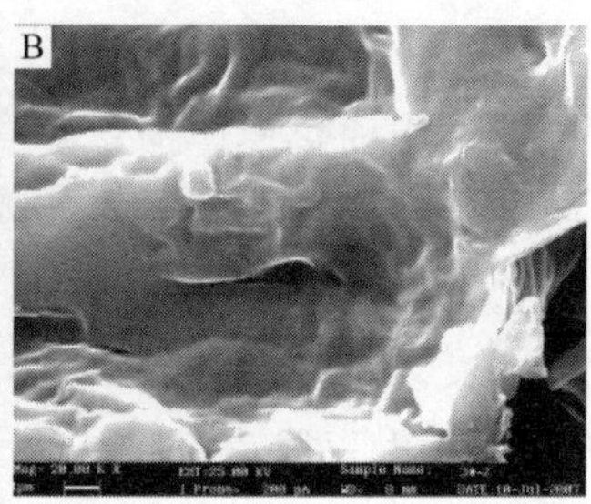

图 10-9　超高压处理前后大豆膳食纤维微粒结构（20000×）

A—超高压处理前；B—超高压处理后

④ 对膳食纤维组成的影响

发酵法可提高豆渣可溶性膳食纤维含量，动态超高压均质处理法可将豆渣可溶性膳食纤维含量提高到 35%以上，发酵处理与 40MPa 超高压均质处理结合可将豆渣可溶性膳食纤维含量提高到 30%。大豆膳食纤维发酵后在均质压力分别为 20MPa、40MPa、60MPa、80MPa、100MPa、120MPa、140MPa、160MPa、180MPa 下进行超高压均质处理，豆渣膳食纤维结构变得比较松散，均质压力为 180MPa 下可将豆渣可溶性膳食纤维含量提高到 41%左右。随着均质压力升高，豆渣可溶性膳食纤维含量会增加，但 80MPa 到 140MPa 增加幅度不大，140MPa 到 180MPa 增加幅度比较大。

10.5.5　酶法改性

（1）概述

大豆不溶性膳食纤维持水力不高，采用物理方法、化学方法和生物方法等对其进行改性可提高其持水力。膳食纤维是以单糖为基本单位聚合而成的有机化合物及其衍生物，在其主链和支链结构上，存在着许多羟基和其他活泼官能团，是聚合度较高的多糖。生物改性过程中通过酶的作用使部分糖苷键断裂，使膳食纤维部分降解，降低其聚合度，增加羟基的数目，提高膳食纤维的亲水性，从而可以制得高持水力的改性膳食纤维产品。膳食纤维的物理改性方法具有对设备要求较高的缺点；化学改性方法具有在生产过程中会有三废排放、在膳食纤维中有残留等缺点；而酶解法具有快速、高效、无化学品污染等特点，设备相对简单，是很有前途的膳食纤维改性方法。

（2）对豆渣膳食纤维持水力、膨胀力和吸油力的影响

豆渣膳食纤维不溶性膳食纤维含量为 72.16%，可溶性膳食纤维含量为 2.13%，通过木聚糖酶改性处理后，改性豆渣膳食纤维的持水力可达 13.95g/g，膨胀力为 18.45mL/g，吸油力为 7.15g/g，分别比原料提高了 49.36%、28.66%和 60.67%。豆渣膳食纤维经 β-葡聚糖酶改性后，改性豆渣膳食纤维的持水力可达 12.52g/g，膨胀力为 9.92mL/g，吸油力为 6.94g/g，持水力、吸油力分别比原料提高了 34.05%和 55.96%，而膨胀力则下降了 30.82%。豆渣膳食纤维经纤维素酶改性处理后，改性豆渣膳食纤维的持水力可达 12.55g/g，膨胀力为 14.97mL/g，吸油力为 8.08g/g，分别比原料提高 34.37%、4.39%和 80.67%。豆渣膳食纤维经半纤维素酶改性后，改性豆渣膳食纤维持水力达 11.01g/g，膨胀力为 13.48mL/g，吸油力为 4.44g/g，持水力比原料提高了 17.88%，吸油力跟原料接近，膨胀力下降了 6.00%。综合来看，木聚糖酶对豆渣膳食纤维持水力和膨胀力改善效果最明显，但对吸油力的提高幅度不如纤维素酶。β-葡聚糖酶对豆渣膳食纤维持水力和吸油力改善效果明显，但是改性豆渣膳食纤维膨胀力下降了 30.82%。纤维素酶对改善豆渣膳食纤维吸油力效果最为明显，可以提高 80.67%，对持水力和膨胀力也有明显的改善效果。半纤维素酶对改善豆渣膳食纤维持水力效果则相对较差，对吸油力和膨胀力没有改善。

10.6 大豆膳食纤维的安全性和应用

10.6.1 安全性

大豆是我国的主要转基因植物，转基因大豆的产量已占大豆总产量的一半以上，对其开发的产品进行安全性评价尤其重要。按照我国对转基因食品安全的管理办法要求，转基因大豆中有安全食用历史的蛋白质以外的其他成分的潜在毒性，可按照传统毒理学的方法如遗传毒理学方法、急性毒性、亚慢性毒性和致畸试验等进行分析。

宫智勇等以转基因大豆膳食纤维为原料，对其进行了小鼠急性经口毒性试验、小鼠骨髓微核试验、小鼠精子畸形试验和 Ames 试验等食品安全性毒理学评价，得出大豆膳食纤维对雌、雄性小鼠的半数致死量（LD_{50}）均大于 10.00g/kg BW，按急性毒性分级，转基因大豆膳食纤维属实际无毒物质。骨髓微核试验、精子畸形试验和 Ames 试验 3 项遗传毒性试验结果均为阴性，表明转基因大豆膳食纤维是安全的食品。

10.6.2 应用

我国谷物资源比较丰富，膳食纤维研究主要集中在谷类膳食纤维、玉米麸皮

膳食纤维、小麦麸皮膳食纤维、果蔬膳食纤维等。大豆豆渣中含有丰富的膳食纤维，可提纯制备高附加值膳食纤维产品，也可经过加工处理作为高纤维原料加入其他食品的生产中制备功能性食品。大豆膳食纤维添加到食品中，不仅可以增加膳食纤维的摄入从而预防肥胖、结肠癌、高血压、心脏病和动脉硬化等疾病，而且还能改善食品的加工品质、风味、口感和颜色，改善食物内部结构，目前已在肉制品、面制品、乳制品等产业中广泛应用。

（1）在肉制品中应用

大豆膳食纤维具有一定的凝胶性、保油持水性，具有独特的网状结构，将大豆膳食纤维用于肉制品加工可改善肉制品的加工品质，对肉的组织起到很好的支撑作用，减少肉加工时汁液损失。大豆膳食纤维添加到肉饼中还可作为脂肪替代物，在一定程度上模拟脂肪维持肉品质构和口味的功能，保持肉中天然香味，使肉制品中香味成分发生聚集作用而不逸散，减缓风味的释放，同时还可降低热能和强化膳食纤维摄入，因此开发高膳食纤维的功能型肉制品已成为研究热点。

① 火腿肠

火腿肠作为西式肉制品的一个重要组成部分，以其丰富的营养、食用方便性、独特风味、便于携带、极易保存、保存期长等特点而备受消费者欢迎。添加大豆膳食纤维和山药粉可以加工制作成营养价值较高、风味和口感独特、质构较好、物美价廉的大豆膳食纤维山药火腿肠，满足人们对不同保健食品的需求。其配方为：精猪肉4kg，牛肉1kg，玉米淀粉400g（添加大豆膳食纤维5%），食盐100g，大豆分离蛋白50g，卡拉胶50g，砂糖30g，异维生素C钠5g，三聚磷酸钠3g。大豆膳食纤维火腿肠中总膳食纤维含量不低于4%，蛋白质含量不低于15%，固形物含量不低于净含量68%，亚硝酸盐含量不超过2.0～2.5mg/100g，火腿肠成品红色，色泽均匀，肠体饱满，组织致密，成形性好，口感独特。

② 香肠

香肠是肉制品中一个重要组成部分，营养丰富、食用方便、风味独特。将大豆膳食纤维加入香肠制品中，既能改善香肠的感官形状，丰富其营养，又能降低香肠的生产成本，满足人们对食品营养、方便、安全的需求。香肠中添加膳食纤维不会改变香肠的外观与内在质量，却能减少肉制品中水分损失和脂肪溢出、增加组织弹性，提高经济效益。在香肠中添加大豆膳食纤维，不会降低食品外观与内在质量，降低了瘦肉用量，提高了经济效益，具有良好开发前景。用猪瘦肉88%、猪肥肉6%、大豆蛋白6%、大豆膳食纤维6%制备而成的大豆膳食纤维香肠的各项理化指标和微生物指标见表10-18。添加膳食纤维的香肠在气味和色泽上和不添加的产品相比无明显差别，但香肠的质地和弹性优于不添加膳食纤维的产品。

表 10-18 大豆膳食纤维香肠质量指标

项目	检测方法	标准	最优样品检测值
水分/%	重量法	≤70	30.32
灰分/%	重量法	—	6.10
pH 值	酸度计	—	6.70
脂肪/%	索氏抽提	≤18	10.80
蛋白质/%	凯氏定氮	≥14	16.20
膳食纤维	酸性洗涤法	—	5.70
菌落数/(CFU/g)	组培法	≤1000	920
大肠杆菌/(CFU/100g)	发酵法	≤30	2
致病菌	培养法	不得检出	未检出

③ 发酵肠

发酵肠是指将绞碎的肉、动物脂肪、盐、发酵剂和香辛料等混合后灌进肠衣，在自然或人工控制条件下发酵而制成的具有较好保藏性能和典型发酵风味特性的肉制品。利用猪肉和鸭肉复合，添加大豆膳食纤维取代部分瘦肉，可以加工制作成营养价值较高、风味和口感独特、质构较好且符合食品卫生要求的鸭肉发酵香肠。大豆膳食纤维鸭肉发酵肠配方见表 10-19，该配方制备的大豆膳食纤维鸭肉发酵肠感官品质好，具有鸭肉和猪肉复合香味和滋味，无异味，组织形态和风味色泽好。

表 10-19 大豆膳食纤维鸭肉发酵肠配方

名称	含量/%	名称	含量/%
大豆蛋白	6.0	亚硝酸钠	0.01
大豆膳食纤维	5.0	三聚磷酸钠	0.1
猪肥肉	10.0	食盐	3.5
猪瘦肉	25.0	香肠香料	0.5
淀粉	10	红曲粉	0.01
味精	0.25	酱油	2.5
水	30	异维生素 C 钠	0.2
生姜粉	0.20	β-环糊精	0.4
糖	2.5	黄酒	2.5

④ 猪肉饼

猪肉饼作为一种速冻调理肉制品，因具有营养成分丰富、口味独特、食用方便等特点而深受消费者喜爱。将膳食纤维复合添加到猪肉饼中开发出复合膳食纤维猪肉饼，不仅可降低猪肉饼生产成本，还能改善肉饼的风味、降低热量、增加保健功效、改变肉制品中不含纤维的特点，达到动植物营养互补的效果，具有广阔的市场前景。大豆膳食纤维猪肉饼的配方为：瘦肉与肥肉质量比 7∶3（以 100kg 原料肉计），食盐 1.8%，蔗糖 1%，复合磷酸盐 0.3%，味精 0.2%，肉蔻粉 0.08%，黑胡椒粉 0.3%，洋葱粉 0.3%，料酒 2%，姜粉 0.15%，冰水（屑）20%，大豆膳食纤维 15%，LC200 膳食纤维 6%，L600 膳食纤维 4%。大豆膳食纤维猪肉饼感官综合评分较高，添加了复合膳食纤维后猪肉饼保水能力提高 16.7%，脂肪添加量减少 25%。

（2）在面制品中应用

大豆膳食纤维中含有极性基团，具有很好的吸水力和持水作用，能提升面团吸水率，提升馒头、面条含水量。随着面制品中大豆膳食纤维添加量增加，面制品品质呈现改良效果，但随着大豆膳食纤维继续添加，面制品品质恶化作用加剧。因此，大豆膳食纤维对面筋结构具有十分重要的影响，在饼干、方便食品、馒头及米粉等面食制品中广泛应用。

① 在面团中应用

大豆膳食纤维粒度和种类对面团流变学特性和面制品品质也有一定影响，添加合适粒度的大豆膳食纤维使面制品口感更加细腻。大豆膳食纤维含有大量多糖化合物，如阿拉伯半乳聚糖、阿拉伯聚糖、酸性果胶类物质和半乳糖甘露聚糖等，此类物质属多糖凝胶体，可依靠主链间氢键等非共价作用力形成连续的、具有一定黏弹性的三维凝胶网络结构，大豆膳食纤维中含有不溶性戊聚糖，通过酚酸的活性双键与小麦粉蛋白质结合成更大分子的网络结构，使得面团抗拉阻力增大，面团弹性增强，改善了面团的延展特性起到对面团品质改良作用。

大豆膳食纤维对面筋网络结构具有两面性。大豆膳食纤维的高持水性有利于面筋网络结构的维持，随着面团形成时间和稳定时间延长，断裂时间也呈增长趋势，弱化度下降，但是添加大豆膳食纤维稀释了小麦粉中蛋白质含量，引起面团形成网络结构的面筋含量减少，过量膳食纤维的加入必然使膨胀的大豆膳食纤维形成空间障碍而限制面筋充分扩展，最终造成面团特性恶化，主要表现在面团延伸性下降，面制品软塌等。

添加大豆膳食纤维对面团流变学特性具有双重作用，添加适宜比例的大豆膳食纤维时，面团的流变学特性得到显著改善。大豆膳食纤维的高吸水性能使面团面筋吸水能力增大，吸水速率降低，面筋吸收水分形成面团的时间延长，保水性更强；面团稳定性得到提升，过度揉搓后弱化度小，面团发软发黏的情况得到控制，最终改善面团的揉混特性。各种膳食纤维的加入都使面团的能量与延伸度下降，但面团抗拉阻力和拉伸比均有所上升，控制好膳食纤维的添加比例，有利于改善面团的拉伸特性。

② 在面条中应用

面条食用方便、烹调快捷、经济实惠，受到众多消费者的喜爱。大豆中赖氨酸含量丰富，将大豆膳食纤维以一定方式与面粉混合（一般适宜量为5%），制成大豆膳食纤维面条，可弥补面粉氨基酸组成不足，提高面条中蛋白质、矿物质、维生素等营养物质的含量，达到营养均衡的作用。但随着大豆膳食纤维添加量的增大，面条中面筋蛋白含量降低，面条内部结构疏松度增加，大豆渣和小麦粉中可溶性物质更易溶出，导致面条结构粗糙，烹煮损失增大、溶胀度增大、断条率增大、最佳烹煮时间变长。豆渣膳食纤维粉颗粒度150目、添加量为160g/kg、海藻酸钠添加量为2.59g/kg时制备的面条熟断条率为0.00%、烹煮损失2.86%、吸水率263.61%、硬度191.20、弹性0.996、咀嚼性78.91，面条品质特性良好。

③ 在面包中应用

面包中加入大豆膳食纤维可改善面包蜂窝状组织和口感，还可增加和改善面包色泽。当大豆膳食纤维添加量为6%时，面包外观性状和内在品质均不低于普通面包，风味优于其他添加量的面包和普通面包，但当大豆膳食纤维添加量超过8%时，面包综合品质会明显下降。用正交试验确定了大豆膳食纤维面包最佳工艺条件为：面包专用粉100g，添加白糖16%、植脂奶油8%、鲜鸡蛋8%、食盐0.8%、即发干酵母1.2%、水55%，膳食纤维用量6%，面筋粉用量4%，面包改良剂用量0.2%，发酵时间1h。影响面包品质的主要因素是不溶性大豆膳食纤维的添加比例，当不溶性大豆膳食纤维在面包中的添加比例达到8%时，面包的比容及综合评分不合格；当比例在5%～8%之间时，如果添加一定量的面筋粉，并适当延长发酵时间，面包的品质有明显改善。

④ 在馒头中应用

馒头添加大豆豆皮膳食纤维后，由于膳食纤维吸水性、持水性强，在合适的添加量时不仅不会减低馒头的弹性，使馒头咀嚼性提高、硬度增大，面粉面筋网络增强，面团粉质提高，而且由于在馒头制作时吸收更多的水，使馒头老化延缓。当添加量适宜时，大豆膳食纤维中含的凝胶体与戊聚糖对面团的改良作用能掩盖或超过面筋稀释所带来的恶化作用，显示出较明显的改良效果。面团中添加适量膳食纤维，能使面团的形成时间、稳定时间、吸水率、评价值增加，弱化值减小，并有效改善馒头品质和质地，增加馒头的比容，改善结构和弹性。大豆膳食纤维添加量为3%、加水量为50%时，制作的馒头表皮光滑、高挺、比容大，内部结构细腻、弹性好、有嚼劲、爽口，在储藏过程中弹性下降及硬度上升趋势较慢。

⑤ 在饼干中应用

饼干是主要焙烤食品之一，具有消费量大、保质期长、贮运方便、营养丰富、老幼皆宜、工业化程度高和易于进行营养强化处理等特点。开发大豆膳食纤维饼干不仅解决了大豆加工副产物的综合利用问题，提高了大豆的综合利用价值，而且为广大消费者提供了一种新型健康食品，能够产生良好的经济效益和社会效益。豆渣膳食纤维添加量是影响饼干品质的主要因素。大豆膳食纤维饼干持水性和硬度较高，松密度值和过氧化值较低，总膳食纤维、水分和脂肪含量有所增加，但蛋白质和灰分含量没有明显变化。通过正交试验确定了最佳配方为：面粉 88%、豆渣粉 12%（面粉和豆渣混合粉为 100)、脱脂奶粉 20%、油脂 45%、白砂糖 40%、蛋液 35%、小苏打 0.6%、食盐 0.6%。当生物解离大豆膳食纤维在面粉中添加量为 30%时，面粉粉质特性及面团质构特性最佳，此添加量制作饼干质构特性高于市售纤维饼干，快速消化淀粉质量分数相比于市售纤维饼干及普通饼干低，慢速消化淀粉质量分数比市售纤维饼干及普通饼干高，抗性淀粉质量分数比市售纤维饼干及普通饼干高。因此生物解离大豆膳食纤维具有良好的理化性质及功能特性，可作为一种新型大豆膳食纤维来源在烘焙品中进行应用。

⑥ 在蛋糕中应用

糕点中水分会影响其质量。在蛋糕中添加适量大豆膳食纤维，可增强蛋糕持水性，减少蛋糕贮存中失水收缩，利于产品凝固和保鲜，延长蛋糕货架期，同时可降低成本，但分布于面粉中的大豆膳食纤维对蛋糕内部的结合力有一定影响，在烘烤过程中有产生裂口的倾向，且用量较大时导致蛋糕内部组织结构粗糙，表面凹凸不平，降低产品的感官质量，因此用量不可过大。大豆膳食纤维蛋糕的最佳配方为：大豆膳食纤维添加量为 10%，加水量为 8%，泡打粉添加量为 2%。以蛋白糖、双歧糖代替蔗糖作为甜味剂，添加大豆膳食纤维生产无糖蛋糕，得到大豆膳食纤维无糖蛋糕的最佳原料配比为：面粉 500g、大豆膳食纤维 60g、鸡蛋 500g、发泡剂 10g、蛋白糖 2g、双歧糖 20g。在蛋糕中添加大豆膳食纤维，不仅能增加蛋糕中膳食纤维含量，也能提高蛋糕蛋白质含量，使蛋糕具有营养、保健功能，适合糖尿病患者、肥胖症患者等特定人群食用。

⑦ 在桃酥中应用

桃酥是高糖高油的传统糕点，与当代人们的饮食结构不相适应，因此降低桃酥中糖油量、增加桃酥中蛋白质和膳食纤维的量是必要的。将大豆膳食纤维添加到桃酥中可以降低糖和油的用量，使桃酥的营养价值趋于低热量高纤维。低糖高纤维桃酥最佳配方为：特二粉 85%、大豆膳食纤维 15%、白砂糖粉 24%、花生油 17%、起酥油 18%、发酵粉 4.0%、单甘酯 0.5%、饴糖 10%、核桃仁 10%、水适量。与传统桃酥配料比较，低糖高纤维桃酥的配料中白砂糖量降低 50%、油量降低22%、膳食纤维含量提高约7倍。

(3) 大豆膳食纤维在乳制品中应用

酸奶是深受人们喜爱的健康食品，虽营养丰富却缺乏膳食纤维。在普通酸奶中添加一定量大豆膳食纤维制备成富含大豆膳食纤维的酸奶，能满足人们对蛋白质、维生素、脂肪等动物性营养成分和膳食纤维等植物性营养成分的需求，提高乳制品的营养价值，还可为发酵乳制品市场增加新品种。采用响应面法优化得到大豆膳食纤维酸奶的最佳配方为：大豆膳食纤维添加量为1.5%、发酵剂接种量为3.2%、蔗糖添加量为6.2%、稳定剂PGA添加量为0.3%。利用扫描电镜对大豆膳食纤维酸奶的微观结构进行观察，发现在其微观结构中有一系列具有规则的、更加紧密的、均匀的网络结构，这种结构能够有效地保留水分，提高酸奶持水性能、稳定性，改善酸奶品质。添加大豆膳食纤维对酸乳口感影响很小，能够延缓酸乳的后酸化，对于延长保质期有一定帮助。

(4) 在饮料中应用

添加豆渣粉6%、白砂糖12%、柠檬酸0.05%，制备豆渣膳食纤维饮料，该饮料外观淡黄色、色泽好，组织状态稳定，流动性好，酸甜适口，有轻微沙砾感，产品表观黏度为704mPa·s，糖度为6.037%，酸度为0.373%，蛋白质为0.69%，脂肪为0.409%，粗纤维为1.633%，维生素A为1500IU/100mL，产品细菌总数为1.6×10^4个/mL，符合我国食品法规的卫生标准要求。将膳食纤维制成凝胶体后切成凝胶粒，添加到饮料中制备膳食纤维饮料。以发酵型猕猴桃原醋、麦芽糖醇、复合膳食纤维等进行调配，优化得到无糖高纤维猕猴桃醋饮料的最佳配方为：猕猴桃原醋15%、麦芽糖醇10%、柠檬酸0.02%、安赛蜜0.0035%、大豆纤维素5.8%、魔芋葡甘聚糖0.4%、果胶0.3%、黄原胶0.1%、刺槐豆胶0.05%、阿拉伯胶0.05%。制备的膳食纤维饮料状态稳定，流动性好，口感圆润爽滑，营养丰富。

(5) 在膨化食品中应用

在膨化或油炸休闲食品中添加大豆膳食纤维可改变小食品的持油保水性，增加其蛋白质和纤维的含量，提高其保健性能。在国际上较为流行的大豆纤维小食品有大豆纤维片、大豆纤维奶酪、乳皮及美味大豆纤维酥等。以豆渣为原料（豆渣主要成分以干基计：蛋白质20%～23%，脂肪6%～10%，矿物质2.3%～3.5%，碳水化合物65%～72%），加入一定比例的淀粉制成大豆膳食纤维膨化食品，优化得到最佳工艺条件为：挤压温度160℃，加水量30%，淀粉添加量40%；最佳油炸工艺为：油炸温度180℃，油炸时间40s。该工艺去除了豆渣的腥味和粗糙感，改善了膳食纤维膨化食品的风味和口感，制备的大豆膳食纤维膨化食品具有生理保健功能且风味独特和口感酥脆。

（6）在冷冻食品中应用

冰淇淋组织细腻、口感润滑、风味多变、营养丰富，在冰淇淋中加入大豆膳食纤维可改进冰淇淋的保健功能性，扩大了豆渣膳食纤维利用途经。膳食纤维添加到冰淇淋中可以吸收料液中的水分，使得料液黏度增加，降低空气混入到料液中而引起冰淇淋膨胀率下降，且膳食纤维添加量越大，膨胀率越低。在冰淇淋中添加膳食纤维，提高了冰淇淋的营养保健功能及保存性，所得产品组织细腻润滑，滋味和顺，香气纯正，具有高保健功能性。制备的最优工艺是：膳食纤维用量 2%，高压均质压力为 60MPa，稳定剂为 $CMC\text{-}Na^{+}$ 明胶，老化时间为 6h。将大豆膳食纤维添加到冰淇淋制作中，得到的产品色泽自然，风味独特。

参 考 文 献

[1] Gómez M，Ronda F，Blanco C A，et al. Effect of dietary fibre on dough rheology and bread quality [J]. European Food Research and Technology，2003，216（1）：51-56.

[2] Piteira M F，Maia J M，Raymundo A，et al. Extensional flow behaviour of natural fibre-filled dough and its relationship with structure andproperties [J]. Journal of Non-Newtonian Fluid Mechanics，2006，137：72-80.

[3] Wang J，Rosell C M，Benedito de Barber C. Effect of the addition of different fibres on wheat dough performance and bread quality [J]. Food Chemistry，2002，79：221-226.

[4] 白婕，沈银梅，余庆斌．豆渣膳食纤维酸奶的研制 [J]. 中南林业科技大学学报，2012，32（10）：179-183.

[5] 陈姿含，管骁．大豆膳食纤维对面团流变学特性及面制品品质影响的研究进展 [J]. 大豆科学，2011，30（5）：869-873.

[6] 付丽，申晓琳，马微，等．复合膳食纤维保健猪肉饼的研究 [J]. 食品工业，2018，39（6）：7-13.

[7] 宫智勇，王耀峰，方敏，等．转基因大豆膳食纤维食用安全性的研究 [J]. 武汉工业学院学报，2008（2）：1-3，11.

[8] 桂玲，黄象男，朱怀梅，等．大豆膳食纤维酶解液抑菌性的研究 [J]. 华北农学报，2008，23：286-288.

[9] 姜苏薇，潘利华，徐学玲，等．水溶性大豆膳食纤维对高脂血症小鼠肾脏的抗氧化应激作用 [J]. 食品科学，2011，32（19）：240-243.

[10] 孔晓雪，王爱，丁其娟，等．高膳食纤维面团粉质特性与面包烘焙特性的研究 [J]. 食品科学，2013，34（17）：111-115.

[11] 李翠芳，张钊，王才立．大豆膳食纤维在面包中的应用 [J]. 大豆科技，2018（3）：17-25.

[12] 李凤．酶解法提取大豆膳食纤维的研究 [J]. 四川食品与发酵，2007（4）：37-39.

[13] 李文佳，林亲录，苏小军．从豆渣中制取大豆膳食纤维的研究 [J]. 农产品加工（学刊），2010（6）：51-53.

[14] 李杨，钟明明，齐宝坤，等．生物解离大豆膳食纤维对面团质构特性的影响 [J]. 农业机械学报，2018，49（7）：355-362.

[15] 刘昊飞，程建军，王蕾．酶法制备豆渣水溶性膳食纤维 [J]. 食品工业科技，2008（5）：202-

204，207.
[16] 刘力源，唐海珊．膳食纤维对焙烤食品面团特性以及焙烤品质的影响分析［J］. 农产品加工，2015（12）：76-77，80.
[17] 刘宇，程建军．豆渣膳食纤维对酥性饼干特性的影响［J］. 食品工业科技，2012，33（4）：173-176.
[18] 刘云，蒲彪，张瑶．膳食纤维在功能性肉制品中的应用［J］. 肉类研究，2007（4）：30-32.
[19] 刘忠萍，华聘聘．磷酸盐缓冲液提取可溶性大豆膳食纤维的研究［J］. 中国油脂，2003（3）：51-53.
[20] 路志芳，张光杰，徐志勇．酶法提取豆渣中水溶性膳食纤维工艺研究［J］. 湖北农业科学，2015，54（9）：2193-2196.
[21] 明建，袁艺珈，杨婧，等．添加膳食纤维对西式火腿质构特性和色度的影响［J］. 食品科学，2009，30（23）：180-184.
[22] 潘利华，徐学玲，罗建平．超声辅助提取水不溶性大豆膳食纤维及其物理特性［J］. 农业工程学报，2011，27（9）：387-392.
[23] 任媛媛，陈学武，李丹丹．豆渣中可溶性膳食纤维提取的研究［J］. 中国食品添加剂，2015（1）：84-91.
[24] 宋欢，明建，赵国华．添加膳食纤维对面团及面制品品质的影响［J］. 食品科学，2008（2）：493-496.
[25] 孙小凡，杨依红．豆渣膳食纤维保健面条烹煮品质特性研究［J］. 粮食加工，2010，35（1）：57-59.
[26] 王岸娜，朱海兰，吴立根，等．膳食纤维的功能、改性及应用［J］. 河南工业大学学报（自然科学版），2009，30（2）：89-94.
[27] 王超，王岸娜，吴立根，等．膳食纤维在面制品中应用研究进展［J］. 粮食与油脂，2012，25（10）：49-51.
[28] 王苏闽，闫怀中．大豆豆皮与麦麸膳食纤维对面团流变学特性影响的研究［J］. 粮油食品科技，2010，18（5）：7-9，12.
[29] 王文侠，张慧君，宋春丽，等．纤维素酶法制备高活性大豆膳食纤维工艺的研究［J］. 食品与机械，2010，26（2）：118-122.
[30] 肖安红，何东平，张世宏．大豆豆皮膳食纤维改善馒头品质的研究［J］. 食品工业，2006（5）：14-16.
[31] 熊慧薇，戴书浩，闵华，等．GC 分析大豆和麦麸膳食纤维中的单糖成分［J］. 食品研究与开发，2014，35（2）：84-86.
[32] 徐龙福，郑环宇，赵影．豆渣在焙烤食品中的应用研究［J］. 大豆科技，2013（3）：47-52.
[33] 许彦腾，张建新，宋真真，等．豆渣膳食纤维面条制作工艺的优化［J］. 西北农业学报，2015，24（11）：157-164
[34] 杨君，聂燕华，林丹琼．高蛋白高膳食纤维豆渣饼干的研制［J］. 现代食品科技，2013，29（4）：792-795.
[35] 臧荣鑫，杨具田，潘和平，等．非溶性大豆膳食纤维在面包中的应用研究［J］. 甘肃农业大学学报，2003（4）：422-426.
[36] 张娟，蔺佳慧，杨昉明．大豆膳食纤维挂面的工艺研究［J］. 食品科技，2012，37（8）：152-157，161.

[37] 张新奇．大豆膳食纤维在烘焙食品中的应用探讨 [J]. 食品安全导刊，2016 (12)：89-90.
[38] 赵泰霞，朱杏玲．微生物发酵法提取大豆渣膳食纤维的研究 [J]. 武夷学院学报，2016，35 (3)：18-22.
[39] 佐兆杭，王颖，刘淑婷，等．大豆膳食纤维对糖尿病大鼠模型血糖的影响 [J]. 中国生物制品学杂志，2018，31 (9)：949-954.

11

果 蔬 类 膳 食 纤 维

我国果蔬资源丰富，种植面积和产量均居世界首位。果蔬在加工过程中会产生大量的果皮、果渣等加工副产物。据统计，我国每年约有1亿吨果蔬加工副产物被丢弃，造成了极大浪费。果蔬加工副产物中富含膳食纤维，是提取膳食纤维的良好来源。

果蔬膳食纤维可分为可溶性膳食纤维和不溶性膳食纤维：纤维素、半纤维素、木质素是果蔬中常见的不溶性膳食纤维，具有促进肠道机械蠕动，增加粪便体积，预防肥胖、便秘、肠癌等代谢综合性疾病的功能；果胶、半乳甘露聚糖、葡甘露聚糖、木葡聚糖等各类多糖物质是果蔬中常见的可溶性膳食纤维，具有调节碳水化合物和脂类代谢，预防心血管、高血压和糖尿病等疾病的功能。果蔬膳食纤维中可溶性成分的比例高低是影响膳食纤维生理功能的一个重要因素，可溶性膳食纤维占膳食纤维总量10%以上才是高品质膳食纤维，否则只能被作为填充料型膳食纤维。

果蔬膳食纤维具有持水性、持油性、乳化性、成胶性等特性，添加到食品中能赋予食品适当的流变学特性，改善食品的风味和质构，提高食品的加工特性，在食品中具有广阔的应用前景。

11.1 苹果膳食纤维

11.1.1 概述

(1) 苹果膳食纤维的来源和结构

我国是苹果生产大国，据美国农业部数据显示，2010年全球苹果产量为5921万吨，我国苹果产量为3326万吨，占全球总产量的56%左右。苹果中富含膳食纤维，营养价值较高，是提取膳食纤维的优良来源。苹果大约70%用于鲜食，大约20%～30%用于加工生产果汁、苹果酒、果酱等，然而苹果在加工生产过程中会产生大量苹果渣副产物，苹果渣含水量高，贮藏期短，非常容易腐烂变臭，既污染了环境，也造成极大的浪费。苹果渣是提取苹果渣膳食纤维的良好来源，若采用现代生物技术对其加以利用提取制备苹果渣膳食纤维，不仅可以变废为宝，避免因苹果渣大量腐烂造成的环境污染与资源浪费，而且能增加企业的收入，提高经济效益。

发酵法制备的苹果渣膳食纤维化学组成成分见表11-1，苹果渣膳食纤维中粗纤维含量为61.72%，蛋白质含量为9.04%，乙醚提取物含量为11.12%，这三者含量达到了80%以上。采用发酵法及冷冻干燥法制取的苹果渣膳食纤维色泽、气味好，颗粒松散，能较好保存食品原有的色、香、味和营养成分。有研究者采用碱法和二甲基亚砜法从苹果膳食纤维中提取出4种半纤维素，发现苹果膳食纤维中半纤维素由木葡聚糖（半纤维素A）、木聚糖1（半纤维素B）和木聚糖2（半纤维素C）以及半乳甘露聚糖（半纤维素E）等组成，4种半纤维素的表面微观结构各不相同，木聚糖1颗粒表面呈规则的晶形，具有成晶性；木葡聚糖颗粒表面具有很多颗粒状结构，具有一定的成晶性；木聚糖2和半乳甘露聚糖颗粒表面呈不规则形状，不具有成晶性。

表11-1 苹果渣膳食纤维干粉成分分析 单位：%，干基

序号	蛋白质	水分	灰分	粗纤维	乙醚提取物
1	9.05	1.01	1.16	61.80	11.25
2	9.02	1.00	1.14	61.65	10.98
3	9.04	1.05	1.16	61.72	11.12
均值	9.04	1.02	1.15	61.72	11.12

（2）苹果膳食纤维的生理功能

① 预防癌症

苹果果胶是可溶性膳食纤维，能抑制大肠癌的发生，主要作用机制是通过肠内细菌丛的变动引起β-葡萄糖醛酸酶活性早期大幅度降低和总胆酸减少。苹果果胶抑制了前列腺素E2（PGE2）产生，通过清除作用借助肠管免疫使肝内免疫赋活。苹果果胶对氧化偶氮甲烷（AOM）诱发的大鼠大肠癌具有明显抑制效果，10%、20%苹果果胶处理组的肿瘤发病率分别为70%、45%。苹果果胶具有较强的抑菌作用，苹果果胶处理组大鼠粪便短链脂肪酸中醋酸量显著增加（$P<0.05$），总胆酸量减少，一次胆酸量显著减少（$P<0.05$）。

② 降血糖

苹果膳食纤维具有降血糖作用，其对糖尿病小鼠血糖水平的影响见表11-2。中、低剂量组小鼠血糖值实验后均极显著高于实验前（$P<0.05$），而高剂量组小鼠血糖值虽有所增加，但与对照之间没有显著性差异（$P>0.05$）。实验后中、低剂量组小鼠血糖值与模型对照组相比升高，高剂量组小鼠血糖值与模型对照组相比降低，高剂量组小鼠血糖值均显著低于中、低剂量组（$P<0.05$），这表明给病情较重的糖尿病小鼠饲料中添加1%～4%苹果膳食纤维不能降低其血糖值，但高剂量4%可抑制其血糖值显著升高，低剂量组不仅不能抑制其血糖值升高，而且有可能促使其血糖升高，高于模型对照组，即饲料中添加苹果膳食纤维的量达到4%时才会有显著降血糖效果。

表11-2 苹果膳食纤维对糖尿病小鼠血糖水平的影响

组别	膳食纤维加入量/%	实验前血糖值/(mmol/L)	实验后血糖值/(mmol/L)
模型对照组	0	15.26±4.48	23.69±6.29a
高剂量组	4	15.20±5.90	18.23±8.71

续表

组别	膳食纤维加入量/%	实验前血糖值/(mmol/L)	实验后血糖值/(mmol/L)
中剂量组	2	15.45±5.51	28.44±5.19aab
低剂量组	1	15.35±4.63	30.55±5.32aabb

注：a 表示与实验前相比有显著差异（$P<0.05$）；aa 表示与实验前相比有极显著差异（$P<0.01$）；b 表示与高剂量组相比有显著差异（$P<0.05$）；bb 表示与高剂量组相比有极显著差异（$P<0.01$）。

③ 降血脂

苹果膳食纤维具有降血脂作用，其对糖尿病小鼠血脂水平的影响见表 11-3。高、中、低剂量组中血清甘油三酯（TC）、低密度脂蛋白（LDL-C）和载脂蛋白（AI）水平与模型对照组相比，中、低剂量组差异不显著（$P>0.05$），只有高剂量组显著降低（$P<0.05$），但该 3 个指标均未能达到正常对照组水平，这表明小鼠高脂肪饲料中添加苹果膳食纤维含量达到 4%时，可有效降低小鼠 TC 含量和 AI 值，但不能恢复至正常水平，对 TG 含量可有效降低至接近正常水平，而较低剂量 1%和 2%未发现有效作用。

表 11-3　苹果膳食纤维对糖尿病小鼠血脂水平的影响

组别	TG	TC	HDLC	LDL-C	AI
正常对照组	0.97±0.21	3.04±0.63	1.12±0.33	1.73±0.51	1.65±0.58
模型对照组	1.77±0.71	7.42±1.46	1.44±0.77	5.69±1.16	4.56±1.81
高剂量组	1.07±0.39	6.42±0.80	1.94±0.30	4.66±0.68	2.41±0.20
中剂量组	1.37±0.58	7.05±1.30	1.54±0.40	5.64±0.88	3.92±1.21
低剂量组	1.42±0.92	7.49±1.73	1.50±0.31	5.80±1.49	4.00±1.39

（3）苹果膳食纤维的理化性质

不同方法制备的苹果膳食纤维理化性质不同。发酵法和化学法制备的苹果渣膳食纤维的物理性质见表 11-4，发酵法制备的苹果膳食纤维溶胀性为 1.49mL/g，持水力为 4.06g/g，将发酵法和化学法制备的苹果膳食纤维的溶胀性和持水力进行比较，发现发酵法比化学法制备的苹果渣膳食纤维的持水力强，而溶胀性相差不大。因此，发酵法制备的苹果膳食纤维活性高，更具有保健作用。

表 11-4　苹果渣膳食纤维的物理性质

制取方法	溶胀性/(mL/g)	持水力/(g/g)
发酵法	1.49	4.06
化学法	1.41	2.97

（4）苹果膳食纤维的脱色方法

① 过氧化氢脱色法

采用过氧化氢为脱色剂对苹果渣不溶性膳食纤维进行脱色处理，可以改善其色泽和品质，通过响应面法优化得到最佳的脱色工艺为：pH12、H_2O_2 体积分数5%、液料比4∶1（mL/g）、处理温度80℃、脱色时间180min。采用该脱色方法得到苹果渣膳食纤维的 L^* 值为62.65，a^* 值为1.47，b^* 值为12.48，亨特白度为60.59，持水力和溶胀性分别为18.03g/g和13.73mL/g。经脱色后苹果渣不溶性膳食纤维持水力和溶胀性均有所提高。

② 超声辅助脱色法

超声辅助双氧水脱色可对苹果渣膳食纤维进行脱色，最佳脱色条件为：双氧水浓度1.3%，碱液浓度1.3%，料液比1∶15，脱色时间45min，超声频率60kHz，脱色后苹果渣膳食纤维L值达80.79，其持水力、膨胀力、持油力分别为13.29g/g、15.10mL/g、2.89g/g，与未经脱色苹果渣膳食纤维相比，有显著提高。将超声波技术应用于苹果渣膳食纤维脱色工艺中，脱色处理后苹果渣膳食纤维的 L^*，a^*，b^* 值分别为82.55，0.57，17.03，脱色效果良好。超声辅助臭氧脱色可对苹果渣膳食纤维进行脱色，脱色效果较好，与双氧水脱色技术相比较，解决了溶剂残留问题，脱色效果显著，最佳脱色工艺条件为：臭氧发生量15g/h，超声频率70kHz，碱液浓度6%，料液比1∶25（g/mL），脱色时间5h，脱色后苹果渣膳食纤维 L^* 值可达到80.11。

③ 微波辅助脱色法

微波技术可用于过辅助过氧化氢脱色苹果渣膳食纤维，其最佳工艺条件为：pH值12.5、微波作用时间48s、H_2O_2 浓度为9.17%、料液比1∶14（g/mL）、微波功率480W。采用该方法脱色后苹果渣膳食纤维的白度为57.34%，脱色前原料白度为27.54%，脱色效果显著。

（5）苹果膳食纤维的改性方法

① 挤压改性

挤压改性能提高苹果渣中可溶性膳食纤维的含量，其主要原因如下：由于受到剪应力和高温作用，不溶性膳食纤维发生热力分解，导致化学键（糖苷键等）的断裂，形成可溶性微粒，实现不溶性膳食纤维（纤维素、半纤维素、木质素、不溶性果胶等）向可溶性膳食纤维的转变；挤压形成的中间产物（如1,6-脱水-D-葡萄糖单位）与淀粉发生反应，由于转糖苷作用形成的抗消化葡聚糖，促使SDF的增加。高机械应力在挤压过程中可能会造成多糖糖苷破裂释放低聚糖，最终增加可溶性膳食纤维含量；物料被送入挤压膨化机中，在螺杆的推动作用下，由于螺杆与物料、物料与机筒以及物料内部的机械摩擦作用，物料被强烈地挤压、搅拌、剪切，使物料细化、均化、质地疏松，从而使其水溶性成分更易溶出。

利用单螺杆挤压机对苹果膳食纤维进行挤压改性，可提高苹果可溶性膳食纤维含量。物料粒度20目，加水量30%，螺杆转速600r/min条件下对苹果渣膳食纤维进行改性，其 SDF 含量可从 3.47%提高到 16.96%，增量为 388.76%，而且改性后苹果渣膳食纤维的持水力、结合水力和膨胀力都显著提高。将苹果渣采用利负压远红外干燥机干燥处理后得到苹果渣膳食纤维粗品，之后用小型单螺杆挤压机进行挤压蒸煮处理，在纤维物料含水量 20%，温度 130℃条件下，苹果渣膳食纤维含量随着螺杆转速的增加而增加，但螺杆转速达到 130r/min 后增加不明显。苹果渣通过挤压改性后，可溶性膳食纤维含量由 8.45%上升到 12.68%，说明挤压可以提高苹果渣中可溶性膳食纤维的含量。不同加水量对挤压后 SDF 含量有很大影响，加水量多少与挤压后 SDF 含量成反比，适宜加水量为 20%。碱性条件对膳食纤维挤压改性有促进作用，酸性条件对挤压改性几乎无效果，膳食纤维挤压改性应在碱性条件下进行，适宜的工艺条件是加液量 20%，碱液浓度 7.5%。改性时加入阿拉伯胶可以提高挤压后苹果膳食纤维的抗氧化性能，而且对其水合性质无显著影响。阿拉伯胶添加量为 1%、螺杆转速为 825r/min、加水量为 20%、物料粒度为 60 目条件下苹果渣可溶性膳食纤维含量可达 27.7%。

② 酶法改性

将干燥的苹果渣粉碎后依次过 60 目和 40 目筛，收集 40 目筛样品备用，采用单螺杆挤压机对其进行挤压处理，挤压条件为加水量 30%（以物料的干物质为基准）、螺杆转速 600r/min，然后在 50℃的烘箱中干燥 8h，粉碎挤压后，过 40 目筛。以挤压后的苹果渣为原料，加水后调节 pH 值，采用纤维素酶对苹果渣膳食纤维进行酶法改性处理，酶解温度 60℃，酶解时间 4h，pH5.5，加酶量 12%，在此条件下苹果渣中可溶性膳食纤维的溶出量为 26.79%，苹果渣可溶性膳食纤维溶出量显著提高。

取过 80 目筛的苹果肉渣，加入木聚糖酶酶解改性得苹果渣可溶性膳食纤维。该苹果渣膳食纤维酶法改性的最佳工艺为：酶解温度 55℃、酶解 pH7.0、酶添加量 12.375U/g、酶解时间 7h，苹果渣可溶性膳食纤维提取率为 19.58%。木聚糖酶酶法改性后所得苹果渣可溶性膳食纤维有较高的溶解性，表观黏度有所降低，持水力与膨胀力均提高，超微结构变化明显。

废苹果渣经膨化处理后采用酶改性制备苹果渣可溶性膳食纤维。取 200g 苹果干渣，加水 25%，混匀后通过单螺杆挤压机挤压，将粉碎后苹果干渣加 50 倍体积水，加入 1.0% α-淀粉酶和木瓜蛋白酶，在温度为 55℃、pH 为 6.5 条件下酶解 1h，升温至 70℃提取 1h，离心取上清液，加 4 倍体积 95%乙醇静置 1h，过滤烘干，得到苹果渣膳食纤维。采用响应面法优化得到苹果膳食纤维酶法改性的最佳工艺为：加酶量 3.4%、料液比 1∶42（g/mL）、提取温度 48℃、提取时间 93min，在此条件下苹果渣可溶性膳食纤维的提取率为 21.3%，酶法改性后苹果渣膳食纤维的持水力和溶胀性比改性前分别提高了 77.1%和 60.7%。

③ 化学改性

以苹果干渣（嘎啦、富士、红星混果榨汁后废弃物）为原料，经旋风磨粉碎，得到苹果渣，该苹果渣中水分含量为7.37%，灰分含量为2.05%，蛋白质含量为8.23%，脂肪含量为5.21%，淀粉含量为0.63%，总膳食纤维含量为64.08%。称取一定量苹果渣，按照1∶20（g/mL）料液比加入已配制好的过氧化氢溶液，40℃水浴加热处理2h。冷却至室温后，用HCl、NaOH溶液调节样品溶液pH至中性。加入4倍体积95%乙醇沉淀2h后，过滤除去乙醇，沉淀物于60℃烘箱内干燥12h，旋风磨粉碎，过60目筛，即得改性苹果膳食纤维。

过氧化氢溶液pH对苹果渣理化结构性质具有显著影响。过氧化氢溶液浓度相同时，经酸性（pH3.8）、中性（pH7）过氧化氢处理的苹果渣，IDF含量、持水力、膨胀力、持油力均有不同程度的提高，而SDF含量、堆积密度较原果渣无显著变化，颜色变暗，酸性、中性过氧化氢处理后苹果渣热稳定性及超微结构与原果渣相比无明显差异。经碱性（pH11.5）过氧化氢处理的苹果渣，SDF含量显著提高，持水力、膨胀力、颜色等理化性质均得到极大改善，堆积密度增加，总膳食纤维含量（TDF）含量较未处理苹果渣有所提高，热稳定性下降，超微结构变得紧密平滑。

过氧化氢溶液浓度对苹果渣理化结构性质也具有显著性影响。在pH为11.5的碱性条件下，使用不含过氧化氢的溶液处理后，苹果渣理化结构性质与经酸性、中性过氧化氢处理的苹果渣相似。随着过氧化氢浓度逐渐升高，苹果渣SDF含量逐渐增加，SDF含量由3.30%增加到19.02%～28.32%，提高476%～758%，膨胀力、颜色逐渐改善，堆积密度增加，持水力先上升后下降，苹果渣得率，TDF、IDF含量逐渐下降，持油力未得到改善。此外，随着过氧化氢浓度升高，苹果渣结构性质也发生变化，苹果渣热稳定性逐渐降低，结构变得更加疏松。

在苹果渣中加入1.0% α-淀粉酶酶解去除果渣中淀粉，加入2.0%木瓜蛋白酶酶解去除蛋白质，得到改性苹果渣膳食纤维。采用回归正交组合设计优化苹果渣膳食纤维的最佳工艺为：改性温度96℃、时间3h、溶液pH值3.7。在此条件下苹果渣可溶性膳食纤维的得率为12.2%。酸法改性后SDF的平均持水力提高了363.1%，平均膨胀力提高了48.2%。碱法改性苹果渣膳食纤维的最佳工艺为：温度63℃、时间0.4h、溶液pH值11.6。苹果渣可溶性膳食纤维的得率为28.8%，碱法改性后苹果渣可溶性膳食纤维的平均持水力提高了236.4%，平均膨胀力提高了52.8%。

11.1.2 苹果渣膳食纤维提取方法

（1）酸提法

将含水分8.2%，粗蛋白5.67g/100g，粗纤维58.46%的干苹果渣粉过40目筛，用40℃温水洗涤2～3次，除去果渣中可溶性糖和单宁等杂质成分，之后4200r/min离心20min，在55℃、压力0.7MPa条件下用旋转蒸发仪浓缩上清液至原体积的1/3，加入4倍体积乙醇沉淀，沉淀洗涤至中性得到苹果渣膳食纤维。通过响应面法得到苹果渣膳食纤维酸提法的最佳工艺条件为：盐酸质量分数2.0%、液料比17∶1（mL/g）、浸提时间65min、浸提温度78.2℃。该条件下制备的苹果渣可溶性膳食纤维的提取率可达17.68%。

苹果渣粉碎过筛后，加水，用HCl调pH至2.3，在85～90℃条件下酸解1h，水解原果胶并溶出果胶，将酸解后滤液调pH值，脱脂脱色，经浓缩乙醇沉淀，将沉淀过滤洗涤，干燥后得到低甲氧基果胶。制备低甲氧基果胶最佳工艺为：pH8.9、20～30℃下脱酯1.5h、H_2O_2脱色。该工艺下产品得率18.8%～19.3%。提取果胶后的残渣可用于制备苹果渣膳食纤维，采用碱、醇二步洗涤除杂，用0.15%H_2O_2脱色，产品呈乳白色，苹果渣膳食纤维得率为24.4%～26.0%。

（2）碱提法

采用碱提法从苹果全果渣中提取苹果渣膳食纤维。将市售红富士苹果在(70±5)℃下干燥、粉碎后过40目筛得到苹果渣，按1∶20（g/mL）料液比加入水浸泡1～2h（水温不超过40℃），加入0.3%稀盐酸溶液调节pH值为1.5～2.0，水解1～2h（85℃恒温），过滤，将滤渣用热水洗涤至中性，加入滤渣质量4倍的0.5mol/L氢氧化钠溶液，室温浸提2～4h，过滤，清水洗涤，脱水之后加入4倍体积的过氧化氢溶液，调节pH值为11～12，反应30min后水洗、醇洗，真空干燥至水分含量低于15%，粉碎过40目筛得到苹果渣膳食纤维产品。碱提法制备苹果渣膳食纤维的最佳工艺为：料液比为1∶10（g/mL），氢氧化钠溶液浓度为0.5mol/L，提取温度为75℃，提取时间为3h。该工艺下苹果渣膳食纤维得率为20%。采用过氧化氢对苹果渣膳食纤维进行脱色处理，脱色温度为40℃，过氧化氢质量分数为5%，脱色时间为2h的条件下，苹果渣膳食纤维能基本脱色，得到的苹果渣膳食纤维质量较好。

采用碱提法从苹果渣废料中提取苹果渣膳食纤维。称取一定量苹果渣，加入水并调节pH值为1.5，浸提1.5～2.0h，过滤后水洗至中性，调节pH值为9～11，水解后水洗、醇洗，真空干燥至水分低于15%，粉碎过筛后即得苹果渣膳食纤维。通过正交试验得到苹果渣膳食纤维的最佳提取工艺为：0.5mol/L NaOH，室温浸提3～4h。该工艺下苹果渣膳食纤维提取率为5.3%。苹果渣膳食纤维的最佳脱色条件为：pH值10，H_2O_2质量分数为5%，室温下脱色2.0h。得到的苹果渣膳食纤维粉碎过120目筛后，持水率可达15.3g/g，该方法制备的苹果渣膳食纤维无涩味，无粗糙感，色泽良好，可广泛用于食品加工。

采用碱法从“秦冠”苹果果肉中提取膳食纤维。采用乙酸乙酯将秦冠果肉在室温下浸泡 3h，清洗、抽滤、烘干得脱脂秦冠苹果渣样品，按料液比 1∶11（g/mL）加入稀硫酸溶液水解，热水洗涤至滤渣呈中性；加入一定浓度氢氧化钠溶液，室温下浸提 1～3h 后，过滤，洗涤滤渣至中性，50～60℃烘干、磨碎，得到苹果渣不溶性膳食纤维。碱浸法提取秦冠苹果果肉不溶性膳食纤维最优工艺为：料液比为 1∶11（g/mL）、碱液浓度为 0.25mol/L、温度 50℃、时间 2.0h。该工艺下苹果渣膳食纤维的得率为 35.46%。

采用碱提法从已去除可溶性膳食纤维的苹果渣原料中提取苹果渣不溶性膳食纤维。按料液比 1∶2（g/mL）比例加入 4%（质量浓度）氢氧化钠溶液，45℃反应 1.5h，水洗至中性，抽滤，向滤渣中加入相同比例的 2%（质量浓度）盐酸溶液，60℃反应 1.5h，水洗至中性，过滤，将得到的滤渣分别用无水乙醇和丙酮各洗涤 2 次，水洗至中性，弃去滤液，滤渣于 60℃烘干即得苹果渣膳食纤维。通过正交试验优化得到苹果渣膳食纤维最佳提取工艺为：氢氧化钠浓度 4%（质量浓度），料液比 1∶25（g/mL），时间 15h，温度 35℃。采用该方法制备的苹果渣纤维素含量最高值达到 73.61%。

（3）酸碱共提法

将苹果渣经 70℃干燥后，粉碎至 0.45mm，取 10g 干苹果渣用水浸泡 30min，温水洗涤去掉可溶性糖分，加入 0.3%盐酸溶液水解，离心分离后对上清液进行减压浓缩，加入 95%乙醇沉析，得到苹果渣可溶性膳食纤维。影响苹果渣可溶性膳食纤维 A 提取的主要因素是萃取时间、温度、萃取液浓度和液料比，且这 4 个因素之间交互作用不明显，苹果渣膳食纤维 A 提取的最优工艺流程为：温度 80℃，液料比 7∶1（mL/g），反应时间 2.0h，盐酸溶液浓度 0.3%。

苹果渣加水浸泡后，在滤渣中加入一定量 16%氢氧化钠溶液水解，离心后用 50%醋酸调整上清液 pH 值，离心后浓缩上清液，再加入 95%乙醇沉析，将所得产品用水洗涤后真空干燥，即得苹果渣可溶性膳食纤维。优化得到制备苹果渣可溶性膳食纤维的最佳工艺是：固体残渣用 16%NaOH 溶液再萃取，液料比为 4∶1（mL/g），提取温度为 85℃，提取时间为 3h，用 50%醋酸溶液调节 pH 值到 0.5，醇沉水洗后在 0.05MPa 下真空干燥。该工艺下得到的苹果渣可溶性膳食纤维最优。

果品加工厂废弃物苹果渣在 70℃干燥后粉碎，取苹果渣 10g，用 40℃温水浸泡 30min，除去其中可溶性糖分及部分色素类物质。加入稀酸溶液水解，液固分离，将上清液减压浓缩后冷却至室温，加入 95%乙醇溶液，再次液固分离，固体用乙醇溶液洗涤至中性，干燥粉碎后得到可溶性膳食纤维 A。将上一步分离得到的固体用自来水洗涤后，加入一定量的稀氢氧化钠溶液水解，然后进行液固分离，固体用于制备不溶性膳食纤维，液体用醋酸进行中和，再次液固分离，将上清液加入适量的乙醇溶液，离心分离，得到的固体干燥粉碎后即是可溶性膳食纤维B。通过正交试验得到影响可溶性膳食纤维A提取的因素主次顺序是：温度＞时间＞液料比＞酸液浓度。优化得到苹果渣可溶性膳食纤维A的最佳工艺为：反应温度80℃，反应时间2h，液料比15∶1（mL/g），酸液浓度0.3%，影响苹果渣可溶性膳食纤维B提取的因素主次顺序是：温度＞浓度＞时间＞液料比，优化得到苹果渣可溶性膳食纤维B的最佳工艺为：反应温度90℃，碱液浓度8%，反应时间3h，液料比8∶1（mL/g）。

（4）酶提法

① 半纤维素酶法

以冷破碎苹果肉渣粉为原料，过80目筛，取10g于500mL烧杯中，加入100mL 0.05mol/L柠檬酸缓冲液（pH为4.6），加入半纤维素酶，50℃水解5h，100℃灭酶5min，过滤，滤液真空浓缩后加98%乙醇沉淀，真空冷冻干燥得到苹果渣可溶性膳食性纤维。优化得到半纤维素酶法提取苹果渣可溶性膳食纤维的最佳工艺条件为：在pH4.6，50℃条件下，半纤维素的最适添加量是90U/g，最适酶作用时间为5h，提取率达18.97%，所得苹果渣可溶性膳食纤维呈淡黄色粉末，无异味。半纤维素酶法提取得到的苹果渣不溶性膳食纤维持水力与膨胀力均提高，提高了其生理活性，持水力达5.073g/g，膨胀力达3.915mL/g。

② 纤维素酶法

酶法制备苹果渣膳食纤维的方法简单易行，所需特殊设备少，污染少，产品得率高，方法易于推广使用。将苹果渣加水，调pH值，加入纤维素酶酶解，过滤、醇沉、离心、干燥即得苹果渣可溶性膳食纤维。通过正交试验优化得到苹果渣可溶性膳食纤维的最佳提取条件为：纤维素酶添加量为4%，温度为50℃，料液比为1∶15（g/mL），酶解时间为6h。苹果渣可溶性膳食纤维提取率可达142.34%。通过凝胶色谱分析可知，纤维素酶提取的苹果渣膳食纤维主要含有两种组分，一种是分子量4523g/mol低聚糖且分子量分布较窄，另外一种是分子量为4.417×105g/mol大分子多糖，其分子量分布较广。

采用寒富苹果为材料，在干苹果渣中分别添加质量分数0.6%木瓜蛋白酶、1.0% α-淀粉酶酶解2h，去除苹果渣中蛋白质和淀粉，灭酶，加入纤维素酶酶解，酶解后煮沸灭酶10min；4℃、转速10000r/min下、离心30min，滤液经70℃减压浓缩，浓缩液中加入4倍体积95%乙醇，4℃冰箱中静置12h，过滤得滤渣，60℃真空干燥得到可溶性膳食纤维。采用Box-Behnken设计方法优化得到的苹果渣膳食纤维最佳提取工艺参数为：纤维素酶添加量1.06%、酶解pH4.9、酶解温度48℃、酶解时间228min。苹果渣SDF得率为（18.21±0.21)%。

在苹果肉渣粉中加入柠檬酸缓冲液（0.05mol/L、pH4.6），加入纤维素酶，50℃酶解5h，100℃条件下高温灭酶5min，真空抽滤，将滤渣干燥、粉碎可得苹果渣不溶性膳食纤维；将滤液在55℃条件下真空浓缩，浓缩至50～70mL，用3倍体积的98%粮食乙醇醇沉滤液，4000r/min条件下离心25min，沉淀真空冷冻干燥后得到苹果渣可溶性膳食纤维。优化得到最优工艺条件为：酶用量75U/g，温度50℃，pH4.6，酶解时间5h，苹果渣可溶性膳食纤维提取率可达18.90%。常温下采用纤维素酶水解得到苹果渣可溶性膳食纤维溶解性比对照组高，溶解性较对照组好，持水力和膨胀力较对照组有所提高。

③ 混合酶提取法

以榨汁后湿苹果渣为原料，经0.02%亚硫酸钠溶液和0.2%柠檬酸溶液浸泡后，在沸水中预煮3min，80℃条件下干燥4h，粉碎后过80目筛，按固液比1∶10加入水，65℃水浴提取，加入0.9% α-淀粉酶/糖化酶（1∶3）混合酶，pH值调节至4.5～5.5，65℃水浴提取45～60min，加入0.9%胃蛋白酶，pH值调至5，酶解30min，100℃灭酶15min，降至28℃，加入0.3%的干酵母稀释液，搅拌均匀，28～30℃发酵3天，过200目筛清洗，105℃干燥3h，粉碎得到苹果渣不溶性膳食纤维，优化得到的最佳工艺条件为：发酵天数为3天，酵母添加量为0.3%，蛋白酶添加量为0.8%，混合酶制剂添加量为0.8%。

（5）发酵法

发酵法制备膳食纤维需时长，但无需添加相应酸碱试剂，因此提取的膳食纤维不会残留大量化学离子，与化学法等其他提取方法相比具有较大的优势，而且发酵法制备的膳食纤维产率高，持水力和膨胀力高，且制备过程不会污染环境。

① 黑曲霉发酵法

苹果渣粉碎过筛，按比例加水，混合均匀后灭菌，冷却至室温后接入黑曲霉ZM-8发酵剂发酵，发酵结束后，60℃烘干即得苹果渣膳食纤维。优化得到黑曲霉发酵法制备苹果渣膳食纤维的最佳提取工艺为：起始pH6.0、接种量10%（质量分数）、料液比1∶20（g/mL）、发酵时间96h，制备的苹果渣膳食纤维含量可达到24.11%。该发酵法制备的可溶性膳食纤维色泽乳白，感官指标良好，可用作食品添加剂添加于保健食品或饮料中。

② 保加利亚乳酸杆菌和嗜热链球菌混合发酵法

苹果渣按料液比1∶8（g/mL）加入水，向浆中加入2%脱脂奶粉和1.5%白砂糖，90℃加热灭菌15min，冷却至室温后，接入适量保加利亚乳酸杆菌和嗜热链球菌混合发酵剂，恒温箱中发酵，漂洗至中性，干燥后得到苹果渣膳食纤维。采用保加利亚乳酸杆菌和嗜热链球菌混合菌种进行发酵的最佳工艺为：接种量6%，发酵时间20h，发酵温度40℃。

（6）超声波提取法

超声波提取法是一种利用超声波在液体中产生空化效应和对作用物产生机械作用，从而使大分子达到机械性断键效果的技术，因为能够增大溶剂原料细胞的渗透量并破坏细胞壁，强化传质，有效加速溶质的提取过程，与传统工艺相比较，具有提取时间短、提取效率高等优点。

苹果渣（绝干）用水浸泡以去掉其中的可溶性糖分，加入乙酸-乙酸钠缓冲液，超声提取可溶性膳食纤维，离心分离后对上清液进行减压浓缩，冷却后用95%的乙醇进行沉析，真空干燥、粉碎，即得苹果可溶性膳食纤维，优化得到的最佳提取工艺条件为：温度60℃、超声pH5、超声料液比1∶20（g/mL）、超声时间45min、超声功率225W。在该条件下苹果渣可溶性膳食纤维得率为14.14%。超声法提取苹果渣可溶性膳食纤维的得率略低于碱法提取苹果渣膳食纤维得率（16.1%），说明超声波只能在一定程度上增加苹果渣可溶性膳食纤维得率。

（7）微波提取法

以苹果渣为原料，采用微波提取苹果渣可溶性膳食纤维，优化得到的苹果渣可溶性膳食纤维提取最佳工艺为：料液比1∶20（g/mL），时间1.5min，微波火力为中火（功率450W），pH为6。在此条件下，苹果渣可溶性膳食纤维得率为13.6%，持水力为754.40%，溶胀性为13mL/g。微波辅助酸提取法和微波辅助碱提取法能大大加快苹果组织的水解，与传统的化学提取法相比，可大大缩短可溶性膳食纤维的提取时间。优化得到的微波-碱法提取苹果渣可溶性膳食纤维的最佳提取工艺为：料液比1∶65（g/mL），pH11.5，微波功率480W，微波辐射时间120s。该工艺下苹果渣可溶性膳食纤维得率为20.98%。优化得到的微波-酸法制备苹果渣可溶性膳食纤维的最佳工艺条件是：料液比1∶65（g/mL），pH1.5，输出功率800W，微波辐射时间100s。该工艺下苹果渣可溶性膳食纤维得率为19.84%。微波辅助提取法提取苹果渣膳食纤维的时间可由60min缩短为2min，通过扫描电镜和X射线衍射分析发现微波对苹果渣纤维的微结构有一定破坏作用。微波辅助法制备的苹果渣可溶性膳食纤维结构松散，呈现絮状和颗粒状，制备的苹果渣不溶性膳食纤维呈片状；苹果渣可溶性膳食纤维具有良好的持水力和溶胀性，持水力达752.3%，溶胀性为11.1mL/g；苹果渣可溶性膳食纤维的油脂吸附能力高于不溶性膳食纤维，在饱和脂肪酸的吸附量上效果更加明显，以纤维素酶法提取的不溶性膳食纤维对胆酸钠的吸附能力最好，为93.33mg/g。

11.1.3 苹果膳食纤维在食品中应用

（1）在肉制品中应用

① 香肠（果蔬复合鹿肉香肠）中应用

以鹿肉、猪肉为原料，加入果蔬、苹果皮膳食纤维和低聚异麦芽糖等营养强化物开发成营养均衡、风味独特的果蔬复合鹿肉香肠，最佳配方为：鹿肉和猪肉质量比4∶6、香菇添加量为15%、苹果皮膳食纤维添加量为5%、低聚异麦芽糖添加量为4%。大豆蛋白和马铃薯淀粉添加量对香肠质构特性影响较大，低聚异麦芽糖对香肠质构特性影响较小。

② 灌肠中应用

苹果渣可溶性膳食纤维添加量为1%或混合膳食纤维（苹果渣可溶性膳食纤维∶苹果渣不溶性膳食纤维=1∶1）添加量为1%时，制备的灌肠嫩度、咀嚼性、黏性及风味最佳。该灌肠的配方如下：瘦肉500g、肥肉100g、1%苹果膳食纤维、淀粉37.5g、胡椒粉0.63g、五香粉3g、白糖12.5g、味精3.1g、大曲酒2.5g、精盐17.5g、卡拉胶3.5g、亚硝酸钠0.04g、冰水适量。采用质构仪对制备的苹果渣膳食纤维灌肠的物性进行测定，得到结果见表11-5（测试模式：压力模式；测试前探头移动速度：2.0mm/s；测试时探头移动速度：2.0mm/s；测试后探头返回速度：10.0mm/s；测试距离：12mm；触发力：Auto-5g；采集速度：200pps）。添加了苹果膳食纤维的灌肠与对照相比，嫩度、咀嚼性、黏性等口感方面的特性较为接近，膳食纤维灌肠较对照样有着更为适口的嫩度、较好的咀嚼性和适当的黏性，膳食纤维灌肠爽口嫩滑，易于咀嚼及吞咽，口感好风味佳。

表11-5 质构仪测定样品参数

编号	可溶性苹果膳食纤维/%	不溶性苹果膳食纤维/%	苹果膳食纤维总量/%	嫩度/g	咀嚼性/(kg·S)	黏度/(g·S)
A(对照)	0	0	0	1992.85	20.83	27.36
B	1	0	1	1736.36	17.59	30.95
C	2	0	2	1292.27	10.71	41.18
D	3	0	3	980.06	9.25	44.52
E	0.5	0.5	1	17773.09	18.22	29.41
F	1	1	2	1469.99	14.73	31.73

③ 火腿中应用

西式火腿中添加膳食纤维对火腿的剪切力、硬度、黏聚性、胶着性、咀嚼性以及回复性有明显的影响，对色度（总色差、Δa^*值、Δb^*值、白度、黄度）也有明显影响，西式火腿中膳食纤维添加量在4%～6%合适。火腿制作过程中随着膳食纤维添加量的增大，除添加大豆膳食纤维火腿的剪切力增大之外，其余3种膳食纤维火腿相应的剪切力随着添加量的增加呈下降趋势。添加大豆膳食纤维火腿的各物性值随添加量的增加而增加；添加苹果膳食纤维、胡萝卜膳食纤维和燕麦膳食纤维西式火腿的硬度、胶着性、咀嚼性、黏聚性和回复性等质构特征值随添加量的增加而逐渐降低，而弹性趋于平稳，没有太大变化。不同膳食纤维添加量的西式火腿，随着添加量的增大，其相应的总色差、Δb^*值、黄度总体呈逐渐上升趋势；而色差 Δa^* 值、白度总体呈下降的趋势。

（2）苹果渣膳食纤维在面制品中应用

① 在面包中应用

苹果膳食纤维中不含面筋蛋白质，对面筋稀释作用较大，随着苹果膳食纤维添加量的增大，降低了面团的强度和持气性，导致面包胀发困难，体积变小，比容减小。苹果膳食纤维具有保水性，随着苹果膳食纤维添加量的增加，面包的持水性增加，面包的失水能力降低，从而减小面包在储存中失水收缩，减缓老化，延长面包货架期的效果。添加苹果膳食纤维可减缓面包贮存期变硬，添加苹果膳食纤维粉的面包在贮藏第 7 天时明显比对照组面包硬度低。面包中苹果膳食纤维添加量为 5%时，面包弹性最大。苹果膳食纤维添加量过多则难于形成面包所特有的结构，口感较差，用量过少则达不到降低产品热值增强营养价值的目的。从面包品质的评分来看，当苹果膳食纤维添加量为 5%时，面包的色泽、组织结构和口感等综合品质达到最佳状态。

将苹果渣膳食纤维添加到面粉中，采用发酵法制作面包，苹果渣膳食纤维添加量是影响面包品质的最主要因素，发酵时间控制在 3.5～4h 对面包品质的影响不大，优化得到的苹果渣膳食纤维最佳工艺为：苹果渣膳食纤维添加量为 6.0%，面筋粉用量为 4.0%，CMC 用量为 2.0%，发酵时间为 3.75h。在此条件下制备的苹果渣膳食纤维面包效果最佳，感官形态完整，无龟裂、凹坑，表面光洁，无粉和斑点；色泽表面呈金黄色或淡棕色，均匀一致，无烤焦，无发白现象；气味具有烘烤和发酵后的面包香味，无异味；口感松软适口，不黏、不牙碜；组织细腻，有弹性，切面气孔大小均匀，呈海绵状，无明显大小孔洞和局部过硬，切片后不断裂，无明显掉渣。苹果渣膳食纤维面包的比容≥3.4mL/g，水分含量为 35%～46%，酸度≤4°T。

② 在饼干中应用

将苹果皮渣提取的膳食纤维添加到面粉中可制成低热能、高膳食纤维的苹果皮渣膳食纤维饼干，优化确定了该饼干的最佳配方为：面粉 100%（以面粉为基准，其他辅料分别以占面粉质量的比例计算），苹果皮渣 17%，油脂 25%，白砂糖 30%，小苏打 0.8%，碳酸氢铵 0.8%，葡萄糖酸内酯 1.0%，食盐 0.4%，水和香精适量。苹果皮渣膳食纤维的添加量对饼干品质的影响见表 11-6。苹果皮渣膳食纤维的添加量在 10%以下时，面团性能与未添加苹果皮渣膳食纤维的面团性能接近，成形很容易，成品的品质也很好。苹果皮渣膳食纤维的添加量在 15%时，面团性能稍有下降，但成形仍然很容易，产品的品质也很好。苹果皮渣膳食纤维的添加量在 20%以上时，面团性能逐渐变差，成形逐渐困难，产品品质也逐渐下降。因此，苹果皮渣膳食纤维的最大添加量不能超过 20%，苹果皮渣膳食纤维添加量为 15%时饼干产品既有较好品质，又有较高膳食纤维含量。

添加苹果皮渣膳食纤维饼干提高了饼干的营养价值，改变了食品结构，并且生产工艺简单可行，不需增加投资，便于推广，是苹果皮渣膳食纤维综合利用的一条新途径。

表 11-6 苹果皮渣膳食纤维添加量对饼干品质的影响

苹果皮渣膳食纤维添加量/%	面团性能	面团塑性	成品感官描述
0	延展性、弹性好	易成形	色泽呈淡黄色，酥松性很好，饼干表面光滑，边缘整齐，无异味
5	延展性、弹性良好，与未加膳食纤维面团性能接近	易成形	色泽呈淡黄色，酥松性很好，饼干表面光滑，边缘整齐，无异味，口感较好
10	延展性、弹性良好，与未加膳食纤维面团性能接近	易成形	色泽呈淡黄色，酥松性很好，饼干表面光滑，边缘整齐，无异味，口感较好
15	延展性、弹性略有下降	塑性尚好	色泽稍深，疏松性较好，饼干表面光滑，边缘整齐，无异味，口感尚好
20	粗糙，面团稍裂，延展性、弹性明显下降	尚能成形，压形后有部分破裂处	色泽较深，疏松性显著下降，口感变粗糙，饼干表面有断裂，边缘不整齐，无异味
25	粗糙，面团易裂，延展性、弹性较差，静置后无改善	成形困难，压形后有较多破裂分层	色泽深，疏松性较差，口感粗糙，饼干表面有断裂，边缘不整齐，无异味

③ 在蛋糕中应用

苹果渣膳食纤维粉的色泽呈淡褐色、有柔和的苹果香风味，其膳食纤维含量达 42%以上，是优良的食品添加剂。在面粉中适量添加苹果肉渣膳食纤维粉制作蛋糕，对于蛋糕的物理性质影响不大，蛋糕中添加苹果渣膳食纤维，不仅提高了蛋糕的营养价值，而且能改善蛋糕的品质，提高其弹性。当苹果肉渣膳食纤维粉添加量为 5%时，蛋糕的综合品质最好。苹果渣膳食纤维蛋糕的配方：面粉 100g、蔗糖 80g、泡打粉 3g、奶油 5g、鸡蛋 100g、水 10g，苹果渣膳食纤维添加量为 5%。

(3) 在酸奶中应用

苹果渣可溶性膳食纤维添加到酸奶中，不影响酸奶组织结构，所制备的酸奶具有浓郁苹果风味，不仅能保持酸奶中原有的营养成分，而且还添加了酸奶中没有的膳食纤维，从而增加了酸奶的营养成分和价值。张海涛等确定了苹果渣膳食纤维保健酸奶的最佳配方为：苹果渣膳食纤维添加量为 4.0%，蔗糖添加量为 8.0%，玉米淀粉添加量为 0.3%，乳酸菌接种量为 4.0%。成品具有良好的营养保健功能。所制备的苹果渣膳食纤维酸奶在 0～4℃下冷藏 7 天，在整个贮藏期间，样品始终具有酸奶的滋味和气味，无涩味和其他异味；样品组织细腻、均匀，几乎无乳清析出，呈均匀一致的乳白色；口感与风味良好，无任何不良风味。

（4）在饮料中应用

苹果皮渣膳食纤维饮料感官色泽呈淡黄色、色泽稳定、均匀分布，具有混浊果汁的均一、稳定状态，不透明、无明显沉淀、无杂质，酸甜适口，口感浓厚、柔润，具有苹果特有的香味。苹果皮渣膳食纤维饮料的最佳配方为：苹果皮25%（质量浓度）、维生素C 0.014%（质量浓度）、葡萄糖10%（质量浓度）、柠檬酸0.015%（质量浓度）。以山路菜、苹果皮为原料，可开发复合膳食纤维保健饮料，其最佳配比为：苹果膳食纤维汁400g/L、山路菜膳食纤维汁300g/L、白砂糖100g/L、柠檬酸2.5g/L、蜂蜜28g/L，复合稳定剂为羧甲基纤维素钠1g/L、单干酯1.3g/L、明胶2g/L。复合膳食纤维保健饮料感官色泽呈淡绿色，色泽稳定、均匀分布，混浊果蔬汁组织状态均一、稳定，不透明，无杂质，酸甜适口，口感浓厚、柔润，具有苹果、山路菜特有的香味。该复合膳食纤维饮料中膳食纤维含量约1.5%～1.6%，pH3.5～4.5。

苹果渣膳食纤维可用于制备高纤维苹果醋饮料，其最佳工艺配方为：高纤维苹果汁100mL，苹果醋5mL，柠檬酸0.25g，葡萄糖8.0g，可将苹果渣压榨后按1∶1与水混合代替苹果原料酿制成高纤维苹果醋保健饮料。该保健饮料产品色泽淡黄，均匀一致，具有苹果果香味和食醋清香味，香气协调浓郁，酸甜爽口柔润，口感醇厚，无其他异杂味，体态呈透明状，悬浮物分布均匀，无渣，无沉淀，总酸（以醋酸计）为0.3g/100mL～0.4g/100mL，可溶性固形物≥3.5%，总糖≥10%。

11.2 香蕉皮膳食纤维

11.2.1 概述

香蕉是四大热带水果（香蕉、荔枝、菠萝、椰子）之一，是典型的热带经济作物，具有很高的食用和药用价值，在我国广东、广西、福建、云南、贵州等地大量种植。近年来，随着农业产业化结构调整，香蕉产量也大幅增加，2010年中国香蕉总产量超过了900万吨。香蕉皮约占香蕉果实质量的30%～40%，工业化生产香蕉粉产生了大量的优质香蕉皮，而香蕉皮中含有糖类、酚类、有机酸、缩合鞣质、蛋白质、油脂类等多种营养物质，还富含多种维生素、无机盐等，具有抗肿瘤、治疗脚气、防治高血压及脑溢血等功效。如果对香蕉皮进行深加工利用，不仅可以将香蕉皮变废为宝，提高水果的附加值，从而提高香蕉加工业的经济效益，而且能够保护环境。

目前，我国对香蕉皮中生物活性物质的提取研究主要集中在膳食纤维、多酚、多糖、脂肪酸、类胡萝卜素、色素和多烯等物质。香蕉皮膳食纤维作为一种天然的植物纤维包括可溶性膳食纤维和不溶性膳食纤维两类，香蕉皮中含有的果胶、寡糖、纤维素、半纤维素和木质素等膳食纤维，是廉价的优质膳食纤维来源。香蕉皮膳食纤维也逐渐被应用到食品加工工业中来，开发出香蕉皮膳食纤维面包、饮料等，具有很大的应用价值。

11.2.2 香蕉皮膳食纤维提取方法

（1）化学提取法

朱中原等以香蕉皮为原料，通过正交试验得到香蕉皮不溶性膳食纤维提取的最佳工艺条件为：氢氧化钠质量分数为5%、料液质量比为1∶5（g/mL）、提取温度为75℃、提取时间为50min。香蕉皮不溶性膳食纤维得率为55.71%。香蕉皮不溶性膳食纤维产品呈淡色，无异味，颗粒细小。

黄爱妮等以香蕉皮为原料，采用正交试验优化得到香蕉皮可溶性膳食纤维的最佳提取工艺为：提取温度85℃，磷酸缓冲液浓度0.08mol/L，提取pH值7.2，提取时间80min。在此条件下香蕉皮可溶性膳食纤维提取率为54.8%。张晶等采用正交试验优化得到磷酸盐缓冲液提取香蕉皮可溶性膳食纤维的最佳工艺条件为：温度95℃，浓度0.09mol/L，pH为6.8，提取时间80min。在此工艺条件下可溶性膳食纤维的提取率达5.03%。

（2）酶提取法

利用纤维素酶提取香蕉皮中不溶性膳食纤维，得到香蕉皮不溶性膳食纤维酶法水解最佳工艺条件为：酶添加量0.55mL/g、pH7.0、温度35℃、酶解时间11h。香蕉皮不溶性膳食纤维中可溶性膳食纤维提取率达8.2%。与实验原料不溶性膳食纤维相比，经纤维素酶水解后得到的香蕉皮不溶性膳食纤维持水力提高4.69g/g，结合水力提高2.99g/g，持油力提高1.63g/g，溶胀性降低0.3mL/g。

采用α-淀粉酶水解淀粉、碱水解蛋白质和脂肪的方法制备香蕉皮膳食纤维，确定了香蕉皮可溶性膳食纤维的最佳提取工艺为：α-淀粉酶用量为0.20%、酶解时间为35min、NaOH浓度为2.0%和碱解温度为50℃。香蕉皮可溶性膳食纤维提取率为7.73%，香蕉皮不溶性膳食纤维提取率为30.56%。

采用α-淀粉酶、木瓜蛋白酶从香蕉皮中提取膳食纤维，优化得到酶法提取香蕉皮膳食纤维的最佳工艺为：α-淀粉酶加入量为0.2%、酶解时间为40min、酶解温度为70℃；木瓜蛋白酶加入量为0.1%、酶解时间为40min、酶解温度为45℃。采用酶法得到的香蕉皮可溶性膳食纤维色泽近白色，质地疏松，香蕉皮不溶性膳食纤维产品色泽为浅褐色，质地疏松。

(3) 超声提取法

超声波辅助酸水解法可提取香蕉皮可溶性膳食纤维和不溶性膳食纤维，通过响应面法优化得到最优提取工艺为：以磷酸为提取液，超声 10min，酸解温度 80℃，酸解时间 90min，磷酸体积分数 8%，料液比 1∶15 (g/mL)。香蕉皮可溶性膳食纤维得率为 20.75%，持水力为 4.93g/g，持油力为 2.83g/g，膨胀力为 9.76mL/g。香蕉皮可溶性膳食纤维的最佳提取工艺为：以磷酸为提取液、料液比 1∶15 (g/mL)、超声时间 15min、提取液浓度 4%、提取温度 80℃、提取时间 120min；在此条件下香蕉皮可溶性膳食纤维的提取率为 17.97%，持水力 5.82g/g，持油力 2.3g/g，溶胀力 6.31mL/g。

(4) 发酵法

采用黑曲霉 A020 发酵法可制备香蕉皮可溶性膳食纤维，优化后的最佳工艺条件为：发酵温度为 28℃，黑曲霉 A020 接种量为 10%，发酵时间为 3d，pH 为 6.0。香蕉皮可溶性膳食纤维提取率达 12.83%，香蕉皮可溶性膳食纤维对 DPPH 自由基和羟自由基的清除率分别为 (51.37±1.85)% 和 (48.29±1.38)%。

11.2.3 香蕉皮膳食纤维在食品中应用

(1) 在面包中应用

将香蕉皮膳食纤维加入面粉中制备香蕉皮膳食纤维面包。研究发现香蕉皮膳食纤维对面粉的糊化性质有一定的影响，使面团的吸水率增加，影响了面包内部的色泽，减小了面包的比容，增大了面包的硬度。以感官评定为指标，通过正交试验优化得到香蕉皮膳食纤维面包的最优工艺为：香蕉皮膳食纤维添加量为 3%、面包改良剂添加量为 2%、酵母添加量为 4%。

(2) 在饼干中应用

将香蕉渣膳食纤维添加到饼干中，得到香蕉膳食纤维饼干的最优配方为：面粉 100g，香蕉渣粉 12%，油脂 18%，白砂糖 16%，膨松剂 1.2% (小苏打∶碳酸氢铵=1∶0.4，质量比)，奶粉 2.6%；食盐 0.4%。按照此最佳配方生产的香蕉渣膳食纤维饼干，其理化指标和卫生指标见表 11-7，饼干中所含膳食纤维和蛋白质比普通饼干的含量要高，具有较高的营养价值。

表 11-7 饼干理化和卫生指标

测定项目	指标要求	测定结果
水分/%	≤6.0	3.10
碱度(以碳酸钠计)/%	≤0.4	0.18
酸价(以脂肪计)/%	≤5.0	2.70

续表

测定项目	指标要求	测定结果
过氧化值(以脂肪计)/%	≤0.25	0.11
蛋白质/%	—	12.7
膳食纤维/%	—	8.12
菌落个数/(个/g)	≤750	15.00
大肠菌群/(个/g)	≤30	1.00
霉菌/(个/g)	≤50	5.00
致病菌	不得检出	未检出

(3) 在饮料中应用

将香蕉皮膳食纤维添加到饮料中，优化得到香蕉皮膳食纤维饮料的最佳配方为（以质量分数计）：香蕉皮原浆30%、白糖10%～15%、柠檬酸0.4%、稳定剂（羧甲基纤维素钠：黄原胶＝1：1）0.2%、维生素C 1%。香蕉皮膳食纤维饮料颜色浅黄色，具有香蕉的香气，味感协调、绵长，无异味，形态均匀稳定，总膳食纤维含量2.5%，可溶性固形物大于15Brix，总酸以柠檬酸计为0.4%。香蕉皮膳食纤维饮料在生产过程中没有经过任何化学提取过程，保证了天然的风味及饮用的安全性，丰富了功能饮料品种。

(4) 在果醋饮料中应用

以香蕉皮为原料，经酒精发酵和醋酸发酵制得风味纯正的香蕉皮膳食纤维果醋。采用响应面法优化得到香蕉皮膳食纤维果醋的最佳工艺条件为：起始酒精度为7.64%，发酵时间为69.88h，接种量为10.07%时，转酸率最大值为93.53%。采用该工艺制备的香蕉皮膳食纤维果醋清澈透明有光泽，具有香蕉固有的果香和醋香，酸味柔和，无异味，醋体澄清、无肉眼可见的杂质，总糖含量为4.68%，还原糖含量为1.23%，氨基酸含量为0.17%。

11.3 马铃薯膳食纤维

11.3.1 概述

马铃薯在全球超过150个国家和地区均有种植。我国马铃薯种植面积和产量均居世界第一位，分别占世界的27%和22%。马铃薯块茎主要成分为淀粉、蛋白质、矿物质、维生素以及纤维素等，具体营养成分见表11-8。马铃薯中富含膳食纤维，含量可达0.70%，大约为水稻、小麦的10倍，食用马铃薯有利于清理肠道，促进排便，降低血糖，对痔疮、大肠癌、糖尿病等具有良好的预防作用。

表 11-8　每 100g 马铃薯营养成分表

营养成分	含量	营养成分	含量
糖类	17.20g	热量	76.00kcal
纤维素	0.70g	蛋白质	2g
脂肪	0.20g	钾	342mg
维生素 C	27mg	磷	40mg
钙	8mg	镁	23mg
烟酸	1.1mg	钠	2.7mg
锌	0.37mg	铁	0.8mg
锰	0.14mg	维生素 E	0.34mg
硫胺素	0.08mg	铜	0.12mg
胡萝卜素	0.8mg	维生素 A	5mg
胆固醇	0mg	硒	0.78mg

11.3.2　马铃薯膳食纤维提取方法

（1）化学提取法

采用碱法提取马铃薯渣膳食纤维，应用响应面法优化得到马铃薯可溶性膳食纤维碱法处理最佳工艺为：碱处理时间 40min，温度 83℃，碱液浓度 0.6%，料液比 1∶30（g/mL）。马铃薯可溶性膳食纤维得率为 17.01%，膳食纤维膨胀力为 11.64mL/g，持水力为 3.81g/g。采用碱法提取马铃薯粉渣中不溶性膳食纤维的最佳工艺为：提取时间 31.92min、料液比 1∶20.14（g/mL）、提取温度 60.54℃。在此条件下，马铃薯不溶性膳食纤维得率为 72.66%。采用碱法提取红皮马铃薯皮中可溶性膳食纤维的最佳工艺为：碱浓度 0.9%、提取温度 80℃、提取时间 60min、料液比 1∶19（g/mL），红皮马铃薯可溶性膳食纤维的平均得率为 57.8%，持水力为 3.84g/g，膨胀率为 2.12mL/g。采用 L-抗坏血酸结合六偏磷酸钠浸提法制备马铃薯渣可溶性膳食纤维，优化得到最佳提取工艺为：六偏磷酸钠质量分数为 0.5%，料液比为 1∶30（g/mL），沸水浴条件下处理 2.5h，乙醇用量为 150mL。马铃薯可溶性膳食纤维产率可达 43.4%。该法制得马铃薯可溶性膳食纤维乳白色，具有口感细腻、微咸特点，可广泛应用于焙烤、馅料、汤料、果酱等食品工业中。

（2）酶提取法

采用 α-淀粉酶和蛋白酶提取马铃薯膳食纤维后，利用纤维素酶对其进行改性处理，优化得到最佳工艺条件为：纤维素酶添加量 25U/g，pH5，酶解温度 45℃，酶解 2.5h。在此条件下马铃薯可溶性膳食纤维得率为 28.78%，改性后马铃薯干渣可溶性膳食纤维含量由 7.01%提高至 13.13%。以马铃薯渣为原料，在化学法基础上采用α-淀粉酶和木瓜蛋白酶双酶降解法提取马铃薯不溶性膳食纤维，优化得到马铃薯渣膳食纤维的最佳提取工艺为：耐高温α-淀粉酶酶解马铃薯膳食纤维的最佳酶解条件为酶量80U/g，温度90℃，pH6.5，时间2h；木瓜蛋白酶最佳酶解条件为酶量100U/g，温度50℃，pH7.5，时间15min。在此工艺条件下马铃薯不溶性膳食纤维得率为19.0%，持水力为6.63g/g，持油力为2.07g/g，制备的马铃薯渣膳食纤维性能良好。采用α-淀粉酶和糖化酶酶联法提取马铃薯渣膳食纤维的最优工艺条件为：先添加300U/g α-淀粉酶，在55℃、pH6.5条件下酶解时间60min，灭酶活性，再利用糖化酶进行酶解，添加250U/g糖化酶酶解，65℃，pH4.0条件下酶解时间30min。在最佳组合条件下得到马铃薯渣膳食纤维含量为76.92%，提取后马铃薯膳食纤维的持水性和持油性均显著高于马铃薯渣。将纤维素酶和木聚糖酶联合对马铃薯渣膳食纤维进行改性处理可以提高可溶性膳食纤维得率，通过响应面法优化纤维素酶和木聚糖酶复合使用提取马铃薯渣膳食纤维的最佳工艺条件为：料液比1∶15（g/mL）、纤维素酶添加量0.41%、木聚糖酶添加量0.40%、pH5、酶解温度50℃、酶解时间1.55h。在此条件下，马铃薯渣可溶性膳食纤维得率为23.15%，比原马铃薯渣提高10.7%。

（3）发酵法

米根霉和白地霉分别以固体发酵和液体发酵可制备马铃薯渣膳食纤维，结果发现，无论用米根霉发酵还是白地霉发酵，马铃薯渣膳食纤维得率都明显增加，固体发酵和液体发酵都以米根霉发酵的马铃薯渣膳食纤维得率高于白地霉发酵的马铃薯膳食纤维得率为结果。

（4）复合提取法

超微粉碎和微波辅助有助于提高马铃薯渣膳食纤维的得率和持油力。将马铃薯渣按料液比1∶8（g/mL）加入2% $NaHCO_3$ 溶液，间歇搅拌1h，蛋白质去除率为90%，脂肪去除率为58%，经超微粉碎后采用微波辅助植酸盐螯合提取马铃薯渣中可溶性膳食纤维，优化得到马铃薯膳食纤维的最佳工艺为：pH9植酸盐溶液，料液比1∶4（g/mL），95℃提取1.5h，650W功率下微波炉中加热4min。可溶性膳食纤维得率可达47.6%，膳食纤维持油力为29.2g/g。

11.3.3 马铃薯膳食纤维在食品中应用

马铃薯膳食纤维在食品中可用于制作面包、馍片、肉丸等。将双螺杆挤压处理制得的马铃薯高品质膳食纤维用于制作面包，通过响应面法优化该面包的最佳配方为：马铃薯膳食纤维添加量为4.3%，奶油添加量为6.15%，面包改良剂添加量为1.97%。得到的成品面包比容为6.01mL/g、硬度为1785.238g、弹性为0.897mm、回复性为0.281mm、咀嚼度为1149.660g，马铃薯膳食纤维面包具有较好的弹性和回复性，口感良好，具有焙烤食品特有的香味，同时增加了面包的营养价值。采用 H_2O_2 对马铃薯膳食纤维进行脱色处理，脱色的最佳工艺条件为：pH 为 11、H_2O_2 浓度为10%、料液比 1∶10（g/mL）、温度 80℃、时间 120min。膳食纤维的白度可达 54.1。将脱色马铃薯膳食纤维添加到馍片中，发现马铃薯膳食纤维添加量在5%～10%时可以降低膜片的脂肪用量，同时不会明显影响馍片的感官质量。马铃薯膳食纤维可作为脂肪替代物制备低脂肉丸，优化后得到马铃薯膳食纤维低脂肉丸的最佳配方（以瘦肥比和膳食纤维的总质量计，下同）为：瘦肉 70%、肥肉 24%、膳食纤维 6%、马铃薯淀粉 16%、大豆分离蛋白 2.5%、水 30%。将普通肉丸和马铃薯膳食纤维低脂肉丸的营养成分进行对比，发现在此配方下生产的肉丸品质得到了改善，感官评分达到 90.73 分、硬度 4189.14g、弹性 0.70mm、黏聚性 0.45mm、咀嚼性 921.24g，脂肪含量降低了 39%，其他营养成分变化不大，肉丸品质得到改善，达到低脂的目的。

11.4 甘薯膳食纤维

11.4.1 概述

甘薯是旋花科番薯属的一个重要栽培品种，又名红薯、红苕、山芋、地瓜等，是重要的薯类作物，兼有粮食作物和经济作物的特点。甘薯是仅次于水稻、小麦、玉米的重要粮食作物，居第四位。据 FAO 统计，我国甘薯年种植面积为 616 万 hm^2，总产 11.7 亿吨，分别占世界种植面积和总产量的 68.1% 和 84.8%。甘薯营养价值丰富，含有淀粉、膳食纤维、蛋白质、胡萝卜素、维生素 A、维生素 C 以及钾、铁、铜、硒、钙等 10 余种微量元素，被营养学家称为营养最均衡的天然保健食品。甘薯含有大量膳食纤维，在肠道内无法被消化吸收，能刺激肠道、增强蠕动、通便排毒，对治疗便秘有较好的疗效。

11.4.2 甘薯膳食纤维提取方法

（1）碱提法

将甘薯渣粉碎、过筛，采用碱化学法制备甘薯渣不溶性膳食纤维，由正交试验优化甘薯渣不溶性膳食纤维的最佳提取工艺为：料液比为 1∶6（g/mL），碱浓度 10.0g/L，提取温度为 75℃，提取时间为 45min。甘薯渣不溶性膳食纤维提取率为 70.25%，持水力为 4.16g/g，溶胀性为 20.6mL/g。以生产甘薯浓缩汁的下脚料甘薯渣为原料，采用响应曲面法优化酸碱结合法提取甘薯渣不溶性膳食纤维的最佳工艺参数为：提取时间 35min、料液比 1∶10（g/mL）、碱液浓度 8%。此条件下提取的甘薯渣不溶性膳食纤维得率为 33.18%。

以红姑娘红薯为材料，将其晒干，洗净打碎，清水冲洗，过滤除去淀粉和多糖，烘干滤渣，粉碎过筛得到红薯渣粉末，采用碱液提取法提取红薯渣膳食纤维，采用响应面法优化红薯渣不溶性膳食纤维的最优提取工艺条件为：液料比13.07∶1（mL/g），碱液浓度8.43g/L，提取温度37.14℃，提取率达8.730%。采用3种动力学模型对不同温度下红薯渣膳食纤维提取过程进行拟合，发现Logistic模型的拟合参数值均达到良好，模型达到最优拟合，Logistic模型能很好地反映红薯中不溶性膳食纤维提取过程的动力学规律。

（2）酶提取法

纤维素酶法提取红薯渣膳食纤维。采用纤维素酶能显著提高红薯可溶性膳食纤维的提取率，优化得到纤维素酶制备红薯可溶性膳食纤维的最佳条件为：料液比1∶12（g/mL）、温度55℃，pH值为6，纤维素酶的添加量20U/g，酶解时间2h。红薯可溶性膳食纤维的含量高达20.91%。

α-淀粉酶法提取红薯渣膳食纤维。以淀粉加工厂提取淀粉后的甘薯残渣为原料，于60℃烘箱中烘干，粉碎过40目筛，采用α-淀粉酶法提取膳食纤维，优化得到的最优条件为：α-淀粉酶的添加量1.0%，水解液的pH6.5，酶解温度65℃，酶解时间90min。用过氧化氢脱色后，膳食纤维的色泽大大被改善，白度由12.3提高到56.2，总膳食纤维含量由76.45%下降至76.12%，但持水率与膨胀性均有较大幅度提高。

复合酶法提取甘薯渣膳食纤维。以美国SL-1甘薯为材料，将其干燥、粉碎后得到甘薯渣，利用纤维素酶将甘薯中不溶性膳食纤维转化为可溶性膳食纤维，同时用淀粉酶，糖化酶和碳酸钠去掉杂质，从而获得可溶性膳食纤维，最佳提取条件为：淀粉酶100μL，纤维素酶90μL，pH为5.6，酶作用时间为3h，反应温度为40℃。甘薯渣可溶性膳食纤维含量为25.52%，提高了15.46%。分别以红皮黄心、红皮白心、白皮红心3种甘薯渣为原料制备膳食纤维，发现红皮白心甘薯是提取并转化获得可溶性膳食纤维的最理想材料。采用α-淀粉酶和糖化酶1∶3混合提取甘薯渣膳食纤维，利用纤维素酶法将原料中的膳食纤维降解为可溶性膳食纤维可大大提高产率，且经降解后的可溶性膳食纤维色泽为纯白色，感官指标良好。通过正交试验确定最佳提取条件为：纤维素酶用量120μL，反应温度50℃，酶作用时间为2.5h，pH为4.0。甘薯渣可溶性膳食纤维含量为60.97%，提高了28.78%。将白心甘薯废渣粉碎，用小苏打浸泡，过滤之后加入α-淀粉酶和糖化酶复合酶酶解（α-淀粉酶和糖化酶复合酶用量3%、酶解温度50℃、酶解时间360min、酶解pH6.5）后，再加入中性蛋白酶水解（中性蛋白酶用量0.5%、酶解温度45℃、酶解时间180min、酶解pH7），将沉淀过滤、干燥，得到甘薯渣膳食纤维。该工艺下甘薯渣膳食纤维提取率达85.5%。

朱红等将鲜薯渣经清水漂洗后干燥粉碎，过60目筛，得到薯渣粉，在室温下按料液比 1∶10（g/mL）加入 0.2mol/L 氢氧化钠溶液浸泡 1h，之后加 50mL 磷酸缓冲液，用 α-淀粉酶 1.2mL/g 水解 0.5h，接着用胰蛋白酶 0.7mL/g 水解 0.5h，再用糖化酶 4.0mL/g 水解 0.5h，酶解温度 60℃，时间 40min，pH 值 5.0。所得到的甘薯渣膳食纤维产品中总膳食纤维含量为 81.43%，其中甘薯渣可溶性膳食纤维含量可达 40.31%，甘薯渣膳食纤维膨胀力和持水力分别达到 195mL/g 和 910%。利用液化酶、糖化酶及木瓜蛋白酶水解甘薯渣提取甘薯渣膳食纤维，优化得到甘薯膳食纤维最佳提取条件为：0.2mol/L NaOH 浸泡薯渣 1h，400U/mL 液化酶 70℃酶解 40min，600U/mL 糖化酶 60℃酶解 50min，400U/mL 木瓜蛋白酶 35℃酶解 40min。甘薯渣膳食纤维提取率为 268mg/g，持水性高达 16.76g/g，吸水膨胀性为 21.07mL/g，明显高于其他膳食纤维。

采用酶碱结合法可从红皮黄心甘薯中制备膳食纤维，酶碱有机结合在降低两者用量的同时，可有效提高膳食纤维产品的得率和纯度，该方法稳定可行，工艺简单，反应条件温和，污染少，兼顾了生产成本和产品质量。本法主要用中温 α-淀粉酶（酶活力大于 4000U/g）、糖化酶（酶活力大于 100U/mg）、木瓜蛋白酶（酶活力大于 800U/mg）、脂肪酶（酶活力大于 100U/mg）进行酶解。酶解工艺中各种酶最适用量分别为：脂肪酶 0.5%，混合酶（中温 α-淀粉酶和糖化酶）0.6%，木瓜蛋白酶 0.2%。碱解工艺的最佳条件为：pH8.5，温度 60℃，碱解时间 1.5h。在最优条件下，甘薯膳食纤维得率可达 66.31%，其中膳食纤维含量从原料中的 24.21%提升至可溶膳食纤维产品中的 83.74%，产品膨胀力为 6.23mL/g，持水力为 9.33g/g，持油力为 3.96g/g，功能特性优良。

采用木瓜蛋白酶（活力不低于 800000U/g）、脂肪酶（活力不低于 10000U/g）、淀粉酶（活力不低于 60000U/g）等可从甘薯茎叶中提取膳食纤维。鲜甘薯茎叶渣按 1∶3（g/mL）比例加水，打浆后过 200 目筛，滤渣为甘薯茎叶不溶性膳食纤维。滤液加入脂肪酶水解，37℃水解 3h，90℃灭酶 10min；加入淀粉酶，60℃水解 4h，90℃灭酶 10min；加入木瓜蛋白酶，60℃水解 2h，90℃灭酶 10min；加 4 倍体积无水乙醇，90℃水浴 10min，静置 8h，离心，沉淀干燥后为甘薯茎叶可溶性膳食纤维。采用正交试验优化得到酶法提取甘薯茎叶膳食纤维的最佳工艺条件为：脂肪酶添加量为 0.015g/100mL，淀粉酶添加量为0.035g/100mL，木瓜蛋白酶添加量为 0.075g/100mL。甘薯茎叶可溶性膳食纤维的提取率为 1.285%，持水力为 787%，溶胀力为 4.10mL/g。在甘薯渣中加入食品级脂肪酶（酶活力≥3000U/g）、食品级淀粉酶（食品级，酶活力≥2000U/g）和食品级木瓜蛋白酶（酶活力≥6000U/g）提取甘薯渣可溶性膳食纤维，脂肪酶添加量为 0.03g，淀粉酶添加量为 1.20g，木瓜蛋白酶添加量为 0.50g，可溶性膳食纤维的最佳提取率为 7.30%，提取得到的甘薯渣可溶性膳食纤维纯度高达 85.48%，持水力为 775%，溶胀力为 0.393mL/g，感官性状好。采用纤维素酶（酶活 15000U/g）、淀粉酶（酶活力 3000～5000U/g）、胰蛋白酶（酶活力 2500000U/g）、淀粉葡萄糖苷酶（酶活力 100000U/g）等酶解制备甘薯渣膳食纤维时，酶解温度 45℃，酶解 pH5，纤维素酶添加量为 20U/g，酶解时间为 2.5h，甘薯渣可溶性膳食纤维含量由原来的 4.26%提高到 20.91%，大大改善了甘薯渣中可溶性膳食纤维与不溶性膳食纤维的比例，改善了甘薯渣的品质和口感。

（3）发酵法

采用黑曲霉（华北理工大学微生物实验室保藏）发酵提取甘薯渣中不溶性膳食纤维，发酵时间 120h、料液比 1∶40（g/mL）、接种量 6%，在此条件下甘薯渣不溶性膳食纤维得率为 24.39%，持水力和膨胀力分别为 4.33g/g、3.57mL/g。在甘薯渣中加入保加利亚乳杆菌和嗜热链球菌（1∶1 混合菌种）进行乳酸菌发酵提取甘薯渣不溶性膳食纤维，发酵时间为 20h，料液比为 1∶12（g/mL），接种量为 1.25%，发酵温度 42℃，甘薯渣不溶性膳食纤维的提取率为 15.96%，持水力和膨胀力分别达到 4.06g/g、3.41mL/g。

（4）超声波法

采用超声波辅助纤维素酶法提取甘薯渣膳食纤维。在料液比 1∶50（g/mL），超声功率 400W，超声时间 10min，纤维素酶（酶活 82GCU/g）用量 3μL/g，酶解温度 65℃时，甘薯渣膳食纤维的得率为 39.17%，可溶性膳食纤维含量高达 13.49%。在 α-淀粉酶用量 1.47mL，胰蛋白酶用量 0.43mL，糖化酶用量 5.52mL，超声时间 11.55min 时，甘薯渣膳食纤维得率为 37.19%。

采取超声水提法和超声结合酶法提取甘薯渣中可溶性膳食纤维，优化得到超声水提法提取甘薯渣膳食纤维的最佳工艺条件为：料液比 1∶30（g/mL）、超声时间 25min、超声功率 150W。甘薯渣中可溶性膳食纤维提取率为 5.64%。优化得到超声结合酶法提取甘薯渣可溶性膳食纤维的最佳工艺条件为：加纤维素酶量 1.5%（酶活力 40000U/g）、料液比 1∶30（g/mL）、酶解时间 20min、超声功率 100W。红薯渣中可溶性膳食纤维提取率为 7.29%，持水力为 356%，膨胀力为 13.26mL/g。优化得到超声水提法甘薯渣总膳食纤维的最佳工艺条件为：料液比 1∶35（g/mL）、超声时间 15min，超声功率 250W。甘薯渣中总膳食纤维提取率为 69.79%。优化得到超声结合酶法最佳工艺条件为：糖化酶加酶量 1.2%、酸性蛋白酶加酶量 1.0%、料液比 1∶30（g/mL）、超声时间 5min，超声功率 200W。甘薯渣总膳食纤维提取率为 79.36%。超声结合酶法比超声水提法甘薯渣膳食纤维提取率提高了 13.71%，甘薯渣中总膳食纤维持水力为 889%，膨胀力为15.80mL/g。

11.4.3 甘薯渣膳食纤维在食品中应用

(1) 在面粉中应用

将甘薯皮渣膳食纤维与小麦面粉按照5%、10%、15%的比例混合，加工成营养丰富、具有多种保健功能的新型复合甘薯营养面粉，不仅营养丰富，而且弥补了现今面粉市场的不足，使消费者在摄入主食时能够摄入足够量胡萝卜素和维生素A、维生素C、维生素E等人体必须元素，营养价值高，同时价格相对低廉。优化得到最佳复合营养糕点粉比例为红薯皮渣膳食纤维10%、面粉90%。

(2) 在面包中应用

以甘薯为主要膳食纤维来源，采取二次发酵法制作甘薯膳食纤维面包，基本配方为：面包粉200g、酵母3.2g、白砂糖40g、奶粉8g、鸡蛋12g、水94g、油脂12g、盐2g，甘薯渣膳食纤维添加量为20%，酵母添加量为1.6%。该甘薯膳食纤维面包不仅具有普通面包的色、香、味，而且比普通面包更具有营养保健功能。

(3) 在面条中应用

甘薯渣膳食纤维可用于面条的制作，不仅增加了面条的品种和功效，还提高了面条的营养价值，为甘薯渣的综合利用提供了良好的途径。甘薯渣膳食纤维添加量为9%、面条轧制厚度为1.3mm时，红薯渣膳食纤维面条的感官品质最好，面条的吸水率为233.08%，烹煮损失率为12.59%，断条率为0。利用单螺杆挤压机对红薯原渣进行处理，用纤维素酶在温度45℃、pH为5条件下酶解红薯渣2.5h，干燥、粉碎得到红薯渣膳食纤维。纤维素酶处理红薯渣膳食纤维添加量为11%、海藻酸钠添加量为0.35%、食盐添加量为0.25%，在此工艺条件下，甘薯渣膳食纤维面条的烹煮损失率为8.77%，断条率为0。

(4) 在馒头中应用

采用筛分法分别制备上层甘薯膳食纤维和中层甘薯膳食纤维（SPDF1和SPDF2），与甘薯渣相比，SPDF1和SPDF2中的淀粉含量显著降低、膳食纤维含量显著提高，粒径变小。将这两种甘薯膳食纤维添加到面粉中制备甘薯渣膳食纤维馒头，结果表明，随着SPDF1和SPDF2添加量（0～6%）增加，馒头表皮光滑、内部结构细腻，馒头比容先增加后减小、色泽变暗，总体品质评价以SPDF1和SPDF2添加量为1%时最佳；与添加不同比例SPDF1馒头相比，添加不同比例SPDF2馒头体积略小、色泽较亮；甘薯膳食纤维添加量为3%时，馒头的弹性、黏聚性和回弹性增加，硬度、胶黏性和咀嚼性提高，与此同时，储存过程中老化得到延缓，且SPDF2较SPDF1效果好。添加甘薯渣膳食纤维对馒头的外观、内部结构、感官品质、质构性质及老化均有显著影响。

(5) 在饼干中应用

甘薯渣膳食纤维饼干总膳食纤维和可溶性膳食纤维高，饼干颜色金黄，外形完整光滑，层次分明，香味浓郁，口感酥脆，风味纯正，品质优良，营养丰富，膳食纤维含量高，可作为减肥食品和调节血糖、血压、血清胆固醇的食品。甘薯渣膳食纤维的最佳工艺参数为：起酥油 30%、碳酸氢铵 0.6%、酶解改性后红薯渣 30%、白砂糖 30%、小苏打 0.4%、鸡蛋 5%及食盐 0.6%，80℃烘焙 8min。饼干中膳食纤维含量由原来的 0%提高到 12.6%，大大提高了饼干膳食纤维含量。

(6) 在蛋糕中应用

酶解法制备的甘薯膳食纤维可用于蛋糕的制作，最佳配方为：鸡蛋 1000g、面粉 800g、白糖 800g、水 220g、泡打粉 8g、甘薯膳食纤维添加量 5%、水添加量 27.5%和泡打粉添加量 3%（均与面粉相比）。甘薯膳食纤维蛋糕容重比达到 4 以上，芯部起发均匀，柔软而富有弹性，切面的蜂窝状细密，无大空洞和硬块；口感纯正、外观油润、色彩鲜艳、块形丰满，为较为理想的蛋糕制品。

(7) 在酸奶中应用

酸奶中甘薯渣膳食纤维添加量 2%时得到的产品与市售商品无显著差异，添加膳食纤维的酸奶提高了营养价值，但并未降低其口感。甘薯膳食纤维酸奶的最佳工艺参数为：甘薯膳食纤维 18g/L，蔗糖 69g/L，发酵剂接种量 3.2%（体积分数）。在此条件下，甘薯膳食纤维酸奶的感官品质最好，该研究结果对于膳食纤维酸奶的生产工艺具有一定的指导意义。

(8) 在饮料中应用

利用食用菌生物降解与转化甘薯渣形成发酵液，以此发酵液为主要原料，经过均质、调配等工艺，制成浅黄色、黏度适中、状态均匀的膳食纤维饮品，可作为日常膳食纤维的补充。所制备的甘薯膳食纤维饮料中不溶性膳食纤维大于 16g/L，可溶性膳食纤维大于 3g/L，还原糖含量小于 0.92g/L，多糖含量大于 2.14g/L。甘薯渣膳食纤维饮料色泽浅黄色，口感细腻，咸味适中，新鲜，味道浓厚，组织状态均匀，无气泡、杂质，是一种老少皆宜的食品。

(9) 在果冻中应用

以提取淀粉后的甘薯渣和浆液为原料，用纤维素酶和果胶酶进行处理，加入脱脂奶粉并接入保加利亚乳杆菌、嗜热链球菌和双歧杆菌等活性益生菌，经发酵得到发酵型甘薯渣果冻，该果冻富含膳食纤维和多种活性益生菌，营养丰富，酸甜可口，合理地利用了淀粉生产的副产物，既解决了环境污染问题，又提高了甘薯的附加值。

11.5 香菇膳食纤维

11.5.1 概述

香菇（lentinusedodes）是世界上著名的食用菌之一，属于担子菌纲，伞菌目，香菇属，营养丰富，味道鲜美，具有显著的保健效果。香菇脚是香菇的副产品，大约占香菇子实体的25%，产量大，价格便宜，其营养也相当丰富，富含膳食纤维，但香菇脚粗韧难嚼，不利于消化吸收，如若对其加以开发和利用，可充分利用香菇的副产品，增加其食用价值，开发新型天然健康食品，提高香菇副产品的附加值，创造更高的经济效益，拓宽健康食品的范围。

11.5.2 香菇膳食纤维提取方法

（1）碱提取法

将香菇柄按照不同料液比加入一定浓度的氢氧化钠溶液水解2h，离心，在滤渣中按料液比1∶10加入蒸馏水水解2h，离心，将两次离心所得的上清液合并，并调节pH值至中性，之后加乙醇沉淀干燥即得香菇柄可溶性膳食纤维。优化得到的最佳提取工艺为：原料细度144.8目、碱液浓度1.24%、料液比1∶18.6（g/mL）、提取温度77.3℃。香菇柄可溶性膳食纤维提取得率为6.49%。香菇柄不溶性膳食纤维具有较强的持水力，可溶性膳食纤维持油力比不溶性膳食纤维持油力强；不溶性膳食纤维和可溶性膳食纤维在肠道中对胆固醇吸附力明显优于胃环境；不溶性膳食纤维和可溶性膳食纤维对 $NaNO_2$ 的清除能力均在98%以上；肠道环境中不溶性膳食纤维对 Pb^{2+} 吸附效果明显优于可溶性膳食纤维，不溶性膳食纤维和可溶性膳食纤维均能刺激有益菌的生长。

（2）酶提取法

将香菇柄含水量控制在约13%，粉碎过筛，加入纤维素酶酶解制备香菇柄膳食纤维，其最佳工艺条件为：香菇柄粉碎度180～250μm，纤维素酶添加量0.9%，酶解时间4.5h，酶解温度50℃，pH值4.5，料液比为1∶25（g/mL）。香菇柄中可溶性膳食纤维溶出量为10.15%，结合水力为5.88g/g，膨胀力为7.521mL/g，持油力为2.21g/g，黏度为70mPa·s。该膳食纤维为淡黄色的粉末状，粒度均匀，无特殊性气味，是较理想的膳食纤维。

（3）发酵法

以香菇柄为原料，烘干粉碎过60目筛，采用植物乳杆菌发酵法制取香菇柄膳食纤维，得到最佳工艺条件为：植物乳杆菌接种量1.5%，发酵时间48h，发酵温度37℃，初始pH6.5，料液比1∶12（g/mL）。在此条件下得到香菇柄可溶性膳食纤维产率为（3.64±0.08）%，膨胀力为（15.55±0.07）mL/g、持水力为（14.16±0.12）g/g、持油力为（6.22±0.19）g/g。植物乳杆菌发酵法能够降低香菇柄蛋白质的含量，能有效提高膳食纤维的品质指标及含量，发酵后香菇柄膳食纤维的膨胀力、持水力、持油力和阳离子交换力均得到一定提高。

（4）超声波提取法

为改善香菇柄膳食纤维的品质与功能特性，采用超声处理对香菇柄膳食纤维进行物理改性，优化后最佳改性条件为：改性时间 35min，改性温度 50℃，料液比 1∶110（g/mL），在此条件下，其香菇柄可溶性质总糖含量达 6.236g/mL，结合水力达 11.532g/g，DPPH 清除率与羟基自由基清除率分别达 86.7%与 63.2%，结合水力与 DPPH 和羟基自由基清除率分别比改性前增加了 17.65%、47.95%与 82.13%。改性工艺条件对香菇柄不溶性膳食纤维的理化特性影响较大。

（5）微波提取法

以香菇柄为原料，经预处理后按一定比例加入柠檬酸溶液，浸泡后进行微波提取制备香菇柄可溶性膳食纤维。最佳提取工艺条件为：柠檬酸质量分数为 5%、料液比 1∶20（g/mL）、微波功率 640W、微波处理时间 3min。在此最佳条件下香菇柄可溶性膳食纤维的平均得率为 10.24%，持水力为 2.27g/g，膨胀力为 4.13mL/g。该方法提取得到的香菇柄膳食纤维可广泛应用于糕点、饼干、面包等焙烤食品及休闲食品中，应用前景广阔。

11.5.3 香菇膳食纤维在食品中应用

（1）在面团中应用

以香菇为原材料，采用粉碎机粉碎、剪切超微粉碎、气流超微粉碎、纳米超微粉碎处理，研究香菇伞粉和柄粉对面团流变学特性的影响。香菇伞粉的营养价值比香菇柄粉高，这 4 种粉碎方式均能显著提高香菇中可溶性膳食纤维含量，超微粉碎方法更有利于香菇中可溶性膳食纤维的溶出。与对照组相比，添加香菇膳食纤维的混合面团吸水率和弱化度升高，形成时间、稳定时间和粉质质量指数减少，面团出品率上升，面筋筋力下降；香菇粉添加量越大，对面团粉质特性的弱化程度越大；在相同添加量下，香菇粉粒径越小，面团形成时间和稳定时间越长。与对照面团的拉伸特性相比，添加香菇膳食纤维的混合面团能量、延伸性下降，恒定变形拉伸阻力、拉伸比例上升，香菇粉的添加对于面团的拉伸特性有较强的负面作用。综合比较，添加 0.25%纳米超微粉碎香菇粉的面团拉伸特性最优。

（2）在面包中应用

香菇膳食纤维粉添加到面粉中，稀释了小麦蛋白含量，减少了面团中能形成面筋网络结构的成分含量，导致了面团流变学特性与焙烤品质劣变，当添加量较大时劣变程度尤为明显。当香菇膳食纤维添加量为6%时，对面包的比容影响较大，面包整体质量能被接受。但添加量为8%时，面包外观质量和内在质量都受到明显的影响，比容减小更大，口感硬，产品不能被人们接受。香菇膳食纤维面包的研制，增加了面包的营养价值，赋予面包不同的风味和医疗保健功能。

（3）在饼干中应用

香菇膳食纤维添加到面粉，可研制出富含香菇膳食纤维的曲奇饼干。影响饼干感官品质的因素顺序为：香菇膳食纤维＞黄油＞白砂糖＞鸡蛋，最优的饼干工艺为：香菇膳食纤维添加量4%，黄油添加量28%，白砂糖添加量18%，鸡蛋添加量16%，面粉34%，170℃焙烤15min。香菇膳食纤维曲奇饼干有明显的奶香味和淡淡的香菇味，无异味，口感酥松，不黏牙，有嚼劲，口感独特，香甜适口，平衡含水率为1.53%。

（4）在饮料中应用

香菇可溶性膳食纤维添加到饮料中可开发研制出富含香菇膳食纤维的特色风味饮料。香菇膳食纤维饮料的最佳配方为：白砂糖添加量7%，稳定剂添加量0.25%，柠檬酸添加量0.15%，香菇可溶性膳食纤维提取液添加量10%，制备的香菇膳食纤维饮料可溶性固形物含量为11.15%，可溶性膳食纤维含量为3.16%，总酸度为3.61g/kg，色泽呈浅黄色，液体状态均一稳定，味道酸甜可口，有香菇特殊风味。

（5）在冰淇淋中应用

香菇柄膳食纤维可用于制作高纤维冰淇淋，其最佳配方为：香菇柄粉用量2.0%、香菇柄粉粒度140目、明胶0.3%、单甘酯0.1%、羧甲基纤维素钠0.1%。制备的香菇膳食纤维冰淇淋组织状态均匀细腻，口感柔滑，膨胀率好，抗融性适当，具有浓郁香菇香气。对高纤维香菇冰淇淋及市售不添加膳食纤维冰淇淋的微观结构进行观察比较，市售冰淇淋的气泡比较少，直径比较接近，分布极不均匀，有大量的无气泡区域，而高纤维香菇冰淇淋的气泡比较紧密、均匀地分布在香菇柄纤维组织的周围，数量多，且基本以小气泡为主，有少量的大气泡，气泡间距小。香菇膳食纤维的添加有助于提高冰淇淋混合料黏度，提高其持气性及膨化率。

11.6 番茄渣膳食纤维

11.6.1 概述

番茄是我国主要的蔬菜品种，属于呼吸跃变型果实，不耐贮藏，相当一部分番茄要加工成番茄酱等产品。番茄在加工中要产生大量皮渣，这些皮渣往往作为废弃物倒掉，不仅污染环境，而且也对食物资源造成极大浪费。番茄种籽富含蛋白质、脂肪及膳食纤维等，脱脂后含量优于一些油籽饼，番茄果皮主要含膳食纤维，其他成分含量相对较低。据研究报道，番茄果肉总膳食纤维为33%～34%，番茄皮总膳食纤维为85%～87%，是开发蔬菜膳食纤维的理想原料。

11.6.2 番茄渣膳食纤维提取方法

（1）水提法

番茄渣可溶性膳食纤维的最佳提取工艺为：提取液用量40mL/g，95%乙醇用量为粗纤维体积4倍，浸取时间30min，浸取温度90℃。在此条件下番茄渣膳食纤维产率为19.9%。所制得番茄渣膳食纤维产品细腻，口感良好，颜色米黄色，可广泛应用于糕点、饼干、面包等食品。

（2）碱提法

新鲜番茄皮渣的热风干燥最适条件为厚度1.0cm，温度100℃，时间160min；优化得到番茄渣可溶性膳食纤维的最佳提取工艺条件为：料液比1∶17（g/mL）、pH值12、提取温度85℃、提取时间120min。此时提取率最高，达36%。番茄渣可溶性膳食纤维的膨胀性和持水力分别为5.9mL/g，9.85g/g。

（3）酶提法

酶法提取番茄渣膳食纤维得率较高，质量较好，发展前景良好。以番茄皮渣为原料，采用纤维素酶对番茄皮渣膳食纤维进行改性，可提高可溶性膳食纤维含量，优化得到番茄渣膳食纤维的最佳改性工艺为：酶解温度40.0℃、pH4.0、酶添加量14.0mg/mL、酶解时间4h。番茄渣可溶性膳食纤维含量为4.78%。在酶解番茄渣制取可溶性膳食纤维产品时，循环工艺可以充分利用反应底物和酶，在同等条件下提高番茄渣膳食纤维产率。

采用淀粉酶提取番茄渣膳食纤维的最佳条件为：淀粉酶酶解温度70℃，pH值6.0，用酶量1.0%，时间3h；蛋白酶酶解温度60℃，pH值6.5，用酶量0.3%，时间为2h。酶法提取的番茄渣可溶性膳食纤维及不溶性膳食纤维得率分别为6%及40%。

采用糖化酶、蛋白酶提取番茄渣膳食纤维，经响应面优化得到番茄不溶性膳食纤维最优提取工艺为：料液比1∶20（g/mL）、糖化酶酶解温度65℃、酶解时间45min、蛋白酶酶解时间60min。此条件下番茄不溶性膳食纤维得率可达59.4%，持水力为8.62g/g，持油力为2.43g/g，膨胀力为5.06mL/g，番茄红素含量为7.12mg/100g，且在10～90μg/mL范围内番茄不溶性膳食纤维具有良好的羟自由基清除效果。

（4）发酵法

以新疆某公司的番茄皮渣为原料，利用微生物发酵法制备可溶性膳食纤维，通过响应面试验确定制备番茄渣膳食纤维的最佳工艺条件为：接种量0.2%、发酵温度24℃、pH4。在此条件下番茄渣可溶性膳食纤维得率达39.02%。

11.6.3 番茄渣膳食纤维在食品中应用

(1) 在饼干中应用

在饼干基本配方的基础上（面粉100g、蜂蜜5g、鸡蛋20g、泡打粉1.5g、水适量）加入适量番茄渣膳食纤维，不但能够获得感官品质较好的饼干，而且增加了饼干中膳食纤维和番茄红素的含量，赋予其更高的营养价值。各因素对番茄渣膳食纤维饼干品质影响的主次顺序：植物油＞番茄皮粉＞白砂糖。番茄渣膳食纤维和植物油对饼干品质影响显著，白砂糖对饼干品质影响不显著。番茄渣膳食纤维饼干的最佳配方组合为：番茄皮粉4.0g、白砂糖17.5g、植物油17.5g。

(2) 在面包中应用

面包中加入一定量的番茄膳食纤维，不仅能提高面包品质，而且能增加面包的营养价值。番茄膳食纤维添加量0.25%处理比容最大，面包外观呈金黄色，面包内为乳白色，口感膨松、柔软、适口，封窝壁薄，孔小且均匀，直径达2.92mm。番茄膳食纤维添加量为0.25%时，可以改善面包的口味，有助于酵母菌的发酵，在烘烤的过程中易于上色，0.2%番茄膳食纤维量为最佳添加量。

(3) 在牛奶中应用

番茄渣膳食纤维牛奶工艺流程：

原料奶→验收→过滤及净化→加入水、番茄膳食纤维（加入量20%为宜）等配料→预热→均质（70～75℃，先是4MPa低压均质，然后15～20MPa高压均质）→UHT灭菌（135～139℃，3～5s）→冷却→无菌包装→检验→成品。

在纯牛奶中加入番茄渣膳食纤维，产品稳定性好，口感佳，营养高。

参考文献

[1] 付成程，郭玉蓉，魏桐，等．国内苹果膳食纤维的研究进展［J］. 农产品加工（学刊），2012（3）：100-102.

[2] 葛邦国，吴茂玉，和法涛，等．苹果渣膳食纤维的改性研究［J］. 食品科技，2007（10）：234-237.

[3] 侯丽娟，牟建楼，何思鲁，等．不同提取方式对苹果渣中膳食纤维品质的影响研究［J］. 食品科技，2016，41（6）：255-259.

[4] 胡雪琼，陈笑芬，邵海艳．双酶法提取马铃薯渣中水不溶性膳食纤维的工艺研究［J］. 食品科技，2015，40（8）：167-170.

[5] 黄爱妮，许杨帆，刘凌子．香蕉皮中水溶性膳食纤维的提取及其抗氧化性研究［J］. 粮食与食品工业，2014，21（2）：31-35.

[6] 乐胜锋，徐春明，曹学丽．纤维素酶法提取苹果渣可溶性膳食纤维［J］. 食品研究与开发，2010，31（4）：82-85.

[7] 李静．黑曲霉发酵制备香蕉皮可溶性膳食纤维研究［J］. 中国食品添加剂，2015（5）：137-141.

[8] 李艳，张海芳，韩育梅，等．复合酶法提高马铃薯渣中可溶性膳食纤维含量的研究［J］. 食品科技，

2018，43（12）：206-212.
[9] 林娈，黄茂坤，张凤玉，等．香菇柄膳食纤维酶法改性及功能特性研究［J］．广东农业科学，2011，38（3）：92-95.
[10] 林文庭．番茄渣膳食纤维酶法提取工艺及其特性研究［J］．中国食品添加剂，2006（5）：55-57，51.
[11] 刘婷婷，魏春光，王大为．马铃薯高品质膳食纤维在面包生产中的应用［J］．食品科技，2013，38（12）：188-193.
[12] 麻佩佩，陈雪峰，李睿．挤压苹果渣中膳食纤维的酶法改性工艺条件研究［J］．食品科技，2013，38（3）：88-91.
[13] 苗敬芝．超声结合酶法提取红薯渣中总膳食纤维及功能性研究［J］．农业机械，2013（35）：48-51.
[14] 牟建楼，王颉，李慧玲．不同提取方法对苹果渣中可溶性膳食纤维的影响［J］．中国食品学报，2012，12（9）：115-120.
[15] 彭球生，李秀娟，崔耀汉．香蕉渣膳食纤维饼干的研制［J］．食品研究与开发，2010，31（5）：89-92.
[16] 莎日娜，韩育梅，周霞，等．纤维素酶提高马铃薯渣可溶性膳食纤维得率的工艺条件研究［J］．食品工业科技，2015，36（15）：114-116，121.
[17] 孙健，钮福祥，岳瑞雪，等．超声波辅助酶法提取甘薯渣膳食纤维的研究［J］．核农学报，2014，28（7）：1261-1266.
[18] 田亚红，常丽新，贾长虹，等．黑曲霉发酵提取甘薯渣中水不溶性膳食纤维的工艺研究［J］．粮油食品科技，2014，22（4）：86-88.
[19] 王庆玲，朱莉，孟春棉，等．番茄皮渣膳食纤维的理化性质及其结构表征［J］．现代食品科技，2014，30（11）：60-64.
[20] 王亚伟，李琰，傅林秋，等．影响苹果渣水不溶性膳食纤维得率的因素［J］．粮油加工与食品机械，2003（10）：113-115.
[21] 王轶，王晨，郭鹏．甘薯渣膳食纤维饼干制作工艺及优化［J］．湖北农业科学，2015，54（22）：5698-5701，5706.
[22] 魏决，万萍，覃芳，等．苹果膳食纤维化学法改性工艺的优化［J］．食品与发酵工业，2011，37（3）：90-93.
[23] 幸宏伟，程琳．酶法提高红薯渣可溶性膳食纤维得率的研究［J］．食品科技，2011，36（10）：153-156，160.
[24] 叶青，任雷厉，庄新霞，等．加工番茄皮渣中水溶性膳食纤维提取工艺的研究［J］．食品工业，2011，32（7）：12-15.
[25] 张海涛．苹果渣膳食纤维保健酸奶的研制［J］．辽宁农业职业技术学院学报，2013，15（6）：8-10.
[26] 张晶，王凤舞．香蕉皮可溶性膳食纤维提取工艺研究［J］．粮油食品科技，2010，18（1）：55-57.
[27] 张苗，木泰华，韩俊娟．甘薯膳食纤维对馒头品质及老化的影响［J］．江苏师范大学学报（自然科学版），2016，34（4）：20-24.
[28] 张雪绒，宗丽菁，姚晓瞳，等．香菇柄膳食纤维的超声改性及其抗氧化性［J］．海南师范大学学报（自然科学版），2018，31（2）：151-157.
[29] 张月巧，陈龙，卢可可，等．添加不同粉碎处理香菇粉对面团流变学特性的影响［J］．食品科学，2015，36（3）：12-17.
[30] 张赞彬，缪存铅，陈小琴．酶解法提取甘薯渣中水溶性膳食纤维的研究［J］．粮油加工，2008（1）：

122-125.

[31] 赵明慧，吕春茂，孟宪军，等．苹果渣水溶性膳食纤维提取及其对自由基的清除作用［J］．食品科学，2013，34（22）：75-80.

[32] 周建勇．香菇膳食纤维对面团流变学性质的影响［J］．无锡轻工大学学报，2000（3）：209-212，229.

[33] 周录泳，褚夫江，刘文彬，等．酶碱结合法制备红薯膳食纤维的工艺研究［J］．广东农业科学，2015，42（17）：82-89.

[34] 朱红，孙健，张爱君，等．甘薯渣膳食纤维酶解法提取工艺研究［J］．江苏农业科学，2008（4）：217-220.

[35] 朱丽云，吴俊清，吴丽樱，等．碱提香菇柄膳食纤维的功能性分析［J］．中国食品学报，2013，13（4）：219-224.

[36] 朱中原．香蕉皮中水不溶性膳食纤维提取工艺研究［J］．食品工程，2012（3）：29-31.

12

树胶和其他胶类

树胶是树木在创伤部位渗出的一种黏性体液，是植物新陈代谢中的产物，多存在于一些植物的树皮、树干、块茎、鳞茎和种子中。树胶是由多糖类组成的胶质类物质，是一种复杂的混合物。天然树胶多从植物体中分离提取，是重要的工作原料。它的主要成分是一种由阿拉伯糖、半乳糖、葡萄糖、鼠李糖和木糖等单糖与相应的糖醛酸按一定比例组成的聚糖。它属于高分子复杂化合物，有较好的黏性，能与水结合成胶体溶液。树胶水解物即为各种单糖和糖醛酸。树胶的种类较多，用途也较广泛。阿拉伯胶可作乳化剂、上浆剂、稠厚剂，可应用于胶水、墨水、糖果生产，在石蜡切片技术中用作封片剂；桃胶可应用于制药、印刷、纺织、水彩颜料等；黄蓍胶在印刷工业上作增稠剂，在食品、糖果、墨水制造、皮革整理、化妆品生产等方面都有重要用途；瓜尔胶在食品、纺织、造纸工业、石油、矿冶和涂料等方面有着极其重要的用途。近年来，我国从田菁、菽麻、葫芦巴、槐豆胚乳中发现了这种半乳甘露聚糖（如田菁胶），含量较高，质量也较好，在食品生产中被用作增稠剂和稳定剂，另外，半乳甘露聚糖还被应用于医药与美容。

还有其他一些来源的胶类，例如从海藻中提取的（琼脂、卡拉胶、海藻酸钠）和来自微生物的（黄原胶）。海藻类胶体作为一种食用纤维，对预防结肠癌、心血管病、肥胖病以及降低铅、镉等在体内的积累等方面具有一定的功效，它具有低热无毒、易膨化、柔韧度高等特点，可用作凝固剂、增稠剂、乳化剂、悬浮剂、稳定剂并具有防止食品干燥起到改善食品的性质和结构的作用，而凝胶化是其主要的作用，即形成可以食用的凝胶体，以保持食品的形状。黄原胶（xanthan gum）作为一种来自微生物的典型胶体，是由野油菜黄单胞杆菌以碳水化合物为主要原料（如玉米淀粉）经发酵工程生产的一种作用广泛的微生物胞外多糖。它具有独特的流变性、良好的水溶性、对热及酸碱的稳定性、与多种盐类有很好的相容性，作为增稠剂、悬浮剂、乳化剂、稳定剂，可广泛应用于食品、石油、医药等 20 多个行业，是目前世界上生产规模最大且用途极为广泛的微生物多糖。

12.1 树胶概述

12.1.1 树胶的来源

许多植物能渗出树胶，暴露于空气就形成透明玻璃状物质，一般呈深褐到淡黄色，很少是无色。豆科植物的金合欢属（*Acacia*）有 100 多个种能产生树胶，有些是世界范围的工业原料；黄芪属（*Astragalus*）的许多种能够产生高价值的黄芪树胶；李属（*Prunus*）植物的很多种也产生大量树胶；其他如漆树科（Anacar diaceae）、使君子科（Combretaceae）、楝科（Meliaceae）、蔷薇科

(Rosaceae) 和芸香科 (Rutaceae) 的植物，都有产生树胶的能力。合欢属 (*Albizia*)、云实属 (*Caesalpinia*)、角豆树属 (*Ceratonia*) 和金龟树属 (*Pithecolobium*) 等植物产生类似树胶的渗出物。

据推测，树胶渗出物有些可能是正常代谢产物，有些可能是处于受刺激的不健康状态下（包括微生物侵害在内的植物病理现象）的产物，很难一概而论。例如，金合欢属树木，健康地生长在气温、湿度、土壤都适宜的地区，并不产生树胶；但在气温很高和湿度很低的条件下生长会产生树胶。不同的树种、气候及土壤条件和生理状况使得树木所具备的树胶分泌能力各不相同。不同的树木所分泌的树胶，在化学结构和理化性质上都有所区别。

我国可生产树胶的植物主要有以下几种。

(1) 桃 (*Amygdalus persica L.*)

桃是原产我国的重要果树，蔷薇科，其树干分泌的桃胶，是其重要的副产品。桃胶呈桃红色或淡黄色至黄褐色，从树干裂缝中流出，多呈半透明固体块状，其成分与阿拉伯胶极为相似，因此一般可作其代用品。野生桃发现于西北地区和西藏等省及自治区。桃胶的采收，多在桃树生长季节，收集树干上分泌物，去其杂质、晒干，放于干燥通风处贮存，经加工后即成桃胶。通常可以采桃胶的植物还有山桃 (*Armeniaca davidiana Carrière*)、杏 (*Prunus armeniaca L.*) 及李 (*Prunus salicina Lindl.*) 等。

(2) 金合欢 [*Acacia farnesiana* (Linn.) Willd.]

金合欢为有刺小灌木或小乔木，豆科，茎上流出的胶可制胶水、药、墨水或用于糖果工业，其品质相当于进口的阿拉伯胶，可作其代用品。割伤树皮数天后，有胶状物分泌出来，收集胶状物并适当干燥，即成商品。

(3) 田菁 [*Sesbania cannabina* (Retz.) Poir.]

田菁属一年生草本植物，豆科，田菁胶粉就是田菁种子中的胚乳粉。分布于浙江、福建、台湾、广东、江苏等省（区）。田菁胶是近几年来新开发利用的植物胶，可用于石油采矿与选矿，同时可作造纸胶料、涂料，还可用于烟草、纺织、食品等工业。田菁种子成熟后容易爆裂，宜在八成熟时采收。收下的种子及时晒干、扬净。防止种子霉变影响胶的质量。同属中的刺田菁也能提取田菁胶，分布在广东、广西、云南等省。

(4) 槐 (*Sophora japonica* Linn.)

槐为乔木，树形高大，豆科，槐胶是从槐豆中分离出来的内胚乳。槐豆占荚果总质量的75%，其中34%～36%为内胚乳即槐胶。它可作为合成龙胶（黄芪胶）的原料，广泛用于印染、纺织、食品、石油、采矿等工业。秋季采收成熟荚果，晒干待加工。用狼牙棒粉碎机加工槐树豆荚，分离出种子，将种子烘干，用锤式粉碎机加工，除去子叶，筛出内胚乳。槐树为我国广布树种，尤以黄土高原及华北平原最常见。

（5）黄蜀葵［*Abelmoschus manihot*（Linn.）Medcus.］

黄蜀葵为一年生或多年生草本，锦葵科，根的黏胶质可作造纸原料，还可作食品增稠剂。产于广东、广西、云南、贵州、湖南、湖北、江西等省（区）。

（6）腰果（*Anacardium occidentale* L.）

腰果常绿乔木，漆树科，坚果黄褐色，肾形或心形，果壳光滑。果壳中含水溶性多糖，可用于化妆品、纺织、制药、造纸、油墨工业等，也可以用来提取D-半乳糖，其水溶性多糖得率在9%以上。腰果果胶主要成分是D-半乳糖，微香、无毒。在我国南方有栽培。

12.1.2 树胶的结构

这些胶体物质大多数是亲水的，而亲脂的胶体物质通常称为树脂。除极少数蛋白胶外（如明胶），大多数亲水胶体都是由不同单糖相连所构成的多糖（也称聚糖）高分子物质。它是由阿拉伯糖、半乳糖、葡萄糖、鼠李糖和木糖等单糖与相应的糖醛酸按一定比例组成的聚糖，属于高分子复杂化合物，有较好的黏性，能与水结合成胶体溶液。树胶水解物为各种单糖和糖醛酸。

12.1.3 树胶的分类

许多树木在树皮受到创伤时，都会通过自身分泌一种体液来达到保护及愈合伤口的目的。这种体液可分为亲水胶体的树胶（如阿拉伯胶等）和憎水胶体的树脂（如松香等）。前者一般为酸性大分子多糖，能溶于或溶胀于水中；而后者则是高分子聚合体，一般只溶于有机溶剂。它在阳光下干燥形成具有一定色泽呈无规则形状的略透明的胶块。

树胶属于多糖类物质，由可溶性和不溶性两部分组成。可溶性部分称阿拉伯树胶素，不溶性部分称黄蓍胶素。两部分含量比例因种类而异。树胶类也可根据这两部分的不同含量分为：①几乎完全溶解于水的树胶，如阿拉伯树胶等；②部分溶解于水的树胶，如樱桃胶、桃胶等；③混合树胶，如黄蓍胶等；④其他树胶，如含鞣质的树胶等。树胶能与水结合成胶体溶液。这种溶液可随着树胶浓度的不同而具有不同的黏度。不溶于水的部分，即黄蓍胶素，在吸水后膨胀，在工业上有特殊的用途。

在树胶类中，阿拉伯树胶的主要成分是阿拉伯树胶酸，其中一部分还有钙、镁、钾等盐类物质，水解后能生成半乳糖、阿拉伯糖、鼠李糖和葡萄糖醛酸，溶解于加倍的水中，则形成淡黄色、透明、无味、呈酸性反应的液体，这种液体加碘不变蓝色。黄蓍树胶中，以黄蓍树胶类占大部分，其他为阿拉伯树胶素，水解生成阿拉伯糖、木糖、半乳糖醛酸等。

12.1.4 树胶的分离提取工艺

商业化生产树胶的树木大多数生长在热带及亚热带的半沙漠地区，通过在树干上将树皮剥去一块的方法来促使树木分泌树胶，几周后即可在伤痕处收集到凝固的渗出物。树木分泌出树胶是用来保护创伤口的，树干上切口的部位越多，则树木需要分泌的胶体也越多，但切口太大、太多将会导致树木死亡。粗胶经过采集，零星收购后送到市场集中，再经人工分级后输送到世界各地。树胶的精加工包括去杂、粉碎、杀菌及脱色、喷雾干燥等方式，经这些方式处理后以便直接用于各种工业领域。

树胶的生产工艺因原料不同而异，以桃胶为例，一般桃胶需经过浸胀、水解、漂白、蒸发、干燥五道工序才能制成固体商品桃胶。从豆科种子中提取半乳甘露聚糖胶的方法，主要采用采集种子，运用干法粉碎工艺，即利用种子胚乳和子叶的硬度不同而磨碎胚乳，或利用湿法分离工艺获得胚乳胶粉。对一些草本树胶植物如乌蔹毒、黄蜀葵等，挖取根部，经切细或碾碎，用水浸渍胶质。

12.1.5 树胶的应用

树胶是最传统的亲水胶体，应用历史悠久，商品化的树胶种类繁多，但已经通过JECFA（FAO/WHO食品添加剂专业委员会）等机构普遍批准为食品稳定剂的树胶只有阿拉伯胶、黄蓍胶和刺梧桐胶及盖提胶等，并且有严格的质量指标。前三者的规格早已列入英国及美国药典，用于制药工业。其他一些树胶如桃树胶、牧豆树胶等则只用于产地的工业领域。

树胶的种类较多，用途也较广泛。常用的树胶有阿拉伯胶、瓜尔胶、桃胶、黄蓍胶、田菁胶等。产自蔷薇科桃、李、杏、樱桃等属的桃胶，可药用，也可用于印刷、纺织、水彩颜料等；产自豆科金合欢属的阿拉伯胶，可做乳化剂、上浆剂、稠厚剂，用在胶水、墨水、糖果业上，也可在石蜡切片技术中用作封片剂，也可做医药工业中制片剂的赋形剂，在印染工业中做调制织物的印花浆等。近年来这种胶需求量不断增长，常供不应求。产自豆科几种黄蓍的黄蓍胶，在印刷工业上可做增稠剂，在食品、糖果、墨水制造、皮革整理、化妆品生产等方面都有重要用途。瓜尔胶是近十几年新开发出的商品胶，主要是从长角豆、瓜尔豆中提取出的，其主要成分为半乳甘露聚糖，在食品、纺织、造纸工业、石油、冶矿和涂料等方面有着极其重要的用途，因而被誉为“王牌胶”。近年来，我国从豆科植物田菁、蓖麻、葫芦巴、槐豆胚乳中也发现了这种半乳甘露聚糖，而且含量较高，质量也较好，在许多用途上可以替代瓜尔胶。

12.1.6 树胶的研究现状及发展趋势

我国现已查明主要的树胶植物有四五十种之多，已经获得实际应用的有十多种。树胶多糖主要以葡萄糖、半乳糖、甘露糖、阿拉伯糖、木糖、鼠李糖和葡萄糖醛酸中的两种、三种也有多达四五种的单糖按不同连接方式形成长链或带支链的长链（多数是带有支链的长链）形式存在。在众多的多糖胶中，以半乳甘露聚糖最为有名、应用价值最大。这些多糖和链上都有羟基，有的还有羧基。分子长链之间靠水分子形成的氢键相连，从而长链胶结合在一起形成胶体，这是它们的共性。但是，由于不同的多糖中单糖的种类、连接方式、聚合度不同，它们在溶解性，黏度，流体特性，胶体溶液对酸、碱和温度的耐受性，凝胶强度，胶胨能力以及它们对电解质离子的兼容性和多糖之间的配伍性等方面有很大差异，这种差异带来功能上的多样性，从而具有广泛的适用性。

在应用方面，亲水胶体作为食品品质改良剂广泛地用于食品工业上，主要用作胶凝剂、增稠剂、乳化剂、成膜剂、保水剂、黏结剂、悬浮剂、泡沫稳定剂、润滑剂、上光剂和晶体阻碍剂等。目前，在西方国家，几乎找不到不含亲水胶体的加工食品。

在我国，随着人们对方便食品、风味食品和功能性食品需求的增加，亲水胶在食品工业上应用愈来愈广泛。亲水胶体除充当体系稳定、增稠、凝胶等品质改良剂外，它的另一消费趋势是作为“功能食品”的成分之一。这是因为随着人们对健康食品越来越重视，要求膳食向低糖、低油脂、高纤维等健康食品方向发展，对功能食品及健康食品的兴趣不断提高，对多糖化合物所表现出来的功能性更加重视。但是值得注意的是，当亲水胶体用作品质改良剂时，其用量一般都低于1%；然而在充当功能食品时，使用量则将会远远高于1%，这就需要选择低黏度多糖类亲水胶体。目前，亲水胶体在健康（功能）食品中比较热门的应用是：①健康饮料、高纤维果汁，因为亲水胶体是在人体内基本不产生能量的可溶性膳食纤维；②低黏度亲水胶用于替代脂肪，充当食品中脂肪填充剂（具有合适的口感，能够改进风味及组织结构）；③崇尚食品的纯天然性（世界各国的食品立法机构都将要求在成品食品上必须标明其中的具体原料组成，消费者倾向于选择纯天然亲水胶体，如阿拉伯胶等）。目前在健康（功能）食品中充当脂肪替代品及增加膳食纤维含量的主要有菊糖，经预水解的低黏度瓜尔胶等可溶性低聚糖或其他高浓低黏亲水胶。值得注意的是，阿拉伯胶具有特殊性质，许多研究表明阿拉伯胶除用作功能食品中的低热量填充剂外，还具有降低血糖，改善肠道生理功能等作用。

树胶在其他工业领域，如制药、纺织印染、造纸印刷、洗涤剂和化妆品、陶瓷、涂料、农药、选矿、石油钻井、金属加工（铸造）等也都获得广泛的应用。

12.2 阿拉伯胶

阿拉伯胶（gum arabic，GA）是应用最为广泛的树胶，也是最古老的商品之一。早在四千年以前，古埃及人就已开始在他们的香料中应用阿拉伯胶。阿拉伯胶的名称来源于其最早的贸易起源地阿拉伯地区。

在植物分类学上，阿拉伯树胶是来源于豆科（Leguminosae）金合欢树属（*Acacia* spp.）的树干渗出物。经空气干燥后形成泪滴状大小不同的胶块。迄今为止，发现的金合欢树种类已达 1100 种之多，大多遍布于非洲、大洋洲及南美洲等热带及亚热带地区，仅在澳洲就发现有 729 种以上的金合欢树。

阿拉伯胶是目前国际上较为廉价而又广泛应用的亲水胶体之一，是工业上用途颇广的水溶性胶，广泛用作乳化剂、稳定剂、悬浮剂、黏合剂、成膜剂等，同时由于应用技术的日趋成熟及应用领域的不断增加，在亚洲尤其是在中国，市场对阿拉伯胶的需求也获得大幅度上升，阿拉伯胶已经成为在我国食品工业中应用最为广泛的食品胶之一。

12.2.1 阿拉伯胶的来源、组成与结构

（1）阿拉伯胶的来源

早在 1875 年，Bentkam 就将金合欢属细分为 6 大系列，15 个亚系列，大多数金合欢树种都能在特定条件下分泌一定量的树胶，但商品化的阿拉伯胶则主要来源于非洲的金合欢树种，但国际上，无论是 FAD、JECFA，还是欧洲及美国药典，或者是 FCC（《美国食品化学法典》）上都将应用于食品及制药工业的阿拉伯胶的来源定义为“来源于豆科金合欢属的 *Acacia Senegal*（L.）Wildenow 或 *Amacia seyal* 等与其接近树种的树干渗出的干固的胶状物”。由此可知，阿拉伯胶实际上是这类 *Acacia* 树胶的通称，因此也称为 acacia gum。

阿拉伯胶是非洲豆科类植物的分泌产物，是金合欢属（*Acacia*）中的各种树的树皮割流所得的渗出物。迄今为止，发现的金合欢树种类已达 1100 种之多，在这一千多种豆科植物中，大多数都能在一定条件下分泌一定量的树胶。主要的品种有阿拉伯树（*Acacia Senegal*）、华美相思树（*Acacia Laetia*）等，但商品阿拉伯胶中的 80%来自于阿拉伯树。

由于气候及人力资源的因素，商品化的阿拉伯胶主要产地在非洲，它们集中繁衍在非洲撒哈拉地区的所谓“树胶国家”内，出口阿拉伯树胶的国家有苏丹、尼日利亚、乍得、埃塞俄比亚、毛里塔尼亚和塞内加尔等。苏丹是阿拉伯胶的主要产地，其特定的气候及其特有的在国际社会帮助下建立起来的大面积种植单一树种的树胶园，使其产量占全球总量的 70%。许多与苏丹同一纬度的中非及西

非国家也都能产阿拉伯胶，这些产胶区统称为“胶带区”，这里的地理气候适合于阿拉伯胶的分泌及采集。撒哈拉沙漠的周边国家及西非国家也能提供少量的阿拉伯胶。

阿拉伯胶产量取决于气候，如果树木生长的雨季多雨，而旱季又高温炎热，则树干割口处分泌的胶量大。在雨季来临前，当地居民逐一从树上采集已硬化的原始胶，经人工按大小分级后出售给专业经销商。目前商品化的阿拉伯胶主要来源于品种 *Acacia Senegal* L.，但是来源于相近品种的胶也有一定的数量，两种原始胶在外观上不同，前者比较透明，不易碎，一般呈 3～4mm 大小的椭球状或泪珠状，且表面有纹路；后者呈金黄色，不透明并很容易压碎。即使经过喷雾干燥后，两者的某些理化性能也有差异。来源于某些其他属树木所渗出的树胶，由于在某些性质及理化指标上与阿拉伯胶相似，也可能成为阿拉伯胶的来源。在产地的其他金合欢树种，如 *Acacia Laetia*、*Acacia Siebeada* 等分泌的树胶也会成为商品阿拉伯胶的来源。

天然阿拉伯胶块多为大小不一的泪珠状，呈略透明的琥珀色，无味，精制胶粉则为白色。尽管不同产地的阿拉伯原胶会有许多不同点，但最高质量的阿拉伯胶应该是半透明、琥珀色、无任何味道的椭球状胶，属于手拣品。这些原始胶再经过工业化的去杂，或者用机械粉碎加工成胶粉或加工成更方便溶化的破碎胶。目前更多的加工工艺是将原始胶溶解后去杂、混合、过滤、漂白、杀菌、喷雾干燥，从而获得可以直接用于食品及制药工业的精制阿拉伯胶粉。更有一些生产商制造出了遇水化型阿拉伯胶，这种型号的胶粉可以直接加入水中而不必担心“结团”。商品阿拉伯胶粉的等级通常按不同的外观及用途来划分。

为获得胶质，一般在每年十月的干燥季节在树干上割剥掉树皮，经过 4～8 周，胶质自行渗出时由人工收集。每棵树每年平均约可得 250g 阿拉伯胶，每一胶树可分泌 20～2000g 胶。根据呈色和透明度由人工分成若干级。对食用和药用品，将渗出胶溶于水，经离心或过滤净化后进行巴氏灭菌并喷雾干燥，最后获得细粉状制品。阿拉伯胶干粉非常稳定可以长久储存。

（2）阿拉伯胶的组成与结构

阿拉伯胶研究主要是以来源于 *Acacia Senegal* 树木上分泌的胶体为对象。阿拉伯胶约由 98%的多糖和 2%的蛋白质组成。这种多糖属高聚物，具有以阿拉伯半乳聚糖为主的、多支链的复杂分子结构。水解阿拉伯胶可获得 D-半乳糖、L-阿拉伯糖、L-鼠李糖和 D-葡萄糖醛酸。其主链由（1→3)-糖苷键键合的 β-D-半乳糖基组成，侧链有长 2～5 个单位的（1→3)-β-D-半乳糖基，由（1→6)-糖苷键键合在主链上。主链和侧链上均可键合 α-L-呋喃阿拉伯糖、α-L-吡喃阿拉伯糖、α-L-鼠李糖、β-D-葡萄糖醛酸和 4-*O*-甲基-β-D-葡萄糖醛酸基。分子量为 10 万～30 万不等。表 12-1 列出其结构组成情况。

表 12-1 阿拉伯胶的结构组成

单体	半乳糖	阿拉伯糖	鼠李糖	葡萄糖醛酸	4-*O*-甲基葡萄糖醛酸
组成/%	42	31	13	13	1

阿拉伯胶是一种含有钙、镁、钾等多种阳离子的弱酸性多糖大分子，在结构上还连有2%左右的蛋白质。从不同品种金合欢树获得的阿拉伯胶，单糖比例及理化指标都会有些差异，同一树种在不同的地理环境中所分泌的阿拉伯胶，甚至同一树木在不同树干上采集的阿拉伯胶，在某些理化指标上也会有微小的差别。

研究还表明阿拉伯胶结构的中央是以β-D-(1→3)-糖苷键键合的半乳聚糖，L-鼠李糖主要分布在结构的外表。鼠李糖的碳六位上是—CH_3而不是—OH，因此有非常良好的亲油性。

此外在阿拉伯胶结构上还连有2%左右的蛋白质，虽然蛋白质所占的量不多，但它作为乳化剂的功能是不可缺少的。蛋白质以共价键的形式与多糖连结，尽管目前这些蛋白质与多糖在结构上的连接位置仍不十分明确，对这种键的性质及“构效”关系尚不清楚，但是在分析氨基酸的成分时，发现羟脯氨酸占有相当的比例，另外不同*Acacia*品种的阿拉伯胶样品的含氮量也有区别，但氨基酸的分布规律仍比较统一。这些结构上的蛋白质对于阿拉伯胶的乳化性能影响很大。一般来说，阿拉伯胶可以分为三个基团，一是与其功能相关的阿拉伯半乳聚糖蛋白，另外两个基团分别是阿拉伯半乳聚糖和糖蛋白。对于阿拉伯半乳聚糖蛋白来说，是阿拉伯半乳聚糖成分与一个蛋白质链相连。阿拉伯半乳聚糖又是由阿拉伯糖和半乳糖这些支链结构组成的，支链的末端还含有鼠李糖和葡萄糖醛酸，因而，每一个分子都如球状，而且非常紧密。对于乳化功能来讲，关键是其整体分子结构层的蛋白质链极易触及或暴露。由于阿拉伯胶是多支链的结构，也没有发现在结构上有特殊的位点能与其他物质形成刚性空间结构，因而阿拉伯胶的功能作用与其他食品胶相比较少。由于其支链众多，同样的分子量在空间所占据的水化体积比较少，由此决定了阿拉伯胶的黏度比相同分子量水平的其他线性大分子低。

12.2.2 阿拉伯胶生理功能

(1) 调节免疫

GA影响结节状抗原的单核吞噬细胞的免疫反应性。能引起机体发生速发型过敏反应，又能引起局部病灶内细胞浸润和抑制抗原与抗体的反应。主要通过增加NK细胞活性，刺激免疫系统而具有调节免疫力的作用。

（2）抗菌

GA 能够提高对细菌感染的免疫反应。阿拉伯树胶或阿拉伯半乳聚糖能够促进肠道有益菌的增殖，可在肠道内通过微生物菌群的发酵，提高短链脂肪酸的产量（主要是丁酸）。短链脂肪酸对宿主有着重要的生理功能，如调节肠道菌群，维持体液和电解质的平衡，给宿主提供能量，给肠道上皮细胞提供营养等。

（3）抗氧化

有研究者在大鼠中的实验表明 GA 能抵抗庆大霉素、顺铂肾毒性和阿霉素心脏毒性，也有研究者在小鼠中发现 GA 能够抵抗对乙酰氨基酚肝毒性，所有这些研究均基于 GA 具有强抗氧化特性的假设，以上药物诱导毒性的主要机制是产生自由基。但是，Ali 等报道，用 GA 治疗大鼠仅轻微缓解庆大霉素产生的肾毒性。

使用脂质模型系统，有学者研究了 8 种不同的多糖化合物（包括 GA）在体外的抗氧化和降低脂质过氧化作用。发现 GA 以剂量依赖性方式保护皮肤中的脂质过氧化。然而，最近也有学者报道，GA 不能改善非诺贝特诱导的大鼠胆汁淤积中的肝细胞损伤。

据 Ali 报道，连续八天给大鼠饮用浓度为 2.5%，5.0%和 10.0%的 GA 并没有显著改变自由基清除剂还原型谷胱甘肽（GSH）、抗坏血酸（AA）和超氧化物歧化酶（SOD）的浓度。这一发现似乎表明，没有证据表明 GA 具有强大的抗氧化作用。

（4）GA 对肾功能的影响

终末期肾衰竭或终末期肾病需要以透析或肾移植的形式进行肾替代疗法（RRT）。然而，RRT 的提供需要在专业单位工作的专家团队，这使得治疗肾衰竭的治疗变得昂贵。维持性腹膜透析和血液透析维持了发展中国家大约 250000 名尿毒症患者的生命。在过去几十年中，全世界需要 RRT 的终末期肾病患者数量急剧增加，大量文献报道营养对肾脏疾病影响，大多数用于治疗慢性肾功能衰竭（CRF）和减少尿毒症的饮食尝试都使用蛋白质限制方案。基于饮食中可发酵的碳水化合物（FC）补充，最近提出了另一种饮食方法。据称，通过增加粪便中尿素氮的排泄，可以产生类似的尿素降低作用，伴随着成人和儿童尿液中总氮排出量的减少。有学者在一篇研究 GA 对健康小鼠肾功能影响的论文中声称，GA 不仅增加了粪便质量，而且还表现出与游离水的结合，导致肠液吸收减少，从而导致尿量减少，这与 ADH 分泌增加相平行。GA 也结合了肠内 Na^+，再次减少肾脏排泄量。这些发现与先前的结论不一致，即 GA 通过改善口服补液实际上增强了慢性口腔腹泻大鼠模型中的水和 Na^+ 吸收，这种差异可能与 GA 在健康小鼠中的作用有关，并且膳食纤维的持水能力可能在完整的肠道和腹泻期间产生相反的结果。有学者发现GA治疗与健康小鼠中24h肌酐清除率增加有关，确切的机制尚不清楚，因为它代表了GA对肾脏的远程影响，这需要一种或多种体液因子。众所周知，GA是由肠道细菌发酵而形成的各种降解产物，如短链脂肪酸。健康受试者用GA治疗后血清丁酸盐浓度增加，这说明GA对肌酐清除率和肾小球滤过率的可能影响。相比之下，在慢性肾功能衰竭CRF（大鼠肾脏残余模型）的实验模型中，Ali等人研究表明，大鼠手术诱导CRF后2周，在饮用水中添加3g/100mL或6g/100mL的GA连续治疗5周能够有效逆转体重下降或肌酐和尿素增加。GA以50g/d的口服剂量给予3个月，无论是否有硫酸亚铁（200mg/d）和叶酸（5mg/d）补充饮食，GA均可显著降低血清肌酐、尿素、磷酸盐和尿酸浓度，并显著增加血清钙的含量。

（5）GA对血糖浓度的影响

有研究者将阿拉伯胶（*Acacia arabica*）的粉末喂食正常的兔子和用allaoxan诱导的糖尿病兔子。发现粉末剂量为2mg/kg、3mg/kg和4mg/kg时显著降低了正常兔（非糖尿病兔）的血糖浓度。可见阿拉伯胶引发正常兔的胰腺β细胞释放胰岛素。

（6）GA对胃肠道的影响

① 肠道吸收

在细胞和分子水平上运行的各种机制表明，小肠是胃肠道（GIT）中吸收电解质和有机非电解质的主要部位。同时肠道分泌是受到严格控制的一种生理现象。这维持了肠腔内流动性、稀释度和溶解状态，对肠的消化和吸收的正常功能是必不可少的。这些机制的净效应使正常的哺乳动物小肠保持在吸收模式。然而，在某些情况下，分泌超过吸收，并且随后出现净分泌状况导致腹泻和脱水。尤其在儿科，腹泻是死亡的主要原因。有学者已经证明GA可以改善正常大鼠和两种腹泻病模型动物的小肠对钠离子和水的吸收。在正常的雄性幼年大鼠中，添加5g/L和10g/L的GA可增加肠腔中去除钠离子的速率。虽然在这些实验中GA倾向于促进双向流体运动，但净吸水率未受影响。

② 肠道中GA的降解

据报道，GA在胃和小肠中没有降解，但在大鼠和人类的盲肠内进行完全发酵。这种发酵促进细菌增殖，大量的细菌诱导与盲肠扩大相关的短链脂肪酸（SCFAs）的产量增加。事实上，将GA掺入无纤维饮食中可以增加盲肠壁的质量或促进盲肠上皮细胞的增殖。盲肠的高血压扩大了盲肠吸收性黏膜并增加了盲肠血流量。产生的SCFAs主要是乙酸盐、丙酸盐和丁酸盐。普氏菌（*Prevotella ruminicola*）样细菌是最有可能负责将GA发酵成丙酸盐的主要生物。短链脂肪酸作为燃料或代谢效应物对肠和肝代谢具有相当大的影响。通过细菌发酵GA产生的丙酸盐是肝脏代谢主要的SCFA，特别是作为糖异生底物。它的利用速度比氨基酸的速度快，从而减少氨基酸脱氨。大肠腔内的细菌生长需要氮源，GA 发酵为细菌吸收氨作为氮源。此外，丙酸盐还可以减少肝细胞中氯化铵来源的尿素生成。

（7）GA 对脂质代谢的影响

GA 对脂质代谢的影响是可变的。GA 增加了含有胆固醇饮食的大鼠的胆固醇生物合成，但对无胆固醇饮食的大鼠没有影响。有学者报道，当受试者分别接受 25g/d 和 30g/d 的 GA，持续 21 天和 30 天时，总血清胆固醇降低了 6% 和 10.4%。该减少仅限于 LDL 和 VLDL 胆固醇，对 HDL 和甘油三酯没有影响。在另一项研究中，研究者使用源自 GA 和苹果膳食纤维和已知具有潜在高胆固醇特性的组合，具有明显降低胆固醇的作用。总胆固醇下降 10%，LDL 下降 14%，HDL 或甘油三酯浓度无明显变化。一些研究表明，可发酵膳食纤维的黏度对动物和人类的降脂作用有很大帮助，最明显的机制是与粪便胆汁酸和中性甾醇排泄增加或脂质消化和吸收的改变有关。膳食纤维被认为可以结合或隔离胆汁酸，减少它们在回肠中的重吸收活性并导致它们在粪便中排泄。因此，除诱导肝脏中脂蛋白受体数量增加、血浆胆固醇浓度降低外，GA 还可促进胆固醇向胆汁酸合成的转移。此外，GA 具有阳离子结合能力，特别是钙离子。盲肠中 GA 的降解释放出螯合的胆汁酸，并且在发酵过程中产生的酸性 pH 使它们不溶。结合的钙离子也被释放并与胆汁酸形成不溶性复合物，进而促进它们的排泄。

（8）GA 对牙齿矿化的影响

当牙釉质由于脱矿和再矿化阶段的不平衡而丧失时会发生龋齿，并且当再矿化阶段增强时可以实现预防。组织病理学方法显示 GA 具有增强再矿化的能力，可能是通过支持其他再矿化活动。这种支持作用归因于 GA 中多糖的含量丰富的 Ca^{2+}、Mg^{2+} 和 K^{+} 盐，以及对 Ca^{2+} 和磷酸盐的代谢的可能影响。众所周知，GA 含有生氰糖苷和几种不同类型的酶（如氧化酶、过氧化物酶和果胶酶），它们对某些菌具有抑制作用，如 *Prophyromonas gingivalis* 和 *Prevotella intermedia*。

（9）GA 对肝脏巨噬细胞的影响

巨噬细胞在调节大鼠免疫过程中起重要作用。有研究者通过体外产生超氧阴离子的能力研究了 GA 对巨噬细胞活化的影响，并发现 GA 在体外可以抑制巨噬细胞活化。这证实了早期报道的 GA 能够几乎完全阻断巨噬细胞功能。因此推断 GA 的这种作用在慢性肝病治疗中值得考虑，因为慢性肝病发生 Kupffer 细胞和肝巨噬细胞的功能紊乱，并且与其并发症有关，例如内毒素血症。

12.2.3 阿拉伯胶的物理化学特性

（1）溶解度

阿拉伯胶是一种水溶性的多糖物质，属水合胶体。阿拉伯胶的性质与其他水合胶体，如瓜尔胶和琼脂类等有极为明显的不同。阿拉伯胶易溶于水而不致结团，阿拉伯胶具有高度的水中溶解性，能很容易溶于冷、热水中，可配制成50%浓度的水溶液且仍具有流动性，这是其他亲水胶体所不具备的特点之一。但阿拉伯胶不溶于乙醇等有机溶剂。

（2）黏度

在所有的商品胶（未水解的）中，阿拉伯胶水溶液的黏度是最低的，这显然是其高度的分支结构和球状（不易伸展）形态所致。5%水溶液的黏度低于5×10^{-3}Pa·s，25%的溶液黏度（pH一般为4～5）约在0.09～0.14Pa·s之间，在常温下都有可能调制出50%浓度的胶液，阿拉伯胶是典型的“高浓低黏”型胶体。一般而言，喷雾干燥的产品比原始胶的黏度略低些。pH在3～10范围内变化对其胶溶液的黏度影响不大。低于此pH时，羧酸基团的离子化作用受到抑制，结果就趋向于胶凝或沉淀，它的溶液有牛顿流体的表现。在切变率发生变化时，其黏度几乎不变。这类现象通常只有在低分子量的有机溶液、盐溶液或纯水中才能看到。阿拉伯胶溶液浓度在40%以下仍呈牛顿流体，40%以上则开始表现出假塑性流体特性。

（3）酸稳定性

因为阿拉伯胶结构上带有酸性基团，溶液的自然pH也呈弱酸性，一般在pH4～5之间（25%浓度）。约在pH5～5.5附近溶液达到最大黏度，但pH在4～8范围内变化对其阿拉伯胶性状影响不大，具有在酸环境下较稳定的特性。当pH低于3时，结构上酸基的离子状态趋于减少，从而使得溶解度下降，黏度下降。

（4）乳化稳定性

乳化性能是阿拉伯胶最主要的性能。由于阿拉伯胶结构上带有部分蛋白质及鼠李糖，使得阿拉伯胶有非常良好的亲水亲油性，是非常好的天然水包油型乳化稳定剂。但不同来源树种的阿拉伯胶其乳化稳定效果有差别。一般规律是：鼠李糖含量高、含氮量高的胶体，其乳化稳定性能更好些。根据这个规律，市场上ABC-4197型阿拉伯胶在乳化稳定方面比ABC-4638型阿拉伯胶更好，常用于可乐、雪碧等饮料中乳化配料中的精油，也用于保健品饮料中乳化油溶性成分。阿拉伯胶还具有降低溶液表面张力的功能，用于稳定啤酒泡等。

阿拉伯胶液一个非常重要的特性是在油-水界面有吸附的倾向，并使之形成一层稳定的膜。这层膜的表面黏弹性与水相的稀释度无太大关系，这是因为阿拉伯胶中含蛋白质所致。乳浊液在有电解质时依然稳定，在大范围的pH条件下也很稳定。然而，一个多糖类物质怎样能起到乳化剂的作用呢？在水包油型溶液中，很有可能是阿拉伯半乳聚糖蛋白中的蛋白质链接受了油相，而阿拉伯半乳聚糖成分则与亲水成分结合，阿拉伯半乳聚糖在阿拉伯树胶的稳定性功能上，也起到了至关重要的作用，也就是说阿拉伯半乳聚糖蛋白的乳化稳定性远比全阿拉伯树胶的乳化稳定性要差。

（5）热稳定性

一般性加热阿拉伯胶溶液不会引起胶的性质改变，但长时间高温加热会使得胶体分子降解，导致乳化性能下降。

（6）兼容性

阿拉伯胶作为水溶性胶中用途相当广泛的胶，阿拉伯胶能与大部分天然多糖类物质相互兼容。它可以和大多数其他的水溶性胶、蛋白质、糖和淀粉相配伍，在较低 pH 条件下，阿拉伯胶与明胶能形成聚凝软胶用来包裹油溶性物质。阿拉伯胶也可以和生物碱相配伍混溶应用。而阿拉伯胶不论处于溶液或薄膜状态均可和羧甲基纤维素（CMC）相配伍使用。

（7）保持香气能力

阿拉伯胶作为助香剂使用时，在香料颗粒的周围形成保护薄膜，可以防止香料氧化和蒸发，同时也防止了香料从空气中吸湿。随着先进的微胶囊技术的发展，阿拉伯胶在香味固定方面将有更广泛的应用。

12.2.4 阿拉伯胶生产方法

阿拉伯胶主要来源于阿拉伯胶树或亲缘种金合欢属树的茎和枝。目前的加工工艺多采用将原始胶溶解后去杂质、过滤、杀菌、喷雾干燥后获得。可以直接用于食品及制药工业的精制阿拉伯胶粉。

（1）除杂粉碎

除去泥沙、树皮等杂质，然后使用粉碎机对阿拉伯胶进行粉碎。

（2）水解

粉碎后的阿拉伯胶与水按 1∶9 比例投入反应釜中，搅拌均匀，在 50℃时加保护剂，继续升温到 75℃时恒温 8h，得到浓度为 10%、黏度为 10～50mPa·s 的阿拉伯胶原液。

（3）澄清脱色

阿拉伯胶原液由反应釜泵直接从反应釜中送到澄清池澄清，因水解时易产生有色物质，加入脱色剂进行脱色处理，经过 30h 的沉淀脱色得到脱色胶液。

（4）离心除杂

澄清胶液进入高速管式分离机，利用分离机高速旋转（10000～16000r/min）产生的强大离心力，除去比重较大的悬浮絮状物，此时所得胶液为离心清液。

（5）陶瓷膜提纯

离心清液泵把离心清液送入陶瓷膜设备，通过陶瓷膜进行提纯，截留除去离心清液中的微生物、大分子多糖、色素等杂质后，得到提纯胶液。

（6）陶瓷膜或反渗透膜脱盐浓缩

提纯胶液经反渗透膜或陶瓷膜浓缩加纯水进行脱盐后浓缩制得精提纯胶液。

（7）喷雾干燥精提纯胶液

在喷雾干燥塔进行压力喷雾干燥后得到粉剂。

（8）冷却干燥

粉剂在冷却器中冷却后，即得到阿拉伯胶粉成品。

12.2.5 阿拉伯胶的安全性和应用

阿拉伯胶是一种不能被人体消化的可溶性膳食纤维，因其不能被酶水解而直接进入大肠酵解，构成 L-阿拉伯糖和 D-半乳糖两种单糖。已在食品和制药行业中发现了许多应用。临床研究发现，每天摄入 8.4g、15g 或 30g，持续 6 个月，不会对人体产生毒副作用。阿拉伯胶的急性毒性评价有小鼠、大鼠和兔，并显示有很低的急性毒性。长期研究用 5%以上含量阿拉伯胶膳食喂养大鼠和小鼠2 年，没有增加肿瘤的发生率，也没有发现任何慢性中毒症状。

阿拉伯胶曾经是食品工业中用途最广及用量最大的水溶胶，目前全世界年需要量仍保持在大约 4 万吨～5 万吨。市场价格为 4～7 美元/kg，市场价格主要取决于等级和来源。阿拉伯胶在食品工业中的应用取决于：其保护胶体或稳定剂的作用；其水溶液的胶黏性；其增稠能力；在低热值食品配方中，阿拉伯胶本身的低消化性。阿拉伯胶在食品中的主要功能就是通过它提供的黏度、流变性和特征性使产品达到所要求的性质。

阿拉伯胶具有良好的乳化特性，特别适合于水包油型乳化体系，广泛用于乳化香精中作乳化稳定剂。柠檬、柑橘油和其他饮料中香料的乳化剂就是利用阿拉伯胶的乳化能力。当其作为驻香剂用于喷雾干燥的香料时，可形成难透过的、包围香料颗粒的薄膜，减少香料氧化变味和蒸发，防止香料从空气中吸潮或吸收其他气体而影响香味。虽然其他的胶也可以用于同一用途，但最大量且最广泛使用的还是阿拉伯胶，这是因为它具有容易溶解于水、价格低廉的优秀特性。

它还具有良好的成膜特性，作为微胶囊成膜剂用于将香精油或其他液体原料转换成粉末形式，可以延长风味品质并防止氧化，也用作烘焙制品的香精载体。阿拉伯胶能阻碍糖晶体的形成，用于糖果中作抗结晶剂，防止晶体析出，也能有效地乳化奶糖中的乳脂，避免溢出；还用于巧克力表面上光，使巧克力“只溶于口，不溶于手”；在可乐等碳酸饮料中阿拉伯胶用于乳化、分散香精油和油溶性色素，避免它们在储存期间精油及色素上浮而出现瓶颈处的色素圈；阿拉伯胶还与植物油及树脂等一块用作饮料的雾浊剂以增加饮料外观的多样性；它也与植物油一起用作饮料的浑浊剂；阿拉伯胶在啤酒酿造业中还可用作泡沫稳定剂等。

营养学上，阿拉伯胶基本不产生热量，是良好的可溶性膳食纤维，被用于保健品糖果及饮料。在医学上阿拉伯胶还具有降低血液中胆固醇的功能。阿拉伯胶也广泛用于其他工业。阿拉伯胶与其他亲水胶体有良好的兼容性，常与其他胶复配使用，与明胶复合后用于某些胶囊生产。

JECFA 根据现有资料，于 1982 年和 1989 年两次给出阿拉伯胶是很低毒性的物质的结论，并且给予阿拉伯胶“ADI 无特殊规定”（ADI not specified）的结论。中国 GB 2760 将阿拉伯胶列为添加剂，可作为增稠剂用于饮料、巧克力、冰淇淋和果酱，最大用量为 0.5～5.0g/kg。

FAO/WHO（1984）规定阿拉伯胶用途及限量为：青刀豆和黄荚刀豆、甜玉米、蘑菇、芦笋、青豌豆罐头为 10g/kg（单用或与其他增稠剂合用，产品含奶油或其他油脂）；加工干酪制品为 8g/kg（单用或与其他增稠剂合用）；酸黄瓜为 500mg/kg（单用或与其他助溶剂和分散剂合用）；胡萝卜罐头为 10g/kg（单用或与其他增稠剂合用）；稀奶油为 5g/kg（单用或与其他增稠剂和改性溶剂合用，仅用于巴氏杀菌掼奶油或超高温杀菌掼打稀奶油和消毒稀奶油）；冷饮为 10g/kg（以最终产物计，单用或与其他乳化剂、稳定剂和增稠剂合用）；蛋黄酱为 1g/kg。

FDA 规定（1989）阿拉伯胶用途及限量为：饮料和饮料基料为 2.0%；口香糖为 5.6%；糖果、糖霜为 12.4%；硬糖、咳嗽糖浆为 46.5%；软糖为 85.0%；代乳品为 1.4%；油脂为 1.5%；明胶布丁和馅为 2.5%；花生制品为 8.3%。

阿拉伯胶在食品工业中的应用可归纳为：天然乳化稳定剂、增稠剂、悬浮剂、黏合剂、成膜剂、上光剂、可溶性膳食纤维等。阿拉伯胶在几类常见食品中的具体应用如下。

（1）糖果制品

阿拉伯胶能广泛地应用于糖果点心制造工业，主要在于其具有防止糖分结晶的能力，另外它具有增稠、增浓的能力。阿拉伯胶可作为蜜饯的透明糖衣，咀嚼糖、止咳糖和菱形糖的成分。独特的胶姆糖就是由阿拉伯胶制造的。

（2）牛奶制品

阿拉伯胶在冷冻食品中，例如，在冰淇淋、不含乳脂的冰冻甜食中都可作为稳定剂，这主要是因为阿拉伯胶有很强的吸水性、加入的阿拉伯胶可结合大量的水并以水化的形式保持这些水分，固定在冰淇淋内部形成更精细的结构，以防止冰晶的析出。

（3）面包制品

阿拉伯胶广泛地应用于面包工业中，这是由于胶液本身的黏度和黏着性所决定的，它可以赋予面包表面光滑感。

（4）饮料

阿拉伯胶是啤酒类饮料的泡沫稳定剂，在饮料中会产生类似水果汁的、引人注目的混浊外观。

（5）香料乳化

很多用于饮料的乳液是用阿拉伯胶作为乳化剂而制造的。

（6）香味固定

阿拉伯胶作为驻香剂使用时，可在香料颗粒的周围形成保护薄膜，以防止氧化和蒸发，同时也防止它从空气中吸湿。另外，随着更先进的微胶囊技术的发展，使得阿拉伯胶在香味固定方面有更广泛的应用，以香精为芯料，可以用阿拉伯胶和明胶为囊材，通过复凝聚法制备出一系列不同工艺条件下的微胶囊，它们都可以形成包围球体香料的薄膜或胶囊。目前，阿拉伯胶在食品生产加工领域中被广泛使用，其市场相当广阔。

12.3 桃胶

桃胶（gum shiraz）来源于蔷薇科各种树的树干渗出物，如桃树（*P. persica*）胶、李树（*P. insitia*）胶、樱桃树（*P. cerasus*）胶和杏树（*P. amygdalus*）胶等，桃胶是从桃树等蔷薇科树木枝干因各种原因造成的表皮损伤而渗出的不溶于水的胶状物中提取的天然胶。其主要提取步骤是：原料经浸泡吸水、漂洗、碱处理、过滤、漂白、中和、浓缩、乙醇沉淀、除盐、乙醇再沉淀、干燥、粉碎、成品。该胶一般为无色透明至浅黄色，只有部分能完全溶于水，该胶溶液无色透明，口感黏稠，味淡。随胶浓度的增加，黏度亦增大，在弱酸性条件下有较大黏度。桃胶来源不同，其黏度和水中溶解性能均有一些差异。桃胶在我国山东等地区已有生产，它在食品工业中的应用类似于阿拉伯胶，但目前对于它的研究与应用还很少。

12.3.1 桃胶的化学结构与组成

桃胶中的主要成分是多糖、蛋白质等，其他物质含量极少。桃胶多糖是一种酸性黏多糖，1986 年报道，用气相色谱测定桃胶组分中有鼠李糖、阿拉伯糖、半乳糖、木糖，而利用化学方法测定了其中含有少量的糖醛酸。国外也有一些关于桃胶多糖组成的报道，但仍没有定论。不同产地、不同作者所报道的桃胶多糖种类及其含量有很大差异，其平均含量与阿拉伯胶亦有较大差异。表 12-2 是组成桃胶多糖的单糖种类及含量。国外还研究认为桃胶中含有少量的 4-氧-甲基-葡萄糖醛酸和糖形成的γ-内酯。

表 12-2　桃胶多糖的单糖种类及含量

单糖种类	L-鼠李糖	L-阿拉伯糖	D-半乳糖	D-木糖	D-葡萄糖醛酸	D-甘露糖
国外桃胶/%	2	43	35	14	—	—
国内桃胶/%	2	50	28	11	1	—

12.3.2　桃胶的生理功能

近些年来，有关桃胶药理活性方面的研究报道有所增多，但研究范围和深度还不够，而且药理作用研究不多，内容多集中在桃胶多糖对糖尿病患者的降血糖、降血脂、免疫调节和消化系统方面的作用。

（1）降血糖作用

有研究者通过对小鼠尾静脉注射四氧嘧啶（70mg/kg）建立糖尿病模型小鼠，随机分为模型对照组、阳性药物对照组（二甲双胍 200mg/kg）、桃胶粗多糖低剂量组（400mg/kg）、高剂量组（800mg/kg）及空白对照组。灌胃给药15天，在给药后第5天、15天测量血糖。结果表明桃胶多糖能改善糖尿病小鼠“三多一少”的症状，具有降血糖作用，且呈现一定的量效关系。

桃胶含有锰、钙和镁等少量微量元素。锰具有维持正常的糖代谢和脂肪代谢的作用。锰缺乏将导致胰岛素合成和分泌的降低，影响糖代谢。因此，桃胶中锰的含量高可能与其降血糖作用有关。

（2）免疫调节作用

给药15天后，将小鼠处死，取胸腺、脾脏和肾脏，用生理盐水洗净，使用滤纸擦干，称重。通过分别计算胸腺、脾脏和肾脏指数来考察免疫调节作用。结果表明模型组免疫器官指数明显下降，桃胶粗多糖组免疫器官指数明显高于模型组，说明桃胶多糖具有提高机体免疫水平，增加机体抗氧化能力，减缓四氧嘧啶导致的过氧化毒性作用。此外，还有提高免疫能力，清除自由基的危害。

（3）降血脂作用

有研究采用小剂量四氧嘧啶＋高糖高脂饲料复制糖尿病大鼠模型，分别观察桃胶1g/(kg・d)、2g/(kg・d)、4g/(kg・d) 3个剂量连续灌胃2周后对血脂的影响。模型组大鼠与正常组比较，血脂明显增高（$P<0.01$）。用桃胶粉治疗后，模型组血脂明显高于中、高剂量组（$P<0.01$），实验结果说明桃胶有改善糖尿病大鼠血脂、调节血脂紊乱的作用。

（4）对胃肠蠕动的作用

桃胶的主要成分属于植物性多糖营养物质，很适合秋冬季节食用。桃胶膨胀吸水，可以促进肠道蠕动，能帮助缓解便秘的症状。桃胶的多糖类物质可以增强肠道功能，有利于新陈代谢，可以减缓食物从胃进入肠道的速度，达到控制体重的目的。

12.3.3 桃胶的物理化学特性

树干上风干或采用其他脱水方法而形成的固态物质称为原桃胶。原桃胶有广义和狭义之分：狭义上的原桃胶单指由桃树的树皮分泌出来的，一般作药用，分为白、棕两种不同颜色。而广义的原桃胶指包括杏、李、栗子、樱桃等树皮分泌的胶状物。原桃胶为桃红色或淡黄色至黄褐色半透明固体块状，外表平滑，一般只能浸胀，不容易完全溶解，水溶液呈黏性，属多糖类物质。原桃胶经去杂、水解或改性、干燥等工艺处理后所得产品为商品桃胶。商品桃胶有液态和固态 2 种类型，可溶于水。目前关于桃胶的性质研究报道较少，中医药的书籍中报道了原桃胶药用的有关性质，但还没有白色和棕色两类原桃胶药性差异方面的报道。目前大量应用于工农业的是商品桃胶，但对于其系统的理化性质研究、毒理学研究未见报道。商品桃胶性质报道一般是对其溶解性和溶液流变学性质方面的报道。

桃胶能够在常温下缓慢溶解，冷却至室温时，仍能保持稳定状态，不凝胶，且无沉淀产生；溶液黏度随胶浓度的增加而增大，且变化趋势明显；在弱酸性条件下桃胶溶液有较大的黏度，且黏度的变化趋势在酸性条件下较快，且随温度的升高而明显下降，而电解质和时间对黏度的影响小。

有研究表明桃胶作为“国产阿拉伯胶”，其很多性质与阿拉伯胶很相似，稳定性都很好。另外，在某些性质上，桃胶要好于阿拉伯胶，例如香气的保持能力要好于阿拉伯胶，透明度好于阿拉伯胶，特别是当胶体浓度≥1.0%时，桃胶的透光率要显著高于阿拉伯胶。但是，桃胶在降低表面张力方面不如阿拉伯胶，桃胶随浓度变化时，表面张力变化不大，而当阿拉伯胶浓度高于 8.0%时，表面张力随浓度的增加而下降。

12.3.4 桃胶的加工方法

原桃胶由于聚合度大，葡萄糖醛酸含量又低，导致水溶性很差，一般只能浸胀，很难溶解，因此不经过处理难以直接应用于工业上。目前，有关商品桃胶生产方面的研究很少，尤其是生产工艺中的水解以及对水解液的处理这两个工序存在的问题更多，从而影响了桃胶的开发和应用。

（1）常规加工方法

工艺流程：原桃胶(或桃树油)及水→浸胀→水解→漂白→干燥→成品。

① 浸胀去杂：桃胶原料在采集、贮运过程中易混杂进泥沙、木屑、树皮等杂质，需要在浸胀后淘去，浸胀时固液比为 1∶2（体积分数)，浸胀后用耙撕成小块，以便除去杂质，浸胀用水可循环使用或过滤成清水再使用，如果使用桃树油，适当过滤去杂即可。

② 溶解与水解：浸胀后的原桃胶仍不易溶解，可采用机械搅拌或加热等方式助溶。为减少脱水干燥的能量消耗，应尽量提高原桃胶的溶解度。在提高温度的过程中，有些桃胶多糖分子水解断裂，使得桃胶多糖的分子量变小，表现为黏度有所下降。桃胶多糖的水解度一般凭经验和最终产品的应用目的而定（主要通过黏度指标进行控制），常用的水解方法为热水解法：将浸胀后的物料和水一起放入夹套反应锅内，用蒸汽或油浴温度120℃开始反应，1h内上升至160℃，反应3h停止。也有人将桃胶清洗干净浸泡35～45h后，110～125℃保温水解，得到粗胶液，然后再精制。

③ 漂白：桃胶本身呈棕红色，由于桃胶中天然色素的存在以及水解时常因受热或发生美拉德反应（即发生褐变反应），而使水解液颜色加深不适于工业使用，因此需要脱色。目前很多厂家一般采用化学试剂脱色，常用的脱色剂有次氯酸钠、过氧化氢等。取过滤后的水解液在搅拌状态下逐渐加入次氯酸钠（约10%），或使用10～12倍的过氧化氢进行漂白，漂白后的产品可以作为液体桃胶供应市场。两种脱色剂的作用特点不同，过氧化氢脱色速度快，且不回色，而次氯酸钠脱色慢，颜色易回复，因此，生产上多以过氧化氢作为脱色剂使用。

④ 蒸发与干燥：为便于运输和长期保存，可将上述桃胶多糖溶液蒸发脱水（真空脱水或烘房干燥等），获得固态的桃胶产品。为防止褐变反应发生，控制干燥温度不高于60℃。产品最终含水量控制在10%左右。

（2）改进的加工方法

为了提高商品桃胶的产量、质量，降低生产成本，一些研究单位和生产企业试图对常规桃胶生产的一些单元操作进行改进。

① 缩短浸胀时间，提高溶解度。刘晓庚利用胶体磨使原桃胶粒度变小，大大缩短了浸胀和桃胶多糖溶解的时间。

② 改善水解条件，降低能耗。常规商品桃胶生产方法是通过高温使桃胶多糖水解，能耗多，时间长，因此，人们研究了使用酸、碱等作为催化剂改善水解条件。酸水解法：桃胶多糖在强酸作用下很容易彻底水解成单糖。碱水解法：刘晓庚研究了以稀碱液氢氧化钠为催化剂并通过正交试验确定了碱水解的最佳工艺条件是：浸提温度85～95℃，浸提液pH值9～11，浸提时间15～30min，料液比为1∶(1.5～2.0)，使用适量保护剂时可以获得理想的水解效果。该法中水解程度一般是通过黏度控制的，虽然这使质量控制难度稍有增加，但避免了常规生产方法水解时需要的高温，使得生产操作变得更为简便。

③ 改进工艺操作，提高产品质量。使用乙醇沉淀、真空低温干燥等提高产品的质量，采用离子交换树脂处理，减少商品桃胶的灰分含量等。

④ 改善配料，提高产品质量。在水解过程后期添加明矾、硼酸、硅酸钠等作为交联剂提高产品的黏度。使用消泡剂改善产品的透明度，使用防腐剂延长产品的保质期等。

12.3.5 桃胶的安全性与应用

商品桃胶是原桃胶经去杂、水解或改性、干燥等工艺处理后所得的产品，较原桃胶黏度大大降低，溶解度大大提高，且商品桃胶的化学组成与阿拉伯胶极为相似，商品桃胶的物化性质决定了其具有阿拉伯胶很多方面的优越性，使其便于工业化应用。

（1）食用

已有一些报道将商品桃胶用于食品以改变食品品质或其加工性能。如利用商品桃胶的增稠、乳化、凝固等性质生产糖果、胨胶性食品、可食性食品保鲜膜、饮料等食品。有些厂家称桃胶可用于制造糕点、面包、乳制品、巧克力、泡泡糖、香料等。据公开特许专利报道，桃胶还可用作甜味食品和片剂的涂料；我国也有此方面的报道，以食用桃胶、桃胶粉为原料制成胶糖液作葵花仁的糖衣，糖层薄，口感酥脆。

由于商品桃胶具有较好的溶解度，包埋性好，已有一些研究者将商品桃胶用于微胶囊食品，如作为主要的壁材材料包埋油溶性维生素粉末，该制品的包埋率及稳定性都达到了食用阿拉伯胶的效果；以阿拉伯胶、商品桃胶、麦芽糊精和海藻酸钠作壁材，可用来制备玉米黄素，60～70℃，30～40MPa 条件下进行乳化、均质，用喷雾干燥法将液态或膏状色素包埋成半透性或密封固体微胶囊粉末，其收率达 97%以上，色素包埋率在 95%以上；利用 11g 桃胶并配以适量的明胶、淀粉等，可以包埋 10g 生姜香精油。

（2）作为黏合剂和固化剂

原桃胶经水解生产出符合不同用途的商品桃胶，可在许多特殊场合下作为黏合剂和固化剂使用：如可用作木材、纸盒、信封和纸张及其制品的黏结；可用桃胶作粘贴剂来固定照片档案，保证照片表面不被药膜腐蚀；桃胶还可作为封固虫卵玻片的凝固剂和杀死木材害虫毒签的黏结剂；又如半水石膏 100 份，桃胶 5 份，柠檬酸 0.1 份，淀粉 1 份，工业用水 60 份的最佳配比就可生产出密实、耐水性强的石膏黏结剂；桃胶也被作为主要原料制成一种书画粘裱黏合剂；有的在桃胶改性的同时，加入适量的明矾制成黏度更高的强力桃胶，或通过过氧化氢等处理制成性能更好的桃胶黏合剂。也有利用桃胶生产房屋内墙面涂料的研究；另外，用适量的水把桃胶搅拌溶解后制成水溶性树脂，可用来生产带图案的瓷砖和凹印复合陶瓷及玻璃花纸。

(3) 医药领域

原桃胶由于很难溶解在水中，黏度很大导致其无法直接使用，因此，原桃胶本身不具备工业应用的价值，只作药用。

药用的原桃胶为白色和棕色2种，白色的多为自然泌胶或刀割后泌胶，而且大都在树干的背阴面，而棕色的多为被虫蛀的蛀眼口的泌胶或自然泌胶后经长时间阳光照射形成的，二者比例约为3∶7。白色原桃胶的膨胀度高（26.0±0.1）mL/g，紫外吸收也较高；棕色原桃胶的膨胀度低（22.2±0.1）mL/g，紫外吸收也相对较低。研究显示2种类型原桃胶的组成与理化性质不同，但它们的药理、药性差异还未见报道。

中医认为，原桃胶味苦、平，可益气、和血、止渴，擅长活血消肿、通淋止痛，临床上对血淋、石淋、痢疾、腹泻、疼痛等症均有良效。有弹丸大小原桃胶一块含口对治虚热止渴有一定作用。用原桃胶（炒）、木通、石膏各5g，加水一碗，煎至七成，饭后服可治疗血淋。原桃胶（焙干）、沉香、蒲黄（炒）各等分，研为末，每服10g，饭前米汤送下，对里急后重有效果。

桃胶有很高的药用价值，治疗泌尿系统结石效果明显。如排尿疼痛，小便带血，舌红苔黄而厚腻时，可以用桃胶（烊化）和石韦各15g，金钱草20g，川牛膝、鸡内金和救必应各12g。加水800mL，煎成400mL，每日分两次温服。桃胶在此药方中的作用是止血尿和排出尿中结石。

有报道原桃胶经煎煮、溶化、过滤、浓缩、沉淀后，加糖、防腐剂制成可增强机体免疫能力和提高血象的桃胶液，经药理、毒性试验和临床研究发现，其对所有T细胞都有升高作用，T3、T4亚群尤为明显，此桃胶液可提高血象，显著升高白细胞，并能保护造血功能，减轻化疗、放疗的毒副作用，是一种既能有效改善或调整免疫功能，又价格低廉的扶正固本的药物。

糖尿病发病率高，并发症多且较为严重，其并发症随着病程的延长，主要表现为冠心病、脑血管和外周血管病变、肾病和视网膜病变、糖尿病骨质疏松等。有学者认为桃胶可用于治疗非胰岛素依赖型糖尿病血糖难降者，用桃胶和卫茅12g，荔枝干60g，苦瓜干30g，加水800mL，煎成300mL，每日分2次温服，可达到降血糖的效果。也有学者发现原桃胶对糖尿病具有降糖作用。当糖尿病患者将30g原桃胶与2个馒头同时食用后，受试病人餐后的血糖、C肽、胰岛素/血糖比值与其空腹时比值无明显差异，并分析原桃胶的这种降血糖作用与其他植物膳食纤维作用机制类似。即原桃胶可延缓肠道对糖的吸收，导致胃抑多肽（GIP）分泌减少，从而使肝脏对胰岛素摄取增加，故血中胰岛素水平下降。由于桃胶在改善餐后糖耐量的同时，不增加血胰岛素水平，故不但不加重有胰岛素抵抗存在的二型糖尿病患者高胰岛素血症，而且有望减少糖尿病患者胰岛素或口服降糖药的剂量，从而有利于控制糖尿病微血管和大血管并发症的发生发展。因此，可以认为原桃胶为糖尿病辅助治疗的良好药选。

（4）其他应用

除上述应用外，商品桃胶还可用于其他领域：

① 印刷工业：胶印版面的保护去脏，生产压敏复写纸，做金粉胶黏剂等；

② 化妆品的稳定剂、增稠剂、润肤剂；

③ 美术颜料（用于保护胶体性），如广告色、墨汁等；

④ 纺织工业酸性印花染料；

⑤ 花筒雕刻工艺做保护胶剂；

⑥ 印染工业的助剂；

⑦ 农药生产中，可用作混悬剂、稳定剂、润滑剂、微胶囊的包囊材料，如制作微胶囊化的农药；

⑧ 文体工业（各种墨水）；

⑨ 做医用超声导声剂；

⑩ 用桃胶、禾革茎秆的粉碎物、小颗粒黏土、纤维素等制作的植物生态助长草板，保湿性能好，改善土壤质量明显，无毒、无害、有利于幼苗生长，成本低，易推广；

⑪ 把桃胶与其他物质一起混合制备亚微米级石墨微粒子滤饼、黑底导电涂料，使得桃胶在电子化工方面也有了用武之地；

⑫ 涂料、纤维工业、冶金、焰火、雷管、炸药及轻工业包装等。

12.4 刺梧桐胶

刺梧桐胶（gum karaya 或 sterculia）又名苹婆树胶，主要来源于印度中部和巴基斯坦植物罗克斯伯氏（*Roxburgh*）刺激苹婆（*Sterculia urens Roxb*）及其他苹婆树种或 *Cochlospermumgossyium A. P. DeCondolle*，或其他 *Cochlospermum Kunth* 种植物的树干分泌物，所以也称 sterculia gum。通过划破树干，采取其渗出的胶状分泌物，经干燥，粉碎而制成。该胶具有一种独特的性质，即与少量水作用可形成黏性极强的黏合剂。黏度随储藏时间增加而降低，这是由于酸性基团不断挥发的结果。新磨制的刺梧桐胶黏度较高，但是粉状树胶贮藏超过一定期限后，黏度发生明显下降，该胶的黏合性能与其黏度不成线性关系。

刺梧桐胶是一种复杂的水溶性多糖物质，这种胶是公认安全的，并允许在食品行业中使用，列入食品与药物管理的条例中，用作增稠剂、稳定剂、乳化剂、保湿剂。刺梧桐胶的质量指标（FAO/WHO，1992）见表 12-3。

表 12-3 刺梧桐胶的质量指标

项目	指标/%	项目	指标/(mg/kg)
干燥失重	≤20	砷	≤3
酸不溶性灰分	≤1	铅	≤10
酸不溶物	≤3	重金属	≤40
挥发性酸(以醋酸计)	≥10	淀粉	不得检出
总灰分	≤8	沙门菌、大肠杆菌	阴性

12.4.1 刺梧桐胶的组成与化学结构

刺梧桐胶是略带酸味的天然大分子多糖，由43% D-半乳糖醛酸、14% D-半乳糖和15% L-鼠李糖及少量葡萄糖醛酸组成，分子质量高达950万道尔顿。刺梧桐胶是一种部分酰化的高分子量的复杂多糖化合物。具有复杂的多支链，含有近8%的乙酰基团和37%左右的糖醛酸残基。局部的酸水解产生D-半乳糖、L-鼠李糖（6-脱氧-L-甘露糖）、半乳糖醛酸以及乙醛糖酸［2-*O*-(α-D-吡喃半乳糖醛酸)-L-鼠李糖和4-*O*-(α-D-吡喃半乳糖醛酸)-D-半乳糖］和酸性三糖［*O*-(α-D-吡喃葡萄糖醛酸)-(1→3)-(β-D-吡喃半乳糖醛酸)-(1→2)-L-鼠李糖］。刺梧桐胶经过降解生成一种降解多糖化合物，进一步水解就产生2-*O*-(α-D-吡喃半乳糖醛酸)-L-鼠李糖和一种三糖物，它可能是β-D-吡喃葡萄糖醛酸-(1→3)-α-D-吡喃半乳糖醛酸-(1→2)-L-鼠李糖。其单元结构见图12-1。

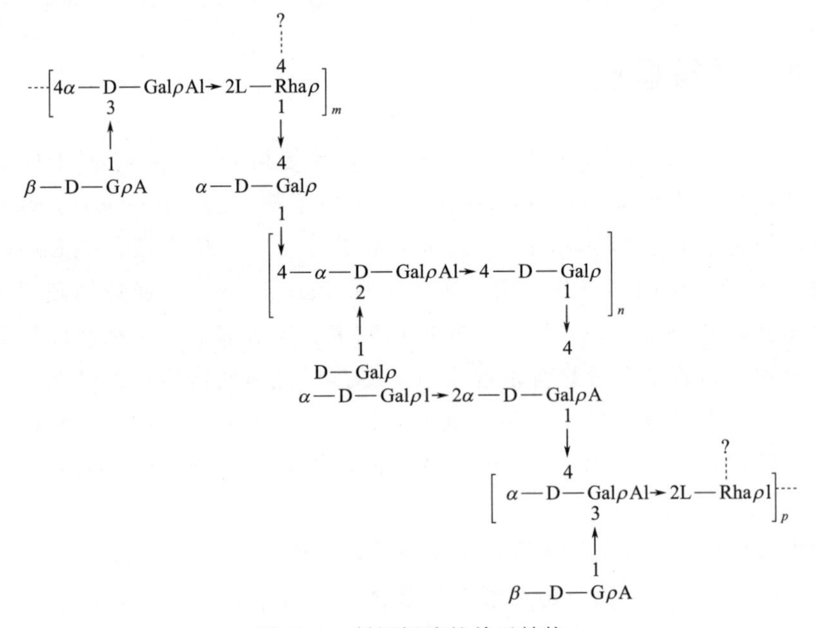

图12-1 刺梧桐胶的单元结构

12.4.2 刺梧桐胶的物理化学特性

刺梧桐胶为淡黄至淡红褐色粉末或片状。未粉碎时呈浅黄色至红棕色，半透明。有时混有少量深色树皮碎片。口感黏稠并稍带醋酸味。不溶于水，但用碱脱乙酰则成水溶液，在水中泡涨成凝胶，可吸附本身容积 100 倍的水，不溶于乙醇。于 60％乙醇中溶胀，1％悬浮液的 pH 为 4.5～4.7，黏度约 3.3Pa・s。可受热分解，黏度下降，85℃以上时不稳定。

(1) 黏度

刺梧桐胶粉在水中不是溶解成真溶液，而是吸水膨胀成凝胶，可增至原体积的 60～100 倍。刺梧桐胶吸水时能迅速形成低浓度的胶水，但其可溶性是极小的粉状刺梧桐胶与水作用，初始时其黏度的增长率很快，但粒度为 80～200 目的胶其黏度的实际增长率比同质量更细的粉状胶增长得慢。刺梧桐胶浓度在 0.5％以下，浓度与黏度呈线性关系，浓度在 0.5％以上，溶液呈非牛顿流体特性。浓度在 2％～3％以上时，成为糊状物，更高时成为柔软的凝胶结构。

当完全水化的刺梧桐胶溶液的温度逐步从 20℃增加到 85℃时，其黏度随着降低。溶液沸腾时刺梧桐胶溶液的黏度很低，特别是在此温度下维持 2min 以上，其黏度下降更快。冷态水化的树胶比起热态水化的树胶可获得较高的黏度。85℃以上时不稳定，蒸煮刺梧桐胶的悬浮液可降低其黏度，特别是在加压下，树胶的溶解度也随着压力的增加而增加。在这种条件下，它形成一种柔软、均相和半透明的胶状分散体，用这种方法可配制浓度高达 15％～18％的胶液。

刺梧桐胶溶液黏度也随 pH 的变化而改变。加入酸或碱可使胶的黏度降低，在调节 pH 之前把胶预先水化可获得较高的黏度和在较宽的 pH 范围内的稳定性。一般而言，待胶溶液充分水化后再调节其 pH 要比直接酸化对于黏度的影响要小得多。刺梧桐胶溶液在酸性条件下呈浅色，在酸性介质中溶液色调明亮。而在有鞣酸加入的碱性介质中溶液色泽加深。

刺梧桐胶的溶解度是随着 pH 的变化而变化的，pH6～8 时在水中的溶解度最大。pH7 或更高一些，不够稠化的刺梧桐胶溶液变成具有黏性的胶水。这种变化是不可逆的，原因是产生了脱乙酰作用，由此伴随着黏度的增加。除了温度和 pH，电解质的存在也会影响溶液的黏度。有电解质存在时，例如加入钠、钙和铝的氯化物及硫酸铝时，刺梧桐胶分散体的黏度下降，这种胶在含有多达 25％的强电解质的溶液中水化时，虽然在开始时伴有粒子从溶液中分离出来而产生黏度的下降，但其黏度是稳定的。当电解质加入到 0.05％的优质刺梧桐胶溶液中时，其正常黏度从 0.4Pa・s 降低到 0.1Pa・s 以下。在稀的盐溶液中刺梧桐胶开始时对强电解质是敏感的，而对弱电解质溶液则不敏感。

（2）稳定性

刺梧桐胶悬浮液的黏度可持续数天不变。为增加它的稳定性可加入防腐剂，比如苯甲酸或山梨酸。刺梧桐胶若贮存在干燥的地方就会失去黏结能力，粉状胶比粗粒胶黏度降低更明显。研磨后的胶最初几天黏度下降最为明显。特别是贮存在高温、高湿条件下的胶黏度下降更甚。冷藏可抑制黏度的降低。黏度降低的原因是醋酸相对含量减少。

（3）凝胶性能

刺梧桐胶在浓度高于2%～3%时形成浓稠不流动的糊状物。虽然它在高浓度时显示出凝胶的吸收特性，但它的分散体并不经过一个明显的胶凝阶段。刺梧桐胶和很多胶与蛋白质的混溶性使其可应用于食品工业。

12.4.3 刺梧桐胶的生理功能

刺梧桐胶不易被体内的消化酶所分解，但它可吸附为其容积100倍的水，促进肠道有毒物质的排出，抑制胆固醇、甘油三酯及胆汁酸的吸收，对结肠癌、心血管疾病及便秘有一定的预防作用。

12.4.4 刺梧桐胶的制备

蒋苹婆属树干划破后，收集其胶状分泌物，再经干燥、粉碎制成精制品。

12.4.5 刺梧桐胶的安全性和应用

刺梧桐胶由于其安全、无毒、不会被人体所消化和吸收，具有有效的催泄功能和明显的减肥作用。

刺梧桐胶在食品工业中可以用作黏着剂及悬浮剂、稳定剂、成胶剂。刺梧桐胶应用于肉制品时可避免冷冻品中冰结晶的析出和香肠中脂肪和肉汁的析出。如用于奶酪酱、色拉酱等的稳定剂；用量一般低于0.8%。具体应用见表12-4。

表12-4 刺梧桐胶在食品工业中的应用情况

产品	应用功能	用量/%
冷冻奶甜食	持水剂、增稠剂，同时能给予细腻的口感	0.3
软糖	乳化剂、增稠剂	0.9
调料酱	抗酸、抗盐型增稠剂、稳定剂	0.6～1
奶酪	黏结剂并能避免乳清分离，增加奶酪的涂布性能	0.5
充气奶制品	能稳定充气泡沫	0.4

续表

产品	应用功能	用量/%
烘烤面制品	增加持水能力、延缓老化、提高保质期	0.8
糕点表面标花及上光	增稠、上光	1
肉制品	作为黏结剂、持水剂并能使得肉制品口感细腻	0.3
减肥食品	可溶性无热量减肥成分(具有饱腹感)	1

另外，粉状刺梧桐胶可用于法国凉拌菜调味品、冰汽水、土耳其冰果子露、涂抹干酪、肉馅和蛋白甜饼等食品中。在制造法国凉拌菜调味品时，刺梧桐胶用作稳定剂，有时和阿拉伯胶合用作为保护胶体在制造冰汽水和土耳其冰果子露时，用胶量为0.2%～0.4%，它可以防止自由水的析出和大颗粒冰晶的生成。它对水的吸收和持水能力以及与酸的极佳的可混性，使它适用于某些食品。

涂抹干酪用0.8%或0.8%以下浓度的树胶，其酸性并不妨碍它用于此类奶制品的生产。加入此胶可防止水的分离并能使其扩散得好一些。

由于刺梧桐胶的黏合性，所以它也用作蛋白甜饼的黏合剂。另外由于刺梧桐胶的掺和性从而可以用一定量的蛋白质制成体积较大的蛋白甜饼。生产肉馅制品，如大香肠就需要一种黏性较小、持水性好的物质，0.25%的刺梧桐胶就具备这种特性，能使肉类制品有光滑的外观。

梧桐胶作为药物载体：刺梧桐胶可从刺梧桐茎皮的胶状渗出物获得，利用其吸水溶胀性和黏性，以及刺梧桐胶本身具有一定腹泻治疗作用，很多研究者将其制备成薄膜剂，胃内黏附、漂浮剂，以及水凝胶，主要用于胃肠道给药。

有研究者制备了刺梧桐纤维素复合物薄膜，并对其机械性能和复合薄膜的热稳定性进行了研究，结果显示，这种薄膜可生物降解，并可用于食品包装以及医疗。也有研究人员利用喷雾干燥技术，成功制备刺梧桐胶pH敏感微粒，SEM结果显示微粒大致为球形，且没有裂缝。颗粒大小在3.89～6.5μm，包封效率在81.94%之间，具有良好的流动性。体外释放研究表明，微粒在pH值5.6的磷酸盐缓冲液中，12h累计释放96.9%。这种颗粒可用于治疗各种疾病，如慢性高血压，溃疡性结肠炎和憩室炎。

基于天然多糖水凝胶机械性较差，有研究人员尝试通过官能化刺梧桐胶和聚乙烯基吡咯烷酮（PVP），合成新型永凝胶，并以泻药奥硝唑为模型药物。新合成的载体可形成三维网络（水凝胶），使其能够吸附大量的水或生物液体。刺梧桐胶可起到固化止泻作用，以及控制药物释放的双重作用。

有研究者用刺梧桐树胶衍生物（MGK）作为难溶性药物尼莫地平（NM）的增溶载体，并对其作用进行了评价。MGK相对于原刺梧桐树胶的优点是通过用它们分别以共研磨法制备的固体混合物在体外溶出度试验中的差异表现出来的。尼莫地平的溶出度随 MGK 的浓度的上升而上升，NM∶MGK 最佳比例为1∶9。

12.5 黄蓍胶

黄蓍胶（tragacanth gum，TG），又名黄芪胶，是一种从豆科黄蓍属的灌木渗出物提炼出的天然植物胶。黄蓍胶是一种多功能添加剂，它在食品工业中广泛用作乳化剂、稳定剂和增稠剂，一方面它可以增加水相的黏度具有使乳液稳定的特性；另一方面，它可以降低油相/水相界面的张力，因此，作为增稠剂使用的黄蓍胶同时具有乳化剂的功能，在表现出来的增稠剂和乳化剂双重功能的同时产生了使乳液体系稳定的效果，从而黄蓍胶具有增稠剂、乳化剂、稳定剂三重功能。

黄蓍胶的生产和收获主要在亚洲局部地区，叙利亚、伊朗和土耳其为主要出口国。黄蓍胶已列入《美国药典》和《食品添加剂规范》之中，已被批准用于食品工业并且公认是安全的食品添加剂。

根据美国《食品添加剂规范》，黄蓍胶的规格见表 12-5。

表 12-5　黄蓍胶的规格标准

项目	指标	项目	指标
总灰分	≤3.0%	重金属(以铅计)	≤0.004%
灰分中酸不溶物	≤0.5%	铅含量	$\leqslant 10\times10^{-6}$
1%溶液的黏度	≥250cP	砷含量	$\leqslant 3\times10^{-6}$
刺梧桐胶(掺假量)	阴性		

12.5.1 黄蓍胶的化学组成与结构

黄蓍胶经酸水解可得 D-半乳糖醛酸、D-半乳糖、L-岩藻糖、D-木糖、L-阿拉伯糖和 L-鼠李糖。黄蓍胶至少含有两种组分，其一为在水中可溶胀但不溶解的黄蓍胶糖（占 60%～70%）；另一则为水溶性的黄蓍胶。前者为含有黄蓍胶酸的高聚物，后者则为以半乳糖残基为主链，以阿拉伯糖残基为支链的中性多糖。黄蓍胶的分子量可达到 84×10^5，分子长度 4500nm，分子直径 19nm。从结构上看，黄蓍胶酸与果胶的分子主链相类似，所不同的是，黄蓍胶酸分子以（1,3)-糖苷键连接中性糖，这种结构使黄蓍胶酸在钙离子存在下不能和果胶一样形成凝胶。

12.5.2 黄蓍胶的物化特性

黄蓍胶是无色、无味可食的天然大分子，口感黏滑。黄蓍胶中一部分成分易溶于水形成真溶液，而另一部分成分（黄蓍胶糖）则易吸水溶胀成凝胶状物质。1%的胶溶液经充分水化后呈光滑、稠厚、乳白色无黏附性的凝胶状液体。添加1000倍水后搅拌，则分解成中性溶液。对黄蓍胶溶液加热可促进其快速水化，当温度达到90℃持续加热15min，黄蓍胶即充分水化。黄蓍胶不溶于酒精等有机溶剂和油脂。

水溶液的pH一般在4～5之间。黄蓍胶溶液的耐酸性很强，黄蓍胶的最大特点是在低酸性（pH＜2）条件下其胶特性不受影响。在酸性条件下，黏度稳定(可至pH为2)，并具有长期的稳定性。这种性质可考虑在弱酸性食品中选用黄蓍胶作为增稠剂。

（1）黏度

黄蓍胶有极高的溶液黏度，以pH为5时黏度最大。黄蓍胶1%溶液的黏度在3～4Pa·s之间。在增稠剂中，它与刺梧桐胶，印度树胶（gum ghatti）和阿拉伯胶等三种树皮伤口渗出液制成的胶对比，黄蓍胶的黏度居首位，其次是刺梧桐胶、印度树胶、阿拉伯胶排在最后。黄蓍胶和阿拉伯胶对比，它们分别具有半乳糖醛酸和葡萄糖醛酸的结构单元，因此在自然界的条件下都形成钾盐、钙盐和镁盐。当然有时还可能含糖醛酸的自由羧基。这两种胶都可以形成微酸性的盐。

黄蓍胶1%浓度的水溶液已呈假塑性流体特性（具有搅稀作用），故有良好的管道输送优势。很稀的黄蓍胶溶液具有牛顿流体的特点，但浓度加大，即使只达到0.5%也具有假塑流变特性。由于黄蓍胶酸高分子电解质的特点，除了结构的原因，在溶液中形成氢键、分子间力之外还有电场力的作用，水分子的定向极化等一系列的原因，使黄蓍胶溶液浓度增加时黏度以相当大的斜率上升，这时溶液的表观黏度等于牛顿黏度加结构黏度之和，这种假塑流变特点，使黄蓍胶可以作为良好的增稠剂、稳定剂，再配合其表面活性，黄蓍胶溶液又有乳化剂的性能。

黄蓍胶具有假塑流变特性，静止时比流动时具有更大的表观黏度，又使黄蓍胶可作为悬浮剂使用，不仅如此，黄蓍胶所具有的高分子电解质的特性所显现的阴离子之间的互斥性对悬浮液的稳定性产生极有利的影响。结构黏度、氢键、分子间力、表面张力、界面张力、电场极化力，离子间的静电引力等一系列因素综合作用下，使黄蓍胶可以作为可可粉及茶叶粉的良好悬浮剂。

应特别指出的是，黄蓍胶溶液（1%）的假塑流变特性有助于说明黄蓍胶溶液的切变稀化特点，也就是说，增加液相的切变力可提高液相的倾注性或注流性。一般0.5%的阿拉伯胶具有牛顿液体的流变性，则同浓度的黄蓍胶和刺梧桐胶则具有非牛顿液体的流变性，这对于生产食用抹酱时选用黄蓍胶作为增稠剂显得十分重要。

受热时胶溶液黏度暂时下降，但温度降至初始值时，胶溶液黏度也回复到初始值，所以温度对胶溶液黏度没有明显破坏性。

（2）乳化功能

黄蓍胶具有乳化功能，其HLB（亲水亲油平衡性）值为12，能降低溶液体系的表面张力，用于水包油型乳化稳定体系时不需要添加其他表面活性剂，0.2%的添加量即可能使体系表面张力降低50%以下。

（3）与其他食品胶的相互作用

黄蓍胶可以和大多数胶相配伍，除了阿拉伯胶以外，黄蓍胶溶液和其他胶溶液相混合时，混合液的总黏度与各组分的黏度有一定的数学关系。黄蓍胶和瓜尔胶、槐豆胶、淀粉、羧甲基纤维素、海藻酸丙二醇酯、黄原胶之间不存在明显的反应性。因此，它们中的任何一种食品胶和黄蓍胶混合得到的胶液都可用于食品工业之中以制备稳定的乳液，改善流变性和黏着性。

黄蓍胶和阿拉伯胶溶液混合时可发生有趣的切合减黏效应，混合液达到某一比例时，混合液的黏度达到最低值，比任何纯组分溶液单独存在时的黏度都低，阿拉伯胶会降低黄蓍胶溶液的黏度，黄蓍胶-阿拉伯胶混合液可作为柠檬油、鱼肝油或豆麻仁油乳液的稳定剂。

（4）储存的稳定性

黄蓍胶溶液可以长时间保存，随着储存时间的增长黄蓍胶溶液的抗盐、抗酸性以及它的黏度不发生明显降低，特别是不易发生微生物繁殖，很可能是因为黄蓍胶中存在左旋糖残基（如L-阿拉伯糖残基和L-岩藻糖残基）对其抗微生物侵袭异乎寻常的能力产生主要的影响，因为大多数细菌不能消化这些糖。有专利报道，黄蓍胶能作为牛奶的防腐剂。

（5）其他特性

在黄蓍胶溶液中加入乙醇（乙醇的浓度可高达70%），可将黄蓍胶酸分离沉淀出来，黄蓍胶酸常以含有羧基的聚半乳糖醛酸的钾盐、镁盐、钙盐出现，具有高分子电解质的化学反应性。

黄蓍胶水溶液遇到Millon试剂醋酸铅、苛性钾、三氯化铁、氢氧化铜氨溶液和Cetavlon试剂将产生沉淀或形成浓稠的凝胶。通常三价金属可以得到黄蓍胶的沉淀。由于黄蓍胶是一种阴离子并含有酸不稳定糖残基，具有自动水解特性的胶，当加热正在水化的黄蓍胶溶液时，这种自动水解就相当显著。

12.5.3 黄蓍胶的生理功能与制备

黄蓍胶不易被机体消化吸收，具有膳食纤维的功能。采自黄蓍胶的植物树皮自然渗出的凝固的物质，或人为割裂树皮，收集流出液，然后经干燥、粉碎而成。

12.5.4 黄蓍胶的安全性及应用

自1961年以来，美国食品和药品管理局（FDA）就报告称黄蓍胶具有“一般公认的安全性”。根据FDA联邦法规，黄蓍胶可以以0.2%～1.3%的质量浓度用作食品添加剂。欧洲共同体食品科学委员会批准了在其添加剂清单上增加黄蓍胶编号（E413）。

（1）黄蓍胶在食品中的作用

黄蓍胶的特性使它可以作为增稠剂、乳化剂、稳定剂、悬浮剂、水分持留剂、被脂剂、黏合剂和赋形剂使用，在食品工业中获得广泛、特殊的应用。

黄蓍胶被广泛用作食品添加剂。例如，它用作脱脂酸奶，白奶酪和低脂香肠中的脂肪替代品，用作发酵乳饮料和冰淇淋混合物中的稳定剂，以及重组羊肉排骨中的黏合增强剂。它也被用作改变和优化干酪、牛奶蛋白、风味奶和番茄酱的流变和物理特性的活性剂。黄蓍胶作为鱼类明胶中的热稳定性改进剂，作为确保持续释放微量营养素的载体，作为天然涂层以提高蘑菇的收获后质量和货架期以及用于生产低脂虾的亲水胶体涂层。此外，黄蓍胶通过促进人类肠道菌群的生长而表现出潜在的益生元活性。因此，黄蓍胶可用于生产功能性食品中的益生元化合物。黄蓍胶在食品中的参考使用量见表12-6。

表12-6　黄蓍胶在食品中的参考使用量

食品名称	使用量/%	食品名称	使用量/%
焙烤制品	0.15～0.25	果汁	0.10～0.20
调味品	0.70～0.85	冰淇淋	0.20～0.50
各种油脂	1.0～1.30	奶酪	0.50～0.80
肉制品	0.15～0.25	饮料	0.10～0.20

黄蓍胶在食品中的主要作用如下。

① 稳定作用：气/液乳状液；蛋糖霜和冰淇淋混合物。

② 增稠和乳化作用：油/水乳状液；柠檬油乳状液；羊乳干酪、兰模奶酪调味品，意大利烤露馅饼、意大利通心粉、芥辣和烤全牲调味品；加工奶酪、牛奶、糖浆、冰淇淋混合饮料。

③ 悬浮作用：不溶性固体；无酒精果肉、果汁饮料；果汁、苹果饮料和果汁、葡萄酒混合饮料。

④ 黏结作用（用做胶黏剂）：止咳糖浆、菱形饼、牛皮糖、枣子糖果。

⑤ 持水作用：冰淇淋、冰牛奶、土耳其冰果子露、冰棒、冰水和冷冻馅饼填料。

（2）黄蓍胶在食品包装中的应用

可食用和可生物降解的黄蓍胶生物塑料已用于食品包装，以延长食品的保质期，是石油合成薄膜的替代产品。通过添加其他生物聚合物和纳米材料以提高黄蓍胶的性能。例如，黄蓍胶-壳聚糖-氧化石墨烯纳米复合膜与纯黄蓍胶-壳聚糖复合膜相比，这些纳米生物复合膜具有更高的机械性能。此外，通过增加氧化石墨烯纳米颗粒，蒸汽和二氧化碳的渗透性下降。基于黄蓍胶的生物复合膜与其他生物聚合物（如大豆蛋白-纳米纤维素、马铃薯淀粉和壳聚糖）的组合可以提高机械性能并降低膜的渗透性。

由于除氧和释放 CO_2 的过程取决于湿度，因此在改良的气调包装应用中需要具有高亲水性的生物薄膜。气体交换仅在包装气体或食品中水分被吸收后才发生。因此，须将一种亲水性干燥渗出物（例如黄蓍胶）添加到薄膜配方中。为此已经制备了掺有甘油的蛋清-黄蓍胶生物塑料。在相对湿度为53%时，蛋清-黄蓍胶生物薄膜的平衡增强了水的吸收能力，并极大地改变了薄膜的机械性能。

（3）其他应用

黄蓍胶的结构和功能特性在许多非食品领域中也得到了应用，例如化妆品、纺织品、药物输送系统、冷冻凝胶和干凝胶混合物、水凝胶、微囊化、重金属离子/染料去除、生物塑料、可食用的共混膜/涂料和接枝共聚物絮凝剂等。

黄蓍胶最重要的美容应用之一是将其作为天然产品掺入发胶中，以将头发定型为特定样式。这些生物材料发胶被称为“katira”凝胶，其名称源自伊朗的黄蓍胶的本地名称。另外，黄蓍胶已在多种药物制剂中广泛用作乳化剂和悬浮剂。将黄蓍胶与水、甘油混合后，形成赋形剂，用于结合化妆品和药物制剂中的药丸。

12.6 瓜尔胶

瓜尔胶（guar gum）是目前国际上较为廉价而又广泛应用的食用胶体之一。瓜尔胶是从瓜尔树种子中分离出来的一种可食用的多糖类化合物。瓜尔树广泛种植于印度及巴基斯坦等地，来源于当地干旱和半干旱地区广泛栽培的草本抗旱农作物，瓜尔胶由该豆科植物瓜尔豆（*Cyamopsis tetragonolobus*）的胚乳经碾磨加工而成。瓜尔胶为天然高分子亲水胶体，主要由半乳糖和甘露糖聚合而成，属于天然半乳甘露聚糖，是一种来源稳定、价格相对便宜、黏度高、用途广的食品胶，也是一种常见的食品品质改良剂。自1993年瓜尔胶进入中国市场以来，由于其优良的特性和较低廉的价格，使得瓜尔胶已逐渐成为中国食品工业中用量最大的食品胶之一。近年来，通过化学改性使得瓜尔胶的分散性、黏度、水化速率和溶液透明度等特性大大提高，瓜尔胶的应用价值得到进一步提升。瓜尔胶的质量指标（FAO/WHO，1999）见表12-7。

表 12-7 瓜尔胶的质量指标

项目	指标	项目	指标
干燥失重(105℃,5h)	≤15%	铅(原子吸收法)	≤2mg/kg
总灰分	≤1.5%	乙醇和异丙醇	≤1.0%
酸不溶物	≤7%	杂菌数	≤5000CFU/g
硼酸盐	不得检出	大肠菌群、沙门菌	阴性
蛋白质(N×6.25)	≤10%	酵母和霉菌	≤500CFU/g

12.6.1 瓜尔胶的结构组成

瓜尔胶中有功能的多糖是瓜尔糖（guaran），其主键为（1→4)-β-D-甘露糖单位，侧键则由单个的α-D-半乳糖以（1→6)-键与主键相连接。平均在主键上每两个甘露糖单位中有一个半乳糖单位在C6位与之相联，甘露糖对半乳糖之比为1.8∶1（约为2∶1），半乳糖侧键基团的分布是随机无规则的，在主键的一些区段上并没有半乳糖，而在另一些区段则是高取代区，尤其在离子强度很低的情况下，这种均匀无分支的区段被认为能与黄原胶形成聚合物，产生弱的黏度增效作用。

12.6.2 瓜尔胶的物理化学特性

瓜尔胶来源于广泛栽培的一年生草本抗旱农作物 *Cyamopsis tetragonolobus*，这种豆科植物主要生长在印度和巴基斯坦等地的干旱和半干旱地区，瓜尔豆一般含14%～17%的豆壳，35%～42%的胚乳和43%～47%的胚芽。瓜尔胶是由瓜尔豆的种子去皮去胚芽后的胚乳部分经清理、干燥粉碎后加水，再进行加压水解，再用20%乙醇沉淀，离心分离后干燥、粉碎而得。商品胶一般为白色至浅黄褐色自由流动的粉末，接近无臭，也无其他任何异味，一般含有75%～85%的多糖，5%～6%的蛋白质，2%～3%的不溶性纤维及1%的灰分。根据粒度和黏度瓜尔胶可分为不同的等级。

瓜尔胶是中性多糖，分子量约20万～30万，在冷水中就能充分水化（一般需要2h），能分散在热或冷的水中形成黏稠液，1%水溶液黏度在4～5Pa·s之间，具体黏度取决于粒度、制备条件及温度，为常见天然胶中黏度最高者。瓜尔胶分散于冷水中约2h后就呈现很强黏度，之后黏度逐渐增大，约24h后达到最高点，黏稠力为淀粉糊的5～8倍，若再加热则迅速达到最高黏度。瓜尔胶溶液的黏度随胶粉粒度直径的减小而增加；水化速率则随温度的上升而加快。瓜尔胶液在85℃时制备，10min即可充分水化达到最大黏度，但长时间高温处理将导致瓜尔胶本身降解，使黏度下降。

与大多数高分子量聚合物一样，瓜尔胶及其衍生物在一般情况下呈假塑性的流变特征，但是，它的假塑度没有黄原胶大，不过这两种聚合物复合起来使用有明显的协同增稠性，会有助于乳制品之类产品的稳定。一般而言，0.5%以上的瓜尔胶溶液已呈非牛顿流体的假塑性流体特性，具有搅稀作用。

瓜尔胶的水溶液为中性，pH 变化在 3.5～10 范围内对胶溶液的流变特性影响不明显，一般在 pH3.5～6.0 范围内随 pH 降低，黏度也有所降低，在 pH6～8 范围内，其溶液黏度可达到最大值，pH10 以上则迅速降低。所以瓜尔胶溶液在 pH2～7这样的 pH 范围内黏度相对比较稳定。

瓜尔胶溶液 pH 在 8～9 时可达最快水化速度，然而大于 10 或小于 4 则水化速度很慢。因此，在应用时应等瓜尔胶充分水化后再调节溶液 pH。同样，溶液中有蔗糖等其他强需水剂存在时，也会导致瓜尔胶的水化速率下降，实际应用中，也应等瓜尔胶充分水化后再添加蔗糖。

瓜尔胶是一种溶胀高聚物，对它来说，水是惟一的通用溶剂，不过也能以有限的溶解度溶解于与水混溶的溶剂中，如乙醇中。此外瓜尔胶具有良好的无机盐类兼容性能，能耐受一价金属盐的存在，如食盐等的浓度可高达 60%；但高价金属离子的存在可使溶解度下降。在控制溶液 pH 的条件下，瓜尔胶能与交联剂，如硼酸盐、金属离子等反应生成略有弹性的黏质，瓜尔胶还能形成一定强度的水溶性薄膜。与其他多糖类物质一样，瓜尔胶及其衍生物在 pH3 或以下的酸性溶液中会降解，被水解的是糖苷键，导致黏度急速丧失。在轻度偏碱的 pH 下，链段还原末端 β 位的切断反应，会使链缓慢缩短，这一过程比酸水解要慢。瓜尔胶加热至很高温度时可导致热降解，瓜尔胶溶液加热至 80～95℃并持续一定时间，就可丧失黏度。

瓜尔胶是直链大分子，链上的羟基可与某些亲水胶体及淀粉形成氢键，瓜尔胶与小麦淀粉共煮可达更高的黏度，瓜尔胶还能与某些线形多糖，如黄原胶、琼脂糖和 κ-型卡拉胶相互作用而形成复合体，瓜尔胶与黄原胶有一定程度的协同作用，这种相互作用比卡拉胶与槐豆胶之间的作用弱。瓜尔胶与卡拉胶则无协同效应。在低离子强度下，与阴离子聚合物和阴离子表面活性剂配合后有增强黏度的协同作用，这些阴离子化合物被吸附在中性聚合物上，并因此扩大了瓜尔胶的分子，这是在所吸附的带阴离子的功能基团之间发生相互排斥作用的结果。如加入电解质，导入相反的离子从而中和了阴离子电荷，并因而破坏了协同作用。

瓜尔胶来源稳定，价格低廉，商品化的瓜尔胶衍生物早已问世。化学改性可改变瓜尔胶在溶剂中的分散状况，黏度、水化速率、溶液透明度等特性大大提高，瓜尔胶衍生物的研究与开发，使瓜尔胶衍生物已成为瓜尔胶生产应用中十分重要的组成部分，产品有离子型的羧甲基瓜尔胶钠（CMG）和非离子型的羟丙基瓜尔胶（HPG）等。

12.6.3 瓜尔胶的生理功能

瓜尔胶不易被胃肠道内的酶所分解，能促进体内有毒物质的排出，对结肠癌与便秘具有一定的预防作用，它还能阻止机体对脂肪与胆固醇的吸收，对肥胖症、动脉粥样硬化和冠心病有一定的预防作用。

12.6.4 瓜尔胶的制备

它是由豆科植物瓜尔豆（*Cyamposis tetragomolobus* 或 *C. Psoraloides*）的种子去胚芽后的胚乳部分，干燥粉碎后加水，进行加工、水解后用20%乙醇沉淀，离心分离干燥后粉碎而成。

12.6.5 瓜尔胶在食品工业中的应用

瓜尔胶与大量水的结合能力，使它在食品工业中有着广泛的应用。在食品工业上瓜尔胶主要用作增稠剂、持水剂，也可用作悬浮剂、分散剂、黏结剂等，还能防止脱水收缩，增强质地和口感，通常单独或与其他食用胶复配使用。用于色拉酱、肉汁中起增稠作用，用于面包和糕点中可起到持水的作用，用于冰淇淋中使产品融化缓慢，面制品中增进口感，方便面里防止吸油过多，烘焙制品中延长老化时间，肉制品内作黏合剂，也用于奶酪中增加涂布性等。在几种常见食品中的具体应用如下。

① 面条：在面条生产中，瓜尔胶可以说是最理想的黏结剂，制面过程中添加0.2%～0.6%的瓜尔胶，由于胶体与蛋白质相互作用形成网络组织，使面条表面光滑，不易断，增加面弹性，在面条干燥过程中，防止粘连，减少烘干时间，口感好，制成的面条耐煮，不断条。

② 即食方便面：在即食方便面生产中，添加0.3%～0.6%瓜尔胶可起到双重作用：一方面使面团柔韧，切割成面条时不易断裂，成形时也不易起毛边；另一方面，在油炸时，胶体改变了面条与油接触的表面张力，迅速封闭水分挥发时形成的微孔，也可以说瓜尔胶在面条表面形成一层薄膜，阻止食油渗入，不但可以节省食油，加工后的即食面滑而不油腻，面条韧性增加，水煮不混汤。同时胶体与面筋形成网状组织，防止淀粉分子游离到炸面的食油中，延缓了油的酸败。而使用CMC（羧甲基纤维素钠）就不能阻止食油渗入面条。

③ 面包与糕点：通常新鲜面包和糕点放置一两天后会干硬，添加瓜尔胶后

能使面包和糕点保留更多气孔，增大体积，保留水分，使之在 2～4 天仍保持水分，能明显改善烘焙食品的品质。

④ 果汁饮品：在果汁饮品加工中，须先将若干瓜尔胶快速搅拌，溶解于少量果汁中，然后将此溶液加入大量果汁中，使最后瓜尔胶的浓度不超过 0.5%。对即溶果汁干粉，则添加不超过 0.05%瓜尔胶于果汁干粉中，二者混合即可。果汁饮料中加入瓜尔胶可防止油环的形成。瓜尔胶不能避免果汁饮品因果肉囊及其他固体沉淀而呈现的混浊，但它可以减缓沉淀过程，粒子愈小，沉淀愈慢，更重要的是，只要轻轻摇动瓶子，瓜尔胶能使已沉淀的物体再次平均散开，不会形成小块。

⑤ 冰淇淋：少量瓜尔胶虽然不能明显地影响这种混合物在制造时的黏度，但能赋予产品滑溜和糯性的口感；另一个好处是使产品缓慢融化，并提高产品抗骤热的性能。用瓜尔胶稳定的冰淇淋可以避免由于冰晶生成而引起颗粒的存在。制作时，将瓜尔胶，食糖及制冰淇淋的其他干料成分混合在一起，然后加入果汁、水、牛奶等，制作过程中瓜尔胶的浓度应在 0.5%～1.0%之间。

⑥ 罐头食品：这类产品的特征是尽可能不含流动态的水，瓜尔胶则可用于稠化产品中的水分，并使肉菜固体部分表面包一层稠厚的肉汁。特殊的、缓慢溶胀的瓜尔胶有时还可以用于限制装罐时的黏度。

⑦ 奶酪：在软奶酪加工中瓜尔胶能控制产品的稠度和扩散性质。由于胶能结合水的特性，使产品能更均匀地涂敷奶酪。

⑧ 调味汁和色拉调味品：在调味汁和色拉调味品中，利用了瓜尔胶在低浓度下产生高黏度这一基本性质，使得这些产品的质构和流变等感官品质更加优质。

12.7 田菁胶

田菁胶（sesbania gum，SG），又名豆胶、咸菁胶，是从田菁种子中提取加工的一种天然植物胶。田菁［*Sesbania cannabina*（Retz.）Poir］原产于低纬度热带和亚热带沿海地区，为一年生灌木状豆科草本植物，又名涝豆、野绿豆等，耐盐，耐涝，适应性强，是优良的改良土壤绿肥植物。它的适应范围很广，在我国大部分地区都能种植生长，特别是沿海地区产量很大。田菁胶来源于田菁种子的内胚乳，其主要化学组成是半乳甘露聚糖，尽管其多糖种类及结构与瓜尔胶相似，但由于聚合度低，其黏度远远低于瓜尔胶。我国研究和利用半乳甘露聚糖胶相对较晚，目前仍主要依靠进口，因此，开发作为我国特有的半乳甘露聚糖胶之一的田菁胶资源具有重要意义。田菁胶的质量标准（HG/T 2787—96）见表 12-8。

表 12-8 田菁胶的质量标准

项目	指标	项目	指标
1%水溶液黏度	>1800mPa·s	重金属(以 Pb 计)	≤0.002%
干燥失重	≤12.0%	砷(以 As 计)	≤0.0002%
灰分	≤2.0%	200mm×50mm/0.125mm 筛余物	<1%
1%水溶液 pH	6.5~7.0		

12.7.1 田菁胶的物理化学特性

田菁胶是在豆科植物田菁种子的内胚乳中提取的多糖胶，是由 D-半乳糖和 D-甘露糖两种单糖构成的多糖，还含有少量的蛋白质、纤维素、钙、镁等无机元素。半乳糖和甘露糖的比例为 1∶2.1，甘露糖链以 α-(1,6)-糖苷键连接构成主链，半乳糖单元形成支链，主链上每隔一个甘露糖连接一个半乳糖，分子量为 2.1×10^4～3.9×10^4。

田菁胶呈奶油色松散状粉末，溶于水，不溶于醇、酮、醚等有机溶剂。常温下，它能分散于冷水中，溶于水呈黏稠状，形成黏度很高的水溶胶溶液，其黏度一般比相同条件下的海藻酸钠及淀粉高 5～10 倍。在 pH6～11 范围内是稳定的，pH7.0 时黏度最高，pH3.5 时黏度最低。它能与络合物中的过渡金属离子形成具有三维网状结构的高黏度弹性胶冻，其黏度比原胶液高 10～50 倍，具有良好的抗盐性能。田菁胶具体特性如下：

(1) 溶解性

田菁胶和其他半乳甘露糖胶一样，不溶于有机溶剂，水是它惟一良好的溶剂，因为在田菁胶大分子结构中含有丰富的羟基及有规则的半乳糖侧链，对水有很大的亲和力。在常温下即能分散于水中，吸收多倍于本身体积的水而溶胀和产生水合作用，形成高黏度的胶液。

(2) 流变性

田菁胶是属假塑性非牛顿性流体，其黏度随剪切速度的增高而降低，显示出良好的剪切稀释性能，这是非牛顿流体的主要特性。田菁胶水溶液的黏度与切变率密切相关，同时，在相同切变条件下，胶液黏度随胶液浓度升高而下降。

黏度是评定食品添加剂田菁胶性能的重要指标之一，而影响其黏度的因素很多，田菁胶的黏度与田菁种子的成熟程度、田菁胶的加工方法及田菁胶的使用条件等都有关系。

田菁胶在常温下能分散于冷水中形成黏度很高的胶液，但需要在一定时间内方能吸水形成高黏度胶液。加热能加速其水合速度，其原因是随着温度的升高，使卷曲的长链分子得到充分伸展。尤其分子中存在着有规则的半乳糖侧链，它限制了主链甘露糖苷键的自由旋转而增加黏度。但加热时间过长，则胶液黏度又逐渐下降，因为已伸展的分子受热切速运动，分子链又互相交叉和旋转，从而使黏度降低。

田菁胶的黏度随其溶液的浓度增高而变稠，当田菁胶溶液浓度小于0.7%时，属于牛顿型流体；浓度大于0.7%时，属于非牛顿型流体。浓度超过3%时即形成冻胶状糊液。田菁胶黏度随其溶液的浓度增加而增加、但不呈线性关系。浓度越小，黏度变化越小。田菁胶在一定的pH范围内（6～9），其黏度是稳定的。但在强酸、强碱条件下水解，导致半乳糖侧链断裂而黏度降低。

（3）交联特性

田菁胶分子结构中具有丰富的邻位顺式羟基及有规则的半乳糖侧链，能与有机成分和无机成分形成氢键，它与络合剂中过渡金属离子交联形成体型网状结构高黏度弹性冻胶，具有特殊的物理、化学性能。利用这个特性，可用作油田水基冻胶压裂液及防水炸药的胶凝剂；环保方面可用作治理含重金属离子废水的絮凝剂等。

（4）耐盐特性

田菁胶是非离子型的胶类，一般受阴离子、阳离子影响较少，不易产生盐析现象，实验证明氯化钙、氯化钠等这类盐对田菁胶黏度影响并不大。

12.7.2 田菁胶的生理功能

田菁胶不易被机体消化吸收，在肠道内能吸水溶胀，并有螯合及吸附重金属离子、胆固醇、胆汁酸、甘油三酯的作用，抑制它们吸收，促进粪便及有毒物质的排出，从而对结肠癌、泌尿系统疾病、心血管疾病及肥胖症有一定的预防作用。

12.7.3 田菁胶的制备

制备田菁胶的原料是田菁种子（田菁豆），田菁种子由三部分组成，最外层为种皮、最内层是子叶、中间层为胚乳，胚乳占种子质量的33%～39%。田菁胶即是从田菁种子中除去种皮、子叶，并分离出胚乳，然后将胚乳加工成粉而成。

田菁胶的加工工艺一般可以分为干法工艺和湿法工艺两种。干法工艺是目前大多数加工田菁胶所采用的方法，而湿法加工工艺，技术上有一定的难度，但此法得胚乳率高，所得的田菁胶质量较好。

（1）干法加工工艺

干法加工工艺主要是利用田菁种子的种皮、子叶、胚乳三部分物理性质的不同而进行分离，这三部分中，田菁种皮和田菁子叶脆且易碎，而胚乳有韧性，可将去杂以后的田菁种子直接投入粉碎机粉碎，然后分离出胚乳，再把胚乳加工成胶。

（2）湿法加工工艺

先将田菁种子在水中适度浸泡，种子中胚乳吸收水后体积膨胀，而子叶仅略微浸湿，仍保持坚硬。然后将浸胀的种子通过粉碎分离胚乳，胚乳干燥后即可制胶。

12.7.4 田菁胶在食品工业中的应用

田菁原来是生长在我国广东、福建、浙江等沿海地区的野生植物。后来，经人工培植，现在全国各省、自治区及直辖市几乎都有种植，可见我国田菁胶资源比较丰富。田菁是具有较高经济价值的草本豆科植物，生长快、周期短，整个植株均可利用。种植、生长条件要求不高，还能改良土壤。田菁种子经过提胶后的下脚料都可以加工成蛋白质饲料等加以利用。因此，田菁本身就是一种很有开发利用前途的资源。田菁胶是属半乳甘露糖类型植物胶的一种，其化学组成、分子结构和化学能等方面都与从国外进口的瓜尔胶相似，并通过近几年在食品、建筑、纺织、造纸、陶瓷、电池制造业等工业领域的应用，证明田菁胶可以替代瓜尔胶在工业中应用。

近年来，我国在田菁胶的生产工艺、生产设备、产品质量、产品品种等方面的研究开发都取得了明显进展。在我国田菁胶早已被列入《食品添加剂使用卫生标准》（GB 2760—2007），允许其在食品加工中使用。并在1995年制定了食品添加剂田菁胶行业标准。

食品级田菁胶是一种新型食品添加剂，有良好的增稠效果，可作食品的稳定剂、乳化剂、保鲜剂等使用，国内已在方便面、挂面、面包、冰淇淋、豆奶等食品饮料中广泛应用。

（1）在油炸方便面中的应用

油脂是生产油炸方便面的主要原料之一。在面粉中添加一定量的食品级田菁胶后，不仅能改善面团加工性能，提高方便面质量，而且，油炸后方便面含油量会降低不少，即明显降低了油耗，降低了生产成本，并延长了油炸方便面的保质期。

（2）在面包中的应用

面包是人们喜爱的食品，日销量甚大，但面包致命的弱点是保存期短，容易老化，变干变硬，而在面粉中添加食品级田菁胶后，改善了面包内部结构，能增大比容5%～15%，提高了面包质量，而且，使面包失水速率也明显降低，放置3～5天后，水分保持率与未添加田菁胶的面包比，高出5%～10%，由此可见，添加田菁胶明显抑制了面包失水，延缓了老化。

(3) 在豆奶饮料中的应用

豆奶是一种营养饮料，其主要原料是大豆。豆奶不仅含有40%左右的蛋白质，还含有20%左右的脂肪及其他营养物质。因此，长期饮用豆奶对人的健康大有益处。但是由于豆奶本身具有苦涩味、豆腥味和粗糙感等缺点，且在生产过程中经高温处理易引起脂肪上升，蛋白质变性，最终影响产品品质和保存期。而添加食品级田菁胶后，有明显的增稠作用，掩盖了异味，明显改善了口感。

由田菁豆加工成的食品级田菁胶，作为一种天然植物胶，是近年来开发的一种新型食品添加剂，而目前食品级田菁胶在食品中的添加应用仅仅是开始，应用的面还很窄，从国外瓜尔胶的应用情况来看，食品添加剂田菁胶在食品工业中的开发利用也将有比较广阔的前景。

12.8 卡拉胶

12.8.1 卡拉胶的来源和结构

卡拉胶是从红藻科的角叉菜属、麒麟菜属、杉藻属及沙菜属等品种海藻中提取的天然存在的阴离子硫酸盐线形多糖高分子聚合物，又名角叉聚糖，是一类从海洋生物红藻细胞壁中提取的水溶性非均一多糖，来源于爱尔兰，约于1871年提出专利。20世纪50年代，美国化学学会将它正式命名为Carrageenan。食品级卡拉胶为白色或淡黄色、表面皱缩、微有光泽、半透明片状体或粉末状物，无臭或有微臭，无味，口感黏滑，溶于热水中，形成黏性透明或轻微乳白色的易流动溶液。由于卡拉胶具有亲水胶体增稠、乳化、成膜、稳定分散等诸多物理化学特性，故可作为胶凝剂、乳化剂、增稠剂、或悬浮剂使用，用于稳定乳液、控制脱液收缩、赋型、胶结和分散等。根据长时间的安全应用，卡拉胶被美国食品药品监督管理局认为可以安全使用，并被核准为食品添加剂。这都证明了卡拉胶是一种安全的食品添加剂，广泛应用于食品工业，已成为食品中应用最广泛的多糖之一。

20世纪60年代有人对卡拉胶的组成和结构进行了深入的研究，证实了卡拉胶是由1,3-α-D-吡喃半乳糖和1,4-β-D-吡喃半乳糖作为基本骨架交替连接而成的线形多糖，图12-2为κ-型卡拉胶的结构示意图。根据卡拉胶化学结构中的硫酸酯基的含量和位置的不同，将卡拉胶分为κ(kappa)、ι(iota)、λ(lambda)、θ(theta)、μ(mu)、ν(nu)和ζ(ksi)等七种，它们均含有22%～35%的硫酸酯基团。图12-3为三种典型卡拉胶的结构示意图，其中，κ-型卡拉胶应用最为广泛。

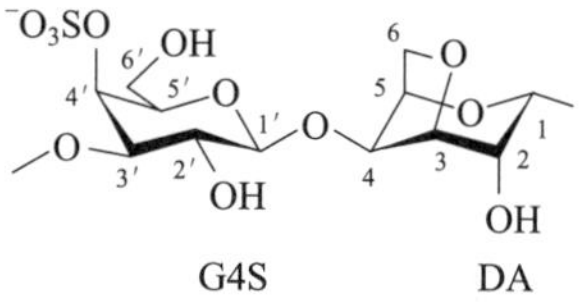

G4S DA

图 12-2 κ-型卡拉胶结构图

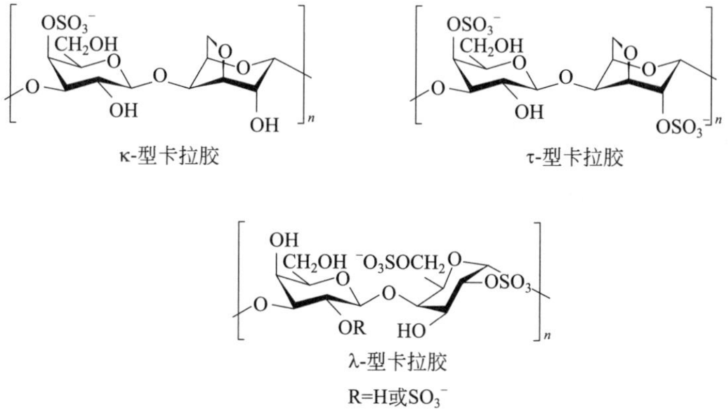

κ-型卡拉胶 τ-型卡拉胶

λ-型卡拉胶

R=H或SO_3^-

图 12-3 三种卡拉胶的结构式

卡拉胶独特的结构中对其凝胶性能影响较大的基团有：

（1）硫酸酯基团

含有硫酸酯基团（—OSO_3^-）是卡拉胶的重要特征。—OSO_3^- 以共价键与半乳吡喃糖基团 C2，C4 或 C6 相连接，在卡拉胶中含量约为 20%～40%（质量分数），导致卡拉胶带有较强的负电性。

（2）3,6-内醚醚桥

卡拉胶和琼胶一样，在结构中含有 3,6-内醚键。天然存在的 3,6-内醚键比较罕见，性质非常特殊，是卡拉胶具有独特性能的重要影响因素。κ-型卡拉胶、ι-型卡拉胶在 β-(1-4) 连接的 D-半乳吡喃糖基上含有醚醚桥键，λ-型卡拉胶不含有内醚键。κ-型卡拉胶、ι-型卡拉胶的前体物质 μ，υ 型 β-(1-4)-D 半乳糖基C6 位上含有硫酸酯基，3,6-内醚醚桥即为硫酸酯基脱除 C3 位与 C6 位羟基作用形成的。硫酸酯基团和内醚键，特别是硫酸酯基团，对卡拉胶的理化性能影响非常大。卡拉胶的凝胶形成、凝胶性能、流变学性质及其应用特性都与这两者紧密相关。一般认为硫酸酯含量越高越难形成凝胶。κ-型卡拉胶形成硬的脆性胶，有泌水性（胶体脱水收缩）；ι-型卡拉胶中硫酸酯含量高于 κ-型卡拉胶，形成弹性的软凝胶；λ-型卡拉胶在形成单螺旋体时，C2 位上含有硫酸酯基团妨碍双螺旋体的形成，因而 λ-型卡拉胶只起增稠作用，不能形成凝胶；μ-型和 υ-型卡拉胶中 α-(1-3)-D半乳吡喃糖基含有 C6 硫酸酯，在高分子长链中形成一个扭结，妨碍双螺旋体的形成，因此，μ-型和 υ-型卡拉胶也不能形成凝胶。

12.8.2 卡拉胶的溶解性

κ-型卡拉胶、λ-型卡拉胶和τ-型卡拉胶的钠盐能溶于冷水，但κ-型卡拉胶的钾盐和钙盐在冷水中只能吸水膨胀是无法溶解的。卡拉胶在牛奶中的溶解性受温度影响很大，κ-型卡拉胶、λ-型卡拉胶和τ-型卡拉胶都能溶解在热牛奶中，λ-型卡拉胶分散在冷牛奶中，其黏稠性增加，而κ-型卡拉胶和τ-型卡拉胶在冷牛奶中比较难溶解或者不溶，主要是由于其分子式中的3,6-醚-乳糖含量高，而硫酸基含量低。由于卡拉胶难溶于甲醇、乙醇等多种醇类以及丙酮等有机溶剂，所以若想将卡拉胶从水溶液中沉淀出来，常常会使用到上述溶剂。

12.8.3 卡拉胶的黏度

卡拉胶的黏度是衡量其质量及类别的重要指标之一，其胶体的黏度会随着浓度的增加而呈指数增大。海藻的种类，加工方法的差异，以及提取出来的卡拉胶类型，亲水基团的多少都会影响到其黏度，例如κ-型卡拉胶的黏度比较低，而亲水基团相对较多的τ-型卡拉胶黏度就会相对较高。商用的卡拉胶黏度一般在5～800mPa·s之间，高于琼胶的黏度。砂糖以及一些阳离子的存在也会影响到卡拉胶的黏度，例如，砂糖可使卡拉胶的黏度上升，低浓度的二价阳离子会使其黏度上升，一价阳离子对黏度的影响相对较小。钙离子对卡拉胶黏度的影响有所不同，在低于最佳浓度的范围内，黏度会随钙离子浓度增加而升高，但是高于最佳浓度后，黏度就会随着钙离子浓度的增加而降低。

12.8.4 卡拉胶的化学稳定性

在中性和碱性环境下，卡拉胶的水溶液相对稳定，加热也不易水解。但在酸性环境下，尤其在pH4以下，易发生酸水解。一旦加热，酸水解速率会更快，卡拉胶大分子会降解为小分子，网状结构会打开，这样会使黏度变小，甚至失去凝固性。室温下对于卡拉胶抵抗酸水解的能力来说，凝胶状态下比溶解状态下要强，这是因为在凝胶状态时，卡拉胶分子形成的三维网状结构比较规则而且紧密，对糖苷键起到保护作用，降低了它被酸水解的程度。

12.8.5 κ-型卡拉胶的凝胶性能

κ-型卡拉胶溶于水可形成热可逆凝胶，是研究者关注较多的一种热可逆凝胶。目前研究认为κ-型卡拉胶凝胶的形成遵循“二步”凝胶机制：第一步，“无规则线团→螺旋”；第二步，“螺旋聚集→凝胶化”。当外界温度高于凝胶温度时，热动能阻碍双螺旋体的形成，凝胶大分子链在溶液中是无规则线团形态。随着温度降低，双螺旋体逐渐开始聚集形成聚合物，氢键作用使得半乳糖的O2和

O6 之间形成双螺旋体，生成聚合物链的连接点，呈弱凝胶状态，继续冷却，这些连接点聚集成联结区域，组成双螺旋体束，形成具有一定形态和硬度的凝胶（如图 12-4）。这种物理凝胶特性在应对产品加工中有特殊需求的工艺时具有良好的应用价值，如 κ-型卡拉胶凝胶体系在饼干夹心果酱中的应用。

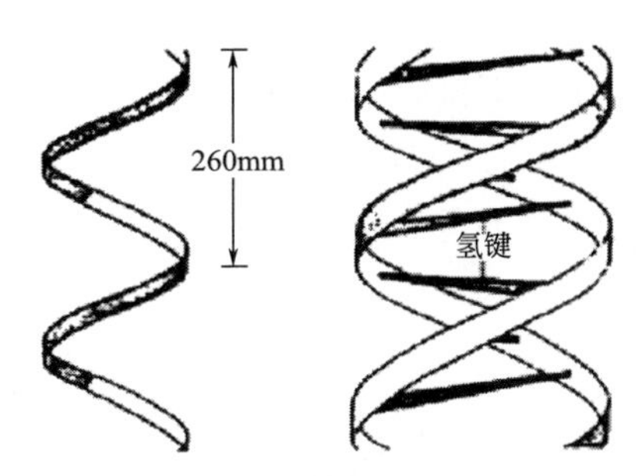

图 12-4　螺旋体的形成过程

然而，凝胶化过程中，通常在不添加盐离子的条件下，精制的纯 κ-型卡拉胶溶液只能形成弱凝胶，加入盐离子会对 κ-型卡拉胶凝胶性质产生较大影响，凝胶强度很大程度上取决于盐离子的种类和浓度，研究发现一定范围内 Na^+、K^+ 及混合离子共存条件对 κ-型卡拉胶体系的宏观凝胶性质和微观构象转变有显著影响，且凝胶特性与共存离子类型相关。因此实际应用中，κ-型卡拉胶作为胶凝剂时，通常与盐离子混合使用。在某些特定的一价、二价阳离子存在条件下，κ-型卡拉胶的凝胶化过程加速，如图 12-5 在聚集阳离子（如 K^+）存在下，含水阳离子被夹在 κ-型卡拉胶的双螺旋体之间，以离子结合和静电吸引力，在 3,6-内醚的氧与邻近单位的 4-SO_4 之间构成分子内桥，从而促进凝胶化，阳离子的存在减小了分子链之间硫酸酯基之间的静电斥力，呈电中性排列，此时则形成凝胶。若无某些阳离子存在时，热的凝胶溶液冷却后只能形成溶解态的聚集物，不能形成凝胶状态。

在水溶液中，λ-型卡拉胶、κ-型卡拉胶因形成热可逆凝胶而具有凝固性，并受阳离子影响，如 Ca^{2+}、K^+、Rb^+、Cs^+ 和 $NH_4{}^+$ 等阳离子，能显著提高凝胶强度。在一定范围内，凝胶强度随阳离子浓度增加而增强。

κ-型卡拉胶为钾敏卡拉胶，适量的钾离子可大幅度提高其凝固性，改变其凝胶强度、胶凝温度及胶凝时间。卡拉胶质量分数和钾离子质量分数愈大，胶凝温度愈高，胶质量分数与胶凝温度呈现一种线性关系，而钾离子质量分数对胶凝温度的影响则呈现一种对数函数的关系，随着钾离子质量分数的增加，胶凝温度趋于平缓。卡拉胶的胶凝时间几乎不受胶质量分数的影响，添加钾离子可使胶凝时间明显缩短，且钾离子质量分数对胶凝时间的影响符合指数函数关系。在一定胶质量分数下，体系中钾离子质量分数的提高使凝胶强度增大，但添加过量的钾离子，反而迅速降低了凝胶强度。

在食品加工中，许多食品的形状和质构依赖于亲水胶体物质的胶凝性质。在高强度凝胶作用下可获得期望的融化温度，并能加速风味的释放。卡拉胶的凝胶性能主要与其化学组成、结构和分子大小有关，形成的凝胶是热可逆凝胶。当加热时，卡拉胶分子成混乱的卷曲状，当温度降到某一温度时，分子向螺旋状转化，形成单螺旋体。温度继续下降时，分子间形成双螺旋体，组成立体的网状结构，并出现凝固现象。温度再下降，双螺旋体聚集形成凝胶。构效关系研究发现，κ-型卡拉胶的凝固性能最好，其次是τ-型卡拉胶，其他类型的卡拉胶在水中不能形成凝胶。图 12-5 为卡拉胶形成凝胶的过程。

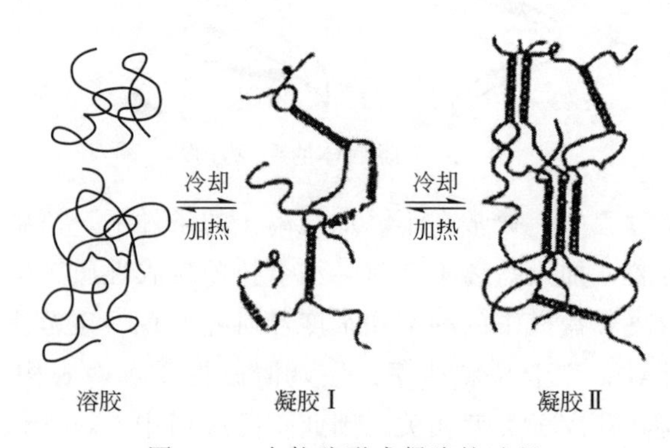

图 12-5　卡拉胶形成凝胶的过程

另外，一些多糖对卡拉胶的凝固性也有影响，如槐豆胶可以显著提高卡拉胶的凝胶强度和弹性，而羧甲基纤维素则降低其强度，但增加弹性。

12.8.6　卡拉胶与不同胶体的协同作用

目前对于卡拉胶的研究主要集中在卡拉胶和其他胶体间的协同作用。卡拉胶具有胶凝、增稠、乳化、成膜、稳定分散等优良特性。形成凝胶所需浓度低、透明度高，但存在凝胶脆性大、弹性小、易脱液收缩等问题，这些问题可以通过与其他食品胶的协同增效作用来解决。在卡拉胶中添加其他多糖后，甚至是非凝胶多糖，其胶凝性质会得到改善。例如，加入半乳甘露聚糖后，即使卡拉胶含量低于正常胶凝浓度时，也能形成凝胶。再者，不能形成凝胶的低分子量卡拉胶在添加了半乳甘露聚糖之后，也能形成凝胶或沉淀。研究报道，卡拉胶在与刺槐豆胶混合后，其弹性、强度和稳定性都有较大程度提高。研究发现，卡拉胶-魔芋胶混合凝胶的破裂应力随着魔芋胶分子量增加而增加，然而凝胶温度受魔芋胶分子量影响不大。这种混合凝胶网络主要由卡拉胶形成，弱的交联区由卡拉胶和魔芋胶相互作用形成。

卡拉胶与蛋白质之间还有一定的协同作用，这种性质在饮料和鱼糜制品中应用广泛。有研究者研究了酪蛋白卡拉胶体系，认为卡拉胶与酪蛋白之间以静电作用为主，氢键和疏水作用的贡献小。体系的凝胶结构是以卡拉胶分子为主体形成的三维空间网络结构，蛋白质分子吸附在网络的支架上，而不是以胶粒的形式存在于网络的连接区上。卡拉胶可提高大豆分离蛋白乳析稳定性，并能够有效抑制蛋白质的沉淀，其溶液黏度随着卡拉胶量增加而增大。

κ-型卡拉胶与魔芋胶相互作用形成一种具有弹性的热可逆凝胶，刺槐豆胶可显著提高κ-型卡拉胶的凝胶强度和弹性，魔芋胶比刺槐豆胶对κ-型卡拉胶的增效作用更强，所形成的水凝胶强度大、弹性好、收缩脱水量少。将卡拉胶与魔芋胶在一定浓度下配制的水溶胶加热，冷却后形成热可逆凝胶，研究者利用谱图分析解释了魔芋胶与卡拉胶的这种增效作用是多糖分子间相互作用的结果。研究得出当多糖质量分数为1%，卡拉胶与魔芋葡甘聚糖的最佳复配比例为3∶2时，体系的协同相互作用最大，凝胶强度达到最大值，同时还讨论了复配温度以及盐离子浓度对凝胶化的影响，当复配温度为100℃，盐离子浓度为0.2mol/L时，凝胶强度达到最大值。

添加黄原胶可使卡拉胶黏度增加，并使其更柔软更有弹性，黄原胶与κ-型卡拉胶复配可降低食品脱水收缩。明胶与卡拉胶共凝胶体系中，储能模量随着卡拉胶浓度增加而增加，低浓度氯化钠有利于改善复合凝胶的质构。玉米和小麦淀粉对卡拉胶的凝胶强度也有所提高，而羧甲基纤维素则降低其凝胶强度。

从凝胶强度分析，κ-型卡拉胶与琼脂、黄原胶、瓜尔胶、β-环状糊精、木薯淀粉、羧甲基纤维素、海藻酸钠、果胶间无协同作用，而与刺槐豆胶、魔芋胶之间却有协同作用，魔芋胶与刺槐豆胶相比，与卡拉胶的协同作用更强，两者最适合的质量比为3∶2。卡拉胶与刺槐豆胶复配体系中加入一定浓度的盐离子，有利于提高其凝胶强度和热稳定性。

协同作用的本质是不同水溶胶分子间的缔合或解缔合。如果两种水溶胶之间发生缔合，就会出现聚沉或凝胶现象。带相反电荷的两种水溶胶混合后很可能形成沉淀。对于一些刚性多糖分子，分子间缔合会诱导凝胶形成。如果两种水溶胶不发生缔合，在低浓度时，它们以一种均一相存在，在高浓度时它们就会分为两相。如果两种水溶胶其中之一能单独形成凝胶，那么相分离和凝胶形成会同时发生，最终形成的凝胶的特性取决于这两个过程的相对速率。

12.8.7 κ-型卡拉胶的应用

目前κ-型卡拉胶在食品中应用广泛，通常在食品加工中作为填充剂、载体、乳化剂、胶凝剂、上光剂、湿润剂、悬浮稳定剂、增稠剂等食品辅助剂（添加剂），具体可概括为以下几个方面：

（1）冷冻面团

蒸制面食制品是以小麦粉作为原料，以酵母和水调制成面团，进行发酵、整形后，制成冷冻面团坯子，进行速冻后，低温贮藏，然后解冻，再蒸制加工而成的即蒸即食面制食品。加工过程中，κ-型卡拉胶作为添加剂，最适宜添加量在0.03%～0.05%，可以改善冷冻面团制品的一些缺陷。冷冻面团蒸制面食制品，以κ-型卡拉胶作为添加剂，添加到面团中能够与面筋蛋白相互作用，增加面筋网络的厚度，发酵时的持气力，并且在冷藏过程中，能防止小冰晶逐渐长成大冰晶，减少了冰晶对面筋网络造成的破坏，减少了冷冻面团解冻时的塌陷，有裂口等品质问题。此外，κ-型卡拉胶应用于冷冻面团中，还能改善面团的口感，延长冷冻面团的保质期。

（2）饼干夹心果酱

饼干的夹心果酱制作是把各种配料混合后加水，常温搅拌至溶解，再加热至熔融状态后，灌注，冷却呈固态即可。其中κ-型卡拉胶使用量一般为1%～2%。饼干夹心果酱的制作工艺，需要在常温下具有强的凝固性，然而在注酱工艺中，需要果酱具有一定的流动特征。而κ-型卡拉胶的热可逆性，即“溶胶-凝胶”加热到一定温度时，果酱流动性较好，便于注酱工艺，达到凝胶温度后成凝固状态，既保证了质地和口感，也起到了延长货架期的作用。

（3）鱼糜

近年来，禽肉类产品的市场需求持续增长，消费者对其要求也越来越高，因此肉制品加工商不得不面对禽肉在进行热处置或机械处置时带来的难题。如蛋白质变性会带来质构改变和失水问题、脂肪氧化会带来风味丧失问题以及冷冻融化不稳定则会在肉中产生冰晶，从而使肉的质构变坏等，均可采用卡拉胶和食盐等配料复合添加剂解决。卡拉胶在肉制品加工中的使用极为普遍，对其保持水分、风味、质构、切割性冷冻融化及稳定性大有裨益。在鱼糜制品中，卡拉胶可以起到增稠的效果以及促进形成凝胶，以改善鱼糜制品凝胶性能。卡拉胶还可以与鱼糜蛋白相互作用形成鱼糜蛋白-亲水胶体凝胶，并与带负电荷的鱼糜蛋白的羧基形成鱼糜蛋白-卡拉胶凝胶，从而提高鱼糜的凝胶特性。研究发现卡拉胶可以明显提高白度，并得出在竹荚鱼鱼糜中提取的卡拉胶能明显提高持水性。在研究卡拉胶对鲢鱼鱼糜凝胶特征的影响中，得出添加0.5%的卡拉胶能够显著提高鱼糜凝胶的硬度、咀嚼性、破断强度和凝胶强度以及增加鱼糜凝胶的白度。

（4）肉制品

由于卡拉胶能与蛋白质结合，在加热时表现出充分的凝胶化，形成巨大的网络结构，从而可以增强肉制品中的保水性，减少肉汁的流失，抑制鲜味成分的溶出，并使产品具有良好的弹性和韧性。卡拉胶具有良好的乳化效果，可以很好的稳定脂肪，产品的离油值较低，从而提高产品得率。比如卡拉胶的分散性和保水性可以减少肉制品的蒸煮损失、增加制品出品率。实验表明，在肉制品中添加卡拉胶，禽类制品蒸煮损失减少2%～4%，腌肉损失减少3%～6%，肠类制品损失减少8%～10%，火腿制品损失减少9.6%。卡拉胶与30倍的水混合煮沸10min冷却后即成胶体，这主要是由于加热引起分子内的闭环作用形成的“双螺旋结构”。根据其结构特点，卡拉胶的水溶液可形成两种凝胶，即可逆的、强和脆的凝胶及可逆的弱和弹性的凝胶。卡拉胶的这种独特的凝胶形成性，一方面揭示了其保水性的机制；另一方面它与肉制品的质构、凝胶和切片等密切相关。在灌肠制品中添加卡拉胶能明显改善肉制品的切片性，增加制品弹性。研究表明，卡拉胶与磷酸盐和大豆分离蛋白协同作用能够增强乳浊液的乳化稳定性。而且卡拉胶还可以明显降低肉制品的水分活性，利于肉制品保藏。有报道显示，1%的魔芋胶、κ-型卡拉胶和刺槐豆胶复配添加到2%的盐溶肌肉蛋白中，在70℃和pH＞6时能够形成黏弹性良好的凝胶，且凝胶的强度随着卡拉胶添加量的增加而增强。研究报道卡拉胶是低脂牛肉肠中唯一能被感官评定小组接受的食用胶体。

（5）冷饮

在冰淇淋制作中，添加卡拉胶能起到改善组织结构的作用，可以使里面的各个成分与固体等分布均匀，防止乳成分的分离和冰晶的增大。能使生产的冰淇淋和雪糕组织细腻、结构良好、滑爽可口、放置时不容易融化，储藏时不易变形，从而使得冰淇淋的生产操作更方便。不过，卡拉胶的加入，虽然使得产品的品质能够得到改善，弥补其他稳定剂的不足；但是，如果只用卡拉胶的话，卡拉胶的高表观黏度性则会产生黏腻的口感。因此，目前一般冰淇淋的生产中，卡拉胶是与瓜尔胶或与其他胶体复配使用的，改善仅使用这些胶体出现的乳清分离现象。而卡拉胶的加入量则根据冰淇淋种类的不同而不同，一般都是少量。

（6）饮料

卡拉胶与蛋白质发生反应形成稳定的结构，可防止粒子聚集和沉淀的形成。因此卡拉胶的加入可以防止牛奶蛋白质变性、蛋白质沉淀现象的发生；能解决豆乳饮料中蛋白质变性和沉淀的问题以及咖啡乳存放过程中出现的分层沉淀现象；提高核桃乳饮料、酸乳饮料、甜乳饮料的稳定性。研究发现卡拉胶能使颗粒均匀悬浮在果汁中，可以改善果汁的形态和味道，添加一定量卡拉胶后，生产出的黄桃果汁饮料具有黄桃特有的香味，这是其他稳定剂不可比拟的，可以生产出品质高的猕猴桃果粒果汁饮料和南瓜果肉饮料，大豆、绿豆膳食纤维饮料等。

（7）啤酒

研究发现卡拉胶是一种有效的麦芽澄清剂。在保持啤酒原有品质下，使用卡拉胶能有效去除麦汁中一些重金属离子和表面活性较高的色素物质，使得啤酒涩味降低，口味清爽，外观清亮，同时能降低过滤损耗，提高麦芽汁得率，改善啤酒稳定性。其作用原理为卡拉胶带有阴离子基团，与带有正电荷的蛋白质、糖类等产生中和效应，呈伸展构型的卡拉胶分子具有的网状结构有助于同时结合多个蛋白质颗粒分子，形成絮状物沉淀，从而使麦芽汁得到澄清。

（8）果冻布丁

卡拉胶因其热稳定性好，形成凝胶时所需浓度低，在室温下即可凝固，所形成凝胶透明度好，因此，常将其与其他胶体进行复配，应用到果冻布丁生产中。

（9）糖果

卡拉胶用于生产口感及弹性较好的软糖在我国早有报道。其品质与优质的琼脂软糖相近似，其透明度更好，成本也更低。在糖果生产中，应用卡拉胶，最明显的优势是所需用量较少，生产出的凝胶糖果或者软糖等凝胶强度较好，表面光滑，虽然弹性较差一些，但随着科学技术的发展以及人们对这些方面的探究，发现利用卡拉胶与其他食品胶复配的软糖，与琼脂相比，特别是在成形时间、透明度等方面更有其不可比的优势，而且产品更富有弹性、在生产中表观黏度小。

（10）其他食品

κ-型卡拉胶在鲜切水果、蔬菜保鲜方面也有广泛应用，κ-型卡拉胶形成的膜具有较强的抗拉力，很好的透光度，水蒸气透过率也相对较低，可以降低细胞的呼吸作用、抑制多酚氧化酶的活性，有效降低褐变程度。κ-型卡拉胶凝胶制备时，一般与其他胶复配使用，来控制水分含量和改善质构，获得更优产品质量、稳定性和口感的凝胶食品。其复配胶能够普遍用于肉冻、果汁、糖果和调味料等食品制作加工中，具有很高的应用价值。

12.9 黄原胶

12.9.1 黄原胶

黄原胶（xanthan gum，XG），又名汉生胶，是20世纪50年代美国农业部的北方研究室（Northern Regional Research Laboratories，NRRL）由野油菜黄单胞杆菌（Xanthomnas campestris，NRRLB-1459）以碳水化合物为主要原料（如玉米淀粉）经发酵工程生产的一种作用广泛的微生物胞外多糖。它具有独特的流变性、良好的水溶性、对热及酸碱的稳定性及与多种盐类有很好的兼容性，作为增稠剂、悬浮剂、乳化剂、稳定剂，可广泛应用于食品、石油、医药等20多个行业，是目前世界上生产规模最大且用途极为广泛的微生物多糖。

12.9.2 黄原胶的结构

黄原胶是由 D-葡萄糖、D-甘露糖、D-葡萄糖醛酸、乙酸和丙酮酸组成的“五糖重复单元”结构聚合体，分子比为 2.8∶3∶2∶1.7∶(0.51～0.63)。黄原胶分子的一级结构是由 β-1,4-糖苷键连接的 D-葡萄糖基主链与三糖单位的侧链组成，其侧链由 D-甘露糖和 D-葡萄糖醛酸交替连接而成，分子比例为 2∶1，三糖侧链由在 C6 位置带有乙酰基的 D-甘露糖以 α-1,3-糖苷键与主链连接，在侧链末端的 D-甘露糖残基上以缩醛形式带有丙酮酸（图 12-6）。

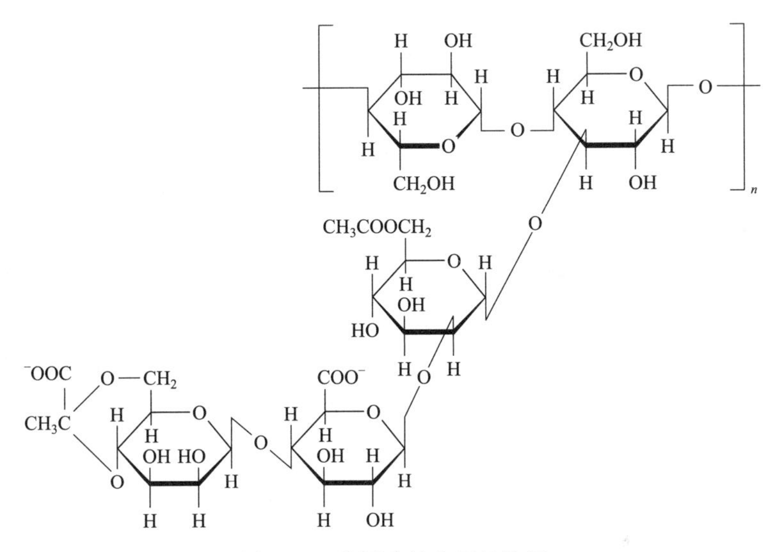

图 12-6 黄原胶的分子结构图

黄原胶的分子量在 2×10^6～5×10^7 之间。近年来，国内外学者对黄原胶在水溶液中的构象进行了大量的研究，认为黄原胶在氯化钠水溶液中主要以多分子缔合状态存在，少量以单分子状态存在，且为蠕状链。黄原胶分子侧链与主链间通过氢键结合形成双螺旋结构，并以多重螺旋聚合体状态存在（如图 12-7）。黄原胶的双螺旋依靠微弱的共价键形成网状立体结构，构成黄原胶的三级结构，该结构状态又使其在一定浓度的水溶液中以液晶形式存在。

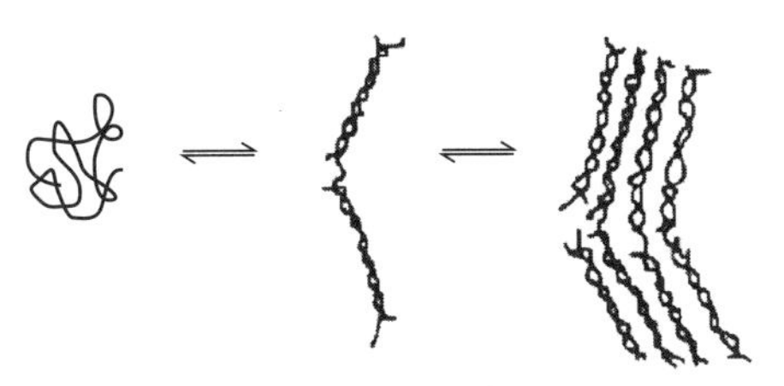

图 12-7 黄原胶的聚集态结构

12.9.3 黄原胶的物理化学性质

黄原胶是一种类白色或浅黄色的粉末，是目前国际上集增稠、悬浮、乳化、稳定于一体，性能较为优越的生物胶。分子侧链末端含有丙酮酸基团的多少，对其性能有很大影响。黄原胶具有长链高分子的一般性能，但它比一般高分子含有更多的官能团，在特定条件下会显示独特性能。它在水溶液中呈多聚阴离子且构象是多样的，不同条件下表现出不同的特性，具有独特的理化性质。

(1) 悬浮性和乳化性

黄原胶因为具有显著增加体系黏度和形成弱凝胶结构的特点而经常被用于食品或其他产品，以提高水包油型（O/W）乳状液的稳定性。研究发现，在黄原胶质量分数小于0.001%时，实验体系的稳定性变化不大；只有当质量分数超过0.25%时，黄原胶才能起到提高体系稳定性的作用。

(2) 水溶性和增稠性

黄原胶在水中能快速溶解，水溶性很好，在冷水中也能溶解，可省去繁杂的加热过程，使用方便。有研究者研究了黄原胶水溶液的黏度，从研究结果可以看出，黏度随浓度的递减而不成比例地降低，且质量分数0.3%是黏度高低的分界点。质量分数为0.1%的黄原胶黏度为100mPa·s左右，而许多其他胶类在质量分数为0.1%时，黏度几乎为零。由此可见，黄原胶具有低浓度高黏度的特性。

(3) 流变性

即触变性或假塑性，黄原胶的水溶液，在受到剪切作用时，黏度急剧下降，且剪切速度越高，黏度下降越快，当剪切力消除时，则立即恢复原有的黏度。剪切力和黏度的关系是完全可塑的。当黄原胶与纳米微晶纤维素复配时，能在水中形成高强度的全天然生物胶，其触变性变得更强。

(4) 热稳定性和酶稳定性

一般多糖因加热会发生黏度变化，但黄原胶水溶液的黏度在10～80℃几乎没有变化，即使低浓度的水溶液在很广的温度范围内仍然显示出稳定的高黏度。黄原胶溶液在一定的温度范围内（−4～93℃）反复加热冷冻，其黏度几乎不受影响。通常的微生物酶类或工业酶类，如蛋白酶、纤维素酶、果胶酶或淀粉酶对黄原胶没有影响。

(5) 酸、碱、盐稳定性

黄原胶溶液对酸、碱十分稳定，在酸性和碱性条件下都可使用。在pH2～12黏度几乎保持不变。虽然当pH值等于或大于9时，黄原胶会逐渐脱去乙酰基，在pH小于3时丙酮酸基也会失去。但无论是去乙酰基或是丙酮酸基对黄原胶溶液的黏度影响都很小。即黄原胶溶液在pH2～12黏度较稳定。所以对于含高浓度酸或碱的混合物，黄原胶是一个很好的选择。在多种盐存在时，黄原胶具有良好的兼容性和稳定性，高耐盐性可用于酱油等食品中。

12.9.4 黄原胶与其他胶的复配效应

（1）黄原胶与魔芋胶的复配

魔芋胶在碱性条件或用量大时才能形成凝胶，且凝胶组织松软，容易脱液，收缩。黄原胶为非凝胶多糖，无论在什么浓度下都不能形成凝胶，当与魔芋胶复配，在复配共混胶浓度为1%时形成坚实的热可逆凝胶，这可能是黄原胶的双螺旋结构易和含β-(1-4)-糖苷键的多糖发生嵌合作用所致。还有研究表明，当黄原胶与魔芋精粉的共混比例为7∶3，多糖总浓度为1%，可达到协同相互作用的最大值。凝胶强度随两者聚合物的浓度增加而增加，随盐浓度的增加而降低。

研究者以猪肉和鸭肉为原料加工西式灌肠通过加入黄原胶、魔芋胶、卡拉胶发现当总浓度为0.8%，三者比例为3∶2∶3时灌肠质构特性最好。卡拉胶透明度非常好，是制作果冻的首选胶，研究者用黄原胶、魔芋胶与卡拉胶以13∶20∶1进行复配生产甜玉米果冻，当复配胶总浓度为1.1%时制作的果冻最好。另有研究者通过粒度分布仪测定乳浊液中粒子大小分布来确定黄原胶与魔芋胶复配后对花生乳稳定性的影响，研究表明，黄原胶与魔芋胶复配使用，可显著提高花生乳的表观黏度，能较好地解决花生蛋白不稳定、沉降速度快的问题；当黄原胶与魔芋胶质量比为3∶2，总胶质量浓度为0.36g/L时，花生乳的稳定效果最好。魔芋胶与黄原胶的复配，大大改善魔芋胶的应用性能，减少用量，可作为增稠剂和凝胶剂，广泛应用于食品和非食品工业。

（2）黄原胶与槐豆胶的复配

槐豆胶与黄原胶之间存在强烈相互作用，两组分在浓度很低情况下具有强烈的协效增稠性，可获得浓稠溶液或形成有弹性的凝胶。槐豆胶与黄原胶的复配效应可能是因为槐豆胶上不带侧链的片段可与常温下螺旋的结构亲水胶体形成稳定的结合。

黄原胶与刺槐豆胶都是非凝胶亲水胶体，但将两者在总浓度很低的情况下进行混合，会发生协同作用，此时可以凝胶，且凝胶冷冻-解冻稳定性和热稳定性较强。研究者研究了黄原胶与刺槐豆胶的协同作用，发现混合胶所形成的网状结构类型取决于两者的比例及热处理条件，刺槐豆胶与黄原胶的质量比为1∶1时，混合胶可形成网状结构；质量比为1∶3时，较低温度下可以检测到凝胶点，在较高温度下只能观测到弱凝胶；而质量比为1∶9时，在较高温度下就可检测到凝胶点。另有研究者指出，黄原胶与刺槐豆胶的侧链发生相互作用形成凝胶结构，凝胶能力的大小取决于其侧链的数量及分布，具有较少的半乳糖侧链及较多光滑区域的刺槐豆胶与黄原胶的相互作用会更加强烈。

研究表明槐豆胶与黄原胶质量比为1∶4，浓度达到0.5%～0.6%时即可形成凝胶。两者复配胶的黏度随浓度的升高而升高；复配胶为“非牛顿流体”，溶液的黏度随剪切力的增加而降低。研究还发现加热时间、加热温度、pH、冻融变化都对两者复配胶的黏度有影响，其中复配胶的黏度在加热到60min时趋于最大值，而加热超过90min其黏度有所低；加热温度对复配胶的黏度影响也很大，随加热温度的升高，黏度有较大幅度增加，最佳加热温度为60℃，加热超过60℃使复配胶的黏度降低；pH对复配胶的黏度有一定的影响，其中在碱性条件下黏度下降幅度较大；冻融变化使槐豆胶和黄原胶复配胶的黏度有较大幅度增加，其中冷冻使复配胶的黏度增加幅度最大。因此可应用于酸性冷饮、中性酸性乳饮料、植物蛋白饮料、冷冻速冻制品中等，另外在实践中可根据不同需求灵活应用。研究者同样研究了黄原胶与刺槐豆胶复配后体系的流变性，发现当刺槐豆胶与黄原胶的复配质量比为2∶3时，复配体系的黏度最大，pH值为6.0～10.0时，其黏度变化较小，保持相对稳定，这使得其复配胶在果冻等凝胶食品中应用最为广泛。

(3) 黄原胶与瓜尔胶的复配

瓜尔胶是增稠剂中产销量大，价格便宜而又广泛应用的亲水胶体之一，来源于南亚干旱和半干旱地区广泛栽培的一年生草本抗旱农作物。瓜尔胶耐酸，耐碱，低浓度时黏度就很高，保水性好，但容易分解和沉淀，可作为增稠剂、乳化剂、成膜剂、成型剂、稳定剂，在面制品、冷饮食品中常首选使用。

瓜尔胶中有功能作用的多糖是瓜尔糖（guaran），其主键为（1→4)-β-D-甘露糖单位，侧键则由单个α-D-半乳糖以（1→6）键与主键相连接。在主键上平均每两个甘露糖单位中有一个半乳糖单位在C6位与之相联，甘露糖与半乳糖之比为1.8∶1（约为2∶1）。其结构与槐豆胶相似，主要区别是半乳糖侧链比槐豆胶多。

瓜尔胶分子中半乳糖的分布是随机无规则的，因为在其主键的有一些区域上没有半乳糖，而在另一些区段上则分布较多，尤其在离子强度较低情况下，无分支的区段能与黄原胶形成聚合物，产生弱的黏度增效作用，两者复配不能形成凝胶，这可能是因为未分布半乳糖的主链区域较少，不能与黄原胶的双螺旋结构牢固嵌合。瓜尔胶及其衍生物与大多数分子量较高的聚合物一样具有假塑性，但是它们的假塑度没有黄原胶大，而这两种聚合物结合起来，就会有助于乳制品之类产品的稳定。另外，研究发现在芹菜冬瓜汁复合饮料研制中，瓜尔胶和黄原胶各添加0.15%时稳定效果最佳。在面制品方面，添加两者复配胶可提高面团可塑性，有研究者研究了几种添加剂对蔬菜杂粮方便面品质的影响，结果表明瓜尔胶、黄原胶、CMC-Na复配可大大增加方便面的吸水率，减少方便面断条率。

（4）黄原胶与阿拉伯胶的复配

阿拉伯胶是从阿拉伯树的分泌物中分离出来的一种含有钙离子、镁离子、钾离子等多种阳离子的弱酸性、水溶性大分子多糖物质。阿拉伯胶大分子具有增稠和乳化双重作用。阿拉伯胶水溶液黏度最低，在 pH6～7 时黏度达到最大值，常用作啤酒工业中最理想的泡沫稳定剂。阿拉伯胶与蔗糖具有相容性，可防止蔗糖结晶表面产生“白霜”，广泛应用于软糖、糖果、果糕等含糖量高含水量低的食品中。

黄原胶与阿拉伯胶的复配在食品工业中常用作香料的乳化剂，也可通过喷雾干燥得到固体香精，避免香精的挥发与氧化。两者也可与其他食品胶复配用于高蛋白乳饮料中，研究者在研究食品胶体对高蛋白调酸乳饮料稳定性的影响研究中发现：当 CMC-Na 用量为 0.4%，黄原胶与魔芋胶比例为 3∶2 且用量为 0.03%，阿拉伯胶用量为 0.02%时，可有效解决产品的乳脂析出及沉淀问题，稳定效果最好。

（5）黄原胶与结冷胶的复配

结冷胶是微生物多糖，安全无毒，有独特的理化性质，是近年来最有发展前景的微生物多糖之一，结冷胶不易溶于冷水，当热的结冷胶水溶液冷却后，会形成热可逆凝胶。凝胶有良好的稳定性，耐高温，能抵抗微生物及酶的作用，耐酸性强，在 pH4.0～7.5 条件下性能最好。结冷胶在透明度和强度上都优于琼脂等胶体。在电解质存在时，结冷胶也可形成凝胶，且结冷胶对于钙离子、镁离子特别敏感，用钙离子、镁离子作为离子源形成凝胶要比钠离子、钾离子等一价离子有效。结冷胶能够在极低的用量（质量分数 0.05%）时，形成澄清透明的凝胶，其用量通常只为琼脂和卡拉胶用量的 30%～50%，而且制成的凝胶富含汁水，风味释放性好，有入口即化的口感。结冷胶与其他食品胶有较好的复配性，应用广泛。

黄原胶与结冷胶的复配可使组织结构从脆性胶体到有弹性胶体任意转变，结冷胶有很好的悬浮性，可与黄原胶复配用于悬浮饮料，流体食品中。也可用于面制品改良，有研究表明 0.3%黄原胶与 0.01%结冷胶复配，应用于面条加工中可生产出优质的面条。

（6）黄原胶与卡拉胶复配

有研究者研究了黄原胶与卡拉胶进行复配后应用于蒸煮火腿，认为添加质量分数 0.6%的复配胶后其凝胶强度得到提升，口感更加滑润，蒸煮火腿的口感得到改善，并且复合磷酸盐的用量降低，从而使得蒸煮火腿更加健康。另有研究者将黄原胶和卡拉胶复配后应用于果冻中，结果发现当黄原胶与卡拉胶复配质量比为 1∶10，总胶质量分数为 1.1%时果冻的感官评分最高，此时果冻的成形性、弹性、脆性均较好，且色泽均匀、呈半透明状、组织状态良好、口感细腻、酸甜适宜。另有研究者研究了魔芋胶、κ-型卡拉胶与黄原胶复配胶在肉丸中的应用效果，得出当魔芋胶、κ-型卡拉胶与黄原胶的最佳质量配比为1.3∶1.0∶0.3，总胶质量分数为0.6%时，肉丸的质感、析水性和口感得到了一定改善。

(7) 黄原胶与琼脂的复配

琼脂是由海藻中提取的多糖体，是目前世界上用途最广泛的海藻胶之一。琼脂用于食品中能明显改变食品的品质，提高食品的档次。该胶体具有凝固性，稳定性，能与一些物质形成络合物等物理化学性质，可用作增稠剂、凝固剂、悬浮剂、乳化剂、保鲜剂和稳定剂，广泛用于制造粒粒橙及各种饮料、果冻、冰淇淋、糕点、软糖、罐头、肉制品、八宝粥、银耳燕窝、羹类食品、凉拌食品等。同时，琼脂在化学工业、医学科研，可作培养基以及药膏基。琼脂是凝固型酸奶首选的凝固剂。

黄原胶和琼脂有类似的双螺旋结构，少量的黄原胶分子可与琼脂分子共同形成三维网状结构，用量过大会阻止琼脂分子之间的交联，使得凝胶强度降低。

(8) 黄原胶与多种食品胶的复配

黄原胶不仅可与单一的增稠胶凝剂复配，还可与两种、两种以上种类的增稠胶凝剂以及其他类别的添加剂进行复配使用，按照不同的生产需求，选择不同的食品稳定增稠剂，不同的用量进行复配。有研究表明：黄原胶、瓜尔胶、槐豆胶复配能够在乳制品中有很好的效果，并且分别为0.2%、0.01%、0.9%时耐盐性最好，用量少，成本最低。研究者在绿茶、苹果、甘草复合保健饮料中添加0.7%CMC-Na，0.4%黄原胶，0.2% κ-型卡拉胶复配，保健饮料的稳定性最好。另一组研究表明，黄原胶、魔芋胶、瓜尔胶用量分别为0.3%、0.01%、0.8%时产品耐盐性最好，用量少成本低。另有研究表明，在面制品改良中，0.5%黄原胶、0.08% CMC-Na、0.04%卡拉胶复配，以及0.06%黄原胶、0.45%卡拉胶、0.35%瓜尔胶复配均对冷冻面团的综合品质有很大改善。另有研究者以0.1%黄原胶、0.6%CMC-Na、0.3%单甘酯、0.3%复合磷酸盐复配后添加到冷冻汤圆中，汤圆塌陷和龟裂得到很好改善。也有研究表明，以0.08%黄原胶、0.1%海藻酸钠、0.09%壳聚糖制得的涂膜材料对鲜切莲藕保鲜贮藏效果最好。

12.9.5 黄原胶在食品中的应用

按照我国食品添加剂使用卫生标准，黄原胶最大使用量为0.5～1.0g/kg。因黄原胶具有热稳定性、耐酸碱耐盐、增加黏度、剪切稀释性等特性，黄原胶在食品中可作为食品黏合剂、热稳定剂、乳化剂、填充剂等。在调味料中加入黄原胶有利于保持液体的流动性；在冷冻食品中添加黄原胶可以使产品具有良好的抗热收缩性和口感；在焙烤食品中添加黄原胶可以使焙烤食品保持一定的湿度，改善其口感，延缓淀粉老化，延长焙烤食品的储藏期和货架期。此外，黄原胶还可广泛用于罐头食品、鸡肉、火腿、通心粉、饼干和点心等制品中。下面将简单介绍黄原胶在肉制品、面制品、果蔬制品、饮料等中的应用。

（1）肉制品

在肉制品中添加食用胶可以显著改善肉制品的持水性、增加蛋白质分子间的黏合作用，并赋予肉制品更好的口感。因此，食用胶已经成为肉制品中不可缺少的添加剂，其中黄原胶的应用最为广泛。这主要是由于黄原胶本身并非一种胶凝性多糖，它最大的用途是可显著增加体系黏度即形成弱凝胶以提高食品或其他产品水包油型乳状液的稳定性。有研究者对比了黄原胶与卡拉胶对牛肉品质的影响，结果表明：使用质量分数为0.5%的黄原胶浸泡牛肉，可使牛肉肉质变嫩，pH值增加，之后将牛肉冷藏处理，产品保水性效果显著，蒸煮损失减少，且综合各项检测指标得出添加黄原胶要优于卡拉胶。另有研究者将黄原胶用于火腿肠加工中，通过感官评价和冷藏处理，发现添加质量分数为0.4%的黄原胶感官评价分数最高，冷藏后产品失水性最小，这说明黄原胶可充分乳化产品中的水和油，可显著抑制淀粉回生现象，防止一般产品冻藏后发散、发渣、淀粉返生等问题。另有研究者以猪肉和鸭肉为原料制作重组肉，利用质构仪挤压测定持水力，结果也证实了通过冷水分散添加后，黄原胶可与肉中蛋白质形成高分子网络凝胶，从而显著提升肉的持水力及水分活度，使更多的自由水存留于蛋白质网络间隙中。

（2）面制品

黄原胶具有较好的亲水作用，加入后可以增强体系的持水能力，与冷冻熟面中的蛋白质结合更加紧密，增强了蛋白质网络结构，能够更好地抵御冰晶造成的机械损伤。黄原胶的添加可以改善冷冻熟面在冻藏过程中的硬度、咀嚼性、弹性和拉伸能。良好的蛋白质网络结构也能更好地包裹淀粉颗粒，使得面条在煮制过程中淀粉颗粒不易脱落；添加黄原胶还可以降低冷冻熟面在冻藏期间的复煮损失率和吸水率，改善冷冻熟面的食用品质。黄原胶的添加可以降低冷冻熟面在冻藏过程中水分的流动性，减少深层结合水向弱结合水的转变，抑制可冻结水含量的升高，从而减少冰晶的形成，减轻由冰晶引起的损伤。添加黄原胶可以改善冷冻熟面的蛋白质网络结构在冻藏过程中的均匀性和完整性，提升冷冻熟面的冻藏品质。因此，黄原胶可以作为一种有效的冷冻熟面冻藏品质改良剂。

黄原胶在面制品中可改善面筋的持水率，弱化粉质拉伸特性，降低面粉起始糊化温度，增大面条的硬度、黏合性和咀嚼性，改善其蒸煮特性各项指标。研究者在研究全麦面粉品质改良时，提到通过电镜扫描图可以在微观结构中看到添加黄原胶后面条结构的连续性明显改善，面筋结构紧密性增加，未被包裹的淀粉颗粒明显减少。而添加质量分数为1%的黄原胶后面条质构得到明显改善，这是因为它自身的亲水作用以及与淀粉分子的交联，使淀粉分子间聚合作用增加，蛋白质网络结构与淀粉颗粒连接更加紧密，从而提高了面条结构的牢固性。另有研究者也通过感官评价的方法，发现面条中添加质量分数为0.2%的黄原胶，可以在很大程度上改善面条的适口性、韧性、表观、黏性和光滑性等。

（3）果蔬制品

对于果蔬产品来说，黄原胶具有一定的保鲜作用。果蔬产品在放置之后，会产生发黄、皱缩、枯烂、腐败等现象。可以将黄原胶涂抹在蔬菜表面，保持果蔬的新鲜度。在果蔬保鲜应用中，也可以添加其他天然胶，按一定复配比例调出更好的胶。适宜的比例能更好地延长新鲜果蔬的保存日期。

（4）饮料

由于黄原胶本身的高黏度以及增稠性，可以给予食品良好的风味和感官性能。添加少量黄原胶，可以使果味饮料有良好的风味，且添加适量黄原胶还能增加果汁的黏着性，使果汁美好风味全部释放。添加不同量黄原胶时，黄原胶在饮料中所担任的角色也不一样。在产品中添加量为0.2%～0.7%时，可以作为饮料的稳定剂，可稳定果汁的流动和渗透。同时，如果果汁中有不易溶解的物质如在果肉饮料生产中，添加黄原胶可有效地延长果肉饮料的悬浮时间，提高饮料的稳定时间，研究者发现添加0.06%（质量分数）以黄原胶为主的复合胶体可以使悬浮果粒果汁饮料的稳定性最好，且黏度适中，无明显凝胶现象。

黄原胶在软饮料中应用时，可以解决杏仁露在生产和贮藏中经常出现的沉淀和分层问题，且黄原胶融变性好，使用量少，不会影响果汁的风味和口感。在碳酸饮料中还可以稳定气体，防止二氧化碳溢出。研究者在酸性乳饮料中加入了质量分数0.4%的羧甲基纤维素钠、质量分数为0.05%的不同来源的黄原胶，结果发现添加少量黄原胶可以使酸性乳饮料变得更稳定。另有研究者在植物蛋白饮料中加入了质量分数为0.12%的黄原胶，发现产品稳定性良好，在口感上有很大优势。

（5）罐头

黄原胶可添加到鸡肉、土豆、沙丁鱼、火腿等食品罐头中。由于它自身的热稳定性、独特的悬浮性，被广泛地应用到大部分罐头产品的调料中。罐头产品的制作部分会使用到淀粉，而黄原胶的物理性质在一定程度上可以代替少量的淀粉。

（6）焙烤食品

因黄原胶分子结构中含有很多羟基，能较好结合水分子，用于饼干、糕点、面包类烘焙食品中，黄原胶可以有效保持此类产品的湿度，从而改进焙烤食品的风味。为推迟淀粉的老化，延长焙烤食品的储存期限，可以把淀粉与黄原胶相结合，阻止淀粉结构变形，或者把淀粉、色素、香精等与黄原胶混合，做成焙烤食品的馅料。制作风味面包时，将黄原胶作为乳化剂，会使面包成品质地光滑，口感独特。焙烤食品中加入黄原胶可节约烘焙时间，降低生产成本。黄原胶与槐豆胶复配，可作为糖衣，使制品组织光滑，延长货架期，提高产品的稳定性。

（7）糖果制品

添加 0.1%黄原胶与槐豆胶，用于淀粉软糖制造时，可以作为夹心糖的胶黏剂。

（8）果冻制品以及果酱制品

在制作果冻的过程时，加入黄原胶可赋予其胶状态，当需要加工填充物时，可使果冻黏度降低。为改善果酱的口感和持水性，可在果酱中添加黄原胶，节省劳动力的同时还可以提高产品质量。黄原胶作为稳定剂添加到奶油、花生酱中，可提高此类产品的质量。

（9）乳化香精

微量的黄原胶与变性淀粉复配，加入香精中，能稳定乳化香精，也可以延缓变性淀粉的老化，延长乳化香精的保存时间。在果胶中加入黄原胶，能改变食物的口感以及持水性，添加量在 0.5%左右，可以在一定程度上提高产品质量。添加 0.1%黄原胶至奶油、沙拉酱等餐用糖浆中时，可提高制品质量。

参 考 文 献

[1] 潘道东．功能性食品添加剂［M］．北京：中国轻工业出版社，2006：176-190.

[2] 王振宇，刘荣，赵鑫．植物资源学［M］．北京：中国科学技术出版社，2007：162-179.

[3] 胡国华．功能性食品胶［M］．北京：化学工业出版社，2004：95-124.

[4] 高愿君．野生植物加工［M］．北京：中国轻工业出版社，2001：56-57.

[5] 戴宝合．野生植物资源学［M］．北京：农业出版社，1993：331-340.

[6] 王卫平．阿拉伯胶的种类及性质与功能的研究［J］．中国食品添加剂，2002（2）：22-28.

[7] 胡国华．阿拉伯胶在食品工业中的应用［J］．粮油食品科技，2003，11（2）：7-8.

[8] 刘晓庚，徐刚．桃胶提取研究［J］．粮油食品科技，1998：23-25，27.

[9] 张宗应，李中岳．桃胶的采收和加工方法［J］．中国林副特产，1997：35-36.

[10] 楼明．桃树胶的性质研究［J］．广州食品工业科技，1996：17-18，23.

[11] 张璇．桃树胶研究进展［J］．粮食与食品工业，2011，18（1）：29-31，36.

[12] 郑依玲，董鹏鹏，梅全喜．桃胶特性化学成分药理作用及临床应用研究进展［J］．时珍国医国药，2017，28（7）：1728-1730.

[13] 耿雪，李燕，王红月，等．刺梧桐胶应用为缓控释药物载体的研究进展［J］．黑龙江医药，2015，28（6）：1199-1201.

[14] 中华人民共和国国家卫生和计划生育委员会．食品安全国家标准　食品添加剂　刺梧桐胶：

GB 1886.254-2016 [S], 2016.
[15] 杨湘庆，沈悦玉．黄蓍胶的流变性及其应用 [J]. 食品科学，1990 (3)：1-5.
[16] 范彩玲，朱灵峰，扬运旭，等．田菁胶分子中糖单元的结构研究 [J]. 生物学杂志，2000，17 (5)：24-26.
[17] Nazarzadeh Zare E，Makvandi P，Tay FR. Recent progress in the industrial and biomedical applications of tragacanth gum：A review [J]. Carbohydr Polym. 2019，212：450-467.
[18] Ali B H，Ziada A，Blunden G. Biological effects of gum arabic：a review of some recent research [J]. Food Chem Toxicol. 2009，47 (1)：1-8.
[19] 袁超，付腾腾，朱新亮，等．卡拉胶的性质及在食品中的应用 [J]. 粮食与油脂，2016 (6)：5-8.
[20] 桑璐媛．环糊精对 κ-卡拉胶凝胶特性的影响及其应用研究 [D]. 河南科技大学，2017.
[21] 林瑞君．复配卡拉胶在改善火腿肠品质方面的应用研究 [D]. 集美大学，2018.
[22] 徐东彦．环糊精对卡拉胶/魔芋胶复配凝胶凝胶特性的影响及应用 [D]. 齐鲁工业大学，2019.
[23] 王晓婧．卡拉胶-明胶凝胶特性及其复配的研究与应用 [D]. 天津科技大学，2017
[24] 胡颖娜．酪蛋白与卡拉胶凝胶作用机理的研究 [D]. 天津科技大学，2015.
[25] 徐思思，胡炎华，黄金鑫．黄原胶特性及其在食品和复配胶中的应用 [J]. 发酵科技通讯，2014，(1)：45-49.
[26] 范婷婷，岳征，李树标．钙离子对黄原胶溶液耐酸性、耐热性的影响 [J]. 发酵科技通讯，2016，45 (3)：157-161.
[27] 商飞飞，王强，赵学平，等．黄原胶的结构与复配性质研究 [J]. 食品工业科技，2012，33 (7)：440-443.
[28] 黄成栋，白雪芳，杜昱光．黄原胶 (Xanthan Gum) 的特性、生产及应用 [J]. 微生物学通报，2005，32 (2)：91-99.
[29] 李兴存，张忠智，王洪君，等．黄原胶的性能与应用 [J]. 日用化学工业，2002，32 (5)：15-17.
[30] 赵丽娟，凌沛学．黄原胶生产工艺研究概况 [J]. 食品与药品，2014，166 (1)：55-57.
[31] 唐敏敏．黄原胶对大米淀粉回生性质的影响及其机理初探 [D]. 江南大学，2013.
[32] 范鹏辉．黄原胶对面筋蛋白冻藏稳定性的影响研究 [D]. 华南理工大学，2015.
[33] 钟蓓．黄原胶和瓜尔豆胶对小麦淀粉特性影响的研究 [D]. 华南理工大学，2017.
[34] 刘伟．脱支玉米淀粉-黄原胶复配载体对茶多酚 [D]. 江南大学，2017.